大庆油田特高含水期调整井固井技术

杨智光　齐　悦　李吉军　肖海东　杨秀天　等编著

石油工业出版社

内 容 提 要

本书简要介绍了大庆油田特高含水期调整井固井难点以及技术发展历程，详细分析了特高含水期调整井固井对策及地层压力评价技术，最后介绍了特高含水期调整井固井应用技术。

本书可供从事油气田固井工作的技术人员、科研人员以及管理人员参考使用，也可供高等院校相关专业师生阅读。

图书在版编目（CIP）数据

大庆油田特高含水期调整井固井技术／杨智光等编著.
— 北京：石油工业出版社，2024.1
　ISBN 978-7-5183-6249-3

Ⅰ．①大… Ⅱ．①杨… Ⅲ．①高含水期-固井-井压力-大庆 Ⅳ．①TE26

中国国家版本馆 CIP 数据核字（2023）第 168512 号

出版发行：石油工业出版社
　　　　　（北京市朝阳区外安华里二区 1 号楼　　100011）
　　　　　网　　址：www. petropub. com
　　　　　编辑部：（010）64523687　图书营销中心：（010）64523633
经　　销：全国新华书店
印　　刷：北京晨旭印刷厂

2024 年 1 月第 1 版　2024 年 1 月第 1 次印刷
787×1092 毫米　开本：1/16　印张：21.5
字数：514 千字

定价：110.00 元

《大庆油田特高含水期调整井固井技术》
编 写 组

组　　长：杨智光

副组长：齐　悦　　李吉军　　肖海东　　杨秀天

成　　员：金岩松　　刘文鹏　　陈柏山　　郑晓庆　　张振华　　贾维君

　　　　　许云龙　　杨　秋　　冯水山　　孟庆双　　郭金玉　　吴　迪

　　　　　任文进　　王连生　　包香文　　王立哲　　李庆刚　　马广来

　　　　　侯力伟　　李晓琦　　何文革　　姜开文　　牛玉祥　　贾付山

　　　　　刘春雨　　田东诚　　吴广兴　　和传健　　郭福祥　　万发明

　　　　　耿晓光　　于兴东　　于成龙　　王春华　　杨永祥　　王　欢

　　　　　李　博　　王　伟　　刘德伟　　赵　阳　　张　健　　梁　宝

　　　　　刘铁卜　　魏　斌　　司长友　　林秋雨　　孙国强　　宋艳涛

　　　　　李　娜　　翟翔宇　　许明朋　　韦易迅　　那自强　　白忠明

　　　　　王洪亮　　马晓伟　　宋　涛　　陈绍云　　郑瑞强　　杨志坚

　　　　　张洪军　　王海淼　　王玉玺　　王克诚　　关荣亮　　杨胜刚

　　　　　汤小伟　　齐玉龙　　王晓明　　王海燕　　卞大龙　　冯　威

　　　　　赵　兴　　贺浩强　　陈小旭　　王广雷　　王旭光　　芦庆成

　　　　　姜增东　　黄　亮　　段治华　　姜　涛　　林荣壮　　耿建卫

　　　　　陈　刚　　谌德宝　　高莉莉　　刘　昊　　刘　鑫　　张　立

　　　　　项苑龙

PREFACE 前言

大庆油田发现于 1959 年，历经 60 多年的开发建设，累计生产原油突破 $25×10^8$t，以全国人口 14 亿计算，大庆油田为全国人均生产原油 1.78t。大庆油田原油产量占全国陆上原油总产量的 36%，为国家经济、能源安全做出不可磨灭的重大贡献。

大庆油田是特大型砂岩油田，具有油层多、非均质性严重等特点。发育了 3 套油层（萨尔图、葡萄花、高台子）、9 个油层组、41 个砂岩组、136 个小层，高渗透与低渗透油层、厚油层与薄油层交互分布。为了实现原油持续高产、稳产，大庆油田 1979 年开始进行调整开发，调整井产能约占原油总产量的 80%。对于调整井而言，固井质量是实现分层开发、保障开发效益的关键。在调整开发过程中，由于长期的注水、注聚合物及采出等各种因素的影响，改变了地层的原始状态，地层压力、渗透率、油气水分布等均发生变化。尤其是油田进入特高含水开发阶段后，受非均质性、井网加密、动态开发等影响，井下环境日益复杂，调整井固井面临严峻的挑战。平面区域上，多种异常高压区分布复杂，固井后易发生油气水窜及管外冒等问题；纵向剖面上，浅气层、套损层、高压层、低压层、漏失层等相间存在，构成了典型的多压力层系，固井质量保障难度增大；多套井网、多种注入流体，动态注采环境下高渗透砂岩层泥质含量减少，渗、漏、水侵、腐蚀等问题突出。此外，随着剩余油进一步深度挖潜，为了实现层系细分调整，对固井质量要求也越来越高。如何保障固井质量，是实现特高含水期剩余油深度挖潜的重大技术难题。

本书依托"机理超前，地质先行，一井一策"的总体思路，系统阐述了固井机理、地质技术、应用技术等方面研究成果。本书共分为 4 章。第一章介绍了大庆油田特高含水期调整井固井难点以及技术发展历程。第二章介绍了特高含水期调整井固井机理研究进展，包含水气窜、固井顶替、水渗流、胀缩性、界面胶结、水泥环抗冲击性等 6 项机理，系统地分析了调整井固井过程中面临的基础问题。第三章介绍了调整井地质技术，包含储层流体压力预测、储层流体压力检测、浅层危害体识别技术、压力剖面调整及钻井液密度设计等内容。第四章介绍了特高含水期调整井固井应用技术，包括界面增强处理剂、水泥浆、固井工具、冲洗隔离液、固井技术综合应用等内容。本书尝试以特色的理论研究为基础、以精细的地质预测为支撑、以个性化的应用技术为手段、以量化的固井模板为载体，建立一套适用于特高含水期调整井固井集成配套技术。

大庆油田调整井固井技术，是伴随着油田高效注水开发而产生、发展的。面对地质环境和开发需求的变化，调整井固井已发展成为整个井筒技术的核心，具有鲜明的大庆特色。调整井固井技术的创新与发展，经历了几代人的不懈努力，依靠的是油田开发对质量的高度重视，依靠的是科技人员的艰苦努力、不断创新。在此，对从事调整井固井工作的科研人员、质量管理人员、现场施工人员的辛苦付出表示衷心感谢。随着国内外注水油田相继进入特高含水开发阶段，希望本书能够给相关研究人员提供一定借鉴。

由于编者水平有限，书中难免存在不妥之处，敬请广大读者批评指正。

CONTENTS 目录

第一章　绪论 ……………………………………………………………………………………… （ 1 ）

　　第一节　大庆油田调整井固井难点 …………………………………………………… （ 1 ）

　　第二节　大庆油田调整井固井发展历程 ……………………………………………… （ 2 ）

第二章　特高含水期调整井固井机理 …………………………………………………… （ 5 ）

　　第一节　高压层防水气窜机理 ………………………………………………………… （ 5 ）

　　第二节　固井顶替机理 ………………………………………………………………… （ 18 ）

　　第三节　水渗流影响固井质量机理 …………………………………………………… （ 41 ）

　　第四节　水泥胀缩机理 ………………………………………………………………… （ 51 ）

　　第五节　固井界面胶结机理 …………………………………………………………… （ 59 ）

　　第六节　水泥环抗冲击性能 …………………………………………………………… （107）

第三章　地层压力预测与调整技术 ……………………………………………………… （119）

　　第一节　储层流体压力预测 …………………………………………………………… （119）

　　第二节　储层流体压力检测 …………………………………………………………… （177）

　　第三节　浅层危害体识别技术 ………………………………………………………… （206）

　　第四节　压力剖面调整及钻井液密度设计 …………………………………………… （222）

第四章　特高含水期调整井固井应用技术 …………………………………………… （233）

　　第一节　钻井液界面增强处理剂 ……………………………………………………… （233）

第二节　调整井水泥浆系列………………………………………………………（240）

第三节　调整井固井工具系列………………………………………………………（270）

第四节　调整井冲洗隔离液系列……………………………………………………（302）

第五节　固井技术综合应用…………………………………………………………（328）

参考文献……………………………………………………………………………（331）

第一章 绪 论

调整井是一种在油气田开发过程中,为了优化油气开采效率、提高采收率或者解决生产中出现的问题而在原有井网基础上增加或重新布局的井。它们通常是在油田开发的不同阶段,当常规生产井的产量下降、油藏压力分布不均或需要进一步挖掘剩余油资源时所采取的措施。调整井的设计和施工涉及地质分析、油藏工程、钻井工艺、完井技术和生产管理等多个方面,其固井质量对于确保长期稳定生产至关重要。大庆油田于 1959 年发现,1979 年开始进行调整开发,目前已进入特高含水、特高采出程度开发阶段。在大庆油田"工业血液"源源不断喷涌 60 余年中,调整井产能是大庆油田原油产能建设的重中之重,也是实现高水平、高质量、高效益原油持续稳产的关键保障。"钻头不到、油气不冒、固井不牢、油气不保",调整井固井质量是实现分层开发、保障开发效益的关键,已成为整个井筒技术的核心。

第一节 大庆油田调整井固井难点

大庆油田属非均质的砂岩油气藏,主力油田为大型陆相浅水满湖盆河流三角洲沉积体系。油层多,非均质严重,高渗透油层与低渗透油层、厚油层与薄油层交互分布,层间、平面及层内矛盾非常突出。在油田开发过程中,由于长期的注水、注聚合物及采出等各种因素的影响,改变了地层的原始状态,地层压力、渗透率、油气水分布等均发生变化。大庆油田调整井固井比较难,一是调整复杂地质条件的井固井质量保障难度增大,二是薄差层及厚油层剩余油挖潜对层间封隔质量要求提高,其难点主要表现在以下四个方面。

(1)平面区域的异常高压区类型多。

伴随着长期的调整开发,受油水井套损、储层非均质性、断层遮挡、单砂体内部注采关系等因素影响,平面区域出现了多种多样的异常高压区域。其中比较典型的异常高压区域包括注采不平衡导致射孔层位异常高压、套管损坏导致非射孔层位异常高压、注水过程中裂缝体形成异常高压、注入高黏度介质形成异常高压等。异常高压区分布复杂,高压层平均压力系数可达 1.80 以上。在钻井过程中易发生井喷、井涌、油水侵等复杂,固井后也易发生层间混窜、管外冒等问题。

(2)井筒剖面层间压力变化大。

调整开发后,井筒剖面压力系统也发生很大变化。对于低渗透储层而言,由于注入量大于采出量形成异常高压油层,部分井套损而未及时停止注水形成异常套损高压层;而高渗透储层,由于连通性好,整体压力较低,且随着注水井钻关停注、采出井生产,形成异常低压层。此外,浅气层、漏失层等与高压层、低压层相间存在,构成了典型的多压力层系。一个井筒剖面上，地层压力系数可高达 2.5，低至 0.6，多层系间压力相互作用，严重制约着调整井固井质量。

（3）动态注采条件下高渗透砂岩层水洗严重。

目前油田内部有基础井网、一次加密、二次加密、三次加密、聚驱开发、三次采油等多套井网，与新布井最近的井间距不足 30m。注采作业促使小层流速加快，导致在钻完井期间不能提供一个稳定的地下环境；虽然采取钻关技术对压力剖面进行调整，但地下仍处于"动"的状态，对钻完井安全、工程质量有着很大影响，尤其对水泥环耐久性提出了更高的要求。此外，高渗透砂岩层分布广，纵向上厚度大，平均在 15m 以上，渗透率高，平均为 1500mD；平面上，受沉积物源影响，由南至北渗透性逐渐升高。高渗透砂岩层水洗严重，注水开发后泥质含量减少，孔隙结构、岩石力学性质发生了变化，地层渗透率逐步增大。在多套井网中注入多种流体，动态注采环境下，渗、漏、水侵、腐蚀等复杂导致固井难度增大。尤其是水洗后的高渗透砂岩层，固井质量随着时间的延长大幅度下降，与泥岩层相比优质井段比例降低 40 个百分点。

（4）层间封隔质量要求高。

根据剩余油的分布规律进行开发调整，开发的对象逐步由厚油层调整到薄差油层，开发方式从"稳油控水"到"精细注水"。与主力油层的分隔界面有的是层理、有的是十几厘米的泥岩夹层。为了实现层系细分调整方案，不但要封固好薄隔层，还要封固好渗透层、含水层等，满足层内、层间挖潜以及采取增产措施的需要。大庆油田采用固井后 15d 胶结指数(BI 值)法评价固井质量，需达到油顶以下全封固段质量要求，以满足开发方案的需求。

第二节　大庆油田调整井固井发展历程

固井质量的好坏关系着油气田是否能够合理开发、后续井下作业是否能够顺利进行，是油气井的"百年大计"。大庆油田调整井固井技术是伴随着油田高效注水开发而产生发展的，在经过 20 世纪 70 年代的摸索，八九十年代快速发展，至今已逐步成熟，其发展主要有以下四个阶段。

一、"六五"至"七五"：调整井固井技术初步形成

"六五"至"七五"期间，油田开发系统针对地下问题和开发调整的需要进行了一次加密调整，这期间采用声幅合格率检测固井质量。由于注水开发，地下原始情况发生了变化，井筒纵向上形成了高压层、低压层、正常压力层相间存在的状况，压力系数从 0.8 到 2.3。由于对当时地下压力掌握不清楚，调整井固井合格率仅为三分之二，为此开展了压稳地层、提高井身质量、提高顶替效率、提高密封能力等四方面的研究，形成了"压稳、居中、替净、密封"八字固井指导方针，解决了当时固井中存在的技术难题，调整井固井技术初步形成。

在地质方面，利用重复式电缆地层测试器测井（RFT 测井）、声幅图等资料，识别到压力异常层位，并对"憋压层"形成的原因、电性特征、分类和地层孔隙压力分布规律以及对

钻井、固井施工的影响进行了研究，认识到要固好调整井必须对地层压力进行调整，形成了钻关泄压技术雏形，为调整井钻井地质研究奠定基础。在钻井过程中，合理地设计钻井液密度，对地层实施压稳。为了在固井候凝过程中压稳地层，应用了加重隔离液、高密度水泥浆等多项技术措施。通过攻关与实践，认识到调整井固井是系统工程，与采油、钻井等密切相关，并形成了一套固井基本技术和管理措施。固井声幅合格率显著提高，由1979年的67%提高到1990年的99%。

二、"八五"至"九五"：调整井固井技术快速发展

"八五"至"九五"期间，油田进行了二次加密调整，地下的原始压力系统再次发生了变化，纵向上的多压力层系问题更为突出。同时，随着井网加密、注采系统调整，地层流体流速、矿化度等也发生了变化。进入"九五"期间后，油田进入高含水开发后期。开发调整的主要对象为薄层，薄层开发对水泥环封隔质量提出了更高的要求。固井质量检测由声幅合格率改为声幅优质率，并逐步改为声变优质率。面对复杂的地质环境及开发需求，调整井固井技术进入了攻坚啃硬的发展阶段。

在实践基础上的理论创新是技术发展和变革的先导。非均质多压力层系调整井固井是当时大庆油田特有的技术难题，面对理论认识不清、技术匮乏的桎梏，坚持在室内模拟中探寻理论内涵。以现场问题为出发点，在实验室内呈现固井现象，在施工现场呈现应用效果。建立了固井防窜实验室，通过室内物理模拟，分析影响机理，以解决问题为目标，指导应用技术攻关。设计了固井水气窜模拟装置、水渗流模拟评价装置、界面胶结评价装置、霍布金森动态力学实验装置、固井冲洗顶替模拟井筒等一系列科研设备，推进了固井机理认识不断发展。

地层压力预测与调整技术是一门新的专业技术，是面对调整井复杂的地质环境而形成和发展的。以精准预测影响固井安全和质量的地质参数为出发点，通过地层压力预测与调整，为钻完井技术方案和措施的制定提供量化的数据支撑。通过钻井地质技术攻关，形成了以地质预测、剖面调整、完井解释为代表的调整井地层压力预测与调整技术。

针对高压层水窜问题，研发了DSK锁水抗窜水泥浆、套管外封隔器等；针对射孔对水泥环造成损伤的问题，研制出DRK韧性水泥体系。应用地层压力调整技术、固井防窜技术等配套措施后，固井优质率连年提高，由1991年的67%提高到1998年的95%。为了满足薄层的开发需求，在1998年开始施行声波变密度测井，对一界面、二界面质量均进行检测，促进固井认识、固井技术不断地进步。

三、"十五"至"十一五"：调整井固井技术进一步完善

"十五"至"十一五"期间，油田进行了三次加密调整，井距越来越小，地下环境影响固井质量问题进一步突出。为了给射孔方案提供更加准确的编制依据，在施行声波变密度测井基础上，全面实施固井后15d延时声波变密度测井检测固井质量。此外，开发调整的主要对象为薄差层、表外储层，要求保证全井封固质量。

实施15d延时声波变密度测井检测固井质量后，高渗透低压油层出现胶结异常的井达到了70%以上。针对固井行业前所未见的问题，开展水泥石声阻抗、水泥环膨缩性、超声

波法评价固井质量等方面研究，尤其是建立了固井物理模拟—测井—验窜—数值模拟为一体的多功能评价方法，实现了室内固井界面胶结的定量评价。通过机理研究，明确了延时测井条件下的影响因素，给出了延时条件下声学响应与封隔能力关系，为开发方案设计提供支持。针对三次加密开发后地层压力高、层间压差大的问题，通过不同注采层系降压规律研究，完善了"高放、低停、欠补"的压力剖面调整方法，制定了不同区块、不同井网、不同井型的关井范围、井数，以及完井后正常开钻的井口压力等。

研发了界面增强剂、防腐抗渗水泥浆、振动固井工具等，并在现场进行了规模化应用。通过机理认识的不断深入、现场技术的日益成熟，高渗透低压油层15d延时声波变密度测井检测固井优质井段比例提高了20个百分点，显著改善了延时条件下调整井固井质量变差的问题。

四、"十二五"至今：调整井固井技术日益成熟

进入"十二五"后，逐步进入特高含水开发阶段。面对油田稳产的需求，整体储层压力提高，高渗透层质量问题依然存在，高压层层间窜问题再次凸显。浅层气上窜、浅水高压层增多、油层压力异常等因素，造成固井后管外冒比例上升。油田进入了第三次套损高峰期，尤其标准层套损问题突出，调整井固井技术面临新的挑战。

步入特高含水期开发阶段，复杂的地质环境对传统界面胶结理论提出了新的挑战。在胶结良好、微环、窜槽的基础上，首次提出了固井弱界面的概念。建立了弱界面微单元装置，分析了不同地层、养护环境下界面微观形貌及水化产物。提出了基准、载荷、环境三种弱界面模型，明确了弱界面的劣化机理，打破了近年来制约调整井固井质量理论认识的瓶颈。

在机理研究的基础上，研发低温防窜水泥浆、遇水膨胀封隔器等二十余项固井应用技术。结合生产需求，通过技术的组合与优化，形成了不同地质条件下配套技术，有针对性地解决现场问题。在高压层防窜固井方面，采用地层压力预测与解释技术，掌握压力分布情况。以"压稳、防窜、密封"为核心，针对不同高压类型、不同压力级别，形成了油层高压、浅水高压区防窜固井配套应用技术。在高渗透层固井界面增强方面，采用地质预测技术，掌握渗透率分布情况。以"滤饼清洗、增强，水泥防腐、抗渗"为核心，针对渗透率级别，制定配套技术措施；在预防标准层套损方面，采用浅水高危区预测技术，掌握浅层水分布。依据套损井套损类型及分布规律，以"预留泥岩滑动空间、切断进水源头"为手段，制定了不同套损区域配套技术措施。特高含水油田调整井固井是个系统工程，需重点做好"相对稳定的地质环境、良好的井眼质量、优良的钻井液性能、有效的固井措施"四个关键环节，坚持以"机理超前，地质先行，一井一策"为方针，采用"点、面"控制管理方法，建立质量管理保障体系，制定相应的标准与规范，推动了固井质量逐年提高，固井优质率由2011年的69%提高到2022年的89%。

回顾大庆油田调整井固井技术发展历程，从摸索中起步，走过了一个渐进发展的过程。每次进步都与油田开发的需要密不可分，调整井固井技术正是在实践—认识—再实践—再认识的过程中不断形成。依靠科技创新，打造系统的固井技术措施，满足不同阶段油田开发需求，是调整井固井技术的发展方向与目标。

第二章　特高含水期调整井固井机理

随着调整井开发的不断深入，地下情况愈加复杂。在纵向剖面上，高压、常压和欠压层相间存在。纵向上的多压力层系并存、渗流流量增加、层间矛盾突出，这些复杂的地质情况给油水井的封固造成了很大困难，固井质量难以保证，严重地制约了开发方案的有效实施。影响水泥环封固质量的首要因素是提高顶替效率，但顶替效率是固井施工过程中最难控制的因素。另外，为了提高油气井的产能，如通过大幅度增加爆炸能量来提高射孔弹的穿深等，势必在一定程度上对套管与井眼间的水泥环带来很大的损伤，影响水泥环与套管和地层两界面的密封胶结质量，加之水泥石在井下的收缩性能等因素，都是提高水泥环封固质量应该研究的问题。

多年来，面对调整井固井技术难题，主要在高压层水气窜规律、固井顶替机理、动态水渗流对固井质量的影响因素、水泥石胀缩性能、固井界面胶结理论、射孔对水泥环损伤等方面，采用理论和实验相结合的方法，深入开展了系列调整井固井基础理论研究，从机理和理论上探索提高固井质量的有效途径，为调整井固井技术的发展奠定了坚实的基础。

第一节　高压层防水气窜机理

固井的主要目的是实现良好的层间封隔，保证安全钻进与油气开采。而固井后的环空水气窜将导致层间封隔失效，轻则影响开发方案实施，重则可能出现井口冒油冒气，甚至发生不可控井喷，导致一口井的报废，造成巨大损失。调整井随着油田长期注水开发，受地层不均质、注采不平衡及多种地质构造影响，固井后的水气窜问题日益突出，严重威胁着固井质量。

鉴于油田的地质特点、水泥浆体系及施工条件不同，本节分析总结了有关产生环空水气窜基本原因、水气窜机理及解决对策，为有效解决固井后环空水气窜问题提供了基础。

一、水气窜原因分析

（一）实验仪器和实验方法

1. 水泥浆胶凝强度的测量

通过胶凝强度测试仪测量水泥浆的胶凝强度，仪器结构如图2-1-1所示。其实验方法是：把金属板放入水泥杯中，倒入配制好的水泥浆至金属板刻度线处，盖好杯子。在一定条件下养护一定时间。挂好来自恒速电动机的铁钩，启动电动机，测量拉力。取拉力显示的最大值，减去金属板的浮重，并除以其有效面积，即为此种水泥浆在该条件下此时的胶凝强度。为测量高温高压下水泥浆的胶凝强度，可利用胶凝强度测试仪和高温高压稠化仪，测量水泥浆在同一条件下、同一时间的胶凝强度和稠度，经测量若干个点，把胶凝强度和稠度关系绘一曲线。A级水泥原浆的胶凝强度和稠度的关系曲线如图2-1-2所示。根据高温高压下所测得的水泥浆稠度，在关系曲线上查出其对应的胶凝强度，便可得出水泥浆在高温高压下的胶凝强度。

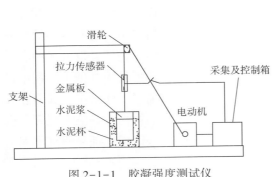

图2-1-1　胶凝强度测试仪

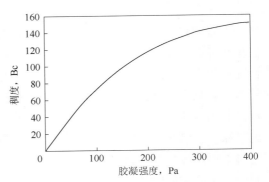

图2-1-2　稠度与胶凝强度的关系曲线

2. 水泥浆失水的测量

水泥浆的API失水利用387-71型失水仪测量，按API测定方法进行测量。测量有滤饼存在条件下水泥浆的失水情况，则利用387-71型小失水仪进行测量。其具体测量方法是首先预热失水仪到预定温度，在325目筛网上形成滤饼。倒出钻井液，用清水冲洗，再倒入配制好的水泥浆，按API测量失水的方法，进行水泥浆在带滤饼条件下的失水测量。

3. 水气窜情况的测量

利用气窜模拟仪进行水泥浆水气窜情况测量，仪器结构示意图如图2-1-3所示。气窜模拟仪主要由釜体部分、动力部分、测控部分、数据采集及处理部分等组成。

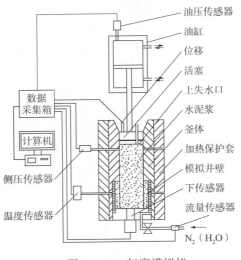

图2-1-3　气窜模拟仪

实验步骤分两步进行：第一步是形成滤饼。先在釜体部分装入一定渗透率的井壁，并加热至预定温度，倒入钻井液，给钻井液施加一定压力，以模拟井下钻井液与地层间的压差。在压差的作用下，钻井液通过井壁失水，并在井壁上形成一层滤饼（如果井壁为非渗透性井壁，则省掉此步）。

第二步是测量水泥浆的气窜情况。将钻井液倒出并用清水冲洗，再倒入待测的水泥浆。上覆活塞给水泥浆施加设计压力，通过气瓶给井壁施加一定的侧向压力，这两个压力之差，即为模拟井下水泥浆柱与地层压力之差。伴随着水泥浆胶凝、水化、向井壁失水的同时，侧向压力不断降低，也就是水泥浆的孔隙压力不断降低。当侧压与地层压力相等时，打开上端出口，通过采集侧压传感器上的压力数据和计量上端出口的排气量，便可得知水泥浆的防窜性能。

（二）实验及结果分析

实验用水泥浆见表 2-1-1。实验用现场钻井液，密度为 1.3g/cm³，漏斗黏度为 32s。

1. 井壁的渗透性与水泥浆的防窜性

1）井壁的渗透性对水泥浆失重的影响

以下失重实验均在图 2-1-3 所示气窜模拟仪上进行，无地层流体干扰。使用表 2-1-1 中的 1 号水泥浆。

表 2-1-1　实验所用水泥浆

水泥浆序号	水泥及外加剂（按水泥重量的百分比计算）	密度 g/cm³	90℃×7MPa 失水量 mL
1	G 级水泥+44%水	1.90	1027
2	G 级水泥+0.05%缓凝剂+0.3%分散剂+44%水	1.90	898
3	G 级水泥+0.15%降失水剂+1.8%分散剂+1.6%膨胀剂+44%水	1.90	205
4	G 级水泥+13%微珠+60%水	1.55	1809
5	G 级水泥+10%硅灰+10%微珠+0.2%降失水剂Ⅰ+1.2%分散剂+1.0%早强剂+0.1%降失水剂Ⅱ+75%水	1.55	400

选用渗透率为 10mD 和 370mD 的天然砂岩井壁进行实验。首先在井壁无滤饼存在的情况下进行水泥浆的失重实验。其实验条件为 90℃×7MPa，实验所得失重曲线如图 2-1-4 所示。结果表明，不同渗透率的井壁，在无滤饼存在的情况下，水泥浆以很快的速度失重，但失重速率却是不同的。在渗透率高的井壁上，水泥浆的失重速率要比渗透率低的井壁快。当无滤饼存在时，它们都以极快的速度失重。

在 90℃×2MPa×60min 条件下，先在以上两种渗透率的井壁上分别形成滤饼，再分别进行 1 号水泥浆在 90℃×7MPa 下的失重实验，实验所得失重曲线如图 2-1-5 所示。

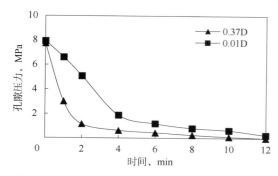

图 2-1-4　水泥浆在不同渗透率井壁的失重曲线

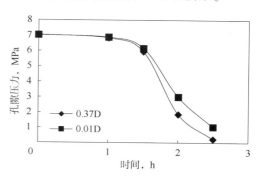

图 2-1-5　水泥浆在有滤饼条件下的失重曲线

结果表明，虽然渗透率为 10mD 和 370mD 的井壁渗透率相差很多，但在有致密滤饼存在的条件下，水泥浆明显发生失重的时间及失重速率相差不多。

对比图 2-1-4 和图 2-1-5 可知，滤饼的存在能延迟水泥浆发生失重的时间，并能减缓水泥浆失重的速率。为此，在 387-71 型失水仪上对滤饼的渗透率进行测定。在 90℃×2MPa×60min 下于 325 目筛网上形成滤饼，倒出钻井液后再倒入水，施加 7MPa 的压力，测得滤饼对水的渗透率为 $0.5×10^{-3}$mD。同时，对 1 号水泥浆在 90℃×7MPa×30min 下进行失水量的测定，30min 失水量为 1027mL。而在 90℃×2MPa×60min 滤饼上，其 30min 失水量只有 10mL。

由实验结果可知，滤饼的渗透率只有 $0.5×10^{-3}$mD，与实验所用井壁的渗透率相比，要低 4~5 个数量级。从失水结果看，水泥浆在滤饼上的失水要比在 325 目筛网上的失水少 100 倍。这表明，滤饼的存在能大大减少水泥浆向地层的失水，也就延迟了水泥浆失重发生的时间。在井下高渗透地层，如果井壁的滤饼被冲刷掉或者在井壁上没形成致密的滤饼，那么固井后水泥浆会很快向地层失水，快速失重。水泥浆不能很好地水化，致使水泥本身结构疏松，给固井后发生水气窜造成很大的可能性。因此，在钻井过程中，要求使用较好的钻井液，以减少由于水泥浆的过早失重而发生环空水气窜。

图 2-1-6 给出了 90℃×7MPa 条件下，1 号水泥浆在非渗透井壁上的失重曲线。

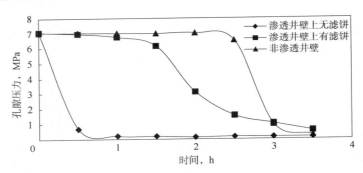

图 2-1-6　水泥浆在不同渗透条件下的失重曲线

实验结果表明，在非渗透井壁条件下，水泥浆失重最慢；在渗透井壁上若无滤饼，水泥浆以极快的速度失重；在渗透井壁上若有致密的滤饼，则能大大延迟水泥浆失重发生的时间。

2）井壁渗透性对水泥浆水气窜的影响

防止气窜发生的条件为：

$$p_c + p_f > p_w \tag{2-1-1}$$

式中　p_c——水泥浆柱无流体干扰时的有效压力，MPa；

　　　p_f——水泥结构对地层流体流入结构体内的阻力，MPa；

　　　p_w——地层流体压力，MPa。

图 2-1-7 给出了水气窜实验压力曲线。在 A 点以前，p_c 大于 p_w，因此在 A 点以前不会发生气窜。在 A 点以后，水泥浆若无地层流体干扰，则 p_c 会沿图中 A—B 方向减少。但

在有地层流体干扰的条件下，如发生水气窜，压力将回升，曲线沿着 A—C 方向向前发展，从图 2-1-7 中可以看出，自 A 点以后 $p_c + p_f < p_w$。如果发生了水气窜，会破坏水泥结构，使水泥抗窜阻力不断减小；水泥浆本身由于失重，其孔隙压力降低，如果发生水气窜，将很难控制。

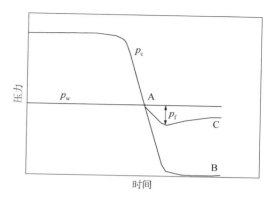

图 2-1-7　水气窜发生示意图

模拟非渗透性井壁，进行 90℃×7MPa 条件下水泥浆失水实验，评价水泥浆的抗窜能力。所用水泥浆为表 2-1-1 中的 1~5 号样品。实验仪器为图 2-1-3 所示气窜模拟仪。实验过程如前所述。实验所得气侵速率见表 2-1-2。气侵速率即为单位时间从上端出口排出的气量。抗窜阻力为地层压力与失重压力最低点之差。

表 2-1-2　非渗透条件下不同水泥浆的气侵速率

水泥浆序号	失重压力与地层压力平衡时间 h：min	气侵速率 mL/min	初凝时间 h：min	终凝时间 h：min	抗窜阻力 MPa
1	2：44	50	2：00	2：25	1.7
2	4：11	50	3：35	4：05	1.9
3	5：15	0	4：00	4：40	3.4
4	3：52	158	2：10	3：30	1.4
5	4：02	107	3：20	4：00	1.6

注：水泥浆倒入釜体并施加上覆压力之后，开始计时。

由表 2-1-2 可知，3 号水泥的防气窜能力大于其余 4 种水泥浆的防气窜能力。3 号水泥不因自己本身的压力低于地层流体压力而回升，且气窜速率为零，抗窜阻力最大为 3.4MPa。即在室内非渗透条件下，3 号水泥浆能有效地防止地层气体的侵入。4 号和 5 号低密度水泥的防气窜能力较低，不如密度较高的水泥净浆的防窜效果。其气侵速率高于密度较大的水泥浆，其抗窜阻力也较小。但就低密度本身而言，能降失水的 5 号低密度水泥浆比普通低密度水泥浆的防气窜能力要好，其气侵速率要比 4 号水泥浆低 1/3。

为了更好地研究水泥浆水化、胶凝引起的失重，在 90℃下对 1 号和 3 号水泥浆进行胶凝强度测试，曲线如图 2-1-8 所示。

从图 2-1-8 可看出，水泥浆的胶凝强度随着时间的延长不断增加。增加速度开始较慢，中期加快，后期更快。3 号水泥浆后期胶凝强度发展的速率较 1 号水泥浆要快。

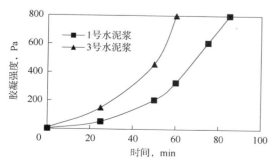

图 2-1-8　胶凝强度与时间的关系

结合表 2-1-2、图 2-1-8，说明胶凝强度增长快的水泥浆防气窜能力较强。实际上胶凝强度增加，对应水泥浆对地层流体流入水泥体内阻力增加。即胶凝强度增长的速率越高，水泥浆本身对地层流体流入的阻力也就增加得越快，从而有利于防水气窜。

利用渗透率为 10mD 和 370mD 的井壁，进行水泥浆在渗透井壁上附滤饼条件下的水气窜实验，虽然井壁本身渗透率相差很多，但附滤饼后对水泥浆的失重没有太大的区别。故选用 10mD 砂岩井壁，对 1~5 号水泥浆进行附滤饼条件下的气窜实验。滤饼形成条件为 90℃×2MPa×60min，失水实验条件为 90℃×7MPa，实验所得气侵速率见表 2-1-3。

表 2-1-3 渗透条件下水泥浆的气侵速率

水泥浆序号	失重压力与地层压力平衡时间，h：min	气侵速率，mL/min
1	2：32	700
2	2：54	500
3	3：16	5
4	2：36	750
5	2：43	130

从表 2-1-3 可以看出，3 号水泥浆在渗透条件下抗气窜能力较强，气侵速率只有 5mL/min，表现出良好的防气窜能力；同时发现，失水较小的 5 号水泥浆，虽然其密度较低，但在渗透环境下也有较好的抗气窜性能，气侵速率比 1 号、2 号和 4 号水泥浆小得多。

对比表 2-1-3 和表 2-1-2 中的数据，可看出，1 号水泥浆在非渗透性井壁上其气侵速率为 50mL/min，而在渗透性井壁上，其气侵速率达到 700mL/min，其气侵速率是非渗透井壁的 14 倍；对 2 号水泥浆来讲，在渗透井壁上的气侵速率是非渗透井壁的 10 倍；3 号水泥浆在渗透井壁上气侵速率为 5mL/min，而在非渗透井壁上气侵速率为零；对于 4 号水泥浆，在渗透井壁上的气侵速率是非渗透井壁的 4.7 倍；对 5 号水泥浆，渗透井壁上气侵速率是非渗透井壁的 1.2 倍。分析上述数据，不难看出，对同一水泥浆而言，在渗透井壁上的防气窜能力要小于在非渗透井壁上的防气窜能力。此外，具有降失水作用的 3 号和 5 号水泥浆，虽然也在渗透井壁和非渗透井壁上的气侵速率不同，但气侵速率的差值并不大。而没有降失水作用的 1 号、2 号和 4 号水泥浆，在渗透井壁上和非渗透井壁上的气侵速率相差特别大，进而说明了降失水剂在防气窜中的作用是不容忽视的。

为了进一步对水泥浆进行失水方面的研究，使用 387-71 型小失水仪对 1~5 号水泥浆进行失水实验，结果见表 2-1-4。实验结果表明，滤饼存在能大大降低水泥浆的失水量；无论 API 失水大的水泥浆还是失水小的水泥浆，在致密滤饼上的初期失水量相差不大；API 失水大的水泥浆脱水时间要更短。

实验结果进一步表明，如果水泥浆脱水时间延长，那么在气窜实验中它保持的静压时间就长，也就是失重来得慢，从而使水泥浆有充分的时间水化，使其内部结构更加致密。如果水泥浆脱水时间短，那么在气窜实验中，它就很容易失重，使水泥颗粒不能很好地水化，致使结构疏松。

表 2-1-4 失水实验数据

水泥浆序号	API 30min 失水, mL	在 90℃×2MPa×60min 的条件下形成滤饼			
		30min 失水量, mL	60min 失水量, mL	脱水时间, min	总失水量, mL
1	1027	10.0	18	60	20
2	898	9.5	17	70	23
3	205	9.0	17	150	40
4	1800	11.0	0	50	20
5	400	10.0	20	100	30

注：水泥浆失水实验条件为 90℃×7MPa。

2. 温度对水泥浆水气窜的影响

表 2-1-5 分别给出了在非渗透条件下对 1 号水泥浆和在有滤饼存在的渗透条件下对 1 号、2 号和 3 号水泥浆进行的 52℃和 90℃的气窜实验结果。

表 2-1-5 不同温度条件下水泥浆的气侵速率

水泥浆序号	实验温度 ℃	实验用井壁	实验条件 ℃×MPa	失重压力与地层压力平衡时间 h：min	气侵速率 mL/min
1	52	渗透	52×7	3：06	400
1	90	渗透	90×7	2：32	900
2	52	渗透	52×7	3：20	150
2	90	渗透	90×7	2：54	500
3	52	渗透	52×7	3：40	0
3	90	渗透	90×7	3：16	5
1	52	非渗透	52×7	3：13	90
1	90	非渗透	90×7	2：44	50

由表 2-1-5 可知，在渗透条件下温度越高，水泥浆的气侵速率越大，抗气窜能力越差；在非渗透环境下，温度越高，水泥浆的气侵速率越小，抗气窜能力就越强。

表 2-1-6 和图 2-1-9 分别给出了水泥浆在不同温度下的失水实验数据和胶凝强度发展曲线。

表 2-1-6 温度对失水的影响

水泥浆序号	实验条件 ℃×MPa	API 失水量 mL/30min	带滤饼 2MPa×60min		
			30min 失水量, mL	脱水时间, min	脱水量, mL
1	52×7	900	9.0	110	30
1	90×7	1027	10.0	90	28
2	52×7	750	9.0	150	40

续表

水泥浆序号	实验条件 ℃×MPa	API 失水量 mL/30min	带滤饼 2MPa×60min		
			30min 失水量, mL	脱水时间, min	脱水量, mL
2	90×7	898	9.5	100	30
3	52×7	100	8.5	180	50
3	90×7	205	9.0	150	40

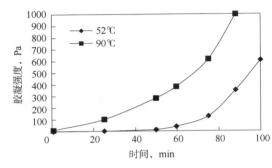

图 2-1-9　1 号水泥浆在不同温度下的胶凝强度曲线

由表 2-1-6 可知，对同一水泥浆来说，温度越高，API 失水越大，在滤饼上的脱水时间越短，失重就来得越快，水泥浆水化就越不充分，抗窜能力就越差。结合表 2-1-5 和图 2-1-9 分析，温度越高，胶凝强大发展越快，抗窜性能就越强。即在非渗透环境下，温度越高，水泥浆抗窜性能就越强。

结合上述实验结果，具有降失水作用的 3 号水泥浆，其结构最为致密，抗窜能力强；失水对水泥石致密程度有影响，失水后的水泥石结构不如没失水的水泥石致密；温度对水泥石的致密程度有影响，温度低、水泥浆脱水时间长的水泥石，其结构比温度高、水泥浆脱水时间短的致密。

二、固井防水气窜机理

（一）防窜临界条件

防止水气窜发生的条件是：水泥浆的浆柱压力 p_c 与水泥浆的抗窜阻力 p_f 之和大于地层压力 p_w。水泥浆在凝结过程中，由于"胶凝"和"体积减缩"等原因，其压力是不断下降的。随着水泥浆强度的增长，抗窜阻力又是不断增加的。因此，水泥浆的防窜性能是随着时间而变化的。

为了研究水泥浆压力降落规律，在 10m 高的模拟井筒内灌注水泥浆，进行压力测量实验，数据见表 2-1-7，并同时进行水泥浆胶凝强度实验，曲线如图 2-1-10 所示。

表 2-1-7　水泥浆压力降与胶凝强度数据

时间, min	0	20	40	60	80	100	120	140	160	180	200	220	240
实测压力, kPa	175	175	175	168	152	128	103	90	81	75	65	58	45
实测压降, kPa	2	2	2	9	25	49	74	87	96	102	112	119	132
胶凝强度, Pa	5	7	10	45	90	160	250	350	550	930	1350	1950	2400
胶凝计算压力降, kPa	1.5	2.1	3.0	13.5	27.0	48.0	75.0	105.0	165.0	280.0	405.0	585.0	720.0

图 2-1-10 中曲线 1 为水泥浆实测压力下降规律，初期下降很慢，中期加快，后期减慢。中后期有一个较明显的分界点 k'。曲线 2 反映了水泥浆胶凝强度发展规律，初期发展很慢，中期加快，后期更快。曲线 3 为由水泥浆胶凝强度计算的压力降曲线，对比曲线 1 和曲线 3 可见，在 k' 点以前，两条曲线很接近，反映在这一阶段，水泥浆的压力下降主要由胶凝引起。分析认为，水泥浆的胶凝强度还不够高，水泥水化体积减缩引起的压力降由水泥浆自由回落而得以部分补充。在 k' 点以后，两条曲线发生偏离。分析认为，此时水泥浆已达到

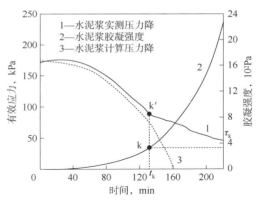

图 2-1-10　水泥浆压降和
胶凝强度发展曲线

了一定的胶凝强度，水泥浆已停止回落。水泥浆的压力下降由水化体积减缩造成。

在胶凝强度发展曲线 2 上，有一个 k 点与 k' 点相对应。在 k 点以后，胶凝强度迅速发展，近似呈直线规律变化，由于胶凝强度迅速增长，水泥浆抗窜阻力 p_f 也将迅速增长，而此时，水泥浆压力 p_c 的降落速度已变慢。因此，可以认为，在 k 点以后，水泥浆抗窜阻力 p_f 的增长速度将高于水泥浆压力 p_c 的降落速度。也就是说，如果在 k 点不发生水窜，在 k 点以后将不会发生水窜。将 k 点称为临界点，k 点所对应时间叫临界时间 t_k，所对应的胶凝强度叫临界胶凝强度 τ_k。

在 k 点不发生水窜的条件是：$p_{ck}+p_{fk}>p_w$。为更趋于安全，令此时 $p_{fk}=0$，那么不发生水气窜的条件是 $p_{ck}>p_w$ 或 $p_{ck}/p_w>1$。将 p_{ck} 与 p_w 的比值称为压稳系数 PSF，则 PSF 大于 1 将不发生水气窜，PSF 值越大，压稳程度越高。

（二）压稳系数计算

调整井目的层温度一般在 35~55℃ 之间，在此范围内，t_k 和 τ_k 分别与温度近于直线关系，如图 2-1-11 所示，临界时间、胶凝强度和温度关系曲线如图 2-1-12 所示，对任一温度下的 t_k，τ_k 值可用内插法计算得到，水泥浆临界数据见表 2-1-8。

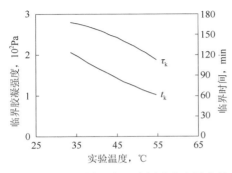

图 2-1-11　不同温度下胶凝强度发展曲线

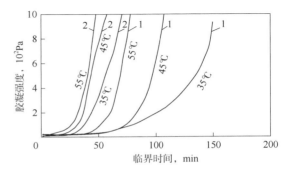

图 2-1-12　临界时间、胶凝强度和温度关系
1—A 级原浆；2—抗窜水泥浆

表 2-1-8 水泥浆临界数据

类别	温度，℃	35	45	55
A 级原浆	临界方程	$3.68e^{0.0343t}=24.5t-2830$	$2.57e^{0.051t}=38t-3170$	$3.105e^{0.065t}=46.5t-2685$
	临界时间，min	127	90	61
	临界胶凝强度，Pa	282	250	183
抗窜水泥浆	临界方程	$8.46e^{0.068t}=28.02t-1032$	$12.06e^{0.073t}=35.3t-1056$	$15.6e^{0.072t}=31.5t-715$
	临界时间，min	42	34	26
	临界胶凝强度，Pa	148	144	102

目的层水泥浆达到临界点时，在目的层以上至水泥面，因温度较低，水泥浆胶凝强度值将低于目的层的临界胶凝强度 τ_k。如果水泥面距目的层较远，应进行修正。比较简便的方法是用 τ_k 值与水泥面胶凝强度 τ_A 值的平均值计算。

在临界点 k 不发生水窜的条件是：$p_{ck}+p_{fk}>p_w$。p_{ck} 为在临界点 k 时，目的层浆柱的压力，应为浆柱的静水压力 p_H 减去水泥浆在 k 点的"失重" Δp_{ck}，即 $(p_H-\Delta p_{ck})$。

水泥浆在 k 点的失重，应由水泥浆的胶凝强度 τ 及浆柱长度 L_c 及环空当量直径 $(D-d)$ 求得：

$$\Delta p_{ck}=\frac{4\times\tau L_c}{D-d} \qquad (2-1-2)$$

值得注意的是，目的层水泥浆胶凝强度达到 τ_k 时，水泥面的胶凝强度只有 τ_A。因此，目的层和水泥面这段水泥浆的失重，应由 τ_k 和 τ_A 的平均值求得：

$$\Delta p_{ck}=\frac{4\times\frac{\tau_k+\tau_A}{2}L}{D-d}=\frac{2(\tau_k+\tau_A)L}{D-d} \qquad (2-1-3)$$

浆柱的静水压力 p_H，应为钻井液、隔离液、水泥浆静水压力之和。

$$p_H=\rho_c gL_c+\rho_m gL_m+\rho_s gL_s \qquad (2-1-4)$$

则压稳系数：

$$PSF=\frac{p_{ck}}{p_w}=\frac{p_H-\Delta p_{ck}}{p_w}=\frac{\rho_m gL_m+\rho_s gL_s+\rho_c gL_c-\frac{2(\tau_k+\tau_A)L_c}{D-d}}{p_w} \qquad (2-1-5)$$

式中 ρ_m、ρ_s、ρ_c——分别为钻井液、隔离液、水泥浆密度，kg/m^3；

L_m、L_s、L_c——分别为钻井液、隔离液、水泥浆的长度，m；

D——井径，m；

d——套管外径，m；

τ_k——目的层水泥浆临界胶凝强度，Pa；

τ_A——临界时间水泥面处水泥浆的胶凝强度，Pa；

p_w——地层压力，Pa；

g——重力加速度，m/s²。

（三）压稳系数的应用

以大庆油田为例，根据调整井钻井过程中进行测压的 16 口井、19 个高压层异常层位的压力资料，进行了固井后压稳系数的计算，并和该层的固井质量进行了对比。对比数据见表 2-1-9，压稳系数与相对声幅关系如图 2-1-13 所示。从对比结果可知，压稳系数接近 1 和大于 1 的井，固井质量都很好，压稳系数低于 1 的井，固井质量都较差。影响固井质量的因素是复杂的，但从图 2-1-13 中仍能看出压稳系数越低，相对声幅越高的趋势。

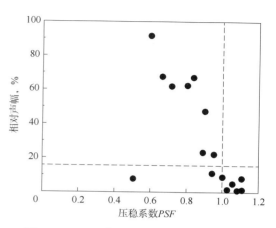

图 2-1-13　压稳系数与固井质量的关系

表 2-1-9　压稳系数与固井质量对比表

井号	井深 m	层位	地层流体压力 p_w，MPa	水泥面深度，m	浆柱静水压力 p_H，MPa	临界水泥浆压力 p_{ck}，MPa	压缩系数 PSF	相对声幅 %
G146-403	780.6	S1	11.96	499.7	14.06	11.04	0.92	20
G168-44	939.0	S2	13.84	651.5	15.99	13.84	1.00	0
G168-483	677.0	S0	13.27	426.9	12.06	8.68	0.65	65
G167-49	689.0	S0	12.29	619.8	12.30	11.26	0.92	10
G176-483	657.0	S0	14.08	398.7	12.11	8.24	0.59	90
G184-50	769.0	S1	13.89	644.0	13.55	12.17	0.88	45
G193-56	790.0	S2	13.39	598.5	13.00	10.98	0.82	65
G195-57	732.7	S0	12.89	636.5	12.54	11.20	0.87	20
N1-5-S028	731.0	S1	12.88	472.0	13.21	10.04	0.78	60
N1-J6-B117	1018.0	S2	15.20	498.0	17.89	16.13	1.06	0
N2-3G28	717.0	S0	15.61	520.2	14.18	11.62	0.74	100
N1-J4-B129	755.0	S2	15.77	424.5	14.71	11.03	0.70	60
X1-J2-427	998.0	S3	15.13	823.2	16.89	15.58	1.03	0
L8-2533	968.0	S2	14.89	646.0	17.00	14.75	0.99	0
L7-2051	1044.0	S1	14.99	667.0	18.02	15.40	1.03	3
N3-30-624	861.8	S2	13.75	732.5	15.06	13.80	1.01	0
N3-30-624	913.0	S2	13.27	732.5	16.01	14.38	1.08	0
N3-30-624	937.8	S2	15.19	732.5	16.48	14.74	0.97	15
N3-30-624	989.9	P1	15.88	732.5	17.61	15.75	0.99	0

显然,压稳系数可以用来衡量对高压层的压稳程度和作为高压层固井质量分析的依据。而且,用高压层压稳系数可进行高压层固井设计,方法如下:

(1)收集数据,包括目的层的深度、压力、井温,水泥面的深度、温度,井径及套管尺寸,钻井液密度等;

(2)根据目的层的井温、水泥浆胶凝强度资料,确定临界时间 t_k 和临界胶凝强度 τ_k;

(3)根据目的层井温、水泥面井温、水泥浆胶凝强度资料,确定临界时间点水泥的胶凝强度 τ_A;

(4)选定压稳系数,一般取1;

(5)计算固井后所需的最初静水压力 p_H:

$$p_H = PSF \cdot p_w + \frac{2(\tau_k + \tau_A)L}{D-d} \qquad (2-1-6)$$

(6)由 p_H 值设计相应的水泥浆密度,或者隔离液的长度和密度。

以大庆油田 B12-J5-422 井为设计实例。300m 以外注水井不停注,S2 组地层压力高。洗井液密度 1.85g/cm³,固井用水作隔离液,分别用普通 A 级水泥净浆和抗窜水泥进行设计。该井目的层 S2 组井深为 982.5m,井温 48℃,压力 16.99MPa。水泥面深度 852m,温度 43℃。B2-J5-422 井的井况及试验数据见表 2-1-10。

表 2-1-10 B2-J5-422 井的井况及试验数据

水泥浆类别	目的层 S2 组		水泥面 τ_A	ρ_m	L_m	L_s	D	d
	t_k, min	τ_k, Pa	Pa	g/cm³	m	m	mm	mm
A 级净浆	81	230	147	1.85	792	60	220	140
抗窜水泥	32	131	89	1.85	792	60	220	140

注:表中符号表示的物理意义见式(2-1-5)下的符号解释。

由 A 级水泥和抗窜水泥胶凝强度实验确定 t_k,τ_k,将其他有关数据代入式(2-1-4)和式(2-1-5),分别计算 A 级水泥和抗窜水泥固井后所需的静水压力和相应的水泥浆密度。得到 A 级水泥 p_H 为 18.22MPa,ρ_c 为 2.28g/cm³,抗窜水泥 p_H 为 17.71MPa,ρ_c 为 1.89g/cm³。

计算结果表明,为防水气窜,A 级水泥施工的密度应大于 2.28g/cm³,但现场施工困难。而抗窜水泥密度应大于 1.89g/cm³,是可行的。决定采用抗窜水泥进行现场施工,水泥浆平均密度达到 1.95g/cm³,有效地防止了水气窜,固井声幅测井表明高压层封固良好。

压稳系数可由井况基本数据及水泥浆胶凝强度发展的实验资料计算,能够定量地说明固井后对高压层的压稳程度,可作为固井质量分析及设计的依据之一。

(四)防止固井后水气窜的措施

固井后是否会发生水气窜,与浆柱压力、地层压力有关,还与水泥浆本身的抗窜阻力有关。防止固井后油气水外窜,其主要措施如下。

（1）降低地层压力 p_w。

主要措施是邻近注水井停注放溢流。

（2）尽量提高固井后浆柱静水压力。

固井前，尽量调高钻井液密度，采用加重隔离液和高密度水泥浆等技术。

（3）减少或补偿水泥浆的失重。

① 环空加回压。

有表层套管的井，在井口环空加设阀门，固井后，通过阀门往环空里加一定压力，称"加回压"。用加回压来补偿水泥浆的失重。要注意所加回压的大小和加压时间，加压过大，会引起井漏；加压过晚，水泥浆已经凝结硬化，压力将不能沿水泥浆柱向下传递。

② 采用低失水水泥。

在水泥中加入降失水剂，减少水泥浆的失水量。由此来减少由于水泥浆失水体积减缩而造成的失重。

③ 采用可压缩水泥。

可压缩水泥指在水泥中添加发气剂。生成的气体以极微小的气泡均布于水泥浆体系中，可产生附加压力。而且当水泥浆因失重而压力下降时，微小气泡即发生膨胀而补偿了压力的降低，从而有效地防止了高压层油气水外窜。

④ 采用两凝水泥固井或双级注水泥。

当固井封固井段较长，而高压层又在下部井段时，可采用两凝水泥固井。所谓"两凝"，就是封固井段的上半段采用缓凝水泥浆，而下半段采用速凝水泥浆来封固高压层。上半段缓凝水泥浆，水化速度慢，胶凝失重来得晚，避免了环空水泥浆同时失重、压力急剧下降的现象。下半段速凝水泥浆，水化速度快，当上半段水泥浆还未失重时，下半段水泥浆已经能够形成足够的强度来封闭高压油气水层了。

双级注水泥是使用双级注水泥工具，在前一级水泥凝固后，再注后一级水泥，使水泥浆分段凝固，分期失重，避免了大段水泥浆柱同时失重，以达到防止气窜的目的。

（4）尽快提高水泥浆的抗窜阻力。

① 采用触变水泥。

即所谓具有剪切稀释特性的水泥。这种水泥在泵送中流动性很好，但一旦泵送到环空预定位置静止时，能迅速形成胶凝结构，有效缩短水泥浆由液态转化为固态的过渡时间，减少发生环空水气窜的概率。

② 采用"短过渡"水泥。

水泥浆从开始形成胶凝结构(胶凝失重开始)到形成足够的抗窜阻力(抗窜临界点)，其间隔时间很短，即水泥浆的过渡时间短，从而缩短了可能发生油气水外窜的时间。

③ 采用非渗透水泥。

在水泥中加入高分子聚合物或微细材料，利用化学交联剂的交联反应或利用微细材料充填作用形成不渗透膜，增加气体在水泥浆中的侵入和运移阻力。非渗透水泥外加剂大致可分为两类：一是加入胶乳聚合物、阳离子表面活性剂等；二是加入微细材料，如微硅、炭黑等。

④ 采用套管外封隔器。

套管外封隔器是一种水力膨胀式结构,随套管下入井中预定位置。固井后,由于胶筒能膨胀,在套管与地层之间形成永久性机械桥塞,从而形成有效的环空密封。

第二节　固井顶替机理

油气井固井时,保持注水泥顶替界面的稳态,不仅能减少水泥浆与钻井液的污染,而且还可显著改善注水泥顶替效果。固井顶替效率直接关系着环空中水泥的胶结和密封效果,关系着油井的生产寿命,以流变学基本原理为基础,探讨有关偏心环空中的顶替流动问题,明确顶替效率影响因素并提出改善途径。

一、水泥浆在井眼内的流动

注水泥施工过程中水泥浆由套管内注入,由套管与地层形成的环形空间返出,实现顶替环空钻井液封固地层的目的,其所涉及的流动几何边界为圆管及环形空间。以非牛顿流体力学基本理论为基础,讨论 Herschel-Buckley 流体在管内及环空中的有关流动分析与计算问题。

(一) 圆管层流

对于圆管内轴向层流流动,可以根据柱坐标系下流体质点运动微分方程获得其基本流动方程:

$$\frac{\mathrm{d}u}{\mathrm{d}r} = \frac{1}{2} \frac{pr}{\eta} \tag{2-2-1}$$

式中　u——流动速度;

p——流动压力梯度,是一个常数;

r——流场中任一点距柱坐标系中心轴线的半径;

η——Herschel-Buckley 流体的视黏度函数。

一维流动条件下 η 为剪切速率的函数:

$$\begin{cases} \eta = k\bar{\gamma}^{n-1} + \tau_0 / \bar{\gamma} \\ \bar{\gamma} = \frac{\mathrm{d}u}{\mathrm{d}r} \end{cases} \tag{2-2-2}$$

式中　$\bar{\gamma}$——剪切速率;

k——稠度系数;

n——流性指数;

τ_0——屈服应力。

对于 Herschel-Buckley 流体,本构方程可以描述为:

$$\begin{cases} \boldsymbol{T} = (k \mid \mathrm{II} \mid^{n-1} + \tau_0 / \mid \mathrm{II} \mid) \boldsymbol{A}_1 \quad, \quad \dfrac{1}{2}tr\boldsymbol{T}^2 > \tau_0^2 \\ \boldsymbol{A}_1 = 0 \quad\quad\quad\quad\quad\quad\quad , \quad \dfrac{1}{2}tr\boldsymbol{T}^2 \leqslant \tau_0^2 \end{cases} \tag{2-2-3}$$

$$\eta = k \mid \mathrm{II} \mid^{n-1} + \tau_0 / \mid \mathrm{II} \mid \tag{2-2-4}$$

式中　$\boldsymbol{T}$——偏应力张量;

　　　$\boldsymbol{A}_1$——一阶 Rivlin-Ericksen 张量;

　　　II——一阶 Rivlin-Ericksen 张量 $\boldsymbol{A}_1$ 的第二不变量。

$\boldsymbol{A}_1$ 与流体流动的变形速率有关, II 为标量函数, 定义为 $\mathrm{II} = \left(\dfrac{1}{2}tr\boldsymbol{A}_1^2\right)^{1/2}$。

Herschel-Buckley 流体是一类带屈服应力的流体, 从其本构方程式(2-2-3)可以明显看出, 其流动结构分为两部分:黏性流动(速梯区)、非剪切流动(流核区)。上述所给出的式(2-2-1)即为速梯区内的流动方程。而有关流核区的边界, 可以利用 von Miss 屈服条件获得:

$$r_0 = -\frac{2\tau_0}{p} \tag{2-2-5}$$

可见, 不论 τ_0 多么小, 由于流场中压力梯度不会无限大, 因此该流体流动结构中始终存在有流核。

对于速梯区, 由式(2-2-1)和式(2-2-2)可以确定出视黏度函数表达式为:

$$\eta = \frac{k^{\frac{1}{n}} r \left(-\dfrac{p}{2}\right)^{\frac{n-1}{n}}}{\left(r + \dfrac{2\tau_0}{p}\right)^{\frac{1}{n}}} \tag{2-2-6}$$

进而对于圆管半径为 R 的几何边界, 考虑流体壁面无滑移现象 $u \mid_{r=R} = 0$, 则根据式(2-2-1)可获得轴向速度函数表达式:

$$u = \left(-\frac{p}{2k}\right)^{\frac{1}{n}} \frac{n}{n+1} \left[\left(R + \frac{2\tau_0}{p}\right)^{\frac{n+1}{n}} - \left(r + \frac{2\tau_0}{p}\right)^{\frac{n+1}{n}}\right] \tag{2-2-7}$$

则流核流速为:

$$u_0 = \left(-\frac{p}{2k}\right)^{\frac{1}{n}} \frac{n}{n+1} (R - r_0)^{\frac{n+1}{n}} \tag{2-2-8}$$

考虑流场流量由速梯区及流核区两部分组成, 则由流量定义可推得流量及压降公式分别为:

$$Q = \pi \frac{n}{n+1} R^{\frac{3n+1}{n}} \left(-\frac{p}{2k}\right)^{\frac{1}{n}} F(\zeta) \tag{2-2-9}$$

$$p = -2K \left[\frac{(n+1)Q}{n\pi F(\zeta)} \right]^n R^{\frac{1}{3n+1}} \qquad (2-2-10)$$

$$\begin{cases} \zeta = \dfrac{r_0}{R} \\ F(\zeta) = (1-\zeta)^{\frac{n+1}{n}} \left[1 - \dfrac{2n+1}{3n+1}(1-\zeta)^2 - \dfrac{2n}{2n+1}\zeta(1-\zeta) \right] \end{cases} \qquad (2-2-11)$$

针对所研究的层流流场，可利用 Hanks 所提出的局部稳定性理论对流动稳定性问题加以研究和分析。其定义稳定性参数表达式为：

$$H = \frac{|\rho v \times \boldsymbol{\xi}|}{|\mathbf{div}\boldsymbol{T}|} \qquad (2-2-12)$$

式中　ρ——液体密度；

　　　T——偏应力张量；

　　　$\boldsymbol{\xi}$——速度 v 的旋度。

$\boldsymbol{\xi} = \nabla \times v$，$H$ 即为 Hanks 稳定性参数，表明了流场中惯性力与黏滞力的比值。Hanks 同时指出，稳定性参数 H 是流场位置的函数。该稳定性理论认为，对于特定的流场，在过流断面的某一位置处将出现最大值 $H_{\max}$，当 $H_{\max}$ 达到或超过某一临界值 H_{cmax} 时，扰动将从该位置开始向整个流场传递，最终造成层流失稳。

通过张量分析及运算，结合所讨论流场的情况，可以建立用于描述 Herschel–Buckley 流体层流稳定性参数的数学表达式：

$$H = \left| \frac{\rho}{p} \left(\frac{-p}{2k} \right)^{\frac{2}{n}} \left(\frac{n}{n+1} \right) \left[(r-r_0)^{\frac{n+2}{n}} - (R-r_0)^{\frac{n+1}{n}} (r-r_0)^{\frac{1}{n}} \right] \right| \qquad (2-2-13)$$

将 H 对半径坐标微分并令其为 0，可获得极值条件方程，并解得一根 r^*，再将 r^* 代入 H 表达式中，即可获得 $H_{\max}$ 的表达式：

$$H_{\max} = \left| \frac{\rho}{p} \left(\frac{-p}{2k} \right)^{\frac{2}{n}} \left(\frac{n}{n+1} \right) \left[(r^*-r_0)^{\frac{n+2}{n}} - (R-r_0)^{\frac{n+1}{n}} (r^*-r_0)^{\frac{1}{n}} \right] \right| \qquad (2-2-14)$$

当 $n=1$，$\tau_0=0$，$k=\mu$ 时，为牛顿流体，其稳定性参数的表达式为：

$$H_{\mathrm{N}} = \left| \frac{\rho}{p} \left[\frac{1}{2} \left(\frac{-p}{2\mu} \right)^2 (r^3 - R^2 r) \right] \right| \qquad (2-2-15)$$

利用求极值条件方程，可以获得产生最大稳定性参数值的半径坐标，进而得到牛顿流体在圆管轴向层流条件下稳定性参数最大值的表达式：

$$H_{\mathrm{Nmax}} = \left| -\frac{\sqrt{3}\rho p R^3}{36\mu^2} \right| \qquad (2-2-16)$$

借助牛顿流体轴向层流压力梯度表达式，可以进一步得到稳定性参数最大值与常用的雷诺数之间的关系：

$$H_{Nmax} = \frac{2\sqrt{3}}{9} \frac{R\rho \bar{v}}{\mu} = \frac{1}{\sqrt{27}} Re \qquad (2-2-17)$$

式中 $\bar{v}$——平均流速；

　　　Re——广义雷诺数。

对于圆管轴向流，临界 Re 可取值为 2100。由此，根据式（2-2-17）可算得 $H_{max} = 404$，即当用 H 判别圆管轴向流稳定性时，流场中 $H_{max} \geqslant 404$ 时为紊流，$H_{max} < 404$ 时为层流。

圆管轴向层流条件下，Herschel-Buckley 流体流场黏度、速度及稳定性参数 H 的分布规律如图 2-2-1 所示。

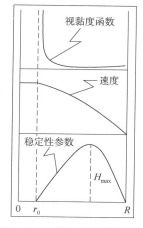

图 2-2-1　流场参数分布规律

（二）环空层流

注水泥施工过程中，当水泥浆从管内流出后即会在套管和井眼组成的环形空间中上返并顶替钻井液，然而，固井中所下入的套管并不一定能够保证在井眼中完全居中，因而导致为上返的水泥浆提供的几何流道为偏心环空，因此，研究有关偏心环空中水泥浆的流动规律对于准确分析水泥浆顶替效率、设计合理的注水泥施工水力参数及浆体性能是十分必要的。

根据 Herschel-Buckley 流体在偏心环形空间中的层流螺旋流流动规律，进一步建立有关分析和计算偏心环空中轴向层流的流动参量数学表达式。

若假设套管的外半径为 R_1，井眼半径为 R_2，套管在井眼中的偏心距为 e。选取套管中心轴线为柱坐标系中轴线。则根据流道几何条件及流动基本条件，可以定义套管在井眼中的偏心度为：

$$\varepsilon = \frac{e}{R_2 - R_1} \qquad (2-2-18)$$

由此，井眼外边界可以用井眼上任一点距柱坐标系中心轴线的距离来表示：

$$R_0 = (R_2^2 - e^2 \sin^2 \theta)^{1/2} + e\cos\theta \qquad (2-2-19)$$

式中 θ——柱坐标系的周向角度。

可见，对于偏心环空来说其外边界在柱坐标系下可以描述为随角度坐标而变化的曲线，这种几何边界形式为分析流体的流动带来了很大的困难。

结合套管不发生旋转的条件及外边界流动条件（$u|_{r=R_0} = 0$），在忽略流核的情况下，可以很方便地获得流场视黏度函数、速度函数的表达式：

$$\eta = \frac{k^{1/n} \dfrac{pR_0(\xi^2 - \lambda^2)}{2\xi}}{\left[\dfrac{pR_0(\xi^2 - \lambda^2)}{2\xi} - \tau_0 \right]^{1/n}} \qquad (2-2-20)$$

$$u = \int_1^\xi \frac{R_0 \left[\dfrac{pR_0(\zeta^2 - \lambda^2)}{2\zeta} - \tau_0 \right]^{1/n}}{k^{1/n}} \mathrm{d}\zeta \qquad (2\text{-}2\text{-}21)$$

式中，$\xi = \dfrac{r}{R_0}$，λ 为积分常数。若令 $k_e = \dfrac{R_1}{R_0}$，并进一步考虑流场内边界条件 $(u \big|_{r=R_1(\xi=k_e)} = 0)$，可以建立求解积分常数的条件方程：

$$\int_{k_e}^1 \left[\frac{pR_0(\zeta^2 - \lambda^2)}{2\zeta} - \tau_0 \right]^{1/n} \mathrm{d}\zeta = 0 \qquad (2\text{-}2\text{-}22)$$

根据流量的定义，可以依据所建立的速度表达式进一步推得流量及压力梯度计算公式：

$$Q = \int_0^\pi R_0^3 \int_{k_e}^1 \frac{\xi^2 \left[\dfrac{pR_0(\xi^2 - \lambda^2)}{2\xi} - \tau_0 \right]^{1/n}}{k^{1/n}} \mathrm{d}\xi \mathrm{d}\theta \qquad (2\text{-}2\text{-}23)$$

同管内层流一样，可以利用 Hanks 所提出的局部稳定性理论建立流场内产生的极大值及相应位置表达式：

$$H_{\max} = \left| \frac{\rho p R_0^3(\xi_*^2 - \lambda^2)}{4\xi_* \eta} \int_1^{\xi_*} \frac{\xi^2 - \lambda^2}{\xi\eta} \mathrm{d}\xi \right| \qquad (2\text{-}2\text{-}24)$$

$$\frac{\eta(\xi^2 + \lambda^2) - \eta'\xi(\xi^2 - \lambda^2)}{4\xi^2\eta^2} \int_1^\xi \frac{\xi^2 - \lambda^2}{\xi\eta} \mathrm{d}\xi + \frac{(\xi^2 - \lambda^2)^2}{4\eta^2} = 0 \qquad (2\text{-}2\text{-}25)$$

式（2-2-24）和式（2-2-25）中，η 为式（2-2-20）所描述的视黏度函数，η' 为其导数。当流场中 $H_{\max} \geqslant 404$ 时为紊流，$H_{\max} < 404$ 时为层流。

利用上述所建立的数学表达式，可以对偏心环空轴向流流场的各参数进行数值模拟分析，进而明确流场特征。图 2-2-2 给出了具有代表意义的流场最窄间隙和最宽间隙处流场参数的分布规律。分析可见，偏心环空中由于窄间隙处流道流动阻力比宽间隙处大，致使宽间隙处的速度峰值明显高于窄间隙处的峰值，窄间隙处视黏度则略高于宽间隙处峰值，因而导致宽间隙处的稳定性参数峰值明显高于窄间隙处的峰值，造成偏心环空中宽间隙处最容易发生紊流，甚至有可能在宽间隙处发生紊流的同时，窄间隙处仍处于层流流动状态。上述这些参数的分布不均匀性将随着偏心度的增大而增加。因此，在实际施工中应尽量在套管柱上安放扶正器，以保证套管在井眼中居中，避免出现窄间隙处流速过低不利于提高顶替效率等问题。

上述讨论过程虽然是针对 Herschel-Buckley 流体在圆管及偏心环空而展开的，然而进一步分析不难看出，所建立的流动模型具有广泛的适用性。流体本构方程，对于 Herschel-Buckley 流体，当 $\tau_0 = 0$、$k \neq 0$、$n \neq 1$ 时，即为幂律流体；而当 $\tau_0 \neq 0$、$k \neq 0$、$n = 1$ 时，即为宾汉流体，此时 k 即为塑性黏度 η_p；当 $\tau_0 = 0$、$k \neq 0$、$n = 1$ 时，则退化为牛顿

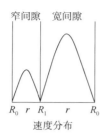 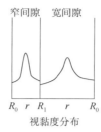 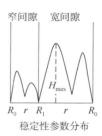

速度分布　　　　　　　视黏度分布　　　　　　稳定性参数分布

图 2-2-2　偏心环空流场参数分布规律

流体。对于所讨论的偏心环空几何边界，当偏心距 $e=0$ 时，即为同心环空，此时，$R_0 = R_2$，因此，将外边界 R_0 置换为 R_2 代入，可以很容易获得同心环空中相应的解析解。

在实施注水泥施工时，可依据水泥浆体流变性能，通过联立式（2-2-19）至式（2-2-25）利用计算机程序软件确定出实现环空紊流注替的临界平均环空返速或临界排量，为选择和设计注水泥施工水力参数提供依据。

二、水泥浆的顶替流动

上述所建立的水泥浆流动模型是在不考虑环空中存在钻井液的理想条件下给出的，可以作为注水泥施工最基本的浆体流动及有关注替参数设计的基础，但与注水泥过程中水泥浆顶替钻井液的实际流动条件仍具有很大的差别。事实上，注水泥施工过程是在环空存在钻井液的条件下进行的，而固井的目的即是要通过水泥浆全面替除钻井液来实现对地层的封固作用。因此，在实际注替过程中将同时涉及水泥浆及钻井液的共同流动现象，这种流动现象与常规意义上的两相流动并不完全相同，具有明显的接触界面便是该种两相流动的最基本特征。因此除了钻井液和水泥浆各自的非牛顿特性外，流动过程中水泥浆与钻井液接触界面上产生极为复杂的物理、化学及力学作用也会为顶替流动计算带来极大的困难。以下仅从流体力学的角度来探讨有关偏心环空中的顶替流动问题。

（一）顶替流动基本模型

将水泥浆与钻井液在偏心环空中的顶替流动做如下假设。

忽略相界面处的流体混掺、扩散及相关化学作用对顶替流动的影响，在偏心环空周向角为 φ 及 $\varphi+d\varphi$ 处作两个半径，它们与环空内外壁面组成一足够小的流通区域（图 2-2-3 中阴影部分）。设流体在该区域的流动可以看作是两平行平板间的流动。两板间距为 $h(\varphi)$。由于周向角的选取具有任意性，因此，可以分析偏心环空中任一位置的顶替流动。在此假设条件下，偏心环空中两相顶替流动模型如图 2-2-4 所示。

在如图 2-2-4 所示的流动系统中，忽略流核及由于流场几何特性不均匀而造成的二次流动。以下角标 i 来表示水泥浆的参数，而钻井液的参数不加任何角标，则可以建立两平板间流体的运动方程为：

$$-\left(\frac{\partial p}{\partial z}+\rho_i g\right)+\frac{\partial \tau_i}{\partial y}=0 \qquad (2-2-26)$$

$$-\left(\frac{\partial p}{\partial z}+\rho g\right)+\frac{\partial \tau}{\partial y}=0 \tag{2-2-27}$$

式中　τ_i，τ——水泥浆、钻井液内的剪切应力，Pa；

　　　ρ_i，ρ——水泥浆、钻井液的密度，g/cm^3；

　　　$\dfrac{\partial p}{\partial z}$——流动方向上的压力梯度，Pa/m。

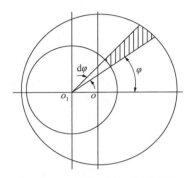

图 2-2-3　偏心环空几何模型

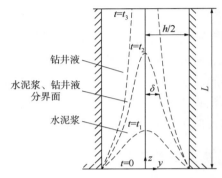

图 2-2-4　偏心环空顶替流动模型

若设在流动方向上的 $\dfrac{\partial p}{\partial z}$ = 常数 = $-\dfrac{\Delta p}{L}$，其中 L 为偏心环空长度，Δp 为长度 L 内压力降。当将钻井液、水泥浆的流变学模式都选择为宾汉流体时，对于平板流动的简单情况可以描述为：

$$\begin{cases} \tau_i = \left(\eta_p + \tau_0 \Big/ \left|\dfrac{\mathrm{d}u_i}{\mathrm{d}y}\right|\right)\dfrac{\mathrm{d}u_i}{\mathrm{d}y}, & \tau_i > \tau_{0i} \\[4mm] \dfrac{\mathrm{d}u_i}{\mathrm{d}y} = 0, & \tau_i \leqslant \tau_{0i} \end{cases} \tag{2-2-28}$$

$$\begin{cases} \tau = \left(\eta_p + \tau_0 \Big/ \left|\dfrac{\mathrm{d}u}{\mathrm{d}y}\right|\right)\dfrac{\mathrm{d}u}{\mathrm{d}y}, & \tau > \tau_0 \\[4mm] \dfrac{\mathrm{d}u}{\mathrm{d}y} = 0, & \tau \leqslant \tau_0 \end{cases} \tag{2-2-29}$$

积分式（2-2-26）和式（2-2-27）得：

$$\tau_i = \left(\frac{\partial p}{\partial z}+\rho_i g\right)y + C_1 \tag{2-2-30}$$

$$\tau = \left(\frac{\partial p}{\partial z}+\rho g\right)y + C_2 \tag{2-2-31}$$

由流场对称条件得 $C_1 = 0$，因此：

$$\tau_i = \left(\frac{\partial p}{\partial z} + \rho_i g\right) y \tag{2-2-32}$$

由于两流体界面处应力耦合条件 $\tau_i\big|_{y=\pm\delta} = \tau\big|_{y=\pm\delta}$，可得：

$$C_2 = (\rho_i - \rho) g \delta \tag{2-2-33}$$

$$\tau = \left(\frac{\partial p}{\partial z} + \rho g\right) y + (\rho_i - \rho) g \delta \tag{2-2-34}$$

在上述分析中，由于已假设速度分布对称于两板的几何中心，所以只考虑了 $y>0$ 的区域。将式（2-2-28）和式（2-2-29）分别代入式（2-2-32）和式（2-2-33）得：

$$\eta_{pi} \frac{du_i}{dy} - \tau_{0i} = \left(\frac{\partial p}{\partial z} + \rho_i g\right) y, \quad 0 \leqslant y \leqslant \delta \tag{2-2-35}$$

$$\eta_p \frac{du_i}{dy} - \tau_0 = \left(\frac{\partial p}{\partial z} + \rho g\right) y + (\rho - \rho_i) g \delta, \quad \delta \leqslant y \leqslant h \tag{2-2-36}$$

边界条件为：

$$u_i\big|_{y=\delta} = u\big|_{y=\delta} \tag{2-2-37}$$

$$u\big|_{y=h/2} = 0 \tag{2-2-38}$$

求解由式（2-2-35）至式（2-2-38）组成的定解系统得：

$$u_i = -\frac{1}{2\eta_{pi}} \left(\frac{\partial p}{\partial z} + \rho_i g\right)(\delta^2 - y^2) - \frac{\tau_{0i}}{\eta_{pi}}(\delta - y) - \frac{1}{2\eta_{pi}} \left(\frac{\partial p}{\partial z} + \rho g\right)\left[\left(\frac{h}{2}\right)^2 - \delta^2\right] -$$

$$\frac{\tau_0}{\eta_p}\left(\frac{h}{2} - \delta\right) - \frac{1}{\eta_p}(\rho_i - \rho) g \delta \left(\frac{h}{2} - \delta\right) \tag{2-2-39}$$

$$u = -\frac{1}{2\eta_p} \left(\left(\frac{\partial p}{\partial z} + \rho_i g\right)\left[\left(\frac{h}{2}\right)^2 - y^2\right] - \frac{\tau_0}{\eta_i}\left(\frac{h}{2} - y\right) - \frac{1}{\eta_p}(\rho_i - \rho) g \delta \left(\frac{h}{2} - y\right)\right) \tag{2-2-40}$$

式（2-2-39）和式（2-2-40）即为偏心环空中水泥浆顶替钻井液流动的速度分布。由此可以计算流过 $d\varphi$ 角间环空区域内钻井液与水泥浆的流量：

$$Q_i = 2\left(R_i + \frac{h}{2}\right)\left\{-\frac{1}{3\eta_{pi}}\left(\frac{\partial p}{\partial z} + \rho_i g\right)\delta^3 - \frac{\tau_{0i}}{2\eta_{pi}}\delta^2 - \frac{1}{2\eta_p}\left(\frac{\partial p}{\partial z} + \rho g\right)\left[\left(\frac{h}{2}\right)^2 - \delta^2\right]\delta - \right.$$

$$\left. \frac{\tau_0}{\eta_p}\left(\frac{h}{2} - \delta\right)\delta - \frac{1}{\eta_p}(\rho_i - \rho) g \left(\frac{h}{2} - \delta\right)\delta^2\right\} d\varphi$$

$$\tag{2-2-41}$$

$$Q = 2\left(R_i + \frac{h}{2}\right)\left\{-\frac{1}{2\eta_i}\left(\frac{\partial p}{\partial z} + \rho g\right)\left[\frac{2}{3}\left(\frac{h}{2}\right)^3 - \left(\frac{h}{2}\right)^2\delta + \frac{1}{3}\delta^2\right] - \frac{\tau_0}{\eta_p}\left[\frac{1}{2}\left(\frac{h}{2}\right)^2 - \frac{h}{2}\delta + \frac{1}{2}\delta^2\right] - \right.$$

$$\left. \frac{1}{\eta_p}(\rho_i - \rho)g\delta\left[\frac{1}{2}\left(\frac{h}{2}\right)^2 - \frac{h}{2}\delta + \frac{1}{2}\delta^2\right]\right\}d\varphi$$

$$(2-2-42)$$

（二）顶替效率

确定一种流体对另一种流体的顶替能力时，最常用的参数即为顶替效率。对于特定注替条件下具有体积流量 Q 的钻井液，其最初在长为 L 的环形空间中的充满体积为 V（图 2-2-4）。在 t_0 时刻，环形空间的入口处（$z=0$）突然由顶替液替换钻井液，对于任何时刻 t，可根据顶替液占据环形空间的体积的比率来确定顶替效率。

前述分析结果表明，对于图 2-2-3 所示的环空断面，注替过程中流过任一扇形区域的流体总量为钻井液和水泥浆流量之和：

$$Q_t = Q_i + Q \tag{2-2-43}$$

随着顶替流动时间的增加，在压力梯度、流动的水泥浆对钻井液的牵引等的综合作用下，水泥浆的顶替宽度 δ 将增大。如果 $Q_i \to Q_{imax} \approx Q_t$，并且同时具有 $\delta \approx h/2$，则偏心环空中已经最大限度地充满了水泥浆。在此情况下的顶替效率无疑是最高的。在此分析基础上，可以将偏心环空顶替效率问题近似地转化成求解任一过流断面上水泥浆流量 Q_i 在某一条件下的极值问题。

当水泥浆、钻井液的物性参数和井眼几何条件一定时，由式（2-2-41）可知，水泥浆流量仅依赖于 δ：

$$Q = f(\delta) \tag{2-2-44}$$

将式（2-2-41）对 δ 求导得：

$$\frac{dQ_i}{d\delta} = 2\left(R_i + \frac{h}{2}\right)\left\{-\frac{1}{\eta_{pi}}\left(\frac{\partial p}{\partial z} + \rho_i g\right)\delta^2 - \frac{\tau_{0i}}{\eta_{pi}}\delta - \frac{1}{2\eta_p}\left(\frac{\partial p}{\partial z} + \rho g\right)\left[\left(\frac{h}{2}\right)^2 - \delta^2\right] + \right.$$

$$\left. \frac{1}{\eta_p}\left(\frac{\partial p}{\partial z} + \rho g\right)\delta^2 - \frac{\tau_0}{\eta_p}\left(\frac{h}{2} - \delta\right) + \frac{\tau_0}{\eta_p}\delta - \frac{2}{\eta_p}(\rho_i - \rho)g\left(\frac{h}{2} - \delta\right)\delta + \frac{1}{\eta_p}(\rho_i - \rho)g\delta^2\right\}d\varphi$$

$$(2-2-45)$$

$Q_i \to Q_{imax}$ 的条件是 $\dfrac{dQ_i}{d\delta} = 0$，由此，可以得到：

$$\delta = f\left(\frac{dp}{dz}, \ \frac{\tau_{0i}}{\eta_{pi}}, \ \frac{\tau_0}{\eta_p}, \ \rho_i, \ \rho, \ \frac{h}{2}\right) \tag{2-2-46}$$

一般地，井眼几何条件 $h/2$ 对一口井来说是不变量，但是水泥浆、钻井液物性参数以及压力梯度则是可以调整的。若令 $\dfrac{\mathrm{d}Q_i}{\mathrm{d}\delta}=0$，只要给出一组水泥浆、钻井液物性参数 τ_{0i}、η_{pi}、ρ_i、τ_0、η_p、ρ 及压力梯度，便可以得到一个 δ，这些参数改变时，δ 值也将随之变化。当忽略小量$(h/3-\delta)$时，可由极值条件解得的极限值 δ_0 为：

$$\delta_0 = \frac{\dfrac{\tau_0}{\eta_p} - \dfrac{\tau_{0i}}{\eta_{pi}}}{\left(\dfrac{1}{\eta_p} - \dfrac{1}{\eta_{pi}}\right)\left(\dfrac{\Delta p}{L} - \rho_i g\right)} \tag{2-2-47}$$

由式(2-2-47)可见，顶替宽度 δ_0 取决于压降、水泥浆密度及两种流体的动塑比。显然，动塑比 τ_0/η_p、τ_0/η_{pi} 是影响 δ_0 的关键因素。根据 δ、δ_0 与顶替效率之间的正比关系，由式(2-2-47)不难得知：增大钻井液的动塑比 τ_0/η_p、降低水泥浆的动塑比 τ_0/η_{pi}、采用适当的顶替压力梯度等都能够提高顶替效率。

上述三项措施中的前两项与固井施工的成功经验是吻合的。例如 Graham 在总结国外固井经验时曾指出，要成功地固井，应保持被顶替的钻井液屈服应力为 2.4Pa 或者更低一些；保证钻井液塑性黏度低于 0.012Pa·s；应该使用低屈服应力、高塑性黏度的水泥浆等。

由式(2-2-47)可知，顶替压力并非越大越好，应具体情况具体分析。在偏心环空中窄间隙处的钻井液最难顶替。一般来说，如果最窄间隙处的钻井液被顶替干净了，则偏心环空其他位置处的钻井液是不会残留的。因此，可以将能够使偏心环空最窄间隙处无残留钻井液的压力梯度定义为合理的顶替压力梯度。据此，可以按下列方法予以确定。

令：

$$\delta_0 = \frac{1}{2}(R_0 - R_i - e) = \frac{1}{2}(R_0 - R_i)(1-\varepsilon) \tag{2-2-48}$$

式中 ε——套管偏心度。

则可解得合理的顶替压力梯度的计算公式为：

$$\frac{\Delta p}{L} = \frac{2(\tau_0 \eta_{pi} - \tau_{0i} \eta_p)}{(R_0 - R_i)(1-\varepsilon)(\eta_{pi} - \eta_p)} + \rho_i g \tag{2-2-49}$$

利用式(2-2-49)可以在已知水泥浆、钻井液物性参数的情况下，再根据套管偏心度，定量计算出偏心环空固井施工的合理顶替压力降，从而提高顶替效率。

（三）"U"形管效应

在固井作业中，由于管内水泥浆密度大于环空中钻井液密度，因此会形成套管内外静液柱压差，当这种压差值超过管内外沿程流动阻力损失时，在不需泵注的条件下，流体会自由推进，从而形成了管内液柱的自由落体运动，一般称之为自流效应或"U"形管效应。自流效应在水泥浆未出套管直至返出一部分水泥浆这样一个较长的时间内均可发生，所以这一效应在"替净"过程中必须认真加以考虑。

1. "U" 形管效应的产生

当注入的水泥浆密度大于钻井液密度时，驱动钻井液流动所需的泵压逐渐被水泥浆液柱产生的静液压差所取代，泵压则渐渐下降。设注入排量 $Q_0(\mathrm{m^3/min})$ 时所克服的流动阻力 $p_0(10^5\mathrm{Pa})$，则管内水泥浆液柱高度达到 $H_0=10p_0/(\rho_i-\rho)$ 时（ρ_i、ρ 分别为水泥浆与钻井液密度，$\mathrm{g/cm^3}$），液柱静压差 p_0 就刚好与流动阻力相平衡，这时泵压为 0，p_0 叫作平衡压力。从此点开始，若继续注入水泥浆，就会发生 "U" 形管效应。水泥浆柱越来越高，在液柱压差作用下，返出排量 Q 变大。由于返出排量大于输入排量，使管内亏空出现真空空间，而真空空间所产生的负静压差又抵消了一部分水泥浆柱的静压差。因此，有效静压差是这两者的向量和。这时，输出泵功率只消耗在地面管汇上，水泥头上的压力则为 0。

当水泥浆返出管外时，随着管外水泥浆柱增高，套管内外压差逐渐减小，返出排量也随之减小。当 $Q<Q_0$ 时，输入排量 Q_0 的一部分用于填充真空空间，一部分用于流出。至真空空间被充满时，"U" 形管效应则消失，返出排量等于泵排量，同时地面压力读数为正值。

管内形成的真空空间，不可能和液体有截然分开的界面，而是形成与液体掺混在一起的不连续区段。然而，不管真空空间以什么形态存在，既然返出液体的体积比输入的多，而且液体又可认为是不可压缩的，那么真空空间的总体积 U_v 就等于多返出的那一部分体积。如设 "U" 形管效应时间为 t，输入液体累计体积为 Q_0t，返出液体总体积为 U，则真空空间体积为：

$$U_v = U - Q_0 t \tag{2-2-50}$$

2. "U" 形管效应的解析

根据流体力学原理，管内流体的沿程摩擦阻力等于施加给管路两端的压差。设沿程摩擦阻力为 p_f，管内与管外的液柱压差为 p，水泥头上的压力为 p_h，则 $p_f=p_h+p$。可以将整个固井施工过程划分为三个阶段：

第一阶段为 "U" 形管效应发生之前。这时 $Q_f=Q_0$，又因此时 Q 不变，所以 p_f 为常数，$p_f=p_0$。p 从 0 开始升至 p_0 值，p_h 从 p_0 值直线下降至 0。这一阶段称为降压阶段。

第二阶段为 "U" 形管效应阶段。由于 $p>p_0$，使 p_f 发生变化，同时出现真空而维持 $p_h=0$，因而出现了 p_f 与 p 的动态平衡关系，即 $p_f=p$。在替钻井液时，即使 $p<p_0$，但只要真空存在，这种平衡关系仍然成立。由于 p_h 始终为 0，故这一阶段又称为 0 压阶段。

第三阶段为 "U" 形管效应结束至碰压阶段。这时因无真空存在，$Q=Q_0$，p_f 为常数，$p_f=p_0$。p 逐渐减小，当管外水泥浆柱高于管内时，p 为负值，p_h 直线上升，故这一阶段又称为升压阶段。

根据 "U" 形管效应中 $p_f=p$ 的关系，可以严格导出钻井液—水泥浆两相流存在 "U" 形管效应情况下的返出排量解析解。下面以宾汉流体为例进行分析。

对于给定的一口井来说，当井眼尺寸、套管尺寸及下深、水泥浆与钻井液密度、黏度、切力等参数确定后，则针对钻井工程习惯表达方式，层流及紊流压降的公式可以分别化简为：

层流时：

$$p_f = KQ + G \qquad (2-2-51)$$

紊流时：

$$p_f = MQ^2 \qquad (2-2-52)$$

式中 K，M——层流、紊流时的摩擦阻力系数；

G——启动压力，$10^5 Pa$。

G 起因于液体的屈服应力。若令 $G = 0$，则上述公式也适用于牛顿流体。

考虑到静压差在注水泥、停泵和替钻井液阶段中的变化规律不同，因此，推导中应划分不同的时间区间。

1）第一区间（T_1，T_2）

本区间为注水泥时间。设 T 为从注水泥开始算起的时间变量，T_1 为"U"形管效应开始时刻，T_2 为注水泥结束或水泥浆到达套管鞋的时刻。设 t 为本区间的相对时间变量，即 $t = T - T_1$。

按层流推导，在 $t = 0$ 时，有 $KQ_0 + G = p_0$，而：

$$p_0 = \frac{\rho_i - \rho}{10} H_0 = \frac{\rho_i - \rho}{10} \times \frac{U_{s0}}{F} = A U_{v0} \qquad (2-2-53)$$

$$A = \frac{\rho_i - \rho}{10F} \qquad (2-2-54)$$

式中 U_{s0}——水泥浆液柱压差达到 p_0 时所需的水泥浆体积；

F——套管每米容积，m^3/m。

设经过 t 时间后，注入水泥浆体积 $U_{s1} = Q_0 t$。由"U"形管效应产生的真空体积 U_v 如图 2-2-5 所示。

设 U_{s1} 产生的液柱静压差为 p_{s1}，U_v 产生的静压差为 p_v，则：

$$p_{s1} = \frac{\rho_i - \rho}{10F} U_{s1} = A Q_0 t \qquad (2-2-55)$$

$$p_v = \left(\frac{\rho}{10F} \right) U_v = B U_v \qquad (2-2-56)$$

$$B = \frac{\rho}{10F} \qquad (2-2-57)$$

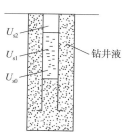

钻井液

图 2-2-5 注水泥
液柱变化情况

$$p = p_0 + p_{s1} - p_v = A U_{s0} + A Q_0 t - B U_v = p_f \qquad (2-2-58)$$

因此：

$$KQ + G = A U_{s0} + A Q_0 t - B U_v \qquad (2-2-59)$$

因为 $U_v = U - Q_0 t$，式中 U 为累计返出体积，得：

$$KQ + G = AU_{s0} + AQ_0 t - BU + BQ_0 t \tag{2-2-60}$$

令 $D = A + B$ 得：

$$\begin{cases} KQ + G = p_0 + DQ_0 t - BU \\ Q \big|_{t=0} = Q_0 \end{cases} \tag{2-2-61}$$

将式（2-2-61）对 t 求导数，并注意 $\dfrac{dU}{dt} = Q$，可得：

$$\frac{KdQ}{DQ_0 - BQ} = dt \tag{2-2-62}$$

注意初始条件，解之得：

$$Q = \frac{\rho_i}{\rho}\left(1 - e^{-\frac{\rho t}{10FA}}\right) + Q_0 e^{-\frac{\rho t}{10FA}} \tag{2-2-63}$$

极限值为：

$$Q_1 = \lim_{t \to \infty} Q = \frac{\rho_i}{\rho} Q \tag{2-2-64}$$

按紊流推导，因为：

$$MQ^2 = p_0 + DQ_0 t - BU \tag{2-2-65}$$

同理可得：

$$\frac{2MQdQ}{DQ_0 - BQ} = dt \tag{2-2-66}$$

将式（2-2-61）两边积分，同时考虑具有式（2-2-61）相同的初始条件，解此方程并整理得：

$$Q = \frac{D}{B} Q_0 - \frac{A}{B} Q e^{-\frac{2Bt}{2MDQ_0} - \frac{B}{D}\frac{Q - Q_0}{Q}} \tag{2-2-67}$$

化简为：

$$Q = \frac{D}{B} Q_0 - \frac{A}{B} Q_0 e^{-\omega t - v} \tag{2-2-68}$$

其中，$\omega = \dfrac{2B}{2MDQ}$，$v = \dfrac{B}{D}\dfrac{Q - Q_0}{Q}$。

因为相对于 ωt 而言，v 是小量，可以忽略不计。因此，得：

$$Q = \frac{\rho_i}{\rho} Q_0 (1 - e^{-\omega t}) + Q_0 e^{-\omega t} \tag{2-2-69}$$

如果将 ω 作为变量，式（2-2-59）对层流、紊流都适用，只是 ω 应具体表示为：

层流：

$$\omega = \frac{\rho}{10FK} \tag{2-2-70}$$

紊流：

$$\omega = \frac{\rho^2}{20FM} Q_0 \rho_i \tag{2-2-71}$$

ω 值的大小，取决于 Q 接近极限值时所需的时间。对一般井，层流时，$\omega \approx 0.5 \sim 1.5$；紊流时 $\omega \approx 0.1 \sim 1.0$。上述诸式中各量的单位为：排量 Q 为 m³/min；压力 p 为 10^5 Pa；时间 t 为 s；套管每米容积 F 为 m³/m；密度 ρ 为 g/cm³。

2）第二区间（T_2，T_3）

本区间为停泵、倒闸门时间。设这时水泥浆尚未出套管，停泵后水泥浆靠自重而下行。相对时间 $t = T - T_2$。管内水泥浆总体积：

$$U_s = U_{s0} - U_{s1} \tag{2-2-72}$$

在下行时 U_s 不变。这时，液柱压差为：

$$p = AU_s - BU_v \tag{2-2-73}$$

如图 2-2-5 所示，返出钻井液的体积 U，也就是管内增加的那部分真空的体积，即：

$$U_v - U_{v2} = U \tag{2-2-74}$$

其中：

$$U_{v2} = U_v \big|_{t=0} \tag{2-2-75}$$

因为 Q 很小，达不到紊流程度，所以可以只按层流公式推导，即：

$$KQ + G = AU_s - BU_v = AU_s - BU_{v2} - BU \tag{2-2-76}$$

两边取导数，并把 $dU/dt = Q$ 代入，解得：

$$\frac{K}{B} \ln Q = -t + C \tag{2-2-77}$$

把边界条件 $Q\big|_{t=0} = Q'$ 代入，得：

$$Q = Q' e^{-\omega t} \tag{2-2-78}$$

$$\omega = \frac{\rho}{10FK} \tag{2-2-79}$$

Q' 也就是第一区间的 Q_{max} 值，即：

$$Q' = (\rho_i / \rho) Q_0 \tag{2-2-80}$$

得：

$$Q = (\rho_i / \rho) Q_0 e^{-\omega t} \qquad\qquad (2-2-81)$$

$$Q_1 = 0 \qquad\qquad (2-2-82)$$

停泵时，液柱因有压差而自行下行，所以只要 $\rho_i > \rho$，停泵后就会出现真空体积。可以利用停泵后最终排量 $Q_1 = 0$ 来求出最后真空体积 U_{v3}：

$$KQ + G = AU_s - BU_{v3} \qquad\qquad (2-2-83)$$

因 $Q = 0$ 得：

$$U_{v3} = \frac{AU_s - G}{B} \qquad\qquad (2-2-84)$$

或者：

$$U_{v3} = \frac{\rho_i - \rho}{\rho} U_s - \frac{10FG}{\rho} \qquad\qquad (2-2-85)$$

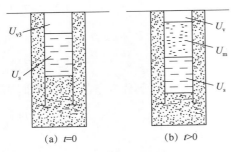

图 2-2-6　替钻井液时套管内液柱
变化情况(第三区间)

3) 第三区间(T_3，T_4)

本区间为替钻井液时间，水泥浆尚未返出套管，T_4 为水泥浆刚好达到套管鞋处。相对时间 $t = T - T_3$。图 2-2-6(a)表示 $t = 0$ 时管内的液柱状态，这时 $U_v|_{t=0} = U_{v3}$；图 2-2-6(b)表示 $t > 0$ 时的液柱状态。

假设替钻井液时，返出排量小于替入排量，则 t 时间内替入钻井液量 U_m 就大于累计返出体积 U，管内就有一部分钻井液 U_x 占据了原真空 U_{v3} 的空间，因此有：

$$U_s = U_m - U + Q_0 t - U, \quad U_v = U_{v3} - U_s \qquad\qquad (2-2-86)$$

代入压降公式得：

$$p = AU_s - BU_v = AU_s - BU_{v3} + BQ_0 t - BU \qquad\qquad (2-2-87)$$

按层流推导：

$$\begin{cases} KQ + G = AU_s - BU_{v3} + BQ_0 t - BU \\ Q|_{t=0} = 0 \end{cases} \qquad\qquad (2-2-88)$$

建立微分方程：

$$K \frac{dQ}{dt} = BQ_0 - BQ \qquad\qquad (2-2-89)$$

解得：

$$Q = Q_0(1 - e^{-\omega t}) \qquad (2-2-90)$$

$$\omega = \frac{\rho}{20 F M Q_0} \qquad (2-2-91)$$

按紊流推导：

$$M Q^2 = A U_s - B U_{v3} + B Q_0 t - B U \qquad (2-2-92)$$

建立微分方程：

$$2 M Q (\mathrm{d}Q / \mathrm{d}t) = B Q_0 - B Q \qquad (2-2-93)$$

解得：

$$Q = Q_0(1 - e^{-\omega t}) \qquad (2-2-94)$$

$$\omega = \frac{\rho}{20 F M Q_0} \qquad (2-2-95)$$

不论是层流还是紊流，都得 $Q_1 = Q_0$ 和 $Q_{\max} = Q_0$。如果用假设条件 $Q > Q_0$ 进行推导，所得结果不变。

关于 T_4 的求解，由于管内出现真空，实际水泥浆返出套管时间 T_4 就会提前。

设套管内总容积为 U_P。当水泥浆达到套管鞋时替入量为 $Q_0 t$，则有 $U_P = U_s + U_v + Q_0 t$，所以：

$$Q_0 t = U_P - U_s - U_v = U_P - U_{v3} + U_x \qquad (2-2-96)$$

$$U_x = Q_0 t - U = Q_0 t - \int_0^t Q \mathrm{d}t \qquad (2-2-97)$$

解得：

$$U_x = Q_0(1 - e^{-\omega t}) / \omega \qquad (2-2-98)$$

因为 $\lim\limits_{t \to \infty} U_x = Q_0 / \omega$，取 $U_x \approx Q_0 / \omega$，所以：

$$t = (U_P - U_s - U_{v3} + Q_0 / \omega) / Q_0 \qquad (2-2-99)$$

如果 $Q_0 / \omega > U_{v3}$，则取 $Q_0 / \omega = U_{v3}$，最后得：

$$T_4 = T_3 + t \qquad (2-2-100)$$

4）第四区间（T_4，T_5）

本区间仍为替钻井液时间。图 2-2-7 给出了替钻井液时套管内液柱变化。

但应注意，此时水泥浆开始返出套管，直到真空空间被钻井液充满为止，即 T_5 为"U"形管效应时间。相对时间 $t = T - T_4$。$T = 0$ 时管内有真空体积 U_{v4}，已替入钻井液量 U_{m4} 和水泥浆量 U_s。在 t 时刻，套管内外液柱压差为：

$$p = A U_1 - B U_P \qquad (2-2-101)$$

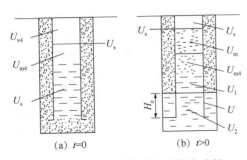

图 2-2-7　替钻井液时套管内液柱
变化情况（第四区间）

由于水泥浆已返出套管外，压降 p 逐渐减小，Q 也变小。设初始条件 $Q\mid_{t=0}=Q'$，则 $Q<Q'$。因为上一区间的 $Q_{max}=Q_0$，可得 $Q'=Q_0$，所以 $Q<Q_0$。在 t 时间内替入钻井液量 U_m，大于返出管外的水泥浆量 U，因此有：

$$U_x = U_m - U = Q_0 t - U \qquad (2-2-102)$$

$$U_v = U_{v4} - U_x \qquad (2-2-103)$$

水泥浆总体积：

$$U_s = U_1 + U_2 + U \qquad (2-2-104)$$

设返出管外的水泥浆柱高度为 H_e，则有：

$$H_e = U/F_e = U_2/F \qquad (2-2-105)$$

$$U_2 = FU/F_e \qquad (2-2-106)$$

$$U_1 = U_s - U - FU/F_e \qquad (2-2-107)$$

式中　F_e——环形空间每米容积，m^3/m。

把以上各关系代入式（2-2-101）中，可得：

$$p = AU_s - BU_{v4} + BQ_0 t - (A + B + AF/F_e)U \qquad (2-2-108)$$

令：

$$N = A + B + AF/F_e = [\rho_i + F(\rho_i - \rho)/F_e]/(10F) \qquad (2-2-109)$$

得：

$$p = AU_s - BU_{v4} + BQ_0 t - NU \qquad (2-2-110)$$

按层流推导：

$$KQ + G = AU_s - BU_{v4} + BQ_0 t - NU \qquad (2-2-111)$$

建立微分方程：

$$\begin{cases} K\dfrac{dQ}{dt} = BQ_0 - NQ \\[2mm] Q\mid_{t=0} = Q_0 \end{cases} \qquad (2-2-112)$$

解之得：

$$Q = \frac{\rho Q_0}{\rho_i + F(\rho_i - \rho)/F_e}(1 - e^{-\omega t}) + Q_0 e^{-\omega t} \qquad (2-2-113)$$

$$\omega = [\rho_i + F(\rho_i - \rho)/F_e]/(10FK) \qquad (2-2-114)$$

$$Q_1 = \rho Q_0 \left[\rho_i + F(\rho_i - \rho)/F_e \right] \tag{2-2-115}$$

可见，当 $\rho_i > \rho$ 时，必然是 $Q < Q_0$，即替钻井液时，返出量小于替入量。

按紊流推导：

$$MQ^2 = AU_s - BU_{v4} + BQ_0 t - NU \tag{2-2-116}$$

同理可得出 Q、Q_1 的计算公式，且其形式与式（2-2-113）至式（2-2-115）相同，但 ω 值不一样。紊流时的 ω 值为：

$$\omega = \left[\rho_i + F(\rho_i - \rho)/F_e \right]^2 / (20F\rho MQ_0) \tag{2-2-117}$$

T_5 为"U"形管效应结束时间，也是替钻井液启动泵压时间。当 T 趋近于 T_5 时，得 $\lim\limits_{U_v \to 0} p = AU_1 = p_5$，可知有：

$$KQ_{\min} + G = AU_1 \tag{2-2-118}$$

$$MQ_{\min}^2 = AU_1 \tag{2-2-119}$$

由式（2-2-118）、式（2-2-119）可以求出 U_1。当 U_v 趋近于 0 时，累计替钻井液量：

$$U_m' = Q_0 t' + U_P - U_1 - U_2 \tag{2-2-120}$$

U_m' 和 t' 分别是从替钻井液开始算起的累计替钻井液量和替钻井液时间，即：

$$U_m' = U_{m4} + U_m \tag{2-2-121}$$

$$t' = T - T_3 \tag{2-2-122}$$

把 $U_s = U + U_1 + U_2 = U_1 + U_2 + F_e U_2/F$ 代入式（2-2-120）并整理得：

$$U_m' = U_P - \frac{U_s F + U_1 F_e}{F + F_e} \tag{2-2-123}$$

因为替钻井液时间 $t' = U_m'/Q_0$，则得：

$$T_5 = T_4 + t' \tag{2-2-124}$$

当"U"形管效应结束时，$U_P = 0$，得 $Q = Q_0$，返出排量 $Q_{\min}$ 突然升至 Q_0，p_f 也相应地从 p_5 突然升至 p_0，水泥头上泵压从 $\lim\limits_{U_v \to 0} p_h = p_f - p = p_5 - p_5 = 0$ 突然上升至 $p_{h5} = p_0 - p_5$，p_{h5} 就是替钻井液启动泵压。

三、固井顶替模拟实验

为了研究有关因素对固井顶替效率的影响规律和提出改善途径，建立了大小两种不同尺寸类型的模拟实验装置，并相应开展了有关实验研究工作。

（一）相似井筒顶替实验

小尺寸模拟井筒由直径为 40mm 和 60mm 的两根透明有机玻璃管组成模拟井眼，其直径与实际井眼直径保持几何相似，因此又称为"相似"井筒。实验过程可采用由颜料染成易于区分的颜色的顶替液和被顶替液，以便清楚地观察和摄影。也可以用水作为冲洗液，用钻井液作为被顶替液，模拟与现场相一致的实验条件。

相似井筒主要由循环系统、动力系统及测量系统三部分组成。图 2-2-8 给出了该装置结构示意图。

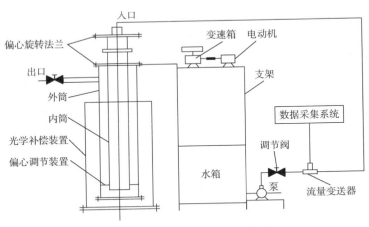

图 2-2-8　相似井筒装置示意图

循环系统为由直径分别为 60mm 和 40mm 的两根有机玻璃透明管组成的循环环空，长度为 2m。环空外筒安装在偏心法兰盘上，通过调节法兰盘，可以实现套管偏心度的调节；实验液体的循环使用泵将水箱内的液体经管线及调节阀由环空内管泵入，再由环形空间返出。控制调节阀，可以实现注替排量和返速的变化。

动力系统主要由电动机和变速箱组成，变速箱连接在内管上，启动电动机及调节变速箱可以实现内管以 35r/min 的转速旋转，实现了对现场旋转套管注水泥施工情况的模拟。

测量系统主要由涡轮流量计和摄影机等组成。通过涡轮流量计与频率计数器计量，能够实时显示流量数据。摄影机主要用于动态记录环空中液体的顶替情况。为了消除光线的折射效应，用有机玻璃制成的方形断面容器将模拟井筒进行包裹，并在容器与井筒中间充满液体。

首先将钻井液预先注入观测段内，然后将顶替液置于水箱内，用 40m 扬程的液泵驱动，进行顶替。通过井筒观察和测量，考察和分析顶替规律。

当利用水作为冲洗液，在偏心度为 30% 的条件下进行冲洗时，在顶替的开始时期，一、二界面上都黏附有钻井液，而随着冲洗时间的增长，界面底部黏附的钻井液开始被冲洗干净，并逐步向上发展。若把顶替液和钻井液的接触面称为锋面，则锋面的上升速度在环空中是不均匀的。在宽间隙处锋面速度高，而窄间隙处锋面速度低。当把锋面与井壁或套管的接触线定义为钻井液滞留线时，则滞留线的上升速度也是不均等的，其在窄间隙处移动速度慢，最低速度点一般发生在最窄间隙处的套管壁上。将这一最低速度定义为钻井液滞升速度，用 $v_{滞}$ 表示。

一般来说钻井液在环空窄间隙的滞升速度 $v_{滞}$，比实际固井顶替时的平均上返速度低得多。若设井下套管偏心段的长度为 ΔL，那么钻井液滞留线通过偏心段所需的时间为

$\Delta t = \Delta L / v_滞$。显然 $v_滞$ 越高，所需的接触时间越少。而在 $v_滞$ 一定的情况下，要把钻井液顶替干净，就应有足够的接触时间。提高 $v_滞$，对于提高顶替效率具有重要意义。可见，$v_滞$ 是影响顶替效率的一个潜在因素，因此研究有关因素对其产生的影响规律，有益于分析和研究提高顶替效率的措施和手段。

表 2-2-1 给出了返速对滞留线上升速度的影响，结果表明，环空返速对 $v_滞$ 有明显的影响，随着返速的增加，$v_滞$ 能明显增大，当环空返速提高到一定程度时，被顶替液和顶替液两种液流的接触面上发生湍动，不再能够维持原有的接触形态，但仍维持连续状态，呈现局部紊流。当顶替速度再提高时，接触面湍动加剧并开始出现不连续断裂，发生大面积剥离。这说明紊流顶替具有很重要的作用。

表 2-2-1　返速对滞留线上升速度的影响

雷诺数	返速，m/s	$v_滞$，10^{-3} m/s
4696.0	0.2058	0.289
6116.8	0.2681	0.789
7417.3	0.3251	1.946
8669.6	0.3799	2.740
9825.5	0.4307	3.125
10812.7	0.4739	2.685
12113.3	0.5309	7.150

被顶替液的性能是影响顶替的重要因素之一。图 2-2-9 至图 2-2-11 分别给出了钻井液静止时间和黏度、密度、屈服应力等对 $v_滞$ 的影响曲线。

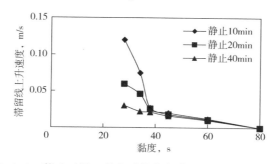

图 2-2-9　静止时间、黏度对钻井液滞留线上升速度的影响

分析可知，钻井液的密度、黏度、屈服应力越低，静止时间越短，$v_滞$ 越高。特别是黏度低于 35s 屈服应力低于 6.5Pa 时，$v_滞$ 值迅速提高。因此保持良好的钻井液性能，尽量减少固井停泵时间，对提高固井顶替效率有利。

内筒的旋转能够明显地改善 $v_滞$，当内筒以 35r/min 转速旋转时，$v_滞$ 至少提高 5 倍以上，最高可达数 10 倍。这表明了旋转套管工艺对于提高环空窄间隙处钻井液的顶替有明显作用。

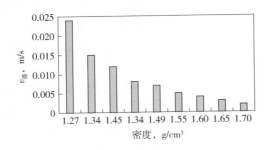

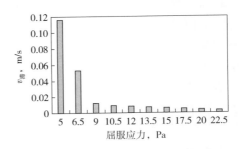

图 2-2-10　钻井液密度对滞留线　　　　图 2-2-11　钻井液屈服应力对滞留线
　　　　　上升速度的影响　　　　　　　　　　　　上升速度的影响

（二）当量井筒顶替实验

大尺寸模拟井筒长 11m，井眼内径为 128mm，套管外径为 48mm，环空当量直径为 80mm，与目前现场 8½in 井眼和 5½in 套管组成环空当量直径相当，因此可称为当量模拟井筒。在该井筒上可安装渗透性砂岩人工模拟井壁以模拟井下地层的渗透特征及考察滤饼的形成特点。

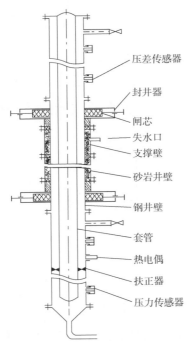

图 2-2-12　当量模拟井筒结构示意图

1. 当量模拟井筒

当量模拟井筒主要由井筒、动力设备、测量系统及辅助设备四部分组成，如图 2-2-12 所示。

井筒部分：筒身长约 12m，模拟套管外径 48mm，井眼内径 128mm。模拟井壁采用渗透性砂岩井壁，井壁两端设有封井装置，可进行环空憋压形成滤饼，并可根据实验要求实现套管偏心及井径变化。

动力设备：该装置配有 2 台 ZJ141-SM 水泥泵，单泵最大排量 1.2m³/min、压力 3.19MPa，由直流电驱动可控硅无级调速，可在一定范围内任意变化排量进行实验。当启动双泵时，模拟井筒内的最大环空返速可达 3.08m/s，超过目前现场施工的最大返速，保证了装置测试实验的返速范围要求。

测量系统：实验参数测量是利用安装在井筒上的压力传感器、压差传感器、温度传感器、电磁流量计、声幅测井仪等仪器仪表完成，并配备了完备的数据采集、记录、处理和微机输出系统。能够实现实验数据的自动采集、显示、记录和打印，并能够绘制压力、流量、声幅随时间的变化关系曲线。

辅助设备：辅助设备有储灰罐、气控下灰系统、混浆池等，可进行钻井液、前置液、水泥浆的混配工作。还配有水泥环切片机、压力机等。可将实验后的井筒切开，观察测量顶替效率及测量界面胶结强度。

当量模拟井筒是利用流动相似的原理设计的。着重考虑了模拟井筒与实际井眼中流体流速、流态及黏滞力等的相似。因此，可选用雷诺准则，令模拟井筒和实际井眼中液流雷诺数相等，即 $Re_原 = Re_模$。

根据雷诺数公式有：

$$\frac{(D_原 - d_原)v_原 \rho_原}{\mu_原} = \frac{(D_模 - d_模)v_模 \rho_模}{\mu_模} \qquad (2-2-125)$$

式中　$D_原$，$D_模$——井眼直径、模拟井径，mm；

　　　$d_原$，$d_模$——井下套管外径、模拟套管外径，mm；

　　　$v_原$，$v_模$——实际返速、模拟返速，m/s；

　　　$\rho_原$，$\rho_模$——实际液体密度、模拟液体密度，g/cm^3；

　　　$\mu_原$，$\mu_模$——实际液体黏度、模拟液体黏度，mPa·s。

当模拟液采用与井下液体介质相同时（$\rho_原 = \rho_模$、$\mu_原 = \mu_模$），有：

$$(D_原 - d_原)v_原 = (D_模 - d_模)v_模 \qquad (2-2-126)$$

当井眼直径取 220mm，套管外径取 5½in（140mm），当量直径为 80mm 时，则要保持两者返速及流态一致，模拟井筒可取 $D_模 = 128$mm、$d_模 = 48$mm。

可见模拟井筒在径向尺寸上比实际井眼小得多，但其当量直径却能与实际井眼相一致，保证了模拟返速与现场施工返速一致的条件下流动雷诺数一致，这对实验结果的分析及直接指导现场生产具有重要意义。

2. 顶替模拟实验

为了研究有关因素对顶替效率及固井质量的影响规律，利用当量模拟井筒实验装置，采用三钾聚合物钻井液作为被驱替液，针对钢管井壁、渗透性砂岩井壁、套管偏心等井眼条件分别进行了冲洗实验和水泥浆顶替实验。

前置液冲洗实验是利用渗透性砂岩模拟井壁，并在套管居中的条件下完成的。实验前将钻井液注入环空，并施加压力 0.7MPa，8h 后，在模拟井壁上形成滤饼厚约 9mm，其中实滤饼约 5mm，松软滤饼约 4mm。采用清水作为冲洗液，返速从 0.5m/s 增至 1.8m/s，冲洗 5min 后，再用水泥浆进行顶替，通过检测凝固后的水泥环切开横断面，可以分析有关因素对顶替效率及固井质量的影响状况。

前置液冲洗实验结果表明，套管壁（第一界面）冲洗干净，套管与水泥环黏结牢固；在井径规矩情况下，能够冲洗掉井壁（二界面）上的浮滤饼，但在渗透性井壁上仍均布着 5mm 厚的滤饼，说明了该施工条件下，采用素流冲洗型前置液，会将实滤饼冲掉；而当井中存在井径变化时，在井径扩大处（扩大率 10%），井壁上不仅存在实滤饼，而且还残留有浮滤饼；然而，尽管在二界面上存在有滤饼，但声幅检测为优质，这充分说明二界面滤饼的存在对声幅测井质量无影响，而声幅测井只能反映一界面的胶结情况。

水泥浆返速是影响顶替及固井效果的重要因素，为了消除其他相关因素实验过程中对顶替研究可能造成的影响，考虑采用钢管光滑井壁、井径不变化、套管居中的理想条件。表 2-2-2 给出了水泥浆返速对顶替及封固质量的影响，实验结果表明，理想条件下，返速达到 0.8m/s 时，就能够使水泥浆充满环空，获得较高的顶替效率及良好的固井质量。

表 2-2-2　水泥浆返速对顶替及封固质量的影响

序号	钻井液密度 g/cm³	钻井液漏斗黏度 s	水泥浆密度 g/cm³	返速 m/s	24h 相对声幅 %	断面状况
1	1.71	38	1.88	0.55	86	钻井液窜槽
2	1.73	38	1.85	0.80	5	水泥充满环空
3	1.76	37	1.86	1.20	12	水泥充满环空
4	1.65	32	1.77	1.50	3	水泥充满环空

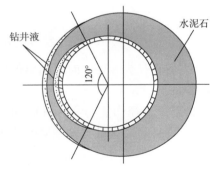

钻井液　　　　　　　　　　　水泥石

图 2-2-13　偏心度 50%时窄间隙钻井液窜槽示意图

表 2-2-3 及图 2-2-13 给出了水泥浆返速为 1.2m/s 时，套管偏心度对顶替效率及固井相对声幅的影响情况。实验结果表明，当偏心度在 40%以内时，套管偏心度对顶替效率没有明显的影响，而当偏心度达到 50%时，在一界面窄间隙处就存在间断的钻井液窜槽，约占整个圆周的 1/3，并影响相对声幅的测井结果，幅值高达 36%，而在二界面窄间隙处形成连续的钻井液槽带。由于实验中采用的是非渗透性规则井眼，对于井下的不规则井壁，预期所产生的窜槽现象将更加明显。

表 2-2-3　套管偏心度对顶替效率的影响

偏心度,%	顶替返速, m/s	相对声幅,%	断面状况
33	1.2	3	水泥充满环空
40	1.2	5	水泥充满环空
50	1.2	36	窄间隙处有钻井液

井径扩大是施工井下经常存在的实际现象，不可避免地会对固井顶替产生影响。为此，利用模拟井筒装置，采用模拟井壁研究井径扩大率对顶替的影响，对工程实践具有现实指导意义。该实验使用渗透性砂岩井壁，将其制成长井径扩大段，控制扩大率在 0~15%之间，并在压差 0.7MPa 下经 16h 使井壁处形成约 9mm 厚的滤饼（包括浮滤饼），保持套管在居中的条件下，以返速 1.2m/s 进行测试。表 2-2-4 给出了测得的井径扩大率对顶替效果的影响情况。

表 2-2-4　井径扩大率对顶替效率的影响

扩大率,%	顶替返速, m/s	相对声幅	断面状况
0	1.2	优质	井壁残存滤饼 5mm
8	1.2	优质	井壁残存滤饼 5mm
10	1.1	优质	井壁残存滤饼 6mm
12	1.2	优质	井壁残存滤饼 8mm
15	1.2	20%	井壁附近水泥与钻井液窜槽

　　通过切开井筒的横断面观察井壁残存滤饼情况，分析井径扩大率对顶替效率的影响，可知，在扩大率为12%以内时，水泥浆从正常井径流向扩大井径，水泥呈光滑流线型并逐渐扩大。随着扩大率增加，井壁上残留滤饼厚度略有增加，对套管界面没有影响，声幅检测也呈优质。当井径扩大率达到15%时，在井眼扩大变化处形成滞留区，该区域内钻井液、前置液及水泥浆相互混掺，因此水泥凝固后强度很低，混掺区域波及至套管界面，并明显地影响声幅测井质量。

第三节　水渗流影响固井质量机理

　　油田经过长期注水开发，含水率不断攀升。在分层注水开发及井网不断加密情况下，层间的不同压力和地层中流体的渗流，严重地影响着固井质量。尤其是渗流速度比较大的层段，表现得更为突出。针对这一问题，开展水渗流对固井质量影响的实验研究。

一、水渗流模拟装置的研制

（一）模拟装置的设计原理

　　通过对井下水泥环微单元的分析，设计的模拟装置应具有地层渗透性模拟、滤饼模拟、水泥环微单元模拟、压力模拟、温度模拟和井眼尺寸模拟等井下模拟条件。此外，还要考虑水泥环胶结质量检测方法。地层模拟主要是地层物性模拟和地层中流体渗流状态模拟。地层中流体的渗流状态模拟是地层模拟中的关键。地层物性主要是指地层渗透率，渗流力学中等值渗流阻力法模型给出了多井同时作用时产出井周围的渗流情况，如图 2-3-1所示。把实际液流假想成两种简单的渗流组合，一种是自供给边缘向井排处的假想排液道的流动，呈平面平行流；另一种是各自井周围以 a/π 为假想供给边缘的各井内的流动，呈平面径向流，且假想供给边缘处的压力相等。

　　油井周围流体分布情况类似于多排井中

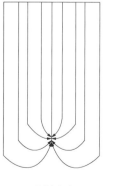

实际流动　　　　　　假想流动

图 2-3-1　产出井周围流体的渗流情况

产液井周围的渗流情况，只不过是由于井内液柱压力大于地层中的孔隙压力，地层中流体不会流入井眼内。模拟装置设计便是依据这样一种模型，利用圆环形岩心模拟井下渗透性地层，让水从模拟岩心一侧进入，从另一侧流出，以模拟地层中流体的定向渗流。

（二）模拟参数的确定

模拟装置的模拟参数，主要包括温度、压力和地层物性（渗透率）等参数。考虑注水开发油田油井的深度，确定模拟装置设计温度范围为 40~65℃，设计压力范围为 12~25MPa，实际实验模拟温度为 45℃，压力为 17MPa。地层物性在井眼剖面上是复杂多变的，水渗流对水泥环胶结产生影响的层位渗透率多在 300~500mD，或更大些。在模拟实验中，主要选择 350~450mD 渗透率的人造岩心和 325 目+60 目筛网模拟条件两套方案。

（三）模拟装置的组成

图 2-3-2 给出了水渗流模拟装置示意图，共分为模拟装置主体、模拟装置加压系统、测量采集系统和辅助设备等四个部分。

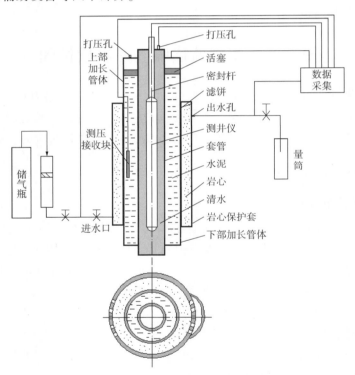

图 2-3-2　水渗流模拟装置示意图

1. 模拟装置主体

模拟装置总长 1.80m，模拟地层釜体岩心段长 500mm，模拟井径 210mm，上部加长管体内装有活塞，活塞用于给水泥环微单元施加上部模拟压力，活塞行程 200mm。上部加长管体长 600mm，内径 225mm，外径 240mm。下部加长管体长 390mm，内径 220mm，外径 240mm。上、下部加长管体主要是消除水泥环在模拟地层中的上、下端部效应，满足测井要求。5½in 套管壁厚 9.17mm，套管内固定 0.5m 源距声幅测井仪，套管内可加压，套管耐压 20MPa。

2. 模拟装置加压系统

模拟装置主要有两套压力系统。一套是利用手压泵给活塞加压模拟水泥环上部压力，实现水泥环微单元受上部水泥浆和钻井液的液柱压力作用。另一套压力是地层孔隙压力。由于注水开发和加密调整，地层中的流体以一定速度渗流。在模拟装置上利用微型计量泵控制流量，安全阀控制出口压力，使水从模拟岩心一侧进入、另一侧流出。

3. 测量采集系统

模拟实验的测量参数包括压力、温度、流量和声幅。温度作为控制参数，主要是控制恒温水浴的水温。流量测量是采用 1000mL 量筒定时测量进出水口的水量。压力和声幅采用系统测量，利用单片机技术进行过程管理，参数输出采用打印机，面板上的小键盘可输入测量过程的控制参数，且具有置数功能。测试系统单板机前面板如图 2-3-3 所示。声幅测量采用 0.5m 源距声幅测井仪，能够连续测量水泥环胶结质量。压力测量采用压力变送器将测量到的压力信号转换成 4~20mA 的电流信号，测试系统再把电流信号转化为数字信号，同其他参数一并输出打印。

4. 辅助设备

实验辅助设备包括滤饼形成装置(图 2-3-4)、工作台、恒温水浴、声幅测井仪自校模拟井段。

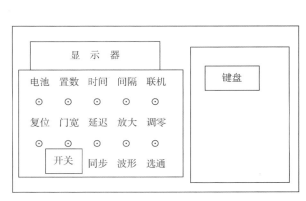

图 2-3-3　测试系统单板机前面板

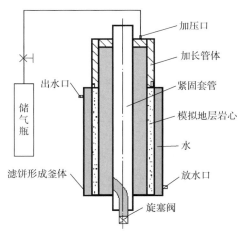

图 2-3-4　滤饼形成装置示意图

二、水渗流模拟装置的功能及特点

利用水渗流模拟装置能够研究环空静液柱压力与地层孔隙压力差对固井质量的影响；研究水渗流对固井质量的影响；评价失水、滤饼、不同体系水泥浆抗水渗流冲蚀结果等多项实验研究。

水渗流模拟装置能够实现对井下水泥环微单元实际压力的模拟，设计模拟压力 0 ~

17MPa；水泥环胶结质量检测采用 CBL 测井仪，与现场检测固井质量手段一致；能够模拟地层中水渗流对水泥环的冲刷侵蚀，且具有不同渗透率的模拟岩心。

三、水渗流模拟实验

把模拟岩心装入滤饼形成装置，关闭下端出水口，用清水浸泡岩心4h。将搅拌好的现场钻井液灌入滤饼形成装置中，在 2MPa×2h 条件下形成滤饼，静止 24h 待实验用。将滤饼形成装置中钻井液放掉，岩心连同上端密封头一起拆下，用清水冲洗滤饼，将浮滤饼冲掉。把带滤饼的模拟岩心装入模拟装置中，接好测压管线，完成模拟装置主体组装。套管内灌满清水，用酒精擦干净声幅测井仪探头，将声幅测井仪放入套管内，用打压方法消除套管内气泡。将模拟装置外壁涂好机油后放入水浴中。再将配制好的水泥浆灌入模拟装置中，调整好活塞位置。根据实验条件，加上模拟水泥环微单元上部压力和模拟地层压力，声幅和压力测量系统调零完毕，开始采集，打印输出时间、温度、声幅、压力数据。实验结束，打印温度、声幅、压力与时间关系曲线，记录渗流流量。

（一）水渗流冲蚀水泥环实验

为检测模拟装置能否达到设计要求，依据上述实验步骤开展水渗流冲蚀水泥环的探索实验。实验温度为室温 22～25℃；地层模拟为钢壁内衬 325 目+60 目筛网；无滤饼。实验数据见表 2-3-1。

表 2-3-1　水渗流冲蚀水泥环的探索实验数据

序号	进水流量，mL/h	相对声幅，%	配方
1	0	0（735min）	A 级水泥原浆，W/C = 0.44，ρ = 1.90g/cm^3
2	900	0（1150min）	A 级水泥原浆，W/C = 0.44，ρ = 1.90g/cm^3
3	1270	14～15（1440min）	A 级水泥原浆+14%微珠，W/C = 0.55，ρ = 1.65g/cm^3
4	3200	40～50（1440min）	A 级水泥原浆，W/C = 0.44，ρ = 1.90g/cm^3

注：W/C 为水灰比。

利用模拟装置能够实现以不同水渗流流速冲蚀水泥环的实验研究。在 1 号中，水渗流流量为 0mL/h，在室温条件下，735min 相对声幅降为 0。2 号中，由于泵上水不好，前 240min 进水流量 35mL/h，240min 后把泵流量调为 900mL/h，水泥环因受到水渗流的冲蚀，相对声幅降得慢了，1150min 相对声幅降为 0。3 号中水渗流流量为 1270mL/h，水泥中加入 14%微珠，1440min 相对声幅为 14%～15%，但还不能完全说明是水渗流的影响。4 号中将流量提高到 3200mL/h，水泥浆为 A 级水泥原浆，1440min 相对声幅达 40%～50%。由此可见，水渗流对固井质量确有影响，模拟装置能够达到设计要求。

（二）滤饼厚度对相对声幅的影响实验

为研究滤饼厚度在模拟实验中的影响，调整滤饼形成时间，形成不同厚度的滤饼。实验温度为 45℃；水泥浆配方为密度 1.90g/cm^3 的 A 级水泥原浆；模拟地层 325 目+60 目筛网带滤饼；滤饼形成压力为 2MPa；采用调整井现场用钻井液。实验数据见表 2-3-2。

表 2-3-2　滤饼厚度对相对声幅的影响实验数据

序号	滤饼形成时间，h	滤饼厚度，mm	相对声幅,%	备注
1	40	8~15	25	致密滤饼厚 2~3mm
2	18	8~12	20	致密滤饼厚 1~2mm
3	2	3~5	0	致密滤饼厚 1mm

（三）实际压力模拟与相对压差模拟的对比实验

压差即指井眼环空静液柱压力与地层孔隙压力差，无论在钻井还是固井过程中都是一个需要严格控制的因素。在液体状态时，井下水泥环微单元受到上部水泥浆静液柱压力作用，同时在径向上受到地层孔隙压力作用。在凝结过程中，上部水泥浆胶凝失重，这样水泥环微单元上部所受到的压力是一个变量，变化规律取决于胶凝强度的发展。水泥胶凝引起的失重可用式（2-3-1）计算：

$$\Delta p = 0.580 \times 10^{-3} \cdot \frac{SGS \cdot L}{D-d} \tag{2-3-1}$$

式中　Δp——压降，MPa；

　　　SGS——胶凝强度，Pa；

　　　L——注水泥环长度，m；

　　　D——井径，m；

　　　d——套管直径，m。

井下水泥环微单元所受地层孔隙压力基本不变。在钻井过程中，由于压差的存在，在渗透性层位势必形成滤饼。在完井过程中，水泥环微单元也是处于带滤饼的地层条件下。因此模拟实验要考虑滤饼的影响。结合室内实验及参考文献，2MPa×2h 的滤饼形成条件较为合理，滤饼厚度控制在 3~5mm。

采用相对压差模拟进行实验，研究压差对固井质量的影响。为了确定相对压差模拟能否代替实际压力模拟，做了相同压差、不同实际压力的模拟实验。实验温度为 45℃；模拟地层为 325 目+60 目筛网，釜体打 5mm 孔；水泥浆采用密度 1.90g/cm³ 的 A 级水泥原浆；滤饼形成条件为 2MPa×2h；钻井液为调整井完井现场钻井液。实验数据见表 2-3-3。

表 2-3-3　相同压差不同实际压力实验数据

序号	实验压差，MPa	滤饼厚度，mm	相对声幅,%
1	$\Delta p = 7 - 0 = 7$	4~5	2~3
2	$\Delta p = 9 - 2 = 7$	4~5	4~3
3	$\Delta p = 13 - 6 = 7$	3~4	3
4	$\Delta p = 17 - 10 = 7$	3~5	4~5

由表 2-3-3 可知，压差保持 7MPa，实际压力由 7MPa 升到 17MPa，相对声幅变化不大，因此，可以认为压差模拟能够代替实际压力模拟。

（四）压差对固井质量影响的实验

在压差对固井质量影响研究中，利用活塞给水泥环微单元加压来模拟水泥环微单元上部压力。为保持地层孔隙压力恒定，用储气瓶以气推水方式给模拟地层釜体加压。模拟实验温度为45℃；模拟地层为325目+60目筛网，釜体打5mm孔；水泥浆采用密度1.90g/cm³的A级水泥原浆；滤饼形成条件为2MPa×2h；钻井液为调整井完井现场钻井液。实验数据见表2-3-4。

表2-3-4 压差对固井质量影响的实验数据

序号	实验压差，MPa	滤饼厚度，mm	相对声幅，%
1	7.0	4~5	2.0~3.0
2	4.0	3~4	2.0
3	2.0	3~5	2.0~3.0
4	1.0	4~5	2.0
5	8.0	3~5	4.5
6	9.0	4~5	8.0
7	10.0	3~5	18.0
8	0.2	4~5	15.0

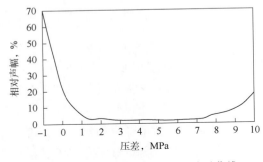

图2-3-5 压差与相对声幅关系曲线

图2-3-5给出了压差与相对声幅关系曲线。在液体状态下，由于井眼环空静液柱压力与地层孔隙压力差和地层渗透性的存在，井下水泥环微单元因压差作用而失水，另外，因为水泥浆本身胶凝强度的发展，导致水泥浆失重。当水泥环内部压力等于地层孔隙压力时，地层水不会进入水泥环。滤饼对水的进入有一个阻力，水泥环本身还有一个阻止水进入的阻力，而且这个阻力随胶凝强度发展而增大。只有当地层孔隙压力大于水泥环阻力、滤饼阻力和水泥环内部液柱压力时，地层中水才可能侵入水泥环。

从表2-3-4和图2-3-5可以看出，可以把压差对固井质量的影响分成-1~1MPa，1~7.5MPa，7.5~10MPa三个区间加以讨论说明。

压差在-1~1MPa之间，即欠压稳和刚刚压稳，由于地层孔隙压力接近环空静液柱压力，并且由于水泥浆的失重，环空液柱压力很快达到地层孔隙压力，这时，水泥环内部的胶凝强度还未发展到足够大，不能阻止地层中的水侵入水泥环。在现场固井中，由于注重压稳措施的落实，刚刚压稳和欠压稳层段较少，因此，对于这种情况，只做了0.2MPa的压差实验。

压差在1~7.5MPa之间，压差对固井质量影响不大，24h相对声幅2%~4%。现场调整井固井中大部分井段都是处于这一压差段。由于水泥浆柱完全压稳地层，当环空静液柱压力低于地层孔隙压力时，水泥浆的胶凝结构已具备阻止水侵入水泥环的能力，又由于在此压差范围内不会造成水泥浆的过量失水，因此相对声幅较低。

压差大于 7.5MPa 时，相对声幅开始升高，压差达到 9MPa 时，24h 相对声幅达到 8%。压差达 10MPa 时，24h 相对声幅为 18%。压差增大，导致水泥浆失水加大，进而相对声幅提高。

为进一步说明失水对固井质量的影响，开展 A 级水泥原浆在不同压差条件下失水后的水泥样品的抗压强度实验。水泥样品在空气中养护 24h，再进行抗压强度测试。实验数据见表 2-3-5。

表 2-3-5　不同压差条件下失水后的水泥石抗压强度

压差，MPa	1	3	5	6	7	8	9
24h 抗压强度，MPa	12.0	11.2	10.8	9.5	8.6	6.1	4.6

由表 2-3-5 可知，随着压差的增大，失水后在空气中养护的水泥石抗压强度减小。失水压差达到 8MPa 后，水泥石的强度比 1MPa 条件下的水泥石强度低将近 50%。在现场固井中，大压差井段固井质量变差的影响因素很多，但失水是一个重要因素。现场为使 CBL 测井与 VDL 测井相统一，把 BI 值 0.8（相对声幅 4%）作为优质井标准。为确保固井优质，取 7.5MPa 作为临界压差，压差应控制在 1~7.5MPa。

（五）水渗流对固井质量影响的实验

调整井特高含水后期，由于注水开发，使产层处于一种动态平衡状态。在固井过程中，水渗流可能冲刷、侵蚀水泥环，导致固井质量变差。利用模拟装置开展实验，研究水渗流对固井质量的影响。

1. 水渗流实验条件的确定

水渗流对水泥环的冲刷、侵蚀主要是由于地层中水渗流对水泥环胶结的干扰和破坏。因此在实验中采用压差模拟，利用活塞给水泥环微单元加压以模拟水泥环上部环空静液柱压力，出水口压力控制采用 3~3.5MPa 安全阀，进水口流量控制利用微型计量泵实现。实验温度选 45℃，地层模拟采用钢壁内衬 325 目+60 目筛网和人造岩心两套方案。

2. 钢壁内衬筛网模拟条件下水渗流实验

研究筛网条件下水渗流对相对声幅的影响。实验温度为 45℃；水泥浆为密度 1.90g/cm³ 的 A 级水泥原浆；模拟地层为无滤饼的 325 目+60 目筛网；上部压力为 7MPa；出口压力为 3~3.5MPa。筛网条件下流量与相对声幅的实验数据见表 2-3-6，关系曲线如图 2-3-6 所示。

由表 2-3-6 和图 2-3-6 可知，在 325 目+60 目筛网模拟条件下，水渗流对水泥环胶结确实有影响。水渗流流量小于 720mL/h，水渗流对水泥环胶结无影响；水渗流流量大于 720mL/h，水渗流对水泥环胶结产生影响，24h 相对声幅 0~2%；流量大于 1100mL/h 时，水渗流流量增大而相对声幅变化不大。图 2-3-7 给出了不同流量条件下相对声幅与时间的关系曲线，其中，1~5 号曲线的流量分别为 3384mL/h、1100mL/h、900mL/h、720mL/h 和 332mL/h。

表 2-3-6 筛网条件下水渗流对相对声幅影响实验数据

序号	流量，mL/h	相对声幅,%	备注
1	3384	45	传感器处水泥环破碎
2	1100	34	
3	900	20	
4	720	0~2	
5	332	0	

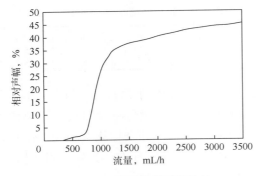

图 2-3-6 筛网条件下流量与
相对声幅关系曲线

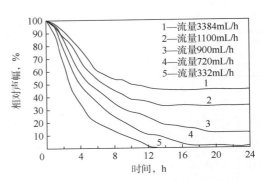

图 2-3-7 不同流量条件下相对声幅与
时间关系曲线

3. 渗透率 350~450mD 人造岩心渗流实验

1）在有无滤饼条件下水渗流对相对声幅的影响

为了确定滤饼对渗流的影响，开展相应对比实验。实验温度为 45℃；模拟地层为人造

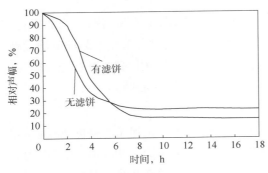

图 2-3-8 岩心有无滤饼条件下
时间与相对声幅关系

岩心，渗透率 350~450mD，孔隙度为 18%~19%；水渗流流量为 1600mL/h；出水口压力为 3~3.5MPa；滤饼形成条件为 2MPa×2h；上部压力为 7MPa；钻井液采用密度为 1.65g/cm³ 的调整井现场用钻井液。实验结果如图 2-3-8 所示。

由图 2-3-8 可知，滤饼的存在减少了水泥浆的失水，使水泥浆相对声幅下降变慢，且由于滤饼的存在，使水渗流对水泥环的冲刷、侵蚀得以减缓，最后带滤饼实验的相对声幅略小于无滤饼实验。但有滤饼的实验，水泥环从二界面先脱落。因此建议在现场固井时，下套管前要划眼通井，固井前充分洗井，减少浮滤饼，以便达到提高二界面封固质量的目的。

2）带滤饼不同渗流流量实验

实验温度为 45℃；模拟地层为 350~450mD 人造岩心，孔隙度为 18%~19%；出水口压力为3~3.5MPa；滤饼形成条件为2MPa×2h；上部压力为7MPa；钻井液为调整井完井现场钻井液。实验数据见表2-3-7，流量与相对声幅关系曲线如图2-3-9所示。

表2-3-7　地层渗透率为350~450mD带滤饼渗流实验数据

序号	流量，mL/h	相对声幅，%
1	980	3~4
2	1200	8
3	1600	15~17
4	2000	36
5	3200	42

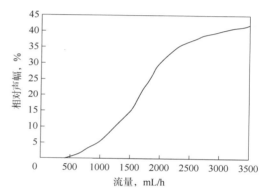

图2-3-9　350~450mD条件下
流量与相对声幅关系

1号实验渗流流量为980mL/h，相对声幅3%~4%。现场取BI值0.8（相对声幅4%）作为优质井。因此在模拟实验中，也以4%作为确定临界流量的标准。由图2-3-9可知，在人造模拟岩心渗透率为350~450mD带滤饼的模拟条件下，水渗流影响固井质量的临界流量为890mL/h。

4. 综合因素影响实验

渗流实验都是在压差模拟条件下完成的，但井下水泥环微单元既受压力影响又受水渗流影响。认为综合因素的影响主要是指压力和水渗流的共同作用，为此，提高模拟实验的出口压力，使模拟实验中进、出水口压力接近井下地层压力。

实验温度为45℃；模拟地层350~450mD人造岩心，孔隙度为18%~19%；滤饼形成条件为2MPa×2h；钻井液为调整井完井现场钻井液；水渗流流量为1600mL/h。实验数据见表2-3-8。

表2-3-8　不同出水口压力水渗流实验数据

序号	相对声幅，%	出水口压力，MPa	上部压力，MPa
1	15~17	3.0~3.5	7.0
2	14~16	5.5~6.0	10.0
3	16~17	8.0~8.5	12.5
4	18~19	10.0~10.5	14.5

出水口压力由3~3.5MPa提高到10~10.5MPa，相对声幅由15%~17%变为18%~19%。由此可见，模拟实验中出水口压力的提高对相对声幅影响不大。综合因素的影响主要取决于水渗流的影响。

5. 水渗流影响固井质量影响机理

井下水泥环微单元，在液体状态时，由于井眼环空静液柱压力大于地层中孔隙压力，水泥浆向地层中失水，随着失水和胶凝强度的发展，水泥环内部静液柱压力降低，当水泥环内部静液柱压力等于地层孔隙压力时，由于水泥环径向毛细管阻力，地层中水还不会进到水泥环，只有当地层孔隙压力大于水泥环径向毛细管阻力和水泥环内部静液柱压力时，地层中水才能侵入水泥环。由于地层中水的冲刷、侵蚀，使水泥环胶结和内部结构受到影响。

在水化机理方面，水泥遇水后，粒面发生相溶解和水化反应，水化产物不断增多，部分水化产物以胶态粒子或小晶体析出，随着进一步水化，由颗粒表面向内部发展，水化产物互相接触形成结构，水泥开始凝固时，过饱和液相中的氢氧化钙结晶析出。由于水渗流的影响，液相中的 Ca^{2+}、OH^-、Mg^{2+} 等离子被水交换带走，氢氧化钙晶体析出减少，使水泥颗粒胶结基质遭到破坏，水泥结构不够致密。

表 2-3-9 给出了不同渗流条件下水泥环小样品的抗压强度数据。由实验数据知，水渗流冲蚀后的水泥环与未受冲蚀的水泥环相比，强度有较大差别。

表 2-3-9　不同水渗流条件下水泥样品强度数据

序号	流量，mL/h	抗压强度，MPa	相对声幅，%
1	0	21.2	0
2	900	12.4	20
3	1100	9.6	34
4	3384	7.4	45

6. 水渗流临界流速计算

在水渗流实验中，水渗流的大小是以渗流流量来衡量的，为与现场的渗流速度相比较，在模拟实验中，利用示踪剂来确定模拟实验中的过水断面，从而将流量转换成流速。

$$v = \frac{Q_{临界}}{A \cdot \phi} = \frac{Q_{临界}}{D \cdot h \cdot \phi} = \frac{890 \text{mL/h}}{50 \times 25.5 \times 0.19} = 3.67 \text{cm/h} \qquad (2-3-2)$$

式中　A——过流面积，cm^2；

　　　h——模拟岩心长度，cm；

　　　ϕ——孔隙度；

　　　D——模拟岩心外径，cm。

利用示踪剂法开展注水井注入水在地层中推进速度的实验。注水井和采油井相距 300m，采油井见到两个月前从注水井注入的示踪剂。注入水在地层中的推进速度为 5m/d。开展了各聚合物驱中心井示踪剂推进速度实验研究，实验数据见表 2-3-10。

由表 2-3-10 数据可知，水渗流实验中得出的临界速度 3.67cm/h 即 0.87m/d，这对现场进一步研究钻关问题提供了一定的参考依据，当现场流速无法满足要求时，需要进一步研发抗水渗水泥浆体系。

表 2-3-10　各聚合物驱中心井示踪剂推进速度

区块	中心井推进速度，m/d	快慢相差倍数
X5 区	0.97~2.55	2.6
DC 区	1.20~6.60	5.5
LN1 区	1.69~9.80	5.8
B1 断西	0.85~7.81	9.2

7. 不同水泥浆体系抗水渗流冲蚀评价实验

对 A 级水泥原浆、A 级水泥采用 DSK 锁水剂和 DPF 降失水剂分别进行了抗水渗流冲蚀评价实验。实验温度为 45℃；模拟地层为钢壁内衬 325 目 + 60 目筛网；上部压力为 7MPa；出水口压力为 3~3.5MPa；渗流流量为 1100mL/h。图 2-3-10 给出了不同水泥浆体系相对声幅与时间关系曲线。

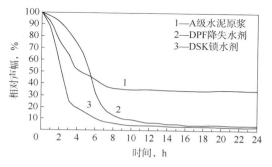

图 2-3-10　不同水泥浆体系相对声幅与时间关系曲线

由图 2-3-10 可知，A 级水泥原浆相对声幅随时间下降介于 DPF 降失水剂和 DSK 锁水剂之间，但其受水流冲蚀影响最严重，24h 相对声幅值达 34%。DPF 降失水剂由于其降失水作用，水泥浆柱保持液体状态的时间长，相对声幅随时间降得慢，最后稳定在 5%~6%。而 DSK 锁水剂由于其速凝早强抗渗等特点，相对声幅与时间关系曲线随时间降得最快，最后稳定在 2%~3%。DSK 锁水抗窜剂、DPF 降失水剂均能明显减小水渗流对水泥环的冲刷、侵蚀，最后相对声幅较低。但 DSK 水泥浆体系与 DPF 水泥浆体系相比，展现出更好的抗渗特点，最后相对声幅小于 4%，更加符合现场对优质井的判定标准。

第四节　水泥胀缩机理

在进行固井作业时，普通硅酸盐油井水泥的水化凝结硬化过程中，混合水与水泥熟料发生水化反应，使水泥浆体积收缩，导致水泥浆柱的孔隙压力降低，造成油、气、水侵。同时，水泥浆体积收缩使水泥环与地层和套管间的胶结质量变差，形成微间隙，既影响固井质量，又会造成油气资源大量流失。因此，有必要进一步分析了解水泥石在井下条件下胀缩规律及其是否对固井质量产生影响。通过研究水泥石的胀缩性，分析水泥环的胶结质量，进而提出解决问题的有效途径。

一、膨胀测量方法的确定

国内外有多种不同的油井水泥石胀缩性测量方法，如国外有称重法、环状膨胀法、棒状法、密闭容器注水法等，用得最多的是环状膨胀法。国内有量筒液面法、水泥块体积变化法、棒状法等，用得最多的是建筑行业用于测量建筑水泥胀缩性的比长仪法。然而，用不同的测量方法会得出不同的测量结果。对目前国内外用得最多的测量油井水泥膨胀的棒状法和环状法进行了对比分析，确定测量油井水泥的线性膨胀的方法。

（一）膨胀测量方法介绍

1. 比长仪（棒状）线性膨胀测量

用比长仪可测量棒状水泥块的线性膨胀，实物图如图 2-4-1 所示。模具包括一个底板、四个隔板、两个定位板、四个定位螺钉和一个上盖，四个隔板放在底板和上盖之间，并用定位板和定位螺钉固定；测量部分包括一个千分表和一个支架。

实验方法为，将配制好的水泥浆倒入比长仪养护模具中，把倒满水泥浆的模具放入预热的恒温水浴中养护，水泥浆终凝后半小时脱模，用卡尺测水泥试件的有效长度 L，并用比长仪测量水泥试件的初始读数 L_0，再把水泥试件放入水浴中继续养护，间隔一定的时间，再用比长仪测试水泥试件的读数 L_x。把 $(L_x-L_0)/L$ 叫作该水泥石在该条件下的膨胀率，该值为正，则水泥石为膨胀；该值为负，则水泥石为收缩。

2. 环状线性膨胀测量

水泥浆的环状线性膨胀是由环形膨胀模型测得，其示意图如图 2-4-2 所示。模型是自行设计的，它包括一个底盘，一个内筒，一个带有两个探针的裂开的可膨胀的圆环和一个顶盘。可膨胀的圆环和内筒被放在两个盘之间。

图 2-4-1　比长仪

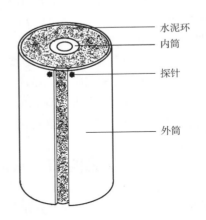

图 2-4-2　环形膨胀模型示意图

实验方法为，先将模具养护在设定温度的水浴中，再往模具中倒入水泥浆，用千分尺测量裂开的可膨胀环上两个探针的距离 D_1，之后将模具放入预热的水浴中。在整个检测中水泥浆与水接触。当水泥凝固并膨胀时，可膨胀环的内部直径增大，两个探针间距离增大。在养护特定时间后再次以相同的方式测量两探针间距离 D_2。水泥浆的线性膨胀即为，凝固前后两探针间距离读数之差乘以与模具周长相关的常数。

（二）实验结果及分析

图 2-4-3 中给出了用棒状与环状两种测试方法对相同水泥浆体系测量的线性膨胀曲线

对比结果。其中，实验温度为45℃，膨胀剂含量占水泥质量的5%。

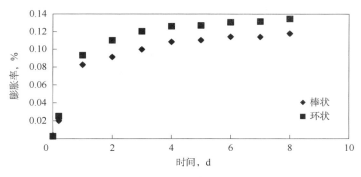

图2-4-3 棒状与环状线性膨胀数据对比

由图2-4-3可见，用棒状和环状两种测试方法所测得的水泥膨胀规律基本相同，但膨胀率稍有差别。分析认为，虽然环状和棒状这两种测量方法都是用来测量水泥的线性膨胀的，但是两种方法中试样的大小、测量的初始时间、水泥所处的外部环境等均不相同，这些因素必然导致测量结果有所不同，因此，这两种测量结果都是可信的。然而，不管用哪种测量方法，都必须与水泥胶结质量联系起来，这样才对实际研究具有重要意义。进一步分析环状和棒状测量方法的区别，发现棒状测量装置是从水泥凝固后才开始测量其膨胀量，而环形膨胀装置是从水泥浆体倒入模具中就开始测量，环形膨胀装置所测量的时间较全面。从形状上看，棒状测量装置是棱柱体，而环形测量装置是环形，环形装置与井下实际环境比较接近。根据以上实验结果分析，认为环状膨胀测量装置更加适合油井水泥膨胀和收缩的测量。

为了进一步研究水泥环的胀缩对界面的影响，在采用环形膨胀装置来测量水泥环的线性膨胀率的基础上，建立了水泥环界面应变测量系统。

二、水泥环界面应变测量系统的研制及理论计算

为研究水泥环的胀缩性对一、二界面产生的影响，同时考虑地层的软硬程度、渗透情况，并根据水泥环在井下的形状，建立了如图2-4-4所示的水泥环应变测量系统。该系统由模型、应变仪和计算机构成。模型是用来模拟油井水泥在井下的形状，由内筒、外筒、底盘和水泥环组成，模型高250mm。内筒代表套管，外筒代表地层。外筒厚度可根据模拟地层而改变，当厚度为0.5mm时，其剪切弹性模量为448MPa，相当于浮滤饼的硬度；当厚度为2mm时，其剪切弹性模量为1928MPa，相当于调整井软地层的硬度；当厚度为10mm时，其剪切弹性模量为9000MPa，相当于硬地层。

实验方法为，首先磨光内筒内表面和外筒外表面，并各贴上3套应变计，按大约120°布

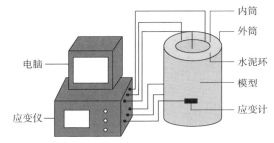

图2-4-4 水泥环界面应变测量系统示意图

置；再把应变计与应变仪相连，打开应变仪及计算机，预热 30min，待各应变计读数稳定后，清零，并把配制好的水泥浆倒入内外筒之间的环空内，同时开始采集数据。

水泥水化反应会引起水泥环的膨胀或收缩，对一、二界面产生作用力，从而引起内外筒的形变，进而引起贴在内筒内表面和外筒外表面上的应变计的变化，应变仪测得应变计的变化后，将数据传入计算机。根据力学公式及所测应变的大小可以计算出水泥环作用于一、二界面的应力。

该装置能够模拟井下水泥环单元的形状和不同硬度的地层，且用应变计直接测量水泥环界面应变，精度高。利用该装置可研究水泥环的胀缩性能，水泥环对一、二界面的应力，水泥环的长期密封性能，水泥环在不同模拟地层条件(不同硬度和水渗透或非渗透)下对一、二界面的应变、应力。

根据水泥环作用于一、二界面的应力变化，可解释其长期封固油水井的效果。如果水泥环作用于一、二界面的应力大，且随着时间的推移应力是增大的，则说明该水泥体系在该条件下长期封固效果较好；反之，如果水泥环作用于一、二界面的应力小或随着时间的推移应力有减小的趋势，则说明该水泥体系在该条件下长期封固油水井的效果变差，甚至可能出现微间隙。

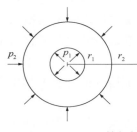

图 2-4-5　空心筒解析示意图

对实验所采集的数据进行处理，首先给出时间与应变的关系曲线。再根据弹性空心筒解法，应用应力圆知识，求出水泥环在一、二界面的应力状态。

空心筒解析原理如图 2-4-5 所示，这种解法对内外筒都适用。内筒在内表面上径向应力为零，外筒在外表面上径向应力为零。筒和水泥之间的径向应力和径向位移是连续的(除非有微环隙产生)。

应用二维平面应变解法来估算每个环内应力和应变的状态。在空心筒中，径向应力作为半径的函数是：

$$\sigma_r = \frac{p_2 r_2^2 - p_1 r_1^2}{r_2^2 - r_1^2} - \frac{(p_2 - p_1) r_2^2 r_1^2}{r_2^2 - r_1^2} \cdot \frac{1}{r} \qquad (2-4-1)$$

切向应力是：

$$\sigma_\theta = \frac{p_2 r_2^2 - p_1 r_1^2}{r_2^2 - r_1^2} + \frac{(p_2 - p_1) r_2^2 r_1^2}{r_2^2 - r_1^2} \cdot \frac{1}{r} \qquad (2-4-2)$$

径向位移是：

$$u = \frac{1 - 2\nu}{2G} \cdot \frac{(p_2 r_2^2 - p_1 r_1^2) r}{r_2^2 - r_1^2} + \frac{1}{2G} \cdot \frac{(p_2 - p_1) r_2^2 r_1^2}{r_2^2 - r_1^2} \cdot \frac{1}{r} \qquad (2-4-3)$$

根据上面等式，可以从外筒外径和内筒内径上获得的应变测量值来估算水泥与钢界面(即一、二界面)上的径向应力。从外筒外表面的应变可得出水泥环二界面的应力为：

$$\sigma_{r(r=r_2)} = -\varepsilon_{\theta(r=r_1)} \frac{G}{1-\nu} \cdot \frac{r_2^2 - r_1^2}{r_2^2} \qquad (2-4-4)$$

从内筒内表面的应变可得出水泥环一界面的应力为：

$$\sigma_{r(r=r_1)} = \varepsilon_{r(r=r_2)} \frac{G}{1-\nu} \cdot \frac{r_2^2 - r_1^2}{r_1^2} \qquad (2-4-5)$$

式中　　ε_θ——外筒表面的应变；

　　　　ε_r——内筒表面的应变；

　　　　r_1——空心圆环内径，mm；

　　　　r_2——空心圆环外径，mm；

　　　　p_1——在 r_1 处的径向应力，MPa；

　　　　p_2——在 r_2 处的径向应力，MPa；

　　　　σ_r——在空心圆环中的径向应力，MPa；

　　　　σ_θ——在空心圆环中的切向应力，MPa；

　　　　G——剪切模量，MPa；

　　　　u——钢的径向位移，mm；

　　　　ν——泊松比。

三、水泥石胀缩性能评价实验

（一）水泥在渗透和非渗透环境下的实验

水泥石在井下所处养护环境不同，有时处于隔层或气层（即水少或没水的层位，此时水泥处于非渗透的养护环境），有时处于水层或油水同层（即有水的层位，此时水泥处于水渗透的养护环境中）。由于水能直接参与水泥的水化，因此水泥所处的养护环境会影响水泥的性能。为此，对 A 级水泥原浆进行了水渗透和非渗透条件下的应变测量。实验用图 2-4-4 所示装置，选用 2mm 厚外筒，实验条件为 22℃×常压，实验曲线如图 2-4-6 和图 2-4-7 所示。

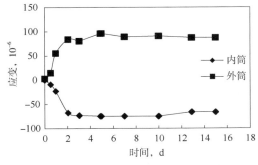

图 2-4-6　A 级水泥原浆在水渗透
条件下的应变曲线

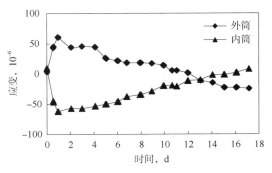

图 2-4-7　A 级水泥原浆在非渗透
条件下的应变曲线

由图 2-4-6 可知，在水浴条件下，A 级水泥原浆对一、二界面均产生应变，2d 前的应变变化较大，2d 以后应变变化不大，说明 A 级水泥原浆 2d 前有膨胀的趋势，2d 以后没有明显的膨胀或收缩现象。且从图 2-4-6 还可以看出，水泥膨胀既向一界面膨胀又向二界面膨胀。

由图 2-4-7 可知，在没有水养护条件下，A 级水泥原浆在 1d 前略有膨胀的趋势（比水浴养护条件下的膨胀小得多），之后，A 级水泥一直处于收缩的状态。且从图 2-4-7 还可以看出，水泥收缩几乎是以水泥环的几何中心为中心进行收缩。即如果水泥收缩，则在一、二界面都有产生微环隙的可能，且在二界面产生微环隙的可能性较大。经计算，在该实验条件下，水泥环在二界面可产生 0.01mm 宽的微环，在一界面可产生 0.004mm 宽的微环。在此实验基础上，进一步测试了 A 级水泥原浆在 45℃×常压下的界面胶结强度实验。其胀缩曲线如图 2-4-8 所示，界面强度实验数据见表 2-4-1。

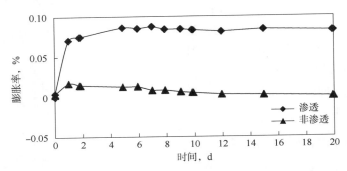

图 2-4-8　A 级水泥原浆在渗透和非渗透条件下胀缩曲线

表 2-4-1　A 级水泥原浆在一界面胶结强度数据

时间，d	水渗透界面胶结强度，MPa	非渗透界面胶结强度，MPa
1	2.51	2.38
2	2.80	2.00
7	3.40	1.80
15	4.00	1.50

由图 2-4-8 知，A 级水泥原浆在水渗透环境中 2d 前的膨胀率增加得较快，2d 之后变化不大；在非渗透环境中 1d 前的膨胀率略有增大的趋势，之后一直处于收缩状态。由表 2-4-1 知，A 级水泥原浆在水渗透环境下的界面强度发展规律不同于水泥在非渗透环境中的发展规律，在水渗透环境下的界面强度随时间的延长而增大，在非渗透环境下的界面强度随时间的延长而减小，且在水渗透条件下的界面强度总是大于非渗透条件下的界面胶结强度。

综合以上实验分析，在模拟条件下，若水泥膨胀率大，则水泥环在一、二界面产生的应变就大，水泥环的界面强度就高。想要提高非渗透环境下的固井质量，所用水泥浆应具有降失水的特点，使水泥浆有尽可能多的水进行水化；同时，水泥浆在非渗透环境下应具有膨胀或不收缩等特点，使其界面胶结强度提高，从而提高固井质量。

（二）水泥在不同硬度地层条件下的实验

为研究水泥环在不同硬度地层条件下的应变及应力，首先对 A 级水泥原浆在 45℃ 水浴中进行了不同硬度地层条件下的 24h 一界面强度测试。实验数据见表 2-4-2。

表 2-4-2　地层硬度对水泥胶结强度影响

序号	养护条件	模拟地层	一界面胶结强度，MPa
1	45℃×常压×24h	7mm 厚钢环	2.51
2	45℃×常压×15d	7mm 厚钢环	4.00
3	45℃×20.7MPa×24h	7mm 厚钢环	2.81
4	45℃×常压×24h	0.5mm 厚钢环	0.78
5	45℃×常压×15d	0.5mm 厚钢环	0.80
6	45℃×20.7MPa×24h	0.5mm 厚钢环	0.92
7	45℃×常压×24h	2mm 滤饼+砂岩	0.66
8	45℃×20.7MPa×24h	2mm 厚钢环	2.71

由表 2-4-2 可知，当水泥环外为厚钢环时，其一界面的胶结强度较高；当水泥环外为很薄的钢环或滤饼时，其一界面的胶结强度很低。这说明不同硬度的模拟地层，对一界面的胶结强度影响很大。地层越软，一界面的胶结强度越低；地层越硬，一界面的胶结强度越高。

用不同厚度的外筒来模拟不同硬度的地层，利用图 2-4-4 的实验装置，在 22℃ 下对 A 级水泥原浆进行了不同硬度地层条件下的应变测量。图 2-4-9 至图 2-4-11 分别给出了使用 0.5mm、2mm 和 10mm 外筒时，A 级水泥原浆水泥环一、二界面处所产生的应变曲线。图 2-4-12 给出了使用不同厚度外筒，A 级水泥原浆水泥环在一、二界面处所产生的应变曲线综合图。图 2-4-12 的应变曲线系列号说明见表 2-4-3。

表 2-4-3　图 2-4-12 应变曲线系列号说明

应变曲线系列号	1	2	3	4	5	6
外筒厚度，mm	2.0	2.0	10.0	10.0	0.5	0.5
在哪一界面引起	一	二	一	二	一	二

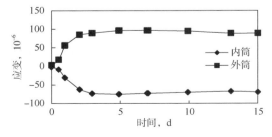

图 2-4-9　A 级水泥原浆在 0.5mm 厚
钢环中的应变曲线

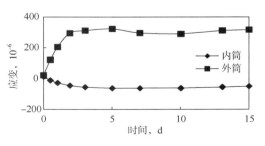

图 2-4-10　A 级水泥原浆在 2mm 厚
钢环中的应变曲线

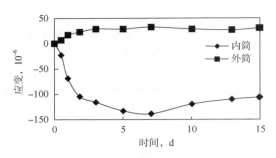

图 2-4-11　A 级水泥原浆在 10mm 厚
钢环中的应变曲线

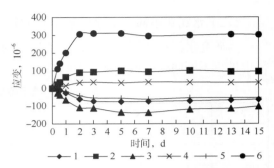

图 2-4-12　A 级水泥原浆在不同厚度外
筒中一、二界面应变曲线

由图 2-4-12 可知，外筒越厚，水泥环在一界面处产生的应变越大；外筒越薄，水泥环在一界面处产生的应变越小。

同时，对水泥环在一、二界面产生的应力进行了计算。图 2-4-13 至图 2-4-15 分别给出了使用 0.5mm、2mm 和 10mm 外筒时，A 级水泥原浆水泥环在一、二界面处所产生的应力曲线。图 2-4-16 给出了使用不同厚度外筒，A 级水泥原浆水泥环在一、二界面处所产生的应力曲线综合图。图 2-4-16 的应力曲线系列号说明见表 2-4-4。

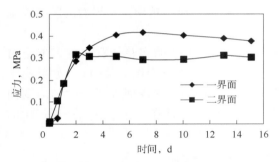

图 2-4-13　0.5mm 外筒 A 级水泥原浆一、
二界面应力曲线

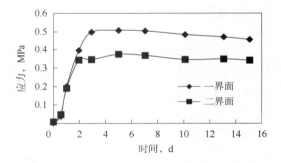

图 2-4-14　2mm 外筒 A 级水泥原浆一、
二界面应力曲线

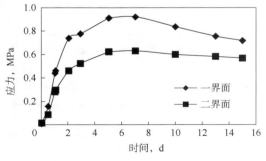

图 2-4-15　10mm 外筒 A 级水泥原浆一、
二界面应力曲线

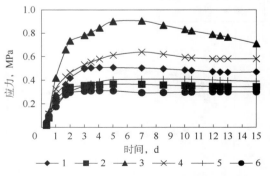

图 2-4-16　A 级水泥原浆在不同厚度外筒中
一、二界面应力曲线

表2-4-4　图2-4-15应力曲线系列号说明

应力曲线系列号	1	2	3	4	5	6
外筒厚度，mm	2.0	2.0	10.0	10.0	0.5	0.5
在哪一界面产生	一	二	一	二	一	二

由图2-4-16可知，外筒越厚，也就是说地层越硬，水泥环在一界面处引起的变形越大，对一界面产生的应力越大；外筒越薄，也就是说比较软的地层，水泥环在二界面处引起的变形越大，对一界面产生的应力越小，甚至有形成微环隙的可能。进而分析，水泥膨胀总是朝向抵抗力最小的方向发展，因此在平时的固井作业中，要使水泥对一界面封固良好，水泥与地层相接触的界面必须有一定的硬度。在此基础上若使用膨胀水泥，使水泥向一、二界面膨胀，将会使界面封固更好。

第五节　固井界面胶结机理

砂岩注水油藏长期开发后，地层水洗严重，含水率不断攀升，高渗透砂岩层界面胶结问题异常突出。为了提高采收率，层系细分、精细注水等开发手段的推广应用，对固井界面的胶结质量和水泥环的封隔能力也提出了更高的要求。针对高渗透砂岩层固井质量问题，从界面胶结研究入手，创建一系列评价手段及方法；通过物理模拟井下工程情况，揭示套管水泥环界面声学响应、力学性能以及微观形貌关系；阐述高渗透层固井界面胶结的劣化机理，对全面提高复杂井固井质量、提高开发效益具有重要的现实意义。

一、高渗透层固井界面的声学响应

（一）高渗透层固井界面的声学响应现场统计分析

普遍采用声波变密度曲线解释固井质量，根据声波测井原理，声波由一种介质向另一种介质传播，在两种介质形成的界面上会发生声波的反射和折射。在套管井中，声波传播路径有如图2-5-1所示的四种可能的途径，分别为沿套管传播的套管波、沿水泥环传播的水泥环波（与地层波重合）、在地层中传播的滑行纵波与滑行横波，以及通过钻井液直接传播的钻井液波。波形如图2-5-2所示。

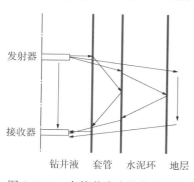

图2-5-1　套管井中声波传播路径

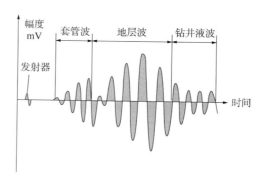

图2-5-2　声波变密度波形

现场主要是利用相对声幅计算 BI 值来评价套管水泥环胶结质量，BI 值计算公式如下：

$$BI = \frac{\lg(CBL) - \lg(CBL_{fp})}{\lg(CBL_g) - \lg(CBL_{fp})} \qquad (2-5-1)$$

式中　BI——胶结指数；

　　　CBL——相对声幅，%或 mV；

　　　CBL_{fp}——自由套管相对声幅，%或 mV；

　　　CBL_g——当次固井水泥胶结最好井段的相对声幅，通常在当次整个测井井段中相对声幅最低，%或 mV。

式(2-5-1)中 CBL 相对声幅是指套管波幅度，BI 值主要反映了水泥与套管声耦合情况。当套管与管外水泥界面胶结良好时，声波传播至套管与水泥界面时，声波发生折射，大部分进入水泥，套管波幅度较弱，BI 值相对较高；当界面胶结不好时，声耦差，声波大部分被反射到套管中，套管波幅度增强，BI 值降低。因此，BI 值能够反映出套管水泥环界面胶结的声学响应。

1. 地层渗透率对声学响应影响统计分析

分别统计了同时期 LMD 油田和 XSG 油田声学检测的固井质量，见表 2-5-1。

表 2-5-1　LMD 油田和 XSG 油田固井质量情况统计表

区块	统计井数，口	优质井数，口	合格井数，口	优质率，%	合格率，%
LMD 油田	83	34	49	40.96	100
XSG 油田	215	184	31	85.58	100
合计（平均）	298	218	80	73.15	100

不同区块固井质量的优质率差别很大。LMD 油田声变检测固井质量优质率为 40.96%，XSG 油田声变检测固井质量优质率为 85.58%，优质率相差 40 多个百分点。这些同时期对比井采取钻井和固井施工工艺措施基本相同，不同之处只是地层情况不同。LMD 油田地层的渗透率大，压力低。

LMD 油田固井质量差的层段主要集中在砂岩层段，高渗透低压层对固井质量的影响十分明显。从实测地层孔隙压力（RFT）资料看，高渗透主力油层地层压力系数在 0.7~0.8 之间，处于欠压状态，而这部分油层渗透率一般在 200mD 以上，最高可达 5000mD，具有典型的高渗透低压特征。按渗透率 300mD 为分界点统计不同层段对应的固井声学检测情况，结果见表 2-5-2。

表 2-5-2　地层渗透率与固井质量情况统计表

地层渗透率，mD	BI 值不小于 0.8（优质）的层数占统计层数比例，%
<300	56.5
≥300	13.3

XSG 油田高渗透低压层固井质量统计分析也呈现出相似的规律。当主力油层空气渗透率低于 300mD 时，固井优质层段比例为 60.2%；当主力油层空气渗透率高于 300mD 时，固井优质层段的比例为 29.4%。

通过对现场声幅测井资料的统计分析发现，无论不同区块还是同一区块内，采取的钻井和固井施工工艺措施基本相同情况下，随着地层渗透率增大，对应的套管水泥环界面声学响应变差。

2. 地层流体流动性对声学响应影响统计分析

由于长期的注水开发，高渗透层长期处于水流冲刷的作用下，岩层孔隙通径、渗透率有增大的趋势。据电测资料统计分析表明，油田开发初期，SRT 油田南二、南三区西块葡一组渗透率大于 500mD 的井较多。选择该区作为调查分析区块，通过对油水井钻关进行差异性控制，设置相对稳定区和相对不稳定区两种地下环境，以研究砂岩层内流体流动性对固井质量声学检测结果的影响。

相对稳定区为，萨葡层系注水井钻关距离小于 450m，对于钻开油层前井口剩余压力，300m 内注水井关井 24h 小于 2.0MPa，300~450m 注水井小于 3.0MPa；高台子层系注水井钻关距离 300m 以内，钻开油层前井口剩余压力小于 4.0MPa。钻关时间从开钻前 7d 至固井后 15d。

相对不稳定区为，萨葡层系注水井钻关距离及井口剩余压力与相对稳定试验区要求相同。恢复注水时间为固井后 2d。

统计了相对不稳定区 35 口井、相对稳定区 50 口井，2d 与 15d 的声变测井情况，见表 2-5-3。

表 2-5-3　相对不稳定区和相对稳定区固井质量情况统计

类别		相对不稳定区（35 口井）		相对稳定区（50 口井）	
		2d	15d	2d	15d
封固段总长，m		9445.94		14106.90	
封固段长，m	BI≥0.8	8718.60（占比 92.23%）	7573.25（占比 80.18%）	13796.5（占比 97.80%）	13563.7（占比 96.15%）
	0.4≤BI<0.8	646.10（占比 6.84%）	1402.72（占比 14.85%）	276.50（占比 1.96%）	394.99（占比 2.80%）
	BI<0.4	86.90（占比 0.92%）	469.46（占比 4.97%）	33.87（占比 0.24%）	148.12（占比 1.05%）

相对稳定区声波检测的固井质量要好于相对不稳定区，且随着测井时间的延长，对固井质量的影响更加明显。即砂岩层内动态的注采环境，会使套管水泥环界面声学响应变差。

通过现场声变测井资料的统计分析可进一步得知，在采取基本相同的钻完井工艺技术措施时，随着地层渗透性增大，套管水泥环界面声学响应变差，动态的地下环境会加剧套管水泥环界面声学响应变差。

（二）固井界面的超声波响应实验

为明确影响现场声波测井界面胶结质量的因素，开展室内模拟实验研究。建立了"超声波评价封固质量胶结实验装置"，以超声波在不同介质中的传播速度不同为基本原理，依据水泥与胶结界面缺陷位置不同导致超声波在各界面的反射波发生的时间差异，进而通过测量垂直射向套管的反射波评价水泥的胶结情况，全方位地反映各界面的超声响应，全面判断影响胶结质量因素。

1. 实验装置及实验方法

1）实验装置

图2-5-3给出了超声波评价封固质量胶结实验装置的示意图。该装置包括胶结评价实验模拟装置和微型超声测井系统两部分。利用胶结评价实验模拟装置可实现地层、套内等压力体系下，井下水泥环微单元状态模拟。微型超声测井系统主要包含超声换能器设计、解释方法研究和解释软件设计等。利用微型超声测井系统可记录水泥浆由液态到固态界面胶结超声响应变化信息，检测一界面和二界面胶结良好、空套管、一界面胶结良好、二界面有缺陷、一界面胶结不好等情况的超声波响应。通过超声波评价封固质量胶结实验装置，可研究层间压差、地层渗透性等参数变化时，固井界面的超声波响应情况，从而确定对固井界面胶结的影响因素。此外，利用该装置还能够研究微间隙、地层运移力、失水、滤饼等因素对固井界面胶结质量的影响。

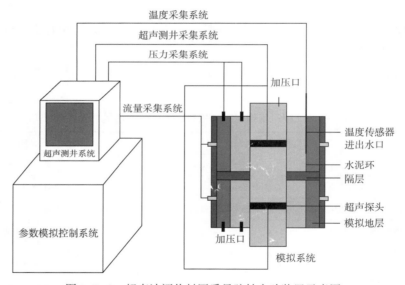

图2-5-3　超声波评价封固质量胶结实验装置示意图

（1）胶结评价实验模拟装置。

胶结评价实验模拟装置分为胶结评价实验釜体及压力控制两部分。

胶结评价实验装置釜体装置高度800mm、釜体高度400mm、釜体外径400mm、模拟套管外径5½in、水泥环压力釜体整体实验段长350mm，水泥环厚度40mm，装置满足雷诺准则，周向模拟比例为1∶1，满足几何相似。设计水泥环外采用有孔钢管配合筛网模拟渗透性地层。可进行地层渗透性、滤饼、压力、温度、井眼尺寸等参数模拟，基本实现模拟实验情况与调整井井下水泥环微单元状态情况相似。

压力控制系统是利用压力变送器测压，通过改变两个压力系统，实现水泥环上部液柱压力和地层孔隙压力的模拟。出口压力控制采用背压方式控制，实现定压实验和定流量实验。压力控制平稳，压力和流量测量与计算机采集系统相连，实现数据的自动记录。

（2）微型超声测井系统。

微型超声测井系统以超声波在不同介质中传播的速度不同为基本原理，依据不同缺陷类型样品中水泥与胶结界面位置不同，导致超声波在各界面的反射波发生的时间不同（回波中峰值出现位置不同）而建立。将超声回波时间序列分成几个时间段，每段对应不同的缺陷类型。每个时间段的起始点根据样品实验获得，在每个时间段中，样品缺陷尺寸与其最大峰值出现的时间呈线性关系，可根据回波中峰值出现的时间，判断样品的缺陷类型。微型超声测井系统主要包含超声换能器设计、解释方法研究、解释软件设计等。

① 超声换能器设计。

超声换能器采用单发单收设计方案，由超声换能器发出的超声脉冲通过套管、水泥石和地层传播，当声波遇到不同介质界面时发生反射，其回波由同一超声换能器接收。而当超声波在介质中传播时，首先要由介质的吸收效应引起衰减，其次声波在不同介质的胶结界面处要发生反射。超声换能器接收到的回波加载了介质及界面胶结信息。界面的位置不同，回波到达的时间也不同，通过对回波在时域分段开窗，并根据窗内的能量大小，判别胶结情况。在超声换能器设计中，超声换能器的主频优选是关键。超声换能器发射频率影响声波在探测介质中的传播距离和探测精度。超声换能器发射频率高，探测和识别缺陷的能力强，受钻井液衰减、测量距离、目的层表面结构影响大，声波探测的距离变短。为了提高超声换能器的探测精度，同时又能使能量损失最小，探测足够的距离，经测试及理论计算，本测试系统所采用的超声换能器频率为1MHz，中心频率为780kHz（套管本身的谐振频率为360kHz），处于此频率的超声波，能有效地穿过套管钢壁，损失能量最少，能将界面的有用信息更好地传回超声换能器，提高解释能力。其中，1MHz超声换能器的激发波形及频谱分布如图2-5-4所示。

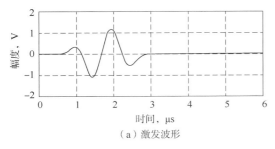
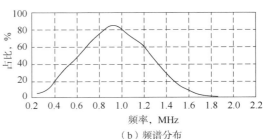

（a）激发波形　　　　　　　　　　（b）频谱分布

图2-5-4　激发波形及频谱分布图

由图2-5-4可知，换能器的中心频率约为1MHz左右，具有灵敏度高、频带宽等特点。利用软件绘制了超声换能器声场的三维网格图、声场的等高线图，如图2-5-5所示。

由图2-5-5可知，该换能器的声场均匀分布在中心轴线的垂直截面上，声束分布非常均匀，呈圆形，具有良好的声场均匀性。

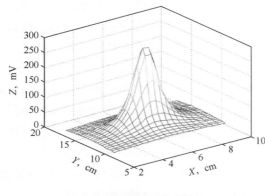

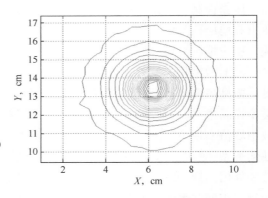

（a）垂直截面声场（轴向距离17.5cm）　　　　（b）声场平面等高线图（轴向距离17.5cm）

图 2-5-5　超声换能器垂直截面声场及等高线

该系统采用了 12 个超声换能器，分上下两层，每层在圆周上间隔 60°均匀摆放，两组换能器起始角度差 30°，这样两组换能器就能解释间隔 30°周向 360°的水泥界面胶结质量。换能器利用推靠装置被紧贴在套管内壁上，系统依次激发各通道换能器发射超声脉冲，声波垂直穿过管壁，经过各界面的反射被同一换能器接收，接收到的信号输入到工控机进行显示、存储和信号处理。

② 解释方法。

采用"峰值时间法"对结果进行解释，其原理是根据超声波在不同介质中传播的声速不同（超声波在水中的传播速度为 1500m/s，在钢中大约为 6000m/s，水泥中为 2271 ～ 4065m/s），不同胶结缺陷类型导致超声波在各界面的反射波发生的时间不同，即回波中最大峰值出现位置不同。"峰值时间法"将超声回波时间序列分成几个时间段，每段对应不同的缺陷类型。每个时间段的起始点根据实验获得或理论估算，并且每个时间段中胶结缺陷尺寸与其最大峰值出现的时间呈线性关系。因此，可根据回波中峰值出现的时间判断样品的缺陷类型。

为了从理论分析、计算不同胶结情况的回波峰值出现的时间位置，进一步建立理论分析标样，其结构如图 2-5-6 所示。同时，按几何尺寸归纳为 6 种胶结类型，见表 2-5-4。

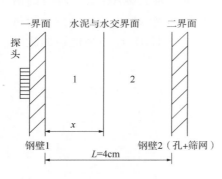

图 2-5-6　理论分析标样

表 2-5-4　几何尺寸归纳胶结类型

x 值	胶结类型	x 值	胶结类型
0	一界面胶结良好	4cm	空套管
0～500μm	一界面微环	0～3.95cm	二界面窜槽
500μm～4cm	一界面窜槽	3.95cm～4cm	二界面微环

根据标样测试及理论估算，确定了各个胶结缺陷在时域开窗的起始点。其中，$0\sim$ $30\mu s$ 为超声信号在钢壁1中多次反射叠加后的回波，幅度很大且对于各种缺陷类型不敏感，故剔除。$80\sim100\mu s$ 中，超声能量经过各界面多次反射，衰减很大，所以能量非常微弱，可不用考虑。因此截取回波序列 $30\sim80\mu s$ 进行判断。为了补偿随着深度增加超声能量逐渐衰减的影响，峰值幅度由时间加权（$y_{max}=xy$，其中，y_{max} 为峰值幅度；y 为实际峰值；x 为峰值对应的时间）。通过理论计算及对建立的不同标样的检测，将回波序列从 $30\sim80\mu s$ 划分为 6 个时间段；搜索回波信号中峰值最大值发生位置，确定不同胶结类型的峰值出现的时域区间，制定了胶结质量判别表，建立了微型超声测井系统胶结质量判别方法。表 2-5-5 为实验得到的胶结质量判别表。可根据该表判断回波信号中最大峰值发生时间落于哪个胶结缺陷时间段内，给出胶结质量的评价结果。

表 2-5-5　胶结质量判别表

胶结状态	胶结良好	二界面微环	一界面窜槽	一界面微环	二界面窜槽	空套管
峰值出现时，μs	37.05	45.35	32.10	30.00	63.25	67.90
时间段，μs	$34\sim43$	$43\sim46$	$32\sim35$	$30\sim31$	$46\sim65$	$65\sim80$
解释结果	一界面好 二界面好	一界面好 二界面中	一界面差	一界面中	一界面好 二界面差	一界面差 二界面差

③ 解释软件。

该软件系统功能齐全，包括硬件控制，当前回波波形和环境参数的实时监控、保存、回放，当前通道回波信号和试验结束后打印水泥胶结质量评价结果等，图 2-5-7 为测井采集软件界面。本系统主界面窗口分为菜单命令区、快捷按钮区、当前参数显示区、参数设置区、图形显示区、命令按钮区、工作模式选择区 7 个功能部分。可选择单通道工作模式和多通道轮流工作模式，试验中在图形显示区随时查看当前通道的波形，如图 2-5-8 所示。

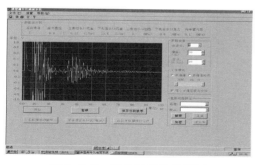

图 2-5-7　测井采集软件界面

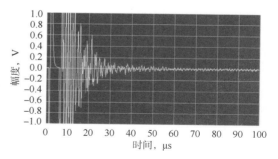

图 2-5-8　某通道的回波波形示意图

2）实验方法

实验能够模拟空套管、理想胶结、一界面微环隙、渗透性地层等条件下，超声波的响应情况。

模拟空套管：在套管与模拟地层（钢壁）之间注入清水，检测 1～15d 超声波响应。

模拟胶结良好：在套管与模拟地层（钢壁）之间注入水泥浆，保持管内压力与环空压力恒定养护水泥环，检测 1～15d 超声波响应。

模拟一界面微环隙：在套管与模拟地层（钢壁）之间注入水泥浆，水泥环液柱一直保持 5MPa，套管内部压力为 14.5MPa。当水泥凝固后，释放套管内部压力，造成一界面微环隙，检测 1～15d 超声波响应。

模拟渗透性地层：选用有孔钢管和筛网配合使用模拟渗透性地层，可分别将筛网置于钢管的内侧与外侧，在环空注入钻井液，加压 2MPa，在筛网表面形成滤饼，模拟渗透性地层形成的内、外滤饼。然后，在套管与模拟地层（钢壁）之间注入水泥浆，检测 1～15d 超声波响应。

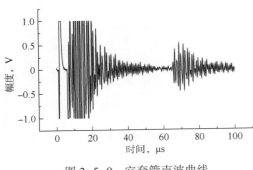

图 2-5-9　空套管声波曲线

2. 实验及结果分析

1）超声响应标定实验

（1）空套管超声响应。

空套管的情况即用水来填充环空，套管与地层间充满水，超声波响应曲线如图 2-5-9 所示。

空套管的特征波形很明显。"梭子形"的特征波反映的是二界面的声学响应，包络线面积大，且出现的时间较晚。

（2）胶结良好超声响应。

应用水灰比 0.44 的 A 级水泥原浆，完全填充环空。在 45℃ 条件下，15d 与 1d 超声波响应曲线如图 2-5-10 所示。界面胶结良好的超声波特征曲线与空套管相比，特征波包络线面积小，且出现的时间早。15d 与 1d 相比，波幅度增大，且时间前移。分析认为，随着时间的推移，水泥石的声阻抗增大，声波反射速度增大，反射回来所用的时间缩短，损失的能量变小，从而反射回来的能量变大。

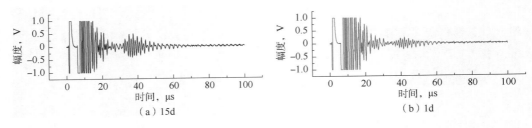

（a）15d　　　　　　　　　　（b）1d

图 2-5-10　15d、1d 声波曲线对比（在 45℃ 条件下）

（3）微环超声响应。

应用水灰比 0.44 的 A 级水泥原浆，完全填充环空。在 45℃ 条件下，应用变化内压的方法，在一界面形成微环。15d 与 1d 超声波响应曲线如图 2-5-11 所示。

从图 2-5-11 中一界面形成微环的特征波形曲线可知，形成微环后 15d 与 1d 的声信号基本无差别。分析认为，此时声波不能透过水泥石到达二界面，因此没有二界面反射波信号。

2）不同二界面介质对超声响应的影响

为验证不同二界面情况对超声响应信号的影响，设计了模拟实验，见表2-5-6。将二界面分成了6个扇区，共实现6种情况的模拟。采用有孔、无孔钢管分别模拟渗透性砂岩地层和泥岩地层，采用钢管内、外壁粘有筛网形成内外滤饼。水泥采用水灰比0.44的A级水泥原浆，地层压力为7MPa，环空压力为7MPa，模拟温度为45℃。

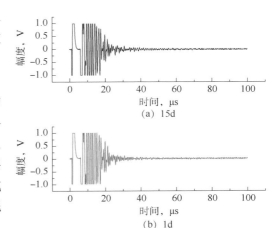

图2-5-11 形成微环1d、15d声波曲线对比

表2-5-6 6个扇区模拟情况及水泥环超声检测结果统计

探头	模拟地层的钢管处是否有孔	模拟地层的钢管内有无筛网	模拟地层的钢管外有无筛网	模拟地层有无滤饼	1d水泥环胶结质量	15d水泥环胶结质量
1	√	×	√	√	差	差
2	√	√	×	√	差	差
3	√	√	×	×	较好	很好
4	√	无筛网有胶布	×	√	好	差
5	×	√	×	×	很好	非常好
6	×	×	×	耦合剂	很好	好

注："√"代表"有"，"×"代表"无"。

1~6号探头在1d、15d的声信号如图2-5-12至图2-5-17所示。

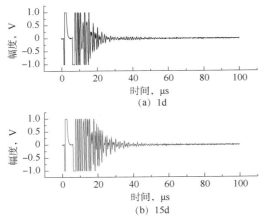

图2-5-12 1号探头1d、15d声波曲线对比

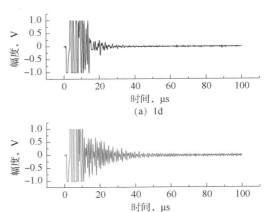

图2-5-13 2号探头1d、15d声波曲线对比

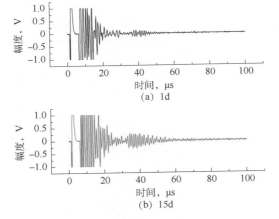

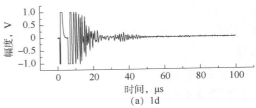

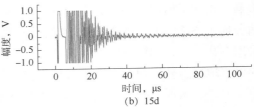

图 2-5-14　3 号探头 1d、15d 声波曲线对比

图 2-5-15　4 号探头 1d、15d 声波曲线对比

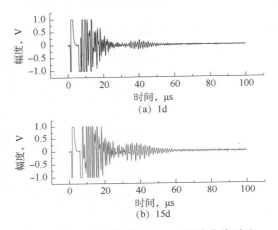

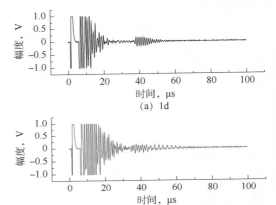

图 2-5-16　5 号探头 1d、15d 声波曲线对比

图 2-5-17　6 号探头 1d、15d 声波曲线对比

　　通过超声信号特征曲线图可以看出，二界面介质改变对二界面胶结质量有影响。其中，5 号探头测量的位置对应水泥环外为筛网，从图 2-5-16 中可以看出，随着水泥固化时间的延长，水泥环胶结质量向好的方向发展，一、二界面胶结良好。1 号、2 号、4 号探头测得的特征曲线信号对应二界面模拟渗透性地层，从图 2-5-12、图 2-5-13、图 2-5-15 中可以看出，渗透性地层表面存在滤饼，其特征波形与一界面存在微环特征波形相似。6 号探头为水泥环外为 5mm 厚度耦合剂，图 2-5-17 中出现二界面信号，但随着时间的推移二界面信号变弱，说明在这种情况下，水泥环界面胶结随时间推移有变差的趋势。

　　上述实验表明，在界面清洁状态下，随着水泥固化时间的延长，水泥环胶结质量向好的方向发展，一、二界面胶结良好；而当二界面存在滤饼时，出现与一界面有微环特征波形相似的特征波形，水泥环界面胶结随时间推移有变差的趋势。通过界面超声响应实验可以看出，延时条件下高渗透层滤饼影响了界面胶结质量。

（三）固井界面声波响应实验

　　通过超声波封固质量评价实验发现延时条件下高渗透层滤饼影响了界面胶结质量。现场固井质量的评价是用声波幅度法来检测的，为了进一步确定影响因素，实现室内模拟与现场生产中的可比性，开展了固井界面的声波响应实验研究。

1. 实验装置及实验方法

1）实验装置

为研究地层渗透性对界面声波响应的影响，建立了声波法套管水泥环胶结质量评价系统，如图 2-5-18 所示。

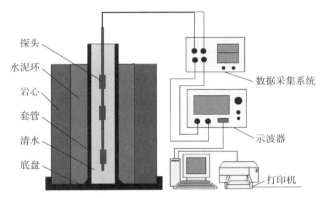

图 2-5-18　声波法水泥环胶结质量评价系统

声波法套管水泥环胶结质量评价系统由模拟装置、声波测井仪、数据采集及处理系统三部分组成，可满足"边界无限"的要求。可模拟水泥环所处的井下环境，包括温度、不同渗透率地层、不同厚度滤饼以及地层流体，实现界面声学响应检测。

模拟装置包括模拟岩心、套管和水泥环。为了避免受到尺寸效应的影响，模拟装置与大庆调整井钻头尺寸和固井用的套管尺寸相同。按 8½in 井眼设计，模拟岩心采用天然砂岩，内径 230mm，厚度 100mm，高度 1.50m，渗透率可选；套管外径 139.7mm，壁厚 7.72mm，高度 1.65m，模拟比例 1∶1。

声波测井仪包括发射探头、接收探头及相关的机械部件。源距 3ft，外径 73mm，耐温 125℃，耐压 50MPa。该测井仪与现场声波变密度（CBL/VDL）测井仪相比，尺寸相同，评价原理相同，把室内与现场评价水泥环胶结质量的方法统一，使室内研究更有针对性，更具说服力。实现了室内实验和现场评价固井质量的结果具有可比性的突破。

数据采集及处理系统包括数据采集器、示波器、计算机等。

2）实验方法及实验条件

首先，在模拟地层岩心上形成厚度不同的滤饼。然后，将水泥浆倒入模拟地层与套管间的环空中，在模拟条件下养护水泥环。最后，在养护过程中进行连续声波测井，并记录测井结果的变化情况。在实验时使用不同渗透率的岩心模拟地层，采用乳液聚合物钻井液体系形成不同厚度的滤饼（1～10mm）；使用水灰比 0.44 的 G 级水泥原浆，在 40℃ 水浴中养护 1～15d。

2. 实验情况及结果分析

1）不同渗透率和滤饼厚度的模拟实验

为研究高渗透层对界面声学响应的影响，利用声波法水泥环胶结质量评价系统，进行了 6 种情况下的声波检测实验。具体模拟地层条件、检测相对幅度、胶结指数等数据见表 2-5-7。15d 后的声波全波列曲线如图 2-5-19 所示。

表 2-5-7 不同地层条件下 15d 相对声幅和胶结指数

模拟地层	1mD 泥岩 自由套管①	10mD 砂岩②	1000mD 砂岩③	100mD 砂岩④	1000mD 砂岩⑤	6000mD 砂岩⑥
滤饼厚度，mm	0	0	0	1	4	10
首波幅度，mV	1400	23	28	40	300	480
相对声幅，%	100.0	1.6	2.0	2.9	21.4	34.3
BI 值	0	1.00	0.96	0.88	0.41	0.30

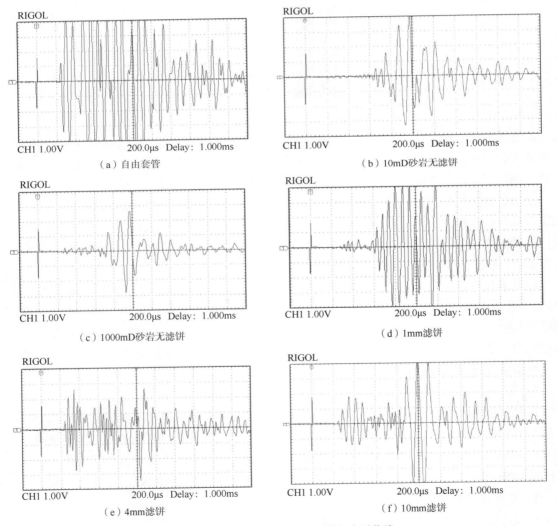

（a）自由套管 　　　　　　（b）10mD砂岩无滤饼

（c）1000mD砂岩无滤饼 　　　　（d）1mm滤饼

（e）4mm滤饼 　　　　　　（f）10mm滤饼

图 2-5-19 不同厚度滤饼全波列曲线

由表 2-5-7 数据可知，对于不同渗透率的砂岩地层，当二界面无滤饼、顶替干净时，套管波首波幅度很小，评价固井胶结质量为优质。随着地层渗透率的增加，滤饼厚度增加，首波幅度增大，评价胶结质量变差。当 100mD 砂岩地层有 1mm 滤饼存在时，固井胶结质量为优质；1000mD 砂岩地层有 4mm 在滤饼存在时，固井胶结质量为不合格；6000mD 砂岩地层有 10mm 滤饼存在时，固井胶结质量为不合格。

对比图 2-5-19 中（b）（d）（e）（f），水泥环外存在滤饼时，全波列曲线中有明显的"梭子形"特征波形。滤饼薄时，特征波形的包络面积小；滤饼厚时，特征波形的包络面积大。

2）二界面介质变化的模拟实验

为进一步研究渗透层界面声学响应，开展了二界面介质变化的模拟实验。在二界面形成 10mm 滤饼后，注入水泥浆，进行水泥环声波胶结质量检测。检测后将模拟岩心与滤饼分离，由于滤饼较厚，二界面基本无强度，认为在岩心分离过程中不会影响到一界面的胶结。岩心除去后，清洗掉二界面的滤饼，将水泥环与套管组合体再放入岩心中，在 10mm 滤饼空间内分别替换为不同介质，主要包括空气、静态水、动态水、油基钻井液（密度 1.2g/cm³）、砂子（压实）等，进行水泥环声波胶结质量检测，检测结果见表 2-5-8。

表 2-5-8　二界面不同环境下的声波测井声幅数据和胶结指数

参数	自由套管	空气	静态水	动态水	油基钻井液	砂子
首波幅度，mV	1400	480	780	820	624	440
首波相对声幅，%	100.0	34.3	55.7	58.6	44.6	31.4
胶结指数（BI 值）	0	0.30	0.14	0.13	0.24	0.32

由表 2-5-8 中数据可知，将 10mm 滤饼置换成不同介质后，水泥环声波检测胶结质量仍然处于胶结差的状态，但胶结差的程度有所不同。10mm 滤饼置换成静态水时，胶结质量比 10mm 滤饼时要差，BI 值仅为 0.14；10mm 滤饼置换成动态水后，胶结质量进一步变差，BI 值为 0.13；10mm 滤饼置换成密度为 1.2g/cm³ 油基钻井液后，BI 值为 0.24，胶结质量比 10mm 滤饼时差；10mm 滤饼置换成砂子后，显示的胶结质量比 10mm 滤饼时略好。

分析以上实验结果可知，改变二界面介质的性质，主要是导致了水泥环与套管之间的作用力发生了改变，从而对声学响应产生了影响。空气、清水和油基钻井液的密度低于滤饼的密度，对水泥环产生的作用力小于滤饼对水泥环产生的作用力。因此，用空气、清水和油基钻井液替换滤饼时，水泥环的胶结质量比 10mm 滤饼存在时的胶结质量差；而砂子的密度要高于滤饼的密度，对水泥环产生的作用力要大于滤饼对水泥环产生的作用力，因此，用砂子替换滤饼时，水泥环的胶结质量比 10mm 滤饼存在时的胶结质量要好。清水、油基钻井液和砂子密度要高于空气的密度，对水泥环产生的作用力要大于空气对水泥环产生的作用力，因此，用清水、油基钻井液和砂子替换滤饼时，水泥环的胶结质量比介质是空气的胶结质量要好。此外，动态环境会加剧声学响应的变化。

与界面超声响应相同，在界面清洁状态下，套管波首波幅度很小，评价固井胶结质量为优质。延时条件下，随着滤饼厚度增加，首波幅度增大，评价胶结质量变差。当二界面介质变化时，套管水泥环界面声学响应也发生相应的变化，动态环境会加剧声学响应的变化。高渗透性地层滤饼和动态地下环境是影响渗透层声学响应主要因素，二界面变化影响了一界面的声学响应。

（四）水泥声波胶结质量评价数值模拟

通过建立的物理模型对井下环境进行了模拟，对界面胶结状态进行了检测。并进一步开发了数值模拟软件，能够为物理模型提供理论依据，对理想状态下的物理模拟结果进行验证。

1．水泥声波胶结质量评价数值模拟方法建立

1）模型与方法

模型采用柱状多层开放声波导这一物理模型来模拟井内、井外环境。设定井外为柱状多层的均匀准弹性固体（或流体），主要用于评价自由套管与一、二界面窜槽等情形对接收波形的影响。声源通常为点状源波或柱状源。点状源是用无限小胀缩球来模拟声源，柱状源是用局部表面径向振动的无限长刚性柱来模拟测井声系。点状源波与柱状源波形成规律相同，物理结论一致，点状源在机理研究中有方便之处，柱状源更接近实际测井声系。首先推导声源为点状源时井内声压场，模型如图2-5-20所示。

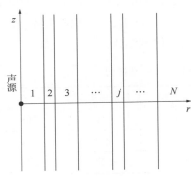

图 2-5-20　点源柱状多层介质模型

应用双重 Fourier 积分计算井孔声压场，居中放置的点状声源在井孔中激发的声压直达场为：

$$p_{\mathrm{D}}(r,\ z,\ t) = \frac{1}{(2\pi)^2} \int_{-\infty}^{\infty}\int_{-\infty}^{\infty} 2\mathrm{K}_0(lr)F(\omega)\,\mathrm{e}^{\mathrm{i}(\omega t - lz)}\,\mathrm{d}l\mathrm{d}\omega \qquad (2\text{-}5\text{-}2)$$

式中　$r,\ z$——描述空间位置的柱坐标；

t——时间，s；

K_0——第二类零阶变形贝塞尔函数；

$F(\omega)$——声源时间函数的傅里叶变换；

l——轴向波数，cm^{-1}；

ω——圆频率，Hz。

声压反射场为：

$$p_{\mathrm{R}}(r,\ z,\ t) = \frac{1}{(2\pi)^2}\iint R(l,\ r,\ \omega)F(\omega)\mathrm{I}_0(lr)\,\mathrm{e}^{\mathrm{i}(\omega t - lz)}\,\mathrm{d}l\mathrm{d}\omega \qquad (2\text{-}5\text{-}3)$$

式中　I_0——第一类零阶变形贝塞尔函数。

井孔声压全波场为 $p_{\mathrm{F}} = p_{\mathrm{D}} + p_{\mathrm{R}}$。其中，$R(r,\ \omega,\ l)$ 的具体形式与井孔和井外各层介质模型有关。$R(r,\ \omega,\ l)$ 是地层滤波函数或系统频率响应函数。

2）准弹性介质中的声压波场

设定井外各层介质皆为均匀准弹性介质。对于准弹性介质，应力—应变关系为：

$$T = 2(\mu + i\mu')S + (\lambda + i\lambda')eI \qquad (2-5-4)$$

式中　T——均匀准弹性介质中的应力张量；

　　　S——均匀准弹性介质中的应变张量；

　　　λ，μ——Lame 系数；

　　　λ'，μ'——与介质内摩擦有关的参数；

　　　I——单位张量；

　　　i——虚数单位；

　　　e——体积应变。

$$S = \frac{1}{2}\left[\nabla u + (\nabla u)^{\mathrm{T}}\right] \qquad (2-5-5)$$

$$e = |S| = \nabla \cdot u \qquad (2-5-6)$$

式中　u——位移。

在模型中，准弹性介质的弹性波衰减是由纵波、横波的品质因数 Q_p，Q_s 给出的，当 $\mu' \ll \mu$，$\lambda' \ll \lambda$ 时，它们和 λ'，μ' 之间的关系为：

$$Q_p = -\frac{\lambda + 2\mu}{\lambda' + 2\mu'} \qquad (2-5-7)$$

$$Q_s = \frac{\mu}{\mu'} \qquad (2-5-8)$$

由上面的应力—应变关系，可得出准弹性介质中的位移场方程为：

$$M(1+ib)\nabla\nabla \cdot u - \mu(1+id)\nabla\times(\nabla\times u) = \rho\frac{\partial^2 u}{\partial t^2} \qquad (2-5-9)$$

其中，ρ 为体密度，$M = \lambda + 2\mu$，$b = (\lambda' + 2\mu')/(\lambda + 2\mu)$，$d = \mu'/\mu$。

对于轴对称体系，在无 SH 波激发时，引入声势 Φ，Ψ 可得到各介质层中的波动方程：

$$u = \nabla\Phi + \nabla\times(\nabla\times\psi e_z) \qquad (2-5-10)$$

对固体介质存在纵波和 SV 横波：

$$\nabla^2\Phi - \frac{1}{\alpha^2(1+ib)}\frac{\partial^2\Phi}{\partial t^2} = 0 \qquad (2-5-11)$$

$$\nabla^2\psi - \frac{1}{\beta^2(1+id)}\frac{\partial^2\psi}{\partial t^2} = 0 \qquad (2-5-12)$$

式中　α——纵波声速，m/s；

　　　β——横波声速，m/s。

其中，$\alpha = \sqrt{\dfrac{M}{\rho}}$，$\beta = \sqrt{\dfrac{\mu}{\rho}}$。在流体介质中，只有纵波没有横波，此时应用式（2-5-10）即可。对不同介质层，将 α，β 加不同下角标加以区分。

上述方程在频率波数域具有下面形式的一般解：

$$\Phi(r,\ l,\ \omega) = \mathrm{I}_0(mr)X_1 + \mathrm{K}_0(mr)X_2 \tag{2-5-13}$$

$$\psi(r,\ l,\ \omega) = \mathrm{I}_0(kr)X_3 + \mathrm{K}_0(kr)X_4 \tag{2-5-14}$$

式中 X_1——向内传播纵波的待定系数；

X_2——向外传播纵波的待定系数；

X_3——向内传播横波的待定系数；

X_4——向外传播横波的待定系数；

m——纵波的径向波数，cm^{-1}；

k——横波的径向波数，cm^{-1}；

I_0，K_0——零阶变形贝塞尔函数。

并有：

$$\begin{cases} m^2 = l^2 - k_\alpha^2 \\[2mm] k^2 = l^2 - k_\beta^2 \\[2mm] k_\alpha^2 = \dfrac{\omega^2 \rho}{M^*} \\[4mm] k_\beta^2 = \dfrac{\omega^2 \rho}{\mu^*} \\[4mm] M^* = \lambda^* + 2\mu^* \\[2mm] \lambda^* = \lambda + \mathrm{i}\lambda' \\[2mm] \mu^* = \mu + \mathrm{i}\mu' \end{cases} \tag{2-5-15}$$

利用位移、应力和声势之间的关系，给出位移、应力的 Fourier 变换式。

对于固体有：

$$\begin{aligned} U_z(r,\ l,\ \omega) &= \frac{\partial \Phi}{\partial z} + \frac{\partial^2 \psi}{\partial z^2} \\ &= m[\mathrm{I}_1(mr)X_1 - \mathrm{K}_1(mr)X_2] + \mathrm{i}lk[\mathrm{I}_1(kr)X_3 - \mathrm{K}_1(kr)X_4] \end{aligned} \tag{2-5-16}$$

$$\begin{aligned} U_z(r,\ l,\ \omega) &= \frac{\partial \Phi}{\partial z} + \frac{\partial^2 \psi}{\partial z^2} \\ &= \mathrm{i}l[\mathrm{I}_1(mr)X_1 + \mathrm{K}_0(mr)X_2] - k^2[\mathrm{I}_0(kr)X_3 + \mathrm{K}_0(kr)X_4] \end{aligned} \tag{2-5-17}$$

$$T_{rr}(r,\ l,\ \omega) = \lambda^* \nabla^2 \Phi + 2\mu^* \frac{\partial u_r}{\partial r}$$

$$= \mu^* \left\{ \left[(l^2+k^2) I_0(mr) - \frac{2m I_1(mr)}{r} \right] X_1 + \left[(l^2+k^2) K_0(mr) + \frac{2m I_1(mr)}{r} \right] X_2 + \right.$$

$$\left. i2l \left[k^2 I_0(kr) - \frac{k I_1(kr)}{r} \right] X_3 + i2l \left[k^2 I_0(kr) + \frac{k I_1(kr)}{r} \right] X_4 \right\}$$

$$(2-5-18)$$

$$T_{rz}(r,\ l,\ \omega) = \mu^* \left(\frac{\partial u_z}{\partial r} + \frac{\partial u_r}{\partial z} \right)$$

$$= \mu^* \left\{ i2lm \left[I_1(mr) X_1 - K_1(mr) X_2 \right] - k(l_2+k_2) \left[I_1(kr) X_3 - K_1(kr) X_4 \right] \right\}$$

$$(2-5-19)$$

而对流体介质有：

$$U_r(r,\ l,\ \omega) = \frac{\partial \Phi}{\partial r}$$

$$(2-5-20)$$

$$= m_f \left[I_1(m_f r) X_1 - K_1(m_f r) X_2 \right]$$

$$T_{rr}(r,\ l,\ \omega) = -\omega^2 \rho \Phi$$

$$(2-5-21)$$

$$= -\omega^2 \rho \left[I_0(m_f r) X_1 + K_0(m_f r) X_2 \right]$$

$$T_{rz}(r,\ l,\ \omega) = 0 \qquad (2-5-22)$$

其中：

$$\begin{cases} m_f^2 = l^2 - k_{\alpha f}^2 \\ k_{\alpha f} = \dfrac{\omega}{\alpha_f} \\ \alpha_f = \dfrac{M_f}{\rho_f} \end{cases}$$

$$(2-5-23)$$

式中 I_1，K_1——一阶变形贝塞尔函数。

3）柱状多层介质中的波场

在不同水泥胶结状况的套管井模型中，存在两类边界，即流体—固体边界和固体—固体边界。在流体—固体边界上，径向的位移和应力满足连续性边界条件，在固体—固体边界上径向和切向的位移和应力均满足连续性边界条件。当固体介质处在中间某层时，方程中含有 4 个待定系数，在最外层时，因为最外层是半无限的，没有向内传播的波，只含有 2 个待定系数。流体在最内层时，方程含 2 个待定系数，在最外层时含 1 个待定系数。

以水泥胶结好、最外层为半无限地层为例，给出这种情况下的地层滤波函数 $R(r$，

l，ω）。此时井内流体有 2 个待定系数，套管和水泥各有 4 个待定系数，地层有 2 个待定系数，共 12 个待定系数。由点源辐射场式可得 $X_2^1 = 2$，还有 11 个待定系数。

在水泥胶结良好的情况下，各固体介质层中质点的位移和应力可用势函数表示如下：

$$\boldsymbol{Y}^i = \boldsymbol{H}^i \cdot \boldsymbol{X}^i \tag{2-5-24}$$

$$\boldsymbol{Y}^i = (u_u^i, \ u_z^i, \ \tau_{rr}^i, \ \tau_{rz}^i)^{\mathrm{T}} \tag{2-5-25}$$

$$\boldsymbol{X}^i = (X_1^i, \ X_2^i, \ X_3^i, \ X_4^i)^{\mathrm{T}} \tag{2-5-26}$$

式中　T——矩阵的转置；

$\quad\quad\boldsymbol{Y}^i$——位移应力矢量；

$\quad\quad\boldsymbol{X}^i$——系数矢量；

$\quad\quad\boldsymbol{H}^i$——第 i 层介质的系数矢量与位移应力矢量的转换矩阵。

$i = 2$，3，4 分别代表钢管，水泥和地层。$\boldsymbol{H}^i$ 是 4×4 阶复矩阵，其矩阵元的具体形式为：

$$
\begin{cases}
H_{11}^i = m\mathrm{I}_1(mr) \\[4pt]
H_{12}^i = -m\mathrm{K}_1(mr) \\[4pt]
H_{13}^i = ilk\mathrm{I}_1(kr) \\[4pt]
H_{14}^i = -ilk\mathrm{K}_1(kr) \\[4pt]
H_{21}^i = il\mathrm{I}_0(mr) \\[4pt]
H_{22}^i = il\mathrm{K}_0(mr) \\[4pt]
H_{23}^i = -k^2\mathrm{I}_0(kr) \\[4pt]
H_{24}^i = -k^2\mathrm{K}_0(kr) \\[4pt]
H_{31}^i = \mu^* \left[(l^2 + k^2)\mathrm{I}_0(mr) - \dfrac{2m\mathrm{I}_1(mr)}{r} \right] \\[10pt]
H_{32}^i = \mu^* \left[(l^2 + k^2)\mathrm{K}_0(mr) + \dfrac{2m\mathrm{I}_1(mr)}{r} \right] \\[10pt]
H_{33}^i = 2i\mu^* \left[k^2\mathrm{I}_0(kr) - \dfrac{k\mathrm{I}_1(kr)}{r} \right] \\[10pt]
H_{34}^i = 2i\mu^* \left[k^2\mathrm{I}_0(kr) + \dfrac{k\mathrm{I}_1(kr)}{r} \right] \\[10pt]
H_{41}^i = 2ilm\mu^* \mathrm{I}_1(mr) \\[4pt]
H_{42}^i = -2ilm\mu^* \mathrm{K}_1(mr) \\[4pt]
H_{43}^i = -k(l^2 + k^2)\mu^* \mathrm{I}_1(kr) \\[4pt]
H_{44}^i = k(l^2 + k^2)\mu^* \mathrm{K}_1(kr)
\end{cases} \tag{2-5-27}
$$

对于实际的物理过程，H^i 必为非奇异矩阵，因此 H^i 的逆总是存在的。在固体—固体边界，介质位移和应力连续，边界条件为：

$$Y^i = Y^{i+1} \quad i = 2,\ 3 \tag{2-5-28}$$

在钻井液与套管界面上有边界条件：

$$u_r^1(r_2) = u_r^2(r_2),\quad -p^1(r_2) = \tau_{rr}^2(r_2),\quad 0 = \tau_{rz}^2(r_2) \tag{2-5-29}$$

综上，利用各界面的连接条件，可以由 11 个方程组成一个形如 $AX = B$ 的 11 元方程组，可求出 11 个待定系数。其中，A 是 11×11 的系数矩阵，$X = (X_1,\ X_2,\ \cdots,\ X_{11})^{\mathrm{T}}$，$B = (1,\ 0,\ 0,\ \cdots,\ 0)^{\mathrm{T}}$。可解出 X_i，其中 X_1 就是地层滤波函数 $R(r,\ l,\ \omega)$。可以验证，对任意给定的 n 层介质，界面上给出的方程总个数 f_n 一定等于介质中待定系数的总个数。因而，在给待定系数编号后，皆可建立封闭的线性方程组：$AX = B$。由输入信息，程序自动生成左端的 A，进而解出待定系数 $X_i(i = 1,\ 2,\ \cdots,\ f_n)$，确定出滤波函数 $R(r,\ l,\ \omega)$；最后通过两次 Fourier 变换，给出声压的离散值 $p(r,\ z,\ t)$。

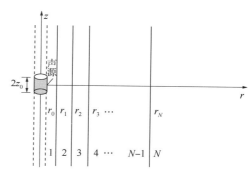

图 2-5-21　柱状源柱状多层介质模型

4）柱状源模型

柱状源模型是用居中放置局部表面振动的无限长刚性柱来模拟声源，其优点是更接近实际测井装置，如图 2-5-21 所示。

对于柱状源情况，井孔中的声压场总可以表示成：

$$p(r,\ z,\ t) = \frac{1}{(2\pi)^2} \int_{-\infty}^{\infty} \int_{-\infty}^{\infty} R(r,\ l,\ \omega) U(l) F(\omega)\ \mathrm{e}^{i\omega t}\ \mathrm{e}^{-ilz} \mathrm{d}l \mathrm{d}\omega \tag{2-5-30}$$

$U(l)$ 是声源空间分布函数的 Fourier 变换，选取柱源空间函数为：

$$u(z) = \begin{cases} 1 &,\ |z| \leqslant z_0 \\ 0 &,\ |z| > z_0 \end{cases} \tag{2-5-31}$$

其 Fourier 变换为：

$$U(l) = 2z_0 \frac{\sin z_0}{l z_0} \tag{2-5-32}$$

柱状源条件下的地层滤波函数 $R(r,\ l,\ \omega)$ 的求解和点源类似。在水泥胶结良好的情况下，有 12 个待定系数。除了上面提到的 11 个边界条件方程，再加上柱状源边界条件：

在 $r = r_0$ 处，

$$u_r^1 = \frac{1}{(2\pi)^2} \int_{-\infty}^{\infty} \int_{-\infty}^{\infty} U(l) F(\omega)\ \mathrm{e}^{i(\omega t - lz)} \mathrm{d}l \mathrm{d}\omega \tag{2-5-33}$$

求解该 12 元一次方程组，可得到地层滤波函数 $R(r, l, \omega)$。最后通过两次 Fourier 变换，给出声压的离散值 $p(r, z, t)$。

5）声源函数

为了更好地模拟实验波形，柱状源模型用到了三种声源函数，其频谱分别为：

矩形包络：

$$F(\omega) = \frac{1}{2\pi}\left[\frac{\sin\pi t_c(f+f_0)}{f+f_0} - \frac{\sin\pi t_c(f-f_0)}{f-f_0}\right]e^{i\pi t_c f}e^{-i\omega t_d} \tag{2-5-34}$$

瑞克子波：

$$F(\omega) = \frac{8\omega_0^3\left[3(\omega_0/\sqrt{3}-i\omega)^2-\omega_0^2\right]}{3\left[(\omega_0/\sqrt{3}-i\omega)^2+\omega_0^2\right]^3}e^{-i\omega t_d} \tag{2-5-35}$$

余弦包络：

$$F(\omega) = \frac{1}{2}\left[\frac{\sin\pi t_c(f+f_0)}{f+f_0} + \frac{\sin\pi t_c(f-f_0)}{f-f_0} + \frac{\sin\pi t_c(f+f_0+1/t_c)}{2(f+f_0+1/t_c)} + \right.$$
$$\left. \frac{\sin\pi t_c(f-f_0-1/t_c)}{2(f-f_0-1/t_c)} + \frac{\sin\pi t_c(f+f_0-1/t_c)}{2(f+f_0-1/t_c)} + \frac{\sin\pi t_c(f-f_0+1/t_c)}{2(f-f_0+1/t_c)}\right]e^{j\pi t_c f}e^{-i\omega t_d}$$
$$\tag{2-5-36}$$

式中　f_0——声源的中心频率，Hz；

　　　t_c——脉冲的时间宽度，μs；

　　　t_d——调节时间宽度，μs。

其中，$\omega_0 = 2\pi f_0$，$\omega = 2\pi f$，t_c 与声源的频带密切相关，t_c 越小则频带越宽，$e^{-i\omega t_d}$ 是为了逼近实验中声源波形而增加的相位调节项，三种波形的 t_d 分别取 24μs、−4μs 和 −24μs。

2. 数值模拟结果

利用数值模拟软件，可以计算各种几何和声学参数下，套管内 3ft 和 5ft 处接收波形的变化情况，包括探头频率、套管尺寸、井眼尺寸、地层性质（固体和孔隙）、地层流体（水、气和油等）、井内流体（清水和钻井液）、孔隙水泥石、水泥硬化过程、一界面微环的厚度（0~3mm）和介质类型（水、气和油）、二界面窜槽的厚度（0~4mm）和介质类型（水和钻井液）、二界面滤饼等参数。由于采用 BI 值检测固井质量，其主要考察的为 3ft 处接收的波形，故本书计算以模拟 3ft 处接收的波形为主。声源模型均使用点状源，所涉及的介质参数见表 2-5-9 至表 2-5-11。

表 2-5-9　流体声学参数

流体	密度，kg/m³	声速，m/s	品质因数
清水	1000	1500	100
钻井液	1450	1540	20

续表

流体	密度，kg/m³	声速，m/s	品质因数
油	700	1000	10
空气	1.29	340	200
水泥浆	1900	2000	10

表 2-5-10　声源主频、套管与井眼尺寸

声源主频，kHz	套管内半径，mm	套管外半径，mm	井眼半径，mm
20	62.13	69.85	114

表 2-5-11　固体声学参数

固体	密度，kg/m³	纵波速度，m/s	纵波品质因数	横波速度，m/s	横波品质因数
钢套管	7500	6010	1000	3350	1000
水泥	1920	2800	40	1700	30
砂岩	2430	3670	100	2170	100
泥岩	2100	2386	60	1229	60
滤饼	1800	2000	30	800	30

1）不同胶结状态声波响应

通过数值模拟软件计算了空套管、胶结良好、一界面窜槽、二界面窜槽这四种情况的声学响应，如图 2-5-22 所示。

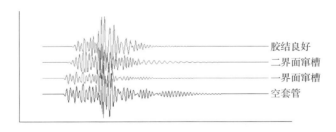

图 2-5-22　不同胶结状态声学响应波形图

从首波到时结果看出，空套管与一界面窜槽的首波到时基本相同，胶结良好与二界面窜槽的首波到时晚；从套管波首波幅度来看，空套管情况下套管波幅度最大，一界面窜槽次之，胶结良好和二界面窜槽时套管波幅度最小，这与现场评价固井质量的结果比较吻合，表明该数值模拟软件本身对不同的胶结状态能够进行数值模拟评价。

在此基础上，对空套管和胶结良好情况下的实验检测结果与数值模拟计算结果进行了对比，如图 2-5-23 所示。

空套管的数值模拟计算结果与实验检测结果的首波几乎完全符合，后续波符合率也较高；胶结良好情况下开窗位置幅度基本相同，可以得到相同的固井界面检测质量，后续波

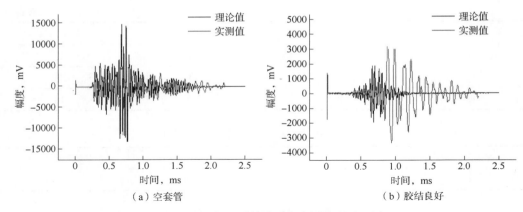

（a）空套管　　　　　　　　　（b）胶结良好

图 2-5-23　理论计算波形与实测波形对比图

形类似，波形与时间的对应关系有差别。从对比结果中可以看出，室内检测实验结果和数值模拟软件的理论计算结果都是可信的，都能对不同的固井胶结状态进行客观评价。

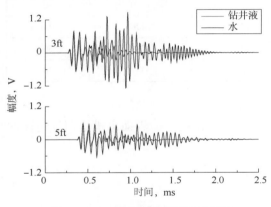

图 2-5-24　自由套管情况下套管内流体的变化波形

2）不同井内流体声波响应模拟

利用数值模拟软件计算了在套管外为清水、地层为砂岩和自由套管情况下，井内流体介质是水和钻井液时的声学响应特征曲线，如图 2-5-24 所示。

井内流体只能影响在套管内传播的波形部分，自由套管、一界面窜槽情况下的首波是套管模式波。而胶结良好时首波沿地层传播，不受井内流体的影响。

3）水泥的硬化声波响应模拟

模拟了水泥从浆态到固态的硬化过程中，井内接收波形的变化。随着硬化，设定水泥的纵波速度从 2000m/s 增大至 2800m/s，品质因数从 10 增大到 40，横波速度从 0 增大至 1700m/s，品质因数同样在增大，详见表 2-5-12，该数据反映水泥硬化过程中硬度和黏性的变化规律。

表 2-5-12　模拟水泥硬化选取的参数

密度，kg/m³	纵波速度，m/s	纵波品质因数	横波速度，m/s	横波品质因数
1900	2000	10	0	—
1900	2200	10	300	10
1920	2400	20	800	15
1920	2600	30	1200	25
1920	2800	40	1700	30

图 2-5-25 模拟计算了当地层为固体砂时，3ft 处水泥浆硬化过程的变化波形。当水泥为浆态时（第一条波形），相当于自由套管情况，首波幅度较大，到时在 260μs 附近，幅度也较大。随着水泥的硬化，它和钢套管间的阻抗差越来越小，起到了能量传导作用，将声波传播到地层中，井内接收到的首波和后续导波的幅度都在减小，首波到时也延迟了，最后对应胶结良好的情况。

4）一界面微环声波响应模拟

模拟计算了在套管内流体为钻井液、地层为砂岩条件下，一界面微环内介质不变（空气），微环径向尺寸不同（0.1mm、1mm、2mm 和 3mm）时 3ft 处接收特征波形，如图 2-5-26 所示。

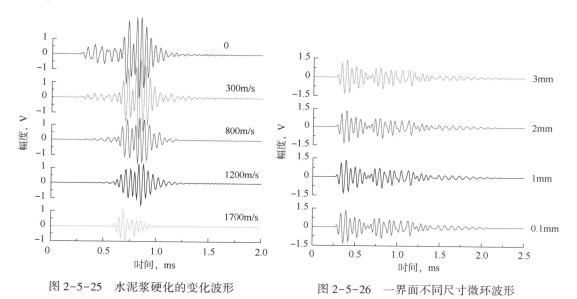

图 2-5-25 水泥浆硬化的变化波形　　　图 2-5-26 一界面不同尺寸微环波形

由图 2-5-26 可知，微环径向尺寸变化时接收波形没有变化。当微环内介质为清水或其他流体时，也有相同的结论。

模拟计算了在套管内流体为钻井液、地层为砂岩条件下，一界面微环尺寸不变（1mm），微环内介质不同（空气、油和水）时 3ft 处接收特征波形，如图 2-5-27 所示。

由图 2-5-27 可知，随着介质密度的增大，套管和微环介质间的阻抗差减小，首波幅度逐渐减小，而到时不变。

5）二界面窜槽声波响应模拟

模拟计算了在套管内流体为钻井液、地层为砂岩条件下，二界面窜槽介质不变（清水）厚度不同（0.1mm、4mm）时 3ft 处接收特征波形，如图 2-5-28 所示。从图 2-5-28 中特征波形可以看出，二界面窜槽厚度对波形影响很小。

模拟计算了在套管内流体为钻井液、地层为砂岩条件下，二界面窜槽厚度不变（4mm）介质不同（清水、钻井液）时 3ft 处接收特征波形，如图 2-5-29 所示。由图 2-5-29 可知，二界面窜槽介质对波形影响很小。

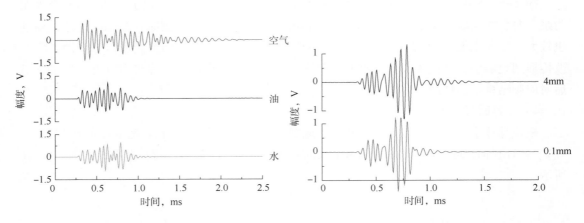

图 2-5-27　一界面不同介质微环波形　　　　图 2-5-28　二界面不同厚度清水波形

模拟计算了在套管内流体为钻井液、地层为砂岩条件下，一界面 1mm 水窜槽、二界面 1mm 水窜槽和胶结良好时 3ft 处接收特征波形，如图 2-5-30 所示。从图 2-5-30 中特征波形对比来看，三种情况下 3ft 处首波的主要区别是到时，一界面窜槽为 260μs，二界面窜槽为 320μs，胶结良好为 370μs。

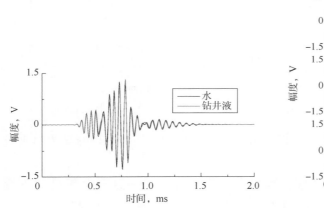

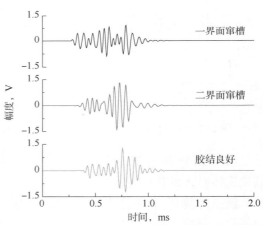

图 2-5-29　二界面 4mm 厚不同流体波形　　　图 2-5-30　一界面 1mm 水窜槽、
　　　　　　　　　　　　　　　　　　　　　　二界面 1mm 水窜槽和胶结良好波形

从数值模拟结果来看，二界面窜槽厚度、介质对声波检测的特征波形影响很小；自由套管定标时间窗设置在 260μs 附近，当声波检测一界面反映为空套管时，二界面窜槽的首波还未到达。因此，采用 BI 值评价固井质量时不能直接检测到二界面窜槽。

6）二界面滤饼声波响应模拟

模拟计算了在套管内流体为钻井液、地层为砂岩条件下，二界面滤饼厚度不同（0.1mm、1mm、2mm、3mm 和 4mm）3ft 处接收特征波形。如图 2-5-31 所示。

随着滤饼厚度的减小，首波到时不变，幅度略有减小，但比自由套管首波到时 260μs

要晚，采用 BI 值评价固井质量不能测出其响应。分析原因，滤饼的存在，本身不会影响到套管与水泥环界面的声学响应，而是造成了套管水泥环界面胶结变差，从而影响了界面声学响应。图 2-5-31 为数值模拟，并没有考虑到套管水泥环界面胶结发生变化，从而造成模拟结果与实际不相符。

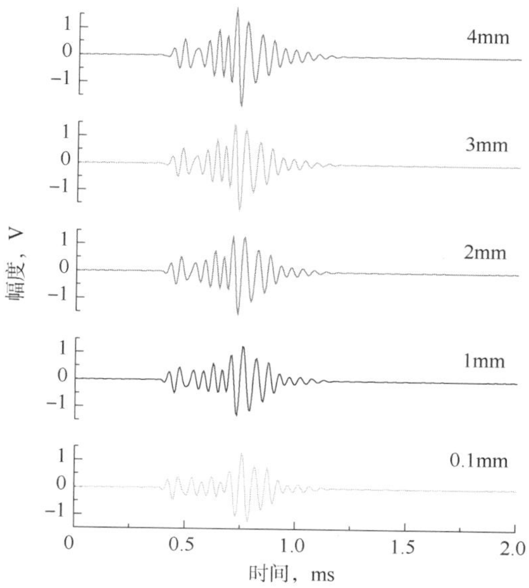

二、高渗透层固井界面胶结力学性能

水泥石本体力学性能主要检测抗压强度，而对界面而言，主要考虑界面剪切强度及界面胶结强度。从界面剪切强度起支撑套管的作用和界面胶结强度起封隔地层的作用这两个方面入手，检测高渗透层界面力学性能。

（一）界面剪切强度实验

1. 实验装置及实验方法

1）实验装置

实验装置主要由装置模拟单元、养护单元和检测单元等三个部分组成。

图 2-5-31 二界面不同厚度滤饼波形

模拟单元：按照 8½in 井眼和 5½in 套管的实际尺寸，按 1：2 的比例进行水泥环横向尺寸模拟。采用外径 70mm 钢管模拟套管，内径 110mm 泥页岩或渗透性砂岩模拟井筒，水泥环厚度为 20mm，水泥环高度为 100mm。

养护单元：可模拟水泥环在井下的温度、压力，实现水泥环在动态、静态条件下的养护。设计仪器最高温度 90℃，最高压力为 20MPa。设计动态养护为流体流动，速度可调，养护介质可为清水、地下水、聚合物等（图 2-5-32）。

检测单元：采用 YES-300 数显液压压力实验机进行检测。

图 2-5-32 养护单元

2）实验方法

将钻井液倒入模拟单元内，在一定温度压力下，模拟地层界面形成滤饼。在模拟环空内倒入水泥浆后，可将实验模具放入养护釜中进行动静态养护。达到龄期后，利用压力实验机给一界面钢管施加压力，检测界面剪切压脱力，计算界面剪切胶结强度。

2. 实验结果及分析

分别检测了泥岩层、砂岩层情况下一界面剪切强度。实验采用 A 级水泥原浆，实验温度 45℃，压力 12MPa，实验数据见表 2-5-13。

表 2-5-13　套管水泥环界面剪切强度实验数据

模拟地层	滤饼厚度，mm	套管水泥环界面剪切强度，MPa
泥岩层	0	1.90
中渗透砂岩层	2	0.81
高渗透砂岩层	4	0.29

由表 2-5-13 可知，对于不同岩性地层，水泥环二界面存在不同厚度滤饼。一定厚度滤饼的存在，会对水泥环一界面胶结强度有较大影响。滤饼越厚，水泥环一界面胶结强度越小。

为了研究地层水的冲刷和腐蚀作用对水泥环界面剪切强度的影响，分别采用自来水、现场地下水进行养护，水质分析见表 2-5-14。并进行了动态、静态地层水养护条件下水泥环的界面剪切强度实验，实验采用 A 级水泥原浆，实验温度 45℃，压力 12MPa，实验数据见表 2-5-15。

表 2-5-14　水质分析　　　　　　　　　　单位：mg/L

水源	离子浓度						总矿化度
	Ca^{2+}	Mg^{2+}	Cl^-	SO_4^{2-}	HCO_3^-	Na^+	
地下水	400.80	24.30	1418.00	614.72	854.00	3925.50	7237.32
自来水	200.40	72.9.00	567.20	192.10	2440.00	1011.33	4484.03

表 2-5-15　动静态地层水养护条件下套管水泥环界面剪切强度数据　　单位：MPa

养护时间	静态自来水	静态地层水	动态地层水
2d	1.94	1.53	1.36
15d	0.29	0.27	0.02

由表 2-5-15 可知，地层水对套管水泥环的界面剪切强度有一定影响。不论是养护 2d 还是 15d，地层水养护的水泥环一界面剪切强度都低于自来水养护的水泥环。动态的地层水对套管水泥环的界面剪切强度影响更大。

从界面剪切强度实验数据可以看出，高渗透砂岩层二界面滤饼较厚，影响一界面剪切强度，动态的地下环境加剧了界面剪切强度的变差，实验结果与高渗透砂岩层一界面声学响应相对应。

（二）界面胶结强度实验

1. 实验装置及实验方法

1）实验装置

实验装置主要由装置主体、养护系统、检测系统和软件系统组成（图 2-5-53）。

模拟装置主体：根据 215.9mm 井眼和 139.7mm 套管的实际尺寸，按 1∶2 的比例对装置整体横向缩小。内管外径 70mm，模拟地层内径 110mm，水泥环厚度 20mm，设计水泥环的高度为 100mm。

模拟装置养护系统：分为静态养护和动态养护。轴向静液柱压力由活塞施加机械压力供给，可以测定钻井液失水、水泥浆失水等参数。动态养护系统是通过平流泵以一定的流量使水从模拟岩心一侧进入，另一侧流出。此养护条件能够模拟地层中水的流动对水泥环的冲刷和侵蚀。

模拟装置检测系统：养护到龄期后，采用平流泵检测各种条件下的界面胶结强度。突破压力和窜通压力能够表征试样浆体形成的固化体的界面力学性能，即水力封隔能力。突破压力是在一定水压下（平流泵提供），第一滴水通过钢管与水泥界面时的压力，也就是界面胶结强度。继续加压，压力会持续上升，较稳定压力称为窜通压力。

模拟装置软件系统：软件系统由 VB 程序编写，可以完成模拟装置滤失、养护、突破压力、窜通压力等四项实验的计算机操作。实时监测柱塞泵压力、平流泵压力以及天平数值的变化。根据实验的需要设定不同的采集时间。

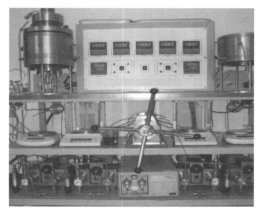
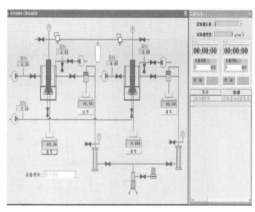

（a）装置实物图　　　　　　　　　　　　　　（b）软件界面

图 2-5-33　界面胶结强度实验装置及采集系统

2）实验方法

首先在模拟装置的钢壁上放入泥岩或者砂岩岩心模拟地层。然后称取一定量的调整井完井钻井液，调节钻井液性能后，灌入模拟装置釜体内。再根据实验条件，在一定压力、温度、时间下失水，在模拟的地层表面形成滤饼。将模拟装置釜体内钻井液放掉，将釜体拆下，清洗套管表面和底座上的钻井液。之后将釜体重新组装，倒入制备好的水泥浆，在一定压力及温度下，养护，候凝。在养护过程中，可根据模拟条件的不同，采用静态养护或者动态渗流养护。养护到龄期后，采用平流泵检测在各种条件下的试样浆体形成的固化体的突破压力及窜通压力。

2. 实验结果及分析

通过改变岩心的渗透性、压力、失水时间、养护环境等条件，检测界面的突破压力及窜通压力，其实验数据见表 2-5-16，压力曲线如图 2-5-34 所示。

表 2-5-16　不同渗透率岩心模拟实验数据

序号	1	2	3	4	5
地层渗透率，mD	10	10	1500	1500	1500
实验温度，℃	45				
钻井液体系	L 区现场完井钻井液				
水泥浆体系	G 级水泥原浆				
钻井液失水压力，MPa	0	2	5	5	5
水泥浆失水压力，MPa	4	4	7	7	7
钻井液失水时间，min	0	300	300	30	300
水泥石养护龄期，d	2	2	15	15	15
养护环境	静态	静态	静态	动态	动态
滤饼厚度，mm	0	4.5	7.0	3.0	7.0
突破压力，MPa	3.50	2.00	1.13	2.67	0.35
窜通压力，MPa	4.77	2.62	2.38	4.51	1.15

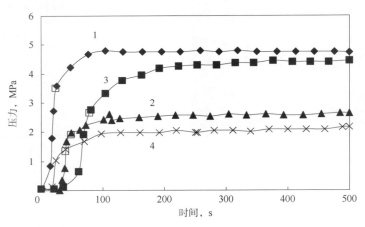

图 2-5-34　不同条件下检测压力变化曲线图

由表 2-5-16 和图 2-5-34 可知，当无滤饼时，界面突破压力较高，而有滤饼时，无论多薄，突破压力都大大降低；在相同的时间条件下，随着地层渗透率的增加，滤饼厚度增大，界面突破压力及窜通压力均在降低；在相同渗透率岩心条件下，随着钻井液失水时间的增加，滤饼的厚度也随之增加，界面突破压力及窜通压力均在降低；在相同滤饼厚度条件下，动态养护时界面突破压力及窜通压力均低于静态养护。

（三）界面声学响应与封隔能力关系

为明确界面声学响应与界面水力封隔能力之间的关系，建立了室内套管井模型井模拟装置，能够实现相同模拟条件下、相同胶结状态下声波测井和验窜实验。

1. 实验装置及实验方法

1）实验装置

为了研究界面声学响应与封隔能力的关系，建立了室内套管井模型井模拟装置，该装置由声波法套管水泥环胶结质量评价系统和水力验窜系统组成，如图2-5-35所示。

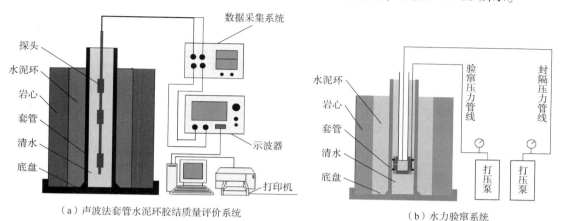

（a）声波法套管水泥环胶结质量评价系统　　　　（b）水力验窜系统

图2-5-35　室内套管井模型井模拟装置

声波法套管水泥环胶结质量评价系统由模拟装置、声波测井仪、数据采集及处理系统三部分组成。可模拟水泥环所处的井下环境，包括温度、不同渗透率地层、不同厚度滤饼以及地层流体，实现界面声学响应检测。

室内水力验窜系统中，设计开发了液压膨胀式套内验窜封隔器，封隔器的尺寸较小且操作简单、方便。为便于室内操作，采用自密封式"U"形密封圈实现封隔器上下坐封。同时，在模拟套管周向上均匀预留有小孔，纵向上每排孔按照不同长度分布。室内水力验窜系统如图2-5-36所示。建立的验窜系统工作压力与坐封压力为两个压力系统。封隔器可以在套内上、下自由移动，验窜长度可根据小孔纵向上分布的距离进行调整，可以检测不同密封长度水泥环的水力密封能力。该封隔器坐封压力20MPa，验窜压力15MPa。

2）实验方法

按照不同模拟条件养护水泥环，养护到龄期后，利用测井仪检测界面声学响应，利用电脑采集声波曲线。取出测井仪器，将封隔器下入套管内，确定封隔器定位环的位置，定位环卡于套管上口。连接好坐封压力管线并加坐封压力，可加至2MPa。再取出封隔器的承重杆及定位环。连接工作压力管线，并加压。在验窜过程中，逐步加大坐封压力与工作压力，但应保证工作压力应略低于坐封压力。当工作压力加至某一值时，压力表数值迅速降低，进口流量与出口流量相当时，判断为发生窜通，而此前最高的压力为抗窜压力，也就是在该长度下的水泥环的水力封隔能力。

3）实验条件

模拟地层为泥岩和渗透性砂岩，采用乳液大分子聚合物钻井液体系，形成滤饼厚度1~10mm。水泥采用水灰比0.44的G级水泥原浆。在45℃下水浴养护1~15d，验窜长度分别为0.2m、0.4m、0.6m。

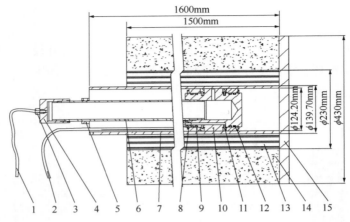

图 2-5-36　室内水力验窜系统

1—坐封压力管线；2—验窜压力管线；3—快速接头；4—接头；5—定位卡环；

6—内管；7—套管；8—卡簧；9—定位环；10—主体；11—"U"形密封圈；

12—"O"形密封圈；13—水泥环；14—岩心；15—底盘

2. 实验情况及结果分析

1）泥岩层模拟实验

首先对泥岩层固井质量的延时变化情况进行了探索。对理想顶替的泥岩层和顶替不良的泥岩层进行了模拟实验。

室内采用花岗岩模拟泥岩层，模拟泥岩层的渗透率小于1mD。图 2-5-37（a）中给出了理想顶替情况下泥岩层 BI 值延时变化趋势。当一界面顶替不净时，在一界面存在一层钻井液膜，厚度大约为 1mm。图 2-5-37（b）给出了顶替不净情况下泥岩层 BI 值延时变化趋势。

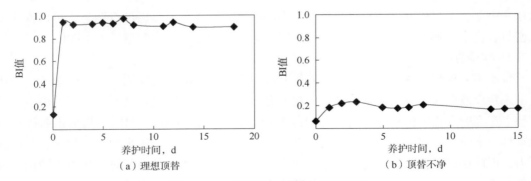

（a）理想顶替　　　　　　　　　　　　（b）顶替不净

图 2-5-37　泥岩层 BI 值延时变化趋势

由图 2-5-37(a)可知，理想顶替时，2d 的声波胶结测井检测 BI 值为 0.97，延时测井条件下的固井检测质量变化不大，15d 时声波胶结测井 BI 值显示为优质。在测井实验结束后，对理想顶替下的泥岩层进行了验窜实验，在该条件下 0.2m 的泥岩层即可保证 15MPa 不窜。

由图 2-5-37(b)可知，顶替不良时，2d 的声波胶结测井检测 BI 值为 0.19，延时条件下 BI 值的变化不大。15d 声波胶结测井检测 BI 值为 0.2，处于不合格状态。在对顶替不良的泥岩层进行验窜实验时，0.4m 的抗窜压力为 0.8MPa。

从对不同顶替条件下泥岩层的模拟实验可以看出，延时测井的条件对于泥岩层的影响相对较小，2d 与 15d 所检测的固井质量基本一致。顶替效率对泥岩层的固井质量影响较大，在理想顶替与填充的情况下，泥岩层具有较高的水力封隔能力。

2）砂岩层模拟实验

对于中低渗透砂岩，地层渗透率为 1~300mD，二界面形成薄滤饼，滤饼厚度约为 1mm。图 2-5-38 中给出了二界面存在 1mm 滤饼的条件下，两个平行样所检测的 BI 值随时间的变化趋势。

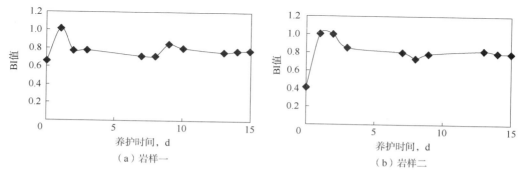

（a）岩样一　　　　　　　　　　（b）岩样二

图 2-5-38　1mm 滤饼条件下砂岩 BI 值延时变化趋势

实验的平行性较好，固井检测质量延时变差。在二界面存在 1mm 滤饼时，2d 时 BI 值达到最高点 1.0，但随后 BI 值有所降低，15d 的 BI 值为 0.82，固井质量仍可达优质。

图 2-5-39 给出了该实验中 2d 与 15d 检测的波形。

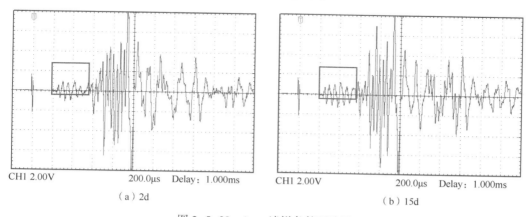

CH1 2.00V　　　　　200.0μs　Delay: 1.000ms　　　　CH1 2.00V　　　　　200.0μs　Delay: 1.000ms

（a）2d　　　　　　　　　　　（b）15d

图 2-5-39　1mm 滤饼条件下波形

虽然在二界面存在 1mm 滤饼时，测井结果显示为胶结良好，但由于有 1mm 滤饼的存在，检测的波形中存在复模式波，同典型的胶结良好波形略有区别。复模式波一般出现在一界面胶结良好而二界面胶结不好时，如存在滤饼的情况下。由于套管与水泥环间声耦合好，水泥环与地层间声耦合不好，声波可透过套管进入水泥环，但进入地层的能量则较少，因此套管波很弱，地层波也较弱。从表面看全波列中的首波为地层波，但计算得到其速度介于套管波和地层纵波之间，通过频率—相速度分析确定这个波为复模式波。

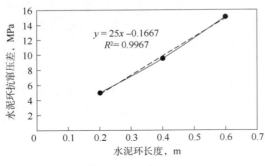

图 2-5-40　1mm 滤饼水泥环长度与
抗窜压差的关系曲线

测井检测进行 15d 后，分别对设定的 0.2m、0.4m 和 0.6m 三个水泥环长度进行了验窜实验，验窜结果如图 2-5-40 所示。

由图 2-5-40 可知，抗窜压差与水泥环长度具有较好的线性关系，可以初步判断水泥环抗窜压差与长度间的正比关系。因此，验窜过程可以看作是流体沿界面单向直线流动，并定义了抗窜压差梯度这一参数对水泥环的水力封隔能力给出评价。所谓抗窜压差梯度即单位长度上的抗窜压差，用符号 p_m 表示。

$$p_{\mathrm{m}} = \Delta p / L \tag{2-5-37}$$

式中　p_{m}——抗窜压差梯度，MPa/m；

　　　Δp——抗窜压差，MPa；

　　　L——水泥环长度，m。

抗窜压差梯度应用的前提条件是水泥环均匀填充环空，水泥环抗窜压差与长度成正比。在二界面存在 1mm 滤饼时，抗窜压差梯度为 25MPa/m。说明当二界面有滤饼存在的情况下，水泥环的水力密封能力有所下降。

实验结果表明，在有滤饼存在的条件下，即使是 1mm 厚的滤饼，15d 后的 BI 值与 2d 相比就会有所降低，同时抗窜能力也有所下降，对于二界面存在 1mm 滤饼条件下的渗透层，当渗透层长度大于 1.25m 时，水泥环的水力封隔能力才能达到 15MPa。

开展高渗透砂岩地层模拟实验。地层渗透率为 300～6000mD，二界面形成较厚的滤饼，滤饼厚度为 2～4mm。图 2-5-41 和图 2-5-42 分别给出了二界面存在 2mm 厚的滤饼时，BI 值的延时变化趋势和水泥环长度与抗窜压差的关系。

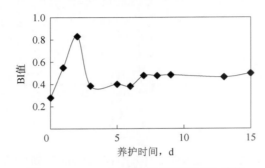

图 2-5-41　2mm 滤饼 BI 值延时变化趋势

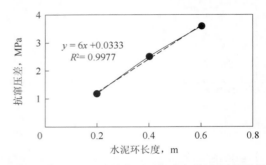

图 2-5-42　2mm 滤饼水泥环长度与抗窜压差关系

由图 2-5-41 可知，2d 时 BI 值大于 0.8，固井质量处于优质状态，而在 3d 时 BI 值大幅下降，3~15d 之间 BI 值在 0.4~0.5 之间波动。由图 2-5-42 知，水泥环长度与抗窜压差也具有较好的线性相关性。实验抗窜压差梯度 p_m 为 6MPa/m，当 BI 值为 0.5 时，封隔长度大于 2.5m，水泥环的水力封隔能力才能达到 15MPa。

图 2-5-43 给出了二界面滤饼厚度为 4mm 时，BI 值延时变化趋势图，图 2-5-44 中给出了二界面存在 4mm 滤饼的条件下，水泥环长度与抗窜压差的关系。

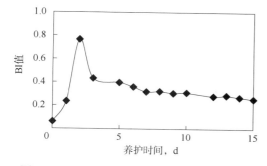

图 2-5-43　4mm 滤饼下 BI 值延时变化趋势

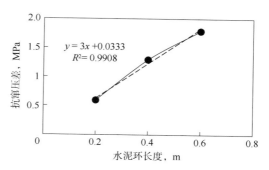

图 2-5-44　4mm 滤饼水泥环长度与
抗窜压差的关系

由图 2-5-43 可知，二界面滤饼厚度为 4mm 时，BI 值测井结果延时变差。2d 时 BI 值接近于 0.8，15d BI 值为 0.41，处于合格状态。15d 与 2d 相比，BI 值变化幅度为 0.38。由图 2-5-44 可知，水泥环长度与抗窜压差也具有较好的线性相关性。实验抗窜压差梯度 p_m 为 3.0MPa/m，当渗透层长度大于 5.0m 时，水泥环的水力封隔能力可达到 15MPa。

开展超高渗透砂岩地层模拟实验。地层渗透率大于 6000mD，在不发生渗漏的情况下，二界面形成厚滤饼，二界面滤饼厚度可达到 10mm 以上。图 2-5-45 给出了二界面滤饼厚度为 10mm 时，BI 值延时变化趋势图，图 2-5-46 中给出了二界面存在 10mm 滤饼的条件下，水泥环长度与抗窜压差的关系。

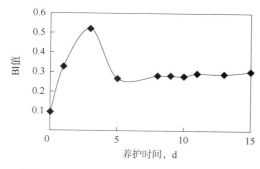

图 2-5-45　10mm 滤饼 BI 值延时变化趋势

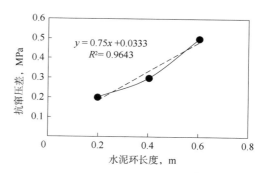

图 2-5-46　10mm 滤饼水泥环长度与
抗窜压差的关系

由图 2-5-45 可知，二界面滤饼厚度为 10mm 时，2d 的测井结果即表现为合格，说明渗透层有虚滤饼大量滞留时，已经不能很好保证 2d 的胶结质量，而且随时间的延长测井结果还将继续变差，15d BI 值仅为 0.3。由图 2-5-46 中可知，水泥环长度与抗窜压差具有较好的线性相关性。实验抗窜压差梯度 p_m 为 2.5MPa/m，此时渗透层的长度大于 6.0m时，水泥环的水力封隔能力才能达到 15MPa。

进一步根据室内实验情况，对实验结果进行统计分析，图 2-5-47 给出了二界面存在不同厚度滤饼条件下抗窜压差随水泥环长度变化情况。

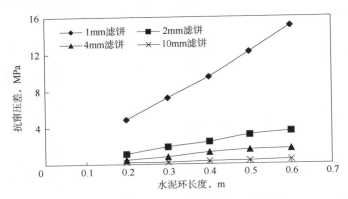

图 2-5-47　水泥环长度与抗窜压差关系

由图 2-5-47 可知，二界面有滤饼存在的情况下，水泥环的水力密封能力有所下降。水泥环长度与抗窜压差呈良好的正比线性关系，相同封隔长度的情况下，随着滤饼厚度的增加，套管水泥环界面抗窜压差逐渐降低，水力封隔能力减小；相同滤饼厚度时，随着封隔长度的增加，套管水泥环界面抗窜压差逐渐增大，水力封隔能力增大。即在水泥环均匀填充环空前提条件下，采用抗窜压差梯度评价水力封隔能力是科学、合理的。

表 2-5-17 给出了二界面存在不同厚度滤饼条件下，不同渗透性地层延时测井和验窜结果。

表 2-5-17　不同渗透性地层延时测井结果

滤饼厚度 mm	2d 测井结果		15d 测井结果			
	相对声幅,%	BI 值	相对声幅,%	BI 值	抗窜压差，MPa/m	最短抗窜长度，m
0	2.40	0.92	2.56	0.90	37.5	0.40
1	1.11	1.00	3.70	0.82	12.0	1.25
2	3.53	0.83	14.71	0.50	6.0	2.50
4	4.12	0.79	21.18	0.41	3.0	3.75
10	13.33	0.52	34.13	0.30	1.0	5.00

当地层属于低渗透地层，渗透率为 1~300mD，二界面形成薄滤饼，滤饼厚度约 1mm时，测井结果显示固井质量延时变差，BI 值降低了 18%，但 15d 后的测井结果仍处于优质状态。随 BI 值的下降，抗窜能力也相对有所下降，但能够保证开发的需要。在现场，对低渗透低压力的地层，不采用特殊的固井方法，也基本可以保证良好的固井质量以及封隔质量。

对高渗透地层，地层渗透率为 300~6000mD，此时二界形成较厚的滤饼，滤饼厚度2~4mm，测井结果显示固井质量延时变差趋势明显。从 2d 的优质变为 15d 的合格，与现场高渗透低压层的胶结情况相吻合，在这种情况下，BI 值下降的同时也体现水泥环密封能力的下降，但如果这种均匀的渗透地层足够厚时，达到 2.5~3.75m 也可满足现场对于层间封隔的要求。

对于超高渗透地层，地层渗透率大于 6000mD，此时，在不发生渗漏的情况下，二界面滤饼厚度可达到 10mm 以上。在这种情况下，二界面的滤饼厚度及地层的渗透性将会直接影响到 2d 的测井结果，2d 时固井质量即处于合格状态，15d 测井结果会继续变差到不合格。此时要求的渗透层厚度更大，需达到 5m 以上。

3. 声学响应与水力封隔能力的关系

水力密封的有效程度是胶结指数、胶结井段长度和套管尺寸的函数。对套管水泥环的水力封隔能力进行评价时，运用了抗窜压差梯度 p_m 这一参数。此外，套管井内界面声学响应通常采用胶结指数 BI 值描述固井质量，声学响应与水力封隔能力的关系也就是胶结指数 BI 值与抗窜压差梯度 p_m 之间的关系。

1）声学响应与水力封隔能力关系的确立

在室内模拟实验的基础上，建立了 BI 值与 p_m 的关系。图 2-5-48 为 BI 值与抗窜压差梯度 p_m 的关系曲线。

由图 2-5-48 可知，随着 BI 值的增大，抗窜能力逐渐提高。经线性回归可得到的关系方程为：

$$p_m = 0.5937e^{4.3876BI} \tag{2-5-38}$$

胶结指数本身并不足以保证地层封隔，还必须考虑胶结井段的长度，为此提出了最小有效封隔长度。这里所指的最小有效封隔长度是指不同检测胶结指数时，封住 15MPa 时所需的最小长度。而在现场可以利用单井层间压差与现场检测的胶结指数，计算得出最小有效封隔长度，这更符合现场实际。

$$L_{min} = \frac{15}{0.5937e^{4.3876BI}} \tag{2-5-39}$$

式中　L_{min}——最小有效封隔长度，m。

图 2-5-49 中给出了延时测井条件下最小有效封隔长度与 BI 值的关系曲线。

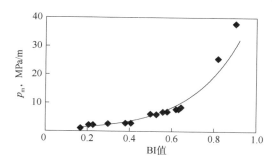

图 2-5-48　BI 值与抗窜压差梯度的
关系曲线

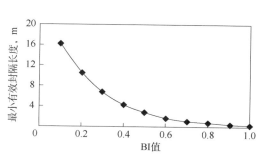

图 2-5-49　延时测井条件下 BI 值与
最小有效封隔长度的关系

由图 2-5-49 可知，随 BI 值的增大，最小有效封隔长度减小。在 15MPa 压差下，BI 值为 1 时，最小有效封隔长度为 0.2m。若 BI 值下降，则可以通过增加胶结段的长度对水泥环的水力封隔能力进行补偿，例如当 BI 值为 0.6 时，利用式（2-5-39）计算出 L_{min} 为 1.82m，即胶结井段的长度大于 1.82m，则可以保证层间的有效封隔。

2）声学响应与水力封隔能力关系的验证

（1）室内实验规律的数值模拟验证。

根据渗流力学理论，平面径向渗流流量公式为：

$$q = \frac{2\pi Kh\Delta p}{\mu \ln \dfrac{r_e}{r_w}} \qquad (2-5-40)$$

式中　　q——流量，m^3/s；

　　　　K——渗透率，D；

　　　　h——水泥环长度，m；

　　　　Δp——压差，MPa；

　　　　μ——黏度，$Pa \cdot s$；

　　　　r_e——供给半径，m；

　　　　r_w——井筒半径，m。

根据所检测的抗窜压差与流量，可以计算出该条件下的渗透率。根据渗透率数据，利用水泥声波胶结质量评价数值模拟软件对 BI 值进行了模拟计算，计算的波形如图 2-5-50 所示。计算与实测的 BI 值与 p_m 关系对比曲线如图 2-5-51 所示。从图 2-5-51 中可以看出，理论计算值与实测值基本符合，趋势一致，因此从理论上对室内模拟实验数据进行了验证。

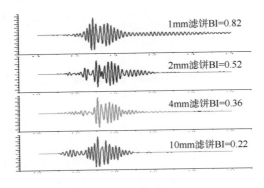

图 2-5-50　数值模拟软件计算波形

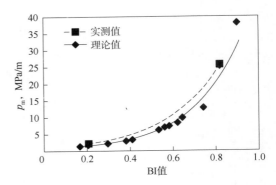

图 2-5-51　实测与计算 BI 值与 p_m 关系对比

（2）室内实验规律的现场验证。

应用现场 X13-33-38 井的声幅测井资料和测试验窜资料，对所建立的抗窜压差梯度与 BI 值的关系进行了验证。X13-33-38 井第一次延时声变检测 1083m 遇阻，第二次声变检测大部分井段胶结质量差，为不合格井。为了进一步确定层间封隔能力，检验目的层之间是否窜槽，对该井进行了硼—中子寿命测井。图 2-5-52 为 X13-33-38 井声变测井图及硼—中子寿命测井图。

从声波变密度测井曲线可以得出 PI3(1)层与 PI3(1)2 层之间 BI 值为 0.3，根据公式计算出 $p_m = 0.64\text{MPa/m}$，而此时层间的长度约为 3m，那么抗窜压力为 1.92MPa，因此，分析认为两层之间窜通。而对于 PI2(1)层、PI2(2)层和 PI3(1)2 层，BI 值也接近于 0.3，但层厚约为 5m，计算后的抗窜压力为 3.2MPa，因此，分析认为具有一定的水力封隔能力，层间相互不窜通。

硼—中子寿命测井检验 PI2(2)层与 PI3(1)层之间是否窜槽。本井共计射开 P1 组的 4 个层，射开厚度 11.2m，有效厚度 9.5m。向射孔

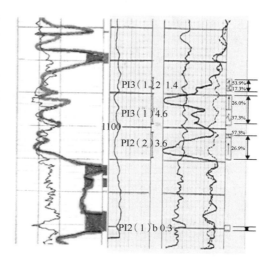

图 2-5-52 X13-33-38 井声变测井图及
硼—中子寿命测井图

层位注入硼中子液，注入压力为 12.9MPa。从注入硼中子液前后硼中子寿命测井曲线对比情况分析可得到如下结论：PI2(1)b 层以及 PI2(2)层与 PI3(1)2 层之间不窜；PI3(1)层与 PI3(1)2 层之间窜槽。硼—中子寿命测井分析结果与室内实验研究所得到的关系公式计算结果一致，证明了实验研究确立的公式对现场具有一定的指导意义。

据此建立了现场评价套管水泥环封隔能力的理论方法。根据现场检测的 BI 值，应用公式(2-5-38)计算出抗窜压差梯度 p_m，把 p_m 与层厚度的乘积 p 与单井层间压差 p_c 相比，可以判断水泥环的密封情况。当 $p > p_c$ 时，不窜；当 $p = p_c$ 时，不窜的可能性大；当 $p < p_c$ 时，窜通的可能性大，相邻层窜通。建立的声学响应与套管水泥环水力封隔能力关系，能够为固井与开发方案的设计提供技术支持。

三、高渗透层固井界面微观结构分析与劣化机理

（一）高渗透层固井界面的微观结构实验

1. 实验方法及样品制备

1）实验方法

利用扫描电子显微镜（SEM）检测水泥本体和界面处的微观结构，结合能谱（EDS）进行元素分析。利用 X 射线衍射仪（XRD）检测水泥本体和界面的水化产物。

2）样品制备

利用"套管井模型井模拟装置"模拟不同砂岩渗透率地层、动静态环境等条件，养护固井水泥环。声学检测后，除去岩心，分别取水泥环本体、套管水泥环界面处样品，进行电镜扫描；在水泥本体、套管水泥环界面处刮取粉末，进行 X 射线衍射分析。样品编号及条件，见表 2-5-18。

表 2-5-18 微观分析样品

编号	地层物性	养护环境	水泥级别	样品位置	样品形态
1	泥岩	静态	A	本体	片状
2	泥岩	静态	A	套管水泥环界面	片状
3	泥岩	静态	G	套管水泥环界面	片状
4	高渗透砂岩	静态	G	套管水泥环界面	片状
5	高渗透砂岩	动态	G	套管水泥环界面	片状
6	泥岩	静态	G	套管水泥环界面	粉末
7	高渗透砂岩	静态	G	套管水泥环界面	粉末
8	高渗透砂岩	动态	G	套管水泥环界面	粉末
9	泥岩	静态	G	本体	粉末

注：养护时间为 15d，静态养护为自来水，动态养护为地层水。

2. 扫描电镜分析

1）水泥环本体和套管水泥环界面对比分析

分别对 A 级水泥环本体和套管水泥环界面进行扫描电镜分析，微观结构如图 2-5-53 和图 2-5-54 所示。

图 2-5-53 水泥环本体扫描电镜图　　图 2-5-54 水泥环与套管界面扫描电镜图

本体水泥石结构致密，水化产物的颗粒较小；界面处水泥石结构比较疏松，较多片状的氢氧化钙，水化产物结晶程度较高，晶体粗大。与水泥环本体相比，界面是固井整体封隔的薄弱环节。

2）高渗透砂岩地层与泥岩地层套管水泥环界面对比分析

分别对高渗透砂岩地层和泥岩地层套管水泥环界面进行扫描电镜分析，微观结构如图 2-5-55 和图 2-5-56 所示。

图 2-5-55（泥岩地层，G 级水泥石界面，静态养护）微观结构较为致密。图 2-5-56（高渗透砂岩地层，G 级水泥石界面，静态养护）微观结构比较疏松，水化产物无序生长。微观电镜图表明，高渗透砂岩地层比泥岩地层套管水泥环界面胶结薄弱。利用声波测井与验

窜检测系统得出高渗透砂岩地层和泥岩地层套管水泥环界面声学响应、封隔能力均有较大的差异，图 2-5-55 与图 2-5-56 界面胶结指数分别为 0.8 与 0.4，抗窜压差分别为 12.0MPa/m 与 3.0MPa/m，进一步表明高渗透砂岩地层微观结构较为疏松，界面胶结质量也较差。

图 2-5-55　泥岩地层水泥环与
套管界面扫描电镜图

图 2-5-56　砂岩地层水泥环与
套管界面扫描电镜图

3）不同养护条件下套管水泥环界面对比分析

分别把水泥环放入动态地层水、静态自来水环境中进行养护，对不同养护条件下的套管水泥环界面进行扫描电镜分析，微观结构如图 2-5-57 和图 2-5-58 所示。

图 2-5-57　静态养护下水泥环与
套管界面扫描电镜图

图 2-5-58　动态养护下水泥环与
套管界面扫描电镜图

对比图 2-5-57 与图 2-5-58 可知，动态养护比静态养护的水泥石结构更加疏松。

3. 衍射分析

对套管水泥环界面及水泥环本体进行取样，衍射图谱如图 2-5-59 所示。

图 2-5-59 中曲线 1 为泥岩地层静态养护套管水泥环界面衍射图谱；曲线 2 为高渗透砂岩地层静态养护套管水泥环界面衍射图谱；曲线 3 为高渗透砂岩地层动态养护套管水泥环界面衍射图谱；曲线 4 为泥岩地层静态养护水泥环本体衍射图谱。对套管水泥环界面及

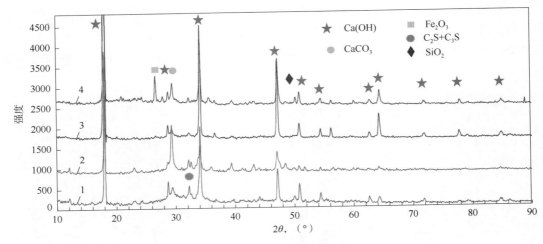

图 2-5-59　X 射线衍射曲线

水泥环本体进行 X 射线衍射分析，发现水泥石界面处 Ca（OH）$_2$ 含量高，本体含有较多水化硅酸钙；对比不同地层情况下套管水泥环界面，发现水化产物基本相同，说明地层差异主要影响界面的微观形貌，并不影响水化产物；对比地层流体动态养护套管水泥环界面，发现 Ca（OH）$_2$ 含量与静态养护的相比，动态养护后套管水泥环界面处 Ca（OH）$_2$ 含量大幅下降。衍射分析结果表明，Ca（OH）$_2$ 在地层流体的作用下被溶蚀。

4. 能谱分析

对高渗透砂岩地层 G 级水泥环、套管水泥环界面进行能谱分析，如图 2-5-60 所示。

在图 2-5-60（a）中分别选择了三种有代表性的水化产物，位置 1 为块晶体，其成分为 Ca（OH）$_2$，与套管壁粘接在一起；位置 2 为网络状水化产物，其成分为 C-S-H，位置 3 为珊瑚状水化产物，成分同样为 C-S-H，这两处水化产物与套管壁存在一定间隙。

通过扫描电镜、衍射和能谱分析可知，水泥石本体结构致密，含有较多水化硅酸钙；界面处结构比较疏松，Ca（OH）$_2$ 含量高，界面是固井整体封隔的薄弱环节。与泥岩层相比，高渗透砂岩地层套管水泥环界面微观结构更加疏松，界面胶结更加薄弱，与声学响应、力学性能相对应；同时，地层差异主要影响界面的微观结构，并不影响水化产物。对比地层流体动态、静态养护条件，动态养护比静态养护微观结构更加疏松，动态养护后界面处 Ca（OH）$_2$ 含量大幅下降，表明 Ca（OH）$_2$ 在地层流体的作用下被溶蚀。

（二）高渗透层对固井界面胶结影响的规律

1. 高渗透砂岩层滤饼形成规律

由于高渗透地层物性影响，固井时在井壁上会形成滤饼。为此，对滤饼形成规律进行了室内研究。分别采用了滤网、人造岩心、沙床模拟地层，探讨了高渗透砂岩层滤饼形成规律。

实验仪器：高温高压静失水仪。

地层模拟：滤网（325 目）、人造岩心（10~6000mD）、沙床（500~9500mD）。

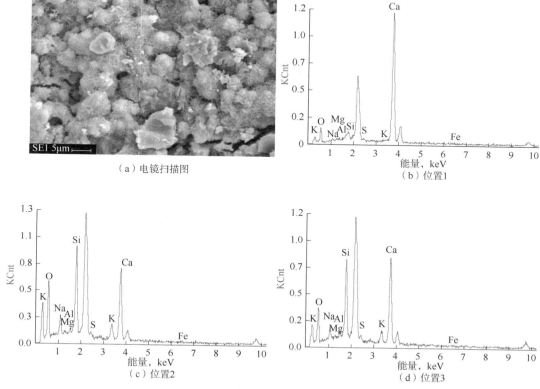

（a）电镜扫描图

（b）位置1

（c）位置2

（d）位置3

图 2-5-60 高渗透砂岩地层水泥环与套管界面能谱分析

模拟条件：温度 45℃、压力 2~7MPa、钻井液体积 300mL、模拟地层厚度 20mm。

实验方法：将模拟的不同渗透率的地层放入静失水仪底部，倒入钻井液。钻井液在一定压力下、一定时间内失水后，测量滤饼厚度。

1）滤网模拟地层时滤饼形成规律实验

采用滤网模拟地层时滤饼形成规律实验结果见表 2-5-19。

表 2-5-19 滤网模拟地层时滤饼厚度实验结果

序号	形成滤饼时间，min	形成滤饼压力，MPa	滤饼厚度，mm
1	30	2	1.5
2	30	5	2.0
3	30	7	2.0
4	60	2	2.0
5	60	5	2.5
6	60	7	2.2
7	120	2	2.5
8	120	5	5.0

续表

序号	形成滤饼时间，min	形成滤饼压力，MPa	滤饼厚度，mm
9	120	7	4.0
10	300	2	4.5
11	300	5	7.0
12	300	7	5.5

从以上的实验结果中可知，压差为 2~7MPa 时，钻井液形成的滤饼随着时间的延长有逐渐增厚的趋势。在 300min 时，滤饼厚度可达 7mm。

2）人造岩心模拟地层时滤饼形成规律实验

采用人造岩心模拟地层时，滤饼形成规律的实验结果见表 2-5-20。

表 2-5-20　人造岩心模拟地层 30min 形成滤饼实验结果

人造岩心渗透率，mD	10	100	300	1000	2000	3000	4500	6000
30min 滤饼厚度，mm	1.2	1.3	1.4	1.4	1.4	1.5	1.5	2.0
突破时间，min	138	135	120	112	77	60	80	87
水泥浆失水总量，mL	13.5	13.6	14.3	16.3	13.8	17.0	17.4	21.1

注：（1）突破时间为气体透过水泥的时间；

（2）水泥浆失水为 G 级水泥原浆在带有滤饼的岩心上失水。

图 2-5-61　滤饼形态

由实验结果可知，10~6000mD 人造岩心在 7MPa 压差下，钻井液形成的滤饼随着地层渗透率的增大有逐渐增厚的趋势。水泥浆失水则随着地层渗透率的增大，突破时间变短，失水量增多。地层的渗透率增大，滤饼变厚，但不利于控制水泥浆失水。

人造岩心模拟地层失水 300min 形成滤饼厚度及形态见表 2-5-21 和图 2-5-61。

人造岩心模拟渗透率 6000mD，失水 300min 时，实滤饼厚度为 6.0mm，存在 10.0~15.0mm 的浮滤饼。从以上的实验结果中看出，随着时间的延长，滤饼有增厚的趋势。

表 2-5-21　人造岩心模拟地层 300min 形成滤饼实验结果

人造岩心渗透率，mD	3000		6000	
泥浆失水时间，min	30	300	30	300
滤饼厚度，mm	1.5	5.0	2.0	6.0
30min 水泥浆失水，mL	3.2	1.8	2.1	1.8

3）沙床模拟地层时滤饼形成规律实验

采用沙床模拟地层，开展了滤饼形成规律的实验研究，实验结果见表 2-5-22。

表 2-5-22　沙床模拟地层时滤饼厚度实验结果

沙子目数	>80	70~80	60~70	40~60	30~40	20~30
沙子粒径，mm	≤0.18	0.18~0.22	0.22~0.30	0.30~0.42	0.42~0.71	0.71~0.84
滤饼厚度，mm	1.0	1.5	2.0	2.5	1.5	0.5

随着沙床粒径的增加，地层渗透性也在逐步增大，滤饼逐渐变厚。当粒径增加到一定程度后，钻井液发生微漏失，滤饼变薄，由于此时渗透率过高，与现场地层条件存在一定差异，不作为研究的重点。

上述实验结果表明，在静态条件不发生漏失的前提下，相同时间内，滤饼厚度随着地层渗透率的增大、压差的增大有逐渐增厚的趋势；相同渗透性和压力的地层，滤饼厚度随着失水时间的延长有逐渐增厚的趋势，滤饼本身的强度会随着厚度的增加而变差。分析认为对于渗透性地层，在高压差作用下，钻井液失水，钻井液颗粒朝着井壁运移。由于渗透率较高，小颗粒逐渐随着滤液进入地层；大颗粒在地层上架桥，留在地层表面；随着钻井压差的持续作用，小颗粒在大颗粒上架桥聚集，更小的颗粒形成了滤饼的多层结构。在远离井壁的方向上依次为致密层、密实层、可压缩层和浮滤饼层。因此，在不发生漏失的情况下，随着渗透率的增大，滤饼越厚，强度越低。

2. 滤饼影响套管水泥环界面应力、应变规律

利用水泥环界面应变测量系统，检测了不同地层时套管水泥环界面、水泥环地层界面应力、应变随时间变化情况。由于该测量系统中对界面应力应变测量需要在界面处粘贴应变片，实验过程中对泥岩、砂岩、滤饼等情况的真实模拟无法粘贴应变片，因此采用不同壁厚的钢管进行代替。钢管厚度 10mm 时，其剪切弹性模量为 9000MPa，相当于调整井泥岩地层；钢管厚度 0.5mm 时，其剪切弹性模量为 448MPa，相当于高渗透低压层及滤饼。实验评价 10mm 钢壁、0.5mm 铁皮支撑时，套管与水泥环界面、水泥环与地层界面应力、应变随时间变化情况，检测结果如图 2-5-62 所示。

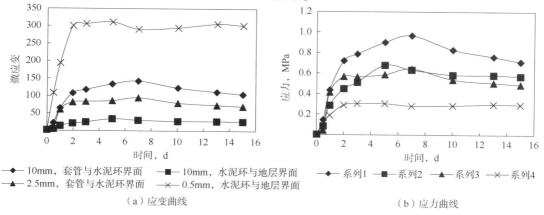

| —◆— 10mm，套管与水泥环界面 | —■— 10mm，水泥环与地层界面 |
| —▲— 2.5mm，套管与水泥环界面 | —✕— 0.5mm，水泥环与地层界面 |

—◆— 系列1　—■— 系列2　—▲— 系列3　—✕— 系列4

（a）应变曲线　　　　　　　　　（b）应力曲线

图 2-5-62　套管与水泥环界面及水泥环与地层界面的应变、应力曲线

由应变曲线可知，采用0.5mm铁皮外筒和10mm钢壁支撑相比，套管与水泥环界面微应变降低，地层与水泥环界面微应变升高；采用0.5mm铁皮外筒和10mm钢壁支撑相比，套管与水泥环界面应力降低，损失了超过30%。进一步表明，当高渗透低压层存在厚滤饼时，水泥环会在滤饼方向产生变形，导致套管与水泥环之间的作用力变小，致使界面胶结强度变弱。

3. 滤饼影响套管水泥环界面胶结的规律

利用套管井模型井模拟装置进行了不同滤饼厚度与套管水泥环界面声学响应、抗窜压力关系实验研究。图2-5-63为滤饼厚度与BI值关系曲线，图2-5-64为滤饼厚度与抗窜压力梯度关系曲线。

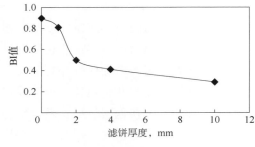

图2-5-63　滤饼厚度与BI值关系曲线

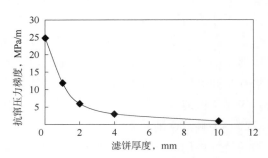

图2-5-64　滤饼厚度与抗窜压差梯度的关系曲线

由图2-5-63和图2-5-64可知，随滤饼厚度的增大，即地层渗透率的增大，套管水泥环界面声学质量变差；随滤饼厚度的增大，即地层渗透率的增大，套管水泥环界面抗窜压差梯度逐渐减小，封隔能力变差。这说明滤饼厚度影响了套管水泥环界面的声学响应和封隔能力。

图2-5-65给出了不同滤饼厚度条件下胶结指数随养护时间变化曲线。

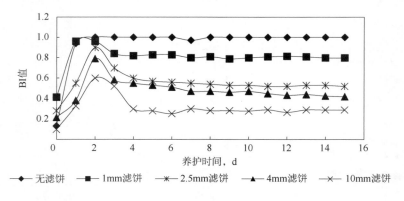

图2-5-65　不同滤饼厚度时胶结指数与养护时间关系

由图2-5-65可知，不存在滤饼时，水泥浆凝固2d后，胶结指数随着时间变化不大；而存在滤饼时，随着时间的延长出现了胶结指数降低的情况，而且滤饼越厚，胶结指数降低得越明显。从以上实验研究可以说明，随着时间的延长，滤饼影响套管水泥环界面的声学响应更加明显。

针对高渗透低压地层的特性，不能忽视地层流体的存在，因此模拟动态、静态两种环境，检测地层与水泥环界面存在 10mm 滤饼时的胶结指数，检测结果见表 2-5-23。

表 2-5-23　地层与水泥环界面存在 10mm 滤饼时，不同养护环境下的胶结指数

养护条件	静态养护	动态养护
相对声幅,%	34.30	58.57
BI 值	0.26	0.13

存在滤饼的条件下，动态养护比静态养护对地层与水泥环界面胶结影响更大，声学响应（BI 值）变得更加差。

分析上述实验结果可知，高渗透砂岩层在压差的作用下，形成不同厚度的滤饼。滤饼影响了套管水泥环界面声学响应（BI 值）及界面胶结强度（水力封隔能力 p_m）；滤饼越厚，界面声学响应（BI 值）越差，界面胶结强度（水力封隔能力 p_m）越低；同时，动态的地下环境加剧了套管水泥环界面胶结变差。

（三）高渗透层固井界面胶结劣化机理

在微观结构分析中发现，本体水泥石结构致密，界面处水泥石结构比较疏松，存在较多片状的氢氧化钙，尤其是高渗透砂岩地层套管水泥环界面胶结更为薄弱；此外，动态养护后微观结构更加地疏松，套管水泥环界面处 $Ca(OH)_2$ 含量大幅下降。微观检测结果表明，界面是整体密封的薄弱环节，说明固井中的界面胶结同建筑中水泥基复合材料界面一样，存在界面薄弱环形过渡区。界面薄弱环形过渡区不仅受到水泥本身性能的影响，还与外界环境密不可分。针对高渗透地层，水泥环外存在滤饼，套管水泥环作用力变小，界面微观结构更为薄弱。

为此，在微观分析、力学性能检测的基础上，构建了泥岩层、高渗透砂岩层、动态养护环境下的高渗透砂岩层套管水泥环界面微观模型，如图 2-5-66 所示。

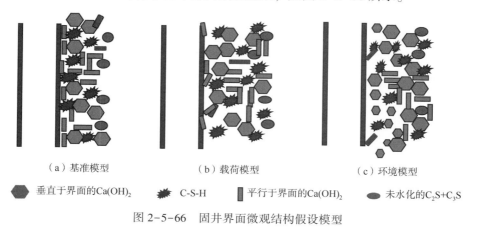

（a）基准模型　　　　　　（b）载荷模型　　　　　　（c）环境模型

⬡ 垂直于界面的Ca(OH)₂　　✸ C-S-H　　▮ 平行于界面的Ca(OH)₂　　◖ 未水化的C₂S+C₃S

图 2-5-66　固井界面微观结构假设模型

图 2-5-66 中（a）为基准模型，该模型 $Ca(OH)_2$ 晶体较多，结构疏松，晶体粗大，与本体相比胶结性能不佳；（b）为载荷模型，主要是针对高渗透砂岩层位，水泥环外存在厚滤饼，随着套管水泥环界面作用力变小，套管水泥环界面结构更加疏松；（c）为环境模型，受到地层流体的影响，界面处 $Ca(OH)_2$ 遭受冲蚀，结构更加疏松。

通过界面微观结构模型，将套管水泥环界面看成薄弱环形过渡区。当砂岩地层界面上存在滤饼时，造成套管水泥环界面过渡区微观结构疏松、孔渗增大，此时套管水泥环界面过渡区可以看作高孔高渗透介质。利用声波数值模拟系统，进行了过渡区不同孔隙度、厚度等声学响应数值模拟。

由于当孔隙度值降至比基体部分高 10% 时，界面过渡区结束，界面过渡区厚度均在 1mm 内，因此，分别对孔隙度为 30%、40%、50%，厚度为 0.05mm、0.10mm、0.50mm、1.00mm 情况下的界面过渡区进行水泥声波胶结质量评价数值模拟。计算了界面过渡区不同孔隙度和厚度情况下首波到时与幅度，见表 2-5-24。

表 2-5-24　界面过渡区不同孔隙度、厚度情况下首波到时与幅度

胶结情况		到时，μs	幅度，mV
空套管		217.3	46.33
孔隙度 30%	0.05mm	205.1	6.91
	0.10mm	205.1	7.00
	0.50mm	205.1	7.43
	1.00mm	207.5	7.71
孔隙度 40%	0.05mm	205.1	7.01
	0.10mm	205.1	7.18
	0.50mm	207.5	7.78
	1.00mm	210.0	8.31
孔隙度 50%	0.05mm	205.1	7.39
	0.10mm	207.5	7.68
	0.50mm	210.0	10.77
	1.00mm	214.8	15.98
1mm 水微环	1.00mm	217.3	39.41

注：发射源为柱状源，主频 20kHz，柱状源半径 30mm，半高度 20.5mm；套管为外径 139.7mm，壁厚 7.72mm；地层为砂岩。

界面过渡区孔隙度为 30%，厚度为 0.05mm、0.10mm、0.50mm、1.00mm 时，3ft 及 5ft 数值模拟波形如图 2-5-67 所示。

界面过渡区孔隙度为 40%，厚度为 0.05mm、0.10mm、0.50mm、1.00mm 时，3ft 及 5ft 数值模拟波形如图 2-5-68 所示。

界面过渡区孔隙度为 50%，厚度为 0.05mm、0.10mm、0.50mm、1.00mm 时，3ft 及 5ft 数值模拟波形如图 2-5-69 所示。

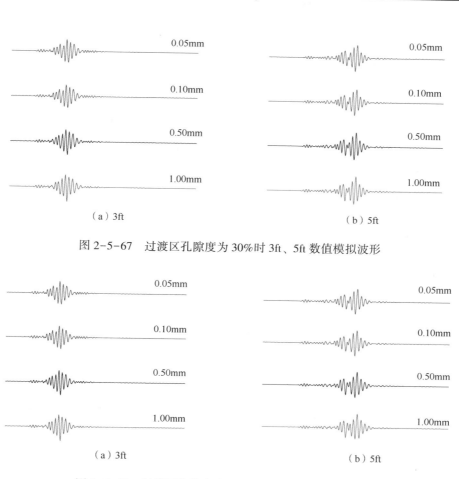

（a）3ft （b）5ft

图 2-5-67 过渡区孔隙度为 30% 时 3ft、5ft 数值模拟波形

（a）3ft （b）5ft

图 2-5-68 过渡区孔隙度为 40% 时 3ft、5ft 数值模拟波形

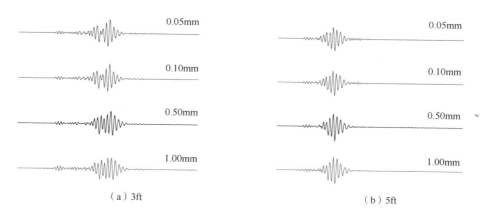

（a）3ft （b）5ft

图 2-5-69 过渡区孔隙度为 50% 时 3ft、5ft 数值模拟波形

通过对以上的波形及数据进行统计及分析可知，随着过渡区孔隙度及厚度的增大，首波幅度在逐渐提前，声波幅度也在逐渐增加，声学检测质量也在逐渐变差。

利用水泥环胶结质量评价数值模拟系统，分别模拟计算了空套管、泥岩理想胶结、砂岩层套管水泥环界面理想胶结（含滤饼）、砂岩层套管水泥环界面为高孔介质（含滤饼）的数值模拟波形，如图2-5-70所示。

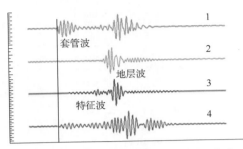

图2-5-70　不同条件下数值模拟波形

图2-5-70中，曲线1为空套管波列，可看到明显的套管波；曲线2为泥岩层套管水泥环界面完全胶结数值模拟波形，无套管波，出现清晰地层波；曲线3为砂岩层（含滤饼）套管水泥环界面完全胶结数值模拟波形，套管波位置无幅度，但由于滤饼的影响，在地层波之前出现一组特征波；曲线4为砂岩层（含滤饼）套管水泥环界面为高孔介质、部分胶结数值模拟波形，此时出现清晰的套管波。

选取现场某井，该井固井过程正常施工，与该区块其他井钻完井施工无大的差异，具有代表性。现场电测及CBL/VDL检测2d、15d胶结质量如图2-5-71所示。

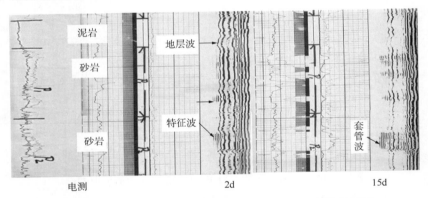

图2-5-71　现场电测及CBL/VDL检测2d、15d胶结质量图

从现场电测曲线以及2d的声波变密度测井曲线可以看出，泥岩层和高渗透砂岩层CBL固井检测质量均为优质；在VDL全波列曲线中，泥岩层能够清晰看出地层波信号，高渗透砂岩层位出现了一组特征波列。这些与数值模拟计算结果是相符的。从2d与15d的声波变密度测井曲线可以看出，测井时间延长后，泥岩层依然能够清晰看出地层波信号，而砂岩层形成了环境型微观界面，套管水泥环界面为高孔介质、部分胶结过渡区，高渗透砂岩层位在地层波之前出现了套管波，这也与数值模拟结果相符。

通过以上研究与分析，确定了砂岩层套管水泥环界面劣化机理：

固井中水泥浆顶替到位后，水泥在成型的过程中亲水性的套管对水的吸附力大于塑性浆体中水的内聚力，为成型过程中水分的迁移以及胶凝材料水化过程中Ca^{2+}的迁移提供了条件，从而可能导致$Ca(OH)_2$在套管表面附近区域的富集。倘若固井使用的水泥浆水灰比较大、颗粒级配不良、稳定性不好，出现较多的游离液，也可致使水分富集于邻近的套管表面。边壁效应、微区泌水以及表观体积的变化等造成典型的基准型过渡区。

在高渗透低压地层，水泥环地层界面存在较厚滤饼，在固井结束后，滤饼对水泥环有一定的支撑作用，滤饼经过长期地下流体的冲刷将变软或流失，水泥环将朝着滤饼的方向生长，套管水泥环界面间应力变小，界面处胶凝材料进一步水化，导致了套管水泥环界面处水泥石结构比较疏松，$Ca(OH)_2$无序生长，与套管胶结面积变小，此时为典型的载荷型过渡区。

在高矿化度的地层流体的溶蚀及腐蚀双重作用之下，能够溶解、置换出界面过渡区中定向结晶的氢氧钙石水化产物，水化产物颗粒变小、水化产物变少，形成了环境型过渡区，导致界面胶结质量变化。

第六节　水泥环抗冲击性能

固井水泥石属于脆性材料，其抗拉性能较差。在较低的拉伸变形下，水泥石便会产生微裂纹。外加载荷继续增加达到一定值时，微裂纹将迅速扩展成为宏观裂缝，严重的会使水泥环失去密封作用，造成夹层段窜槽，给射孔后开发和改造挖潜带来很大的影响。通过分析射孔对水泥环损伤的原因，探索提高水泥环抗冲击的有效途径，给出了具有较好抗冲击能力的水泥石临界力学性能指标。

一、射孔对水泥环损伤原因分析

射孔对水泥环的损伤涉及应力波的侵彻、反射和相互作用以及在套管内形成的超高压力脉冲引起的套管壁扩张等原因，是一个比较复杂的问题。

（一）应力波的侵彻、反射和相互作用

聚能射孔对套管和水泥环作用的能量来源于聚能射流和飞散的爆燃产物。当聚能射孔弹引爆发射后，聚能射流首先射穿套管和水泥环进入地层，其射流前峰的最大速度达12~15km/s，内部温度1100℃左右。当聚能射流和飞散的爆燃产物在井内介质中运动时，将在介质的表面产生具有锥形前缘的、冲击压力高达3000~4000MPa的应力波，其冲击压力峰值高出水泥石材料强度几个数量级。此时，被冲击区域的介质不再有刚度，呈现可压缩流体性质，材料在冲击过程中被强大的压力粉碎，向周边压实。随介质穿孔深度的增加，冲击能量逐渐被消耗，在弹孔底部及弹孔周边，应力下降到必须考虑材料强度的范围。如果应力脉冲幅度超过材料强度，将出现塑性变形和局部断裂。射孔弹引爆后，在介质中产生几种波，除正面小范围的冲击波外，其余部分还传播着纵波、横波和瑞利波等。当纵波（压缩波）传播到介质表面时，部分透射，其余反射、折射为拉伸波。如果多弹同时引爆，各弹还会产生相应的应力波。各波相互作用，有的干涉叠加使峰值升高；有的产生"内撞击"使应力波被削弱。由此在介质的局部区域形成拉或压的高应力区。由于水泥石材料的拉、压强度相差悬殊，这种应力的相互作用更容易造成水泥石材料内部断裂或胶结面脱开。

（二）内压引起套管扩张的影响

射孔时，套管将承受射孔弹在套管内扩散的高压气体作用，引起套管壁扩张。通过室

内实验和现场调查发现，在使用有枪身聚能射器的情况下，带有弹壳碎片的爆燃产物的冲击，首先在射孔枪外壳上引起强烈的应力波，这种应力波再折射作用于套管时已相对减弱，射后套管外径平均增大1.8mm；而在使用无枪身聚能射孔器的情况下，射后套管外径平均增大3.0mm。而水泥环的变形能力远不如套管，当套管扩张引起的水泥环的环向应力超过其强度极限时，水泥环就会破裂而形成径向裂纹。

（三）封固缺陷的影响

固井作业时因某些原因在水泥石中形成许多诸如窜槽、气穴等初始缺陷。在应力波的作用下，初始缺陷处就会形成高度的应力集中。根据断裂力学理论，一旦断裂强度因子大于材料的断裂韧性时，裂纹将迅速扩展。

二、水泥环抗冲击韧性评价参数指标的确定

材料的力学性能一般是指材料在准静态下测得的结果。而众多的研究和工程实践表明，材料在动载下的力学性能与静态下的情况相比有显著的差异，对于属于脆性材料的水泥石来说更是如此。因此研究水泥石在动态条件下的力学性能，对于明晰水泥石在冲击载荷条件下的破坏机理，找出提高水泥石抗冲击性能的途径具有很重要的作用。经研究，初步确定了评价水泥石抗冲击韧性的动态弹性模量、破碎吸收能和动态断裂韧性三个代表参数，并通过实验研究，证明了这三个参数能够较全面地反映水泥石的抗冲击性能。

（一）水泥石动态弹性模量

弹性模量是反映材料变形性能的一项重要技术指标，所以要研究水泥石在动态冲击条件下的力学性能，首先必须弄清楚应力波在水泥石中的传播效应，得到水泥石的动态应力—应变的关系，从中测得弹性模量E。如前所述，水泥石的动态与静态的应力—应变关系相比存在较大差异，因此，分别进行了不同配方水泥石的动态、静态应力—应变关系的实验研究，得到了应力—应变曲线，测定了弹性模量E值。

（二）水泥石的破碎吸收能

水泥石在承受动载作用时，随应变率的增加，水泥石的非线性变形也将明显增加。因此，在动载作用条件下，要衡量水泥石抵抗破坏的性能，除用弹性模量外，还应进行水泥石破碎吸收能的测定。水泥石的破碎吸收能就是水泥石材料在承受动载破坏时所吸收的能量。不同配方水泥石的破碎吸收能是不同的，抗冲击性能好的水泥石的破碎吸收能要相对高一些。通过用霍布金森装置做水泥石样品的破坏性实验，可以得出不同配方水泥石的破碎吸收能。

（三）水泥石的动态断裂韧性

根据材料断裂力学可知，对于不含裂纹的材料来说，可以把材料的极限强度作为材料抵抗断裂的能力。对于像水泥石这样本身含有微裂纹或缺陷的材料来说，引入了断裂韧性这一概念，即在水泥石发生脆断的情况下，存在一个临界应力强度因子，它只与材料有关

而与样品的几何形状、尺寸以及外载荷形式无关。这个临界强度因子称为水泥石的断裂韧性，它是水泥石材料抵抗裂纹失稳扩展能力的度量参数。据此，得出水泥石脆性断裂的准则是：

$$K_{\mathrm{I}} \geqslant K_{\mathrm{IC}} \tag{2-6-1}$$

式中　K_{I}——应力强度因子；

K_{IC}——材料的断裂韧性。

因此，要确定不同配方水泥石的断裂准则，就要通过实验来测定其动态断裂韧性。分别用"霍布金森法"和"焦散线法"对水泥石的动态断裂韧性进行测定。

三、提高水泥环抗冲击韧性外加剂的实验

（一）提高水泥环抗冲击韧性外加剂的作用机理

根据超混复合材料原理，改善材料抗冲击性能的方法一般是增韧和止裂。对于水泥石来讲，可以通过在配比中添加适当的外加剂来改变水泥石的动态力学性能。采用纤维增强是一种较有效的途径，主要原因为，纤维本身具有较高的抗拉强度，"纤维—水泥石"体系具有较好的相容性和较高的黏附性，能够形成具有各向异性的高强度水泥石。此外，纤维还可以对水泥石中缺陷的裂纹尖端应力场形成屏蔽，从而提高水泥石的断裂韧性和抗冲击性能。

纤维增强水泥的抗冲击性能的提高幅度要取决于所用纤维的细长比及纤维的加量。当纤维长度小于 2mm 时，水泥样品在冲击破坏后，水泥石断面上的纤维，除少数被拉断外，大多数是从水泥石基体中拔出。其主要原因是由于纤维长度较短，黏结累积作用小，本身的黏结强度和延性还未充分发挥就先发生黏结破坏，纤维一端被拔出。当纤维长度增加到 3~5mm 时，样品受冲击破坏后，穿过破坏断面的纤维被拔出的数量减少，而被拉断的数量明显增加，纤维的抗拉强度和延性得到了充分发挥。因此在实验中选用长度为 3~5mm 的纤维。

（二）水泥石动态力学性能实验

1. 霍布金森实验装置的基本原理

霍布金森实验技术是在 20 世纪初期发展起来的，已成为确定材料动态力学性能广泛应用的一种实验方法。如一长杆呈弹性状态，则在杆端处的扰动将以弹性波速 $C = (E/\rho)^{1/2}$ 向杆的远处传播，其中，E 为材料的弹性模量，ρ 为材料的密度。通过研究距离杆端一定距离处的效应，便可了解杆端处所产生的应力和应变。

图 2-6-1 给出了霍布金森实验装置示意图。高压气室使子弹获得所需速度且与输入杆做对心碰撞，使此杆得到压缩波，即入射波 ε_{I}。当入射波行进到右端面时，由于杆与样品的声阻抗不同，形成反射波 ε_{R} 和透射波 ε_{T}。透射波由吸收杆捕获，最后由阻尼器吸收。由压杆上的应变片记录下应变波形，经超动态应变仪放大后存于存储器，经过离散、数字化，最后通过计算机处理，输出应力—应变数据及曲线。

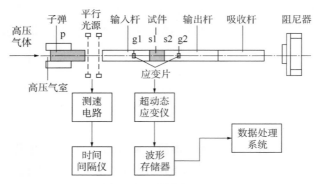

图 2-6-1　霍布金森材料动态力学性能测试装置

2. 水泥石弹性模量的实验

1）水泥石动态弹性模量测定

利用霍布金森装置进行水泥石动态弹性模量测定。首先将样品制成端面平整且与轴线垂直的 φ30mm×30mm 圆柱，然后两端面涂上黄油并夹在输入杆和输出杆之间进行实验。

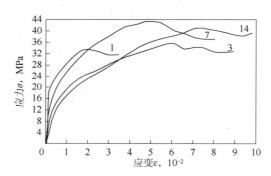

图 2-6-2　水泥石应力—应变曲线

当子弹撞击输入杆时，产生一梯形应变脉冲，对夹在两杆间的样品加载，同时产生反射波和透射波。这三个应变脉冲由粘贴在压杆上的应变片感受并经超动态应变仪转换成电信号后被计算机采集、记录下来。经过数据处理，即可获得所需要的实验结果和数据曲线。图 2-6-2 是不同配方水泥石样品的动态应力—应变关系曲线，曲线上数字为配方号。经过计算机的曲线拟合数值计算可以得出水泥石动态弹性模量。水泥配方和实验结果见表 2-6-1。

表 2-6-1　水泥石弹性模量数据

序号	水泥石配方	弹性模量，GPa	
		动态	静态
1	原浆+Sxy0.2%	19.72	15.02
2	石棉4%+Sxy2%	18.67	14.70
3	石棉5%+Sxy2.5%	17.26	14.28
4	碳纤维0.3%+Sxy0.5%	21.26	—
5	碳纤维0.5%+Sxy0.5%	20.87	—
6	碳纤维0.7%+Sxy0.5%	19.02	—
7	碳纤维1.0%+Sxy0.5%	22.42	—
8	碳纤维1.2%+Sxy0.5%	23.39	19.74

续表

序号	水泥石配方	弹性模量，GPa	
		动态	静态
9	碳纤维 0.3%+胶乳 20%+Sxy0.5%	13.96	—
10	碳纤维 0.5%+胶乳 20%+Sxy0.5%	11.86	—
11	碳纤维 0.7%+胶乳 5%+Sxy0.5%	14.74	—
12	碳纤维 0.7%+胶乳 10%+Sxy0.5%	13.00	—
13	碳纤维 0.7%+胶乳 15%+Sxy0.5%	10.76	—
14	碳纤维 0.7%+胶乳 20%+Sxy0.5%	8.17	5.23
15	碳纤维 1.0%+胶乳 20%+Sxy0.5%	10.38	8.76
16	碳纤维 1.2%+胶乳 20%+Sxy0.5%	10.10	—

水泥石的配方不同，其动态应力—应变曲线的形态呈现差别。原浆水泥石（图 2-6-2 曲线 1）呈现明显的脆性断裂行为；纤维及胶乳的加入，可在不同程度上使脆性得到改善。

2）水泥石静态弹性模量测定

在电子万能实验机上进行水泥石静态弹性模量测定。力的大小是通过负荷传感器来测定的，变形的大小通过引伸计测得，通过计算机随时对力和变形进行采集，便可随时算出应力 σ 与应变 ε，根据 $E=\sigma/\varepsilon$，便可计算出 E 的平均值，计算出的结果见表 2-6-1。

在实验中发现各种配方的水泥石破坏的主要形式都是纵向劈裂，这是由于样品在纵向应力作用下，产生泊松效应而导致横向拉伸应变，从而产生这种横向拉伸破坏；由表 2-6-1 数据可知，水泥石在动态、静态下的力学性能存在较大差异，同种配方的水泥石在动态下的弹性模量与静态下的弹性模量相比提高了 20%~30%；适当地加入纤维材料或胶乳能在一定程度上改变水泥石的力学性能，比较 1 号和 2 号、3 号配方水泥石的性质，可以看出，适当地增加石棉的含量，可使动态弹性模量有所降低，由 9~16 号配方水泥石的测试结果可知，适当地增加胶乳的含量，可较大幅度地降低材料的动态弹性模量。若同时增加碳纤维的含量，则可以减小降低的幅度。

3. 水泥石破碎吸收能的实验

在霍布金森装置上进行不同配方水泥石样品的冲击压缩实验。设入射波、反射波和透射波所带的能量分别为 W_I、W_R 和 W_T，水泥样品在受冲击破碎过程中所吸收的能量为 W_L，则有：

$$W_I = \frac{AC}{E} \int_0^t \sigma_I^2(t)\,\mathrm{d}t \tag{2-6-2}$$

$$W_R = \frac{AC}{E} \int_0^t \sigma_R^2(t)\,\mathrm{d}t \tag{2-6-3}$$

$$W_T = \frac{AC}{E} \int_0^t \sigma_T^2(t)\,\mathrm{d}t \tag{2-6-4}$$

式中　A——弹性杆的横截面积，mm^2；

　　　C——纵波速度，m/s；

　　　E——弹性模量，GPa；

　　　$\sigma_I(t)$，$\sigma_R(t)$，$\sigma_T(t)$——t 时刻入射波、反射波和透射波的峰值；

　　　t——载荷延续的时间，s。

在一个载荷周期内，水泥样品的吸收能为：

$$W_L = W_I - (W_R + W_T) \tag{2-6-5}$$

表 2-6-2 给出了根据式（2-6-5）计算得到的水泥石破碎吸收能实验结果。

表 2-6-2　水泥石破碎吸收能数据

序号	水泥石配方	破碎吸收能，J/cm^3
1	原浆+Sxy0.2%	1.37
2	石棉4%+Sxy2%	2.01
3	石棉5%+Sxy2.5%	2.02
4	碳纤维0.3%+Sxy0.5%	1.72
5	碳纤维0.5%+Sxy0.5%	1.69
6	碳纤维0.7%+Sxy0.5%	1.54
7	碳纤维1.0%+Sxy0.5%	1.61
8	碳纤维1.2%+Sxy0.5%	1.60
9	碳纤维0.3%+胶乳20%+Sxy0.5%	2.14
10	碳纤维0.5%+胶乳20%+Sxy0.5%	2.08
11	碳纤维0.7%+胶乳5%+Sxy0.5%	2.13
12	碳纤维0.7%+胶乳10%+Sxy0.5%	2.14
13	碳纤维0.7%+胶乳15%+Sxy0.5%	2.27
14	碳纤维0.7%+胶乳20%+Sxy0.5%	2.28
15	碳纤维1.0%+胶乳20%+Sxy0.5%	2.30
16	碳纤维1.2%+胶乳20%+Sxy0.5%	2.21

由从表2-6-2中水泥石破碎吸收能的结果可知，与原浆水泥石相比，加入外加剂的水泥石的破碎吸收能都有不同程度的提高。只添加碳纤维对破碎吸收能的增加影响较小。若同时添加碳纤维和适量的胶乳，可使破碎吸收能进一步提高。

4. 水泥石动态断裂韧性实验

1）霍布金森法实验

在实验中，水泥样品制作成带"V"形槽的圆柱体，其几何形状和尺寸分别如图2-6-3和表2-6-3所示。加载压头和两块半圆形铝片，材质与霍布金森杆相同，其示意图如图2-6-4所示，其中，$\alpha=45°$，$\beta=43°$。实验时，把两块半圆形铝片粘接在样品有裂纹一端，把压头与入射杆相连并插入铝片的"V"形槽内，这样，对压头施加冲击载荷时，水泥样品裂纹尖端仍可受拉伸载荷。实验系统示意图如图 2-6-5 所示。

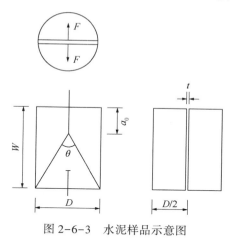 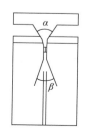

图 2-6-3　水泥样品示意图　　　　　图 2-6-4　压头及铝片示意图

表 2-6-3　水泥样品几何尺寸

几何参数	数值	允许误差
样品直径 D	30mm	—
样品长度 W	$1.45D$	$\pm 0.02D$
"V"形槽切口角度 θ	$54.6°$	—
"V"形槽切口尖端位置	$0.48D$	$\pm 0.02D$
切缝宽度 t	$\leqslant 0.03D$ 或 1mm	$\pm 0.02D$

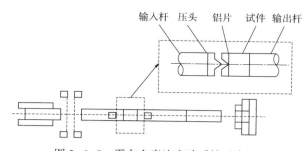

图 2-6-5　霍布金森法实验系统示意图

由于子弹的长度比样品长度大数倍以上，这样，在很短的时间内样品两端的力即可达到平衡状态，即有：

$$\sigma_{\mathrm{I}}(t) + \sigma_{\mathrm{R}}(t) = \sigma_{\mathrm{T}}(t) \qquad (2-6-6)$$

式中　$\sigma_{\mathrm{I}}(t)$，$\sigma_{\mathrm{R}}(t)$，$\sigma_{\mathrm{T}}(t)$——入射、反射和透射应力。

此时，裂纹失稳扩展时透射杆中的临界最大载荷 $P_{\max}$ 为：

$$P_{\max} = EA\varepsilon_{\mathrm{T}} \qquad (2-6-7)$$

式中　E——透射杆的弹性模量，GPa；

　　　A——透射杆的横截面积，mm^2；

　　　ε_T——透射杆中的临界应变。

再根据式(2-6-8)计算出裂纹失稳扩展时样品承受的最大拉伸载荷 F_{max}：

$$F_{max} = \frac{P_{max}}{2\tan\left(\dfrac{\alpha}{2}+\arctan\mu\right)}$$ （2-6-8）

式中　μ——劈裂头与钻片之间的摩擦系数。

进而，根据动态断裂韧性的计算公式：

$$K_{SR} = 24.0C_K \frac{F_{max}}{D^{1.5}}$$ （2-6-9）

式中　K_{SR}——动态断裂韧性，MPa·m$^{\frac{1}{2}}$；

　　　C_K——因样品尺寸不同而引入的校正因子；

　　　D——样品直径，mm。

计算出水泥样品的动态断裂韧性。计算出的不同配方水泥石的断裂韧性数值见表2-6-4。

表 2-6-4　水泥石动态断裂韧性数据

序号	水泥石配方	动态断裂韧性，MPa·m$^{\frac{1}{2}}$	
		霍布金森法	焦散线法
1	原浆+Sxy0.2%	0.087	0.156
2	石棉 4%+Sxy2%	0.378	—
3	石棉 5%+Sxy2.5%	0.509	0.599
4	碳纤维 0.3%+Sxy0.5%	0.342	—
5	碳纤维 0.5%+Sxy0.5%	0.357	—
6	碳纤维 0.7%+Sxy0.5%	0.371	—
7	碳纤维 1.0%+Sxy0.5%	0.385	0.358
8	碳纤维 1.2%+Sxy0.5%	0.364	—
9	碳纤维 0.3%+胶乳 20%+Sxy0.5%	0.474	—
10	碳纤维 0.5%+胶乳 20%+Sxy0.5%	0.481	—
11	碳纤维 0.7%+胶乳 5%+Sxy0.5%	0.414	—
12	碳纤维 0.7%+胶乳 10%+Sxy0.5%	0.440	—
13	碳纤维 0.7%+胶乳 15%+Sxy0.5%	0.482	0.546
14	碳纤维 0.7%+胶乳 20%+Sxy0.5%	0.529	0.520
15	碳纤维 1.0%+胶乳 20%+Sxy0.5%	0.574	0.574
16	碳纤维 1.2%+胶乳 20%+Sxy0.5%	0.554	

2）动焦散线法实验

动焦散线法是世界上公认的测定材料动态断裂韧性较为准确的实验方法。它是利用纯几何光学和映射关系，将平面物体、特别是应力集中区域的复杂变形状态，转换成非常简单而明晰的阴影光学图形——焦散线图像，通过对焦散线图像特征长度的测量和简单计算，便可得到有关力学参量。

图 2-6-6 给出了在实验中得到的样品预置裂纹尖端附近的焦散线图像。

由焦散线图的特征尺寸 D_t 计算动态应力强度因子的公式为：

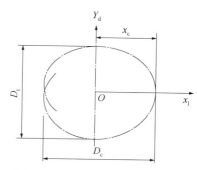

$$K_t^d = \frac{2\sqrt{2\pi}}{3|C_fZ_0|d}\left(\frac{3}{10\sin\frac{2\pi}{5}}\right)^{\frac{5}{2}}\left(\frac{D_t}{\delta_t}\right)^{\frac{5}{2}} \quad (2-6-10)$$

其中：

$$C_f = -\frac{\nu}{E} \quad (2-6-11)$$

图 2-6-6　焦散线图像示意图

式中　δ_t——由裂纹扩展速度引进的修正因子；

　　　d——样品的厚度，mm；

　　　Z_0——参考平面与物体所在平面之间的距离，mm；

　　　ν——泊松比。

在量得每一时刻焦散斑 D_t 之后，根据式（2-6-10）便可计算出这一时刻裂纹尖端的应力强度因子。

实验采用落锤方施加冲击载荷，加载控制和采集系统如图 2-6-7 所示。

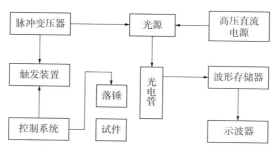

图 2-6-7　控制和采集系统

通过上述实验得到的水泥石样品的焦散线图像如图 2-6-8 和图 2-6-9 所示。图 2-6-8 为 A 级原浆水泥石的焦散线图像；图 2-6-9 为加入碳纤维的 14 号配方的焦散线图像。经过计算得到的实验结果见表 2-6-4。

实验结果表明，除原浆水泥石因断裂韧性太小导致测定误差较大外，其余用霍布金森法和焦散线法测得的结果基本一致，说明用霍布金森装置来进行水泥石材料动态断裂韧性的测定是可行的。A 级原浆水泥石的动态断裂韧性通常是很小的，在其中加入增韧剂后可以不同程度地提高其断裂韧性，例如 15 号配方水泥石的断裂韧性比原浆水泥石要提高大约 5 倍。

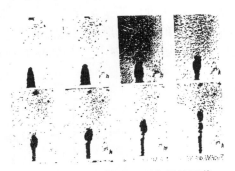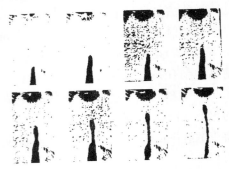

图 2-6-8　A 级原浆水泥石焦散线图像　　　图 2-6-9　碳纤维水泥石焦散线图像

（三）水泥环抗冲击性能实验

1. 射孔实验

根据不同配方水泥石的动态力学性能实验结果，进行了模拟射孔实验，射孔实验装置如图 2-6-10 所示。

按 API 标准配制好水灰比 0.44 的 A 级油井水泥原浆，再将水泥浆灌入套管与模拟地层的环空内，加热至 45℃，保持恒温养护 48h，再常温养护 15d。在枪身内安装一发 YD-89 弹，装入套管中部，与起爆仪连接。将围岩吊入爆轰釜中，盖上釜盖，旋紧密封螺钉，安装溢流阀，向釜内注水，用电泵打压至 10~12MPa。引爆射孔弹。待釜内压力泄尽，打开釜盖，吊出水泥环，晾干水泥环表面以便观察。

2. 验窜实验

将水泥环放入如图 2-6-11 所示的验窜装置内进行验窜实验。具体步骤为，从套管中间下入封堵器，把套管及水泥环上的弹孔封住。把套管和水泥环吊入外筒中，把环空注满水后，用上、下密封环把环空封住。用手压泵从进水孔打压，水中加入示踪剂。观察出水口情况，记录压力表读数。射孔后水泥环裂纹描述及验窜结果见表 2-6-5。

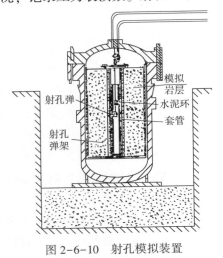

图 2-6-10　射孔模拟装置　　　　　　　　图 2-6-11　验窜模拟装置

表 2-6-5 射孔及验窜实验结果

序号	配方	套管类型	一界面强度 MPa	水泥环裂纹描述	验窜压力 MPa	验窜时是否封水泥环表面
1	原浆	光壁	1.27	弹孔对面有几处长约300mm的裂纹	2.0	不封
2	原浆	粘砂	3.09	弹孔对面有几处长约200mm的裂纹	4.5	不封
3	原浆	光壁	1.27	弹孔对面有几处长约210mm的裂纹	5.0	封
4	石棉5%	光壁	2.12	无裂纹	6.0	不封
5	石棉5%	光壁	2.12	无裂纹	8.2	封
6	石棉5%	粘砂	3.76	无裂纹	9.0	封
7	碳纤维1.0%+胶乳20%	粘砂	4.18	无裂纹	12.4	封
8	碳纤维0.7%+Sxy0.5%	粘砂	3.18	无裂纹	13.6	封
9	原浆	光壁		未射孔	14.0	不封

验窜实验结束后剖开水泥环，由示踪剂的显示发现，水主要是从弹孔周围的第一界面渗入。因此，可以肯定出水只有一小部分是由于水泥石的渗透率造成的，而进入第一界面的水压力致使水泥环破裂。从1号、2号实验可以看出，如果使用粘砂套管，第一界面强度提高，则水泥环的抗窜能力会相应提高；在3号、5号和6号验窜实验前，用环氧树脂把水泥环外表面封住，形成一个胶结良好的外壳，对比1号与3号、4号和5号两组结果可以看到，水泥环的抗窜压力明显提高。这说明如果水泥环第二界面胶结良好，水泥环能够得到有效的支撑，则水泥环的抗窜能力也会有所提高；9号实验为未射孔的原浆水泥环的验窜结果。在使用粘砂套管的前提下，7号和8号实验的水泥环的抗窜能力已接近射孔前原浆水泥环的抗窜能力。这说明这两种配方的水泥石因力学性能的改变而承受住了射孔瞬间产生的大变形，水泥石的韧性得到了明显的改善。水泥环抗冲击性能实验数据见表2-6-6。

表 2-6-6 水泥环抗冲击性能实验数据表

序号	配方	弹性模量 GPa	破碎吸收能 J/cm^3	断裂韧性 MPa·m$^{\frac{1}{2}}$	一界面强度 MPa	验窜压力 MPa
1	原浆+Sxy0.2%	19.72	1.37	0.087	1.27	2.0
2	石棉4%+Sxy2.0%	18.67	2.01	0.378	—	—
3	石棉5%+Sxy2.5%	17.26	2.02	0.509	2.12	6.0
4	碳纤维0.3%+Sxy0.5%	21.26	1.72	0.342	—	—
5	碳纤维0.5%+Sxy0.5%	20.87	1.69	0.357		

序号	配方	弹性模量 GPa	破碎吸收能 J/cm^3	断裂韧性 MPa·m$^{\frac{1}{2}}$	一界面强度 MPa	验窜压力 MPa
6	碳纤维 0.7%+Sxy0.5%	19.02	1.54	0.371	3.18	13.6
7	碳纤维 1.0%+Sxy0.5%	22.42	1.61	0.385	—	—
8	碳纤维 1.2%+Sxy0.5%	23.39	1.60	0.364	—	—
9	碳纤维 0.3%+胶乳 20%+Sxy0.5%	13.96	2.14	0.474	—	—
10	碳纤维 0.5%+胶乳 20%+Sxy0.5%	11.86	2.08	0.481	—	—
11	碳纤维 0.7%+胶乳 5%+Sxy0.5%	14.74	2.13	0.414	—	—
12	碳纤维 0.7%+胶乳 10%+Sxy0.5%	13.00	2.14	0.440	—	—
13	碳纤维 0.7%+胶乳 15%+Sxy0.5%	10.76	2.27	0.482	—	—
14	碳纤维 0.7%+胶乳 20%+Sxy0.5%	8.17	2.28	0.529	—	—
15	碳纤维 1.0%+胶乳 20%+Sxy0.5%	10.38	2.30	0.574	4.18	12.4
16	碳纤维 1.2%+胶乳 20%+Sxy0.5%	10.10	2.21	0.554	—	—

　　通过水泥环抗冲击性能实验、水泥石动态力学性能实验和水泥环的射孔及验窜实验结果可知，具有较好抗冲击韧性的水泥石应以 6 号配方的各项指标为标准。

第三章　地层压力预测与调整技术

影响固井质量的因素很多，这些因素既可单独作用，又相互影响、相互联系、相互制约，任何一个环节存在不足，都将影响最终的固井质量。伴随着油田长期的注水开发，地层孔隙压力的变化、地层流体的动态流动使得井下环境越来越复杂，其中，浅气层上移、套损引起的压力升高，注采不平衡、岩性变化及断层遮挡等引起压力异常，给钻井安全及固井质量提出了挑战。稳定的地下环境是保障固井质量的基础，地层流体压力预测是制定各项钻完井方案的依据。因此，在钻井之前，应充分了解掌握该区块地层地质情况。

第一节　储层流体压力预测

一、储层流体压力预测的理论基础

国内外在储层流体压力预测方面较多地采用基于 Laplace 方程的油藏数值模拟方法。在大庆油田，较多地采用大庆黑油模型，根据已知井点的流体压力状况对未知区域的流体压力进行预测，这种方法对于正常开采（注采井连通）的储层具有较好的预测效果，但对于非正常开采造成的异常压力（憋压）由于形成机理不同而不能进行准确地描述。大庆长垣北部已进入高含水后期，经过多年的注水开发，储层流体状态与开发初期相比发生了很大变化，主要表现在流体孔隙压力分布存在纵向和平面的不均衡性。这种复杂的分布给油田钻井和油田开发带来很大影响，储层流体状态对于制定钻井工艺措施、提高新钻井固井质量、改善开发效果、保护老井套管具有重要意义。由于大庆油田属陆相沉积，砂体分布比较复杂，横向和纵向物性差异较大，加之套管损坏造成的非正常浸水域较多，仅采用简单的数值模拟方法进行流体状态描述是不完全的，必须将正常注采区与非正常憋压区分开来，基于各自的理论采取不同的方法进行预测。

（一）油藏模拟数学模型

油藏模拟就是用油藏模型（数学模型或物理模型）来探究实际油藏的变化过程。

对于一个油藏来说，当有多相流体在孔隙介质内同时流动时，多相流体要受到重力、毛细管力及黏滞力的作用，而且在相与相之间（特别是油相和气相之间）要发生质量交换。因此，数学模型要想很好地描述油藏中流体的流动规律，就必须要考虑上述这些力及相间的质量交换的影响，此外，建立数学模型时还应考虑油藏的非均质性及油藏的几何形态等。

用数学模型来模拟一个实际油藏流体的流动规律需要具备以下条件：（1）有描述该油层内流体流动规律的偏微分方程（或偏微分方程组）；（2）描述流体物理化学性质变化的状态方程，给出定解条件。模拟稳定流时，只需要知道边界条件；而模拟非稳定流时，除了需要知道边界条件外，还要知道该油藏的初始条件。

如果所建立的数学模型满足上述条件，则该数学模型的解是存在的（存在性），且是唯一的（唯一性），这个解对原始数据是连续依赖的，也就是当参数或定解条件的变化很微小时，解的变化也是很微小的（稳定性）。

当一个问题的解存在、唯一且稳定时，就称该问题为适定问题，否则就称为不适定问题。

从数学上看，只要所建立的数学模型满足条件，那么，所要解决的问题就是适定的。从物理上看，只要上述条件符合实际情况，那么所求出的这个适定问题的解就不会是别的，而一定是所探究的那个实际油藏流体流动过程的"复制器"。

1. 数学模型的分类

油藏数学模型的分类，一般有三种方法。第一种方法是按流体的相的数目划分；第二种方法是按空间维数划分；第三种方法是按模型使用功能划分。下面具体介绍每一种分类方法。

1）按流体的相的数目划分

（1）单相流模型：描述只有一相流体流动的数学模型。

（2）两相流模型：描述有两相流体流动的数学模型。

（3）三相流模型：描述有三相流体流动的数学模型。

2）按空间维数划分

（1）零维模型：描述均质岩石、均质流体性质的油藏系统，而且系统内的饱和度分布和压力分布是连续的，油藏内任意处的压力发生变化时，整个油藏系统内的压力都同时发生变化的这一类数学模型。

（2）一维模型：描述油藏流体沿一个方向上发生流动，而其他两个方向上则没有任何变化的数学模型（如一维问题：x；径向问题：r）。

（3）二维模型：描述油藏流体沿两个方向上发生流动，而在第三个方向上没有任何变化的数学模型（如平面问题 $x-y$；剖面问题 $x-z$、$r-z$）。

（4）三维模型：描述油藏流体沿三个方向发生流动的数学模型（如三个方向上的问题 $x-y-z$；柱状问题 $r-\theta-z$）。

3）按模型使用功能划分

（1）气藏模型：描述天然气气藏的数学模型。有的气藏只有天然气存在，而有的气藏不仅有天然气存在，还有水存在。

（2）黑油模型：描述气、油、水三相同时存在的油藏的数学模型。一般认为只有天然气可以溶于油中或从油中分离出来，油和水之间及气和水之间不发生质量交换。

（3）组分模型：描述油藏内碳氢化合物化学组分的数学模型。由过去对相的描述进而深入到对化学组分的描述，每种化学组分可以存在于油气水三相中的任意一相内，相与相之间可以存在质量交换(这种模型常用于描述凝析油藏,此时,也称之为凝析油藏模型)。

2. 多组分模型

油藏内的碳氢化合物是由多种化学成分组成的,在流动过程中,各流动相的各组分之间可能发生质量交换,因此在建立数学模型时,要做到质量平衡,就必须对油藏系统内每一流动相内的组分进行详细的研究。也就是说,由过去对相的研究,进而深入到对组分及组分质量分量的研究,由建立相平衡到建立组分平衡。

假设所研究的油藏有油、气、水三相,共有 N 种化学组分。为了研究任一种化学组分的质量守恒,用 C_{ig} 表示气相中 i 组分的质量分量;C_{io} 表示油相中 i 组分的质量分量;C_{iw} 表示水相中 i 组分的质量分量;于是可写出组分 i 的质量流量。

每一相的质量流速(单位时间内通过单位面积的质量)分别为:

$$\rho_g \boldsymbol{v}_g,\ \rho_o \boldsymbol{v}_o,\ \rho_w \boldsymbol{v}_w \tag{3-1-1}$$

组分 i 的质量流速为:

$$C_{ig} \rho_g \boldsymbol{v}_g + C_{io} \rho_o \boldsymbol{v}_o + C_{iw} \rho_w \boldsymbol{v}_w \tag{3-1-2}$$

组分 i 在单位孔隙体积内的质量为:

$$C_{ig} \rho_g S_g + C_{io} \rho_o S_o + C_{iw} \rho_w S_w \tag{3-1-3}$$

将式(3-1-2)及式(3-1-3)代入式(3-1-4):

$$-\nabla \cdot (a\rho_1 \boldsymbol{v}_1) = a\frac{\partial(\phi\rho_1 S_1)}{\partial t} \tag{3-1-4}$$

并考虑注入项或采出项,则可写出组分 i 的连续性方程:

$$-\nabla \cdot [a(C_{ig} \rho_g \boldsymbol{v}_g + C_{io} \rho_o \boldsymbol{v}_o + C_{iw} \rho_w \boldsymbol{v}_w)] + aq_1$$

$$= a\frac{\partial}{\partial t}[\phi(C_{ig} \rho_g S_g + C_{io} \rho_o S_o + C_{iw} \rho_w S_w)] \tag{3-1-5}$$

考虑重力作用下的达西定律为:

$$\begin{cases} \boldsymbol{v}_g = -\dfrac{KK_{rg}}{\mu_g}(\nabla p_g - \rho_g g\,\nabla D) \\[3mm] \boldsymbol{v}_o = -\dfrac{KK_{ro}}{\mu_o}(\nabla p_o - \rho_o g\,\nabla D) \\[3mm] \boldsymbol{v}_w = -\dfrac{KK_{rw}}{\mu_w}(\nabla p_w - \rho_w g\,\nabla D) \end{cases} \tag{3-1-6}$$

将方程(3-1-5)代入方程(3-1-6)就得到多组分的数学模型:

$$\nabla \cdot \left[\frac{aC_{ig}\rho_g KK_{rg}}{\mu_g}(\nabla p_g - \rho_g g \nabla D) + \frac{aC_{io}\rho_o KK_{ro}}{\mu_o}(\nabla p_o - \rho_o g \nabla D) + \right.$$

$$\left. \frac{aC_{iw}\rho_w KK_{rw}}{\mu_w}(\nabla p_w - \rho_w g \nabla D) \right] + aq_1 = a\frac{\partial}{\partial t}\left[\phi(C_{ig}\rho_g S_g + C_{io}\rho_o S_o + C_{iw}\rho_w S_w) \right] \quad (3-1-7)$$

将方程(3-1-7)中的密度项 ρ 用体积系数 β 来代替，可得：

$$\nabla \cdot \left[\frac{aC_{ig}\rho_{gsc}KK_{rg}}{\beta_g \mu_g}(\nabla p_g - \rho_g g \nabla D) + \frac{aC_{io}\rho_{osc}KK_{ro}}{\beta_o \mu_o}(\nabla p_o - \rho_o g \nabla D) + \frac{aC_{iw}\rho_{wsc}KK_{rw}}{\beta_w \mu_w} \right.$$

$$\left. (\nabla p_w - \rho_w g \nabla D) \right] + aq_{v1}\rho_{1sc} = a\frac{\partial}{\partial t}\left[\phi\left(C_{ig}\frac{\rho_{gsc}}{\beta_g}S_g + C_{io}\frac{\rho_{sco}}{\beta_o}S_o + C_{iw}\frac{\rho_{wsc}}{\beta_w}S_w \right) \right] \quad (3-1-8)$$

如果所研究的油藏系统内存在 N 种化学组分时，就要求解 N 个偏微分方程。要求解这 N 个偏微分方程所需要的参变量就更多了，其总数为 $3N+15$，所以要得到油藏系统各参变量的解，就必须具有 $3N+15$ 个独立的关系式。这些关系式除去上面所推导的微分方程外，还有其他函数的、代数的关系式，这些关系式为：

（1）油藏系统中每一种组分可列一个偏微分方程，有 N 种组分就有 N 个偏微分方程。

（2）由于油藏孔隙空间完全被流体所饱和，因此，所有流体相(油、气、水)饱和度总和应为1，即：

$$S_g + S_o + S_w = 1 \quad (3-1-9)$$

（3）每一种流体相中各组分的质量分量总和应等于1。油、气、水三相应有以下三个关系式：

$$\sum_{i=1}^{N} C_{ig} = 1 \quad (3-1-10)$$

$$\sum_{i=1}^{N} C_{io} = 1 \quad (3-1-11)$$

$$\sum_{i=1}^{N} C_{iw} = 1 \quad (3-1-12)$$

（4）油、气、水三相，有三个密度关系式：

$$\rho_g = f(p_g, C_{ig}) \quad (3-1-13)$$

$$\rho_o = f(p_o, C_{io}) \quad (3-1-14)$$

$$\rho_w = f(p_w, C_{iw}) \quad (3-1-15)$$

（5）油、气、水三相，有三个黏度关系式：

$$\mu_g = f(p_g, C_{ig}) \quad (3-1-16)$$

$$\mu_o = f(p_o, C_{io}) \quad (3-1-17)$$

$$\mu_{w} = f(p_{w}, C_{iw}) \tag{3-1-18}$$

（6）油、气、水三相在孔隙介质内流动，有三个相对渗透率关系式：

$$K_{rg} = f(S_g, S_o, S_w) \tag{3-1-19}$$

$$K_{ro} = f(S_g, S_o, S_w) \tag{3-1-20}$$

$$K_{rw} = f(S_g, S_o, S_w) \tag{3-1-21}$$

（7）油、气、水三相内存在 N 种化学组分时，平衡常数关系式有 $2N$ 个：

$$\frac{C_{ig}}{C_{io}} = K_{igo}(T, p_g, p_o, C_{ig}, C_{io}) \tag{3-1-22}$$

$$\frac{C_{ig}}{C_{iw}} = K_{igw}(T, p_g, p_w, C_{ig}, C_{iw}) \tag{3-1-23}$$

$$\frac{C_{io}}{C_{iw}} = K_{igo} = \frac{K_{igw}}{K_{igo}} \tag{3-1-24}$$

$\dfrac{C_{io}}{C_{iw}}$ 关系式可从方程（3-1-22）和方程（3-1-23）中得到，它不是一个独立的关系式。

（8）在油、气、水三相存在的油藏系统内，有两个独立的毛细管压力关系式，即：

$$p_{cgo} = p_g - p_o = f(S_g, S_o, S_w) \tag{3-1-25}$$

$$p_{cow} = p_o - p_w = f(S_g, S_o, S_w) \tag{3-1-26}$$

$$p_{cgw} = p_g - p_w = p_{cgo} - p_{cow} \tag{3-1-27}$$

p_{cgw} 关系式可由方程（3-1-25）和方程（3-1-26）得到，它不是独立的关系式。

3. 黑油模型

建立由甲烷及重质碳氢化合物组分所组成的低挥发油藏系统的数学模型。这种数学模型称为黑油模型。在简化的两组分系统内，假设水相与油相，水相与气相之间不发生组分交换，油藏系统内的碳氢化合物只考虑有两种组分，即油组分和气组分。油组分是在大气压下经过差异分离后残留下来的液体，气组分在压力增加时可溶解在油相中，而压力减小时，可从油相中分离出来，气组分由自由气和溶解气组成。

为了更好地区别油组分与油相、气组分与气相、水组分与水相，仍用下标第一个字母表示组分，第二个字母表示相，下标 sc 表示在标准条件下。

根据假设可以写出任何一种组分 i 在油、气、水三相中的质量分量 C_{ig}、C_{io}、C_{iwo}。因为在气相内只存在气组分，所以：

$$C_{gg} = 1, \ C_{og} = 0, \ C_{wg} = 0 \tag{3-1-28}$$

同样，在水相内只存在水组分，所以：

$$C_{ww} = 1, \ C_{gw} = 0, \ C_{ow} = 0 \tag{3-1-29}$$

在油相内除了有油外，还有溶解气，所以：

$$C_{go} = \frac{W_g}{W_o + W_g} = \frac{R_{so} \rho_{gsc}}{\beta_o \rho_o} \tag{3-1-30}$$

$$C_{oo} = \frac{W_o}{W_o + W_g} = \frac{\rho_{osc}}{\beta_o \rho_o} \tag{3-1-31}$$

$$C_{wo} = 0 \tag{3-1-32}$$

其中 W_o、W_g 分别是油相中油组分、气组分的质量。

关于式（3-1-30）中的 C_{go}、C_{oo} 的由来，现详细推导如下。

溶解气油比 $R_{so}(p, T)$ 的定义是：在油藏温度和压力下，单位体积油中所溶解的气量 $R_{so} = \frac{V_{gsc}}{V_{osc}}$。

因为：

$$V_{gsc} = \frac{W_g}{\rho_{gsc}}, \quad V_{osc} = \frac{W_o}{\rho_{osc}} \tag{3-1-33}$$

所以：

$$R_{so} = \frac{W_g \rho_{osc}}{W_o \rho_{gsc}} \tag{3-1-34}$$

油的体积系数 $\beta_o = (p, T)$，定义为地层油的体积与它在地面脱气后的体积比：

$$\beta_o = \frac{V_o}{V_{osc}} \tag{3-1-35}$$

因为：

$$V_o = \frac{W_o + W_g}{\rho_o}, \quad V_{osc} = \frac{W_o}{\rho_{osc}} \tag{3-1-36}$$

所以：

$$\beta_o = \frac{(W_o + W_g) \rho_{osc}}{W_o \rho_o} \tag{3-1-36}$$

由式（3-1-34）可得：

$$W_g = \frac{R_{so} W_o \rho_{gsc}}{\rho_{osc}} \tag{3-1-37}$$

由式（3-1-36）可得：

$$W_o + W_g = \frac{\beta_o W_o \rho_o}{\rho_{osc}} \tag{3-1-38}$$

将式(3-1-37)与式(3-1-38)相除，就可以得到油相内气组分的质量分量 C_{go}：

$$C_{go} = \frac{R_{so}\rho_{gsc}}{\beta_o\rho_o} \qquad (3-1-39)$$

由式(3-1-38)可以得到油相内油组分的质量分量 C_{oo}：

$$C_{oo} = \frac{\rho_{osc}}{\rho_o\beta_o} \qquad (3-1-40)$$

将方程(3-1-7)写成气组分方程($i=g$)：

$$\nabla \cdot \left[\frac{aC_{gg}\rho_g KK_{rg}}{\mu_g}(\nabla p_g - \rho_g g \nabla D) + \frac{aC_{go}\rho_o KK_{ro}}{\mu_o}(\nabla p_o - \rho_o g \nabla D) \right.$$

$$\left. + \frac{aC_{gw}\rho_w KK_{rw}}{\mu_w}(\nabla p_w - \rho_w g \nabla D) \right] + aq_g = a\frac{\partial}{\partial t}\left[\phi(C_{gg}\rho_g S_g + C_{go}\rho_o S_o + C_{gw}\rho_w S_w) \right]$$

分别将气组分在油、气、水三相中的质量分量 C_{gg}、C_{go}、C_{gw} 的关系式代入上式，就可以得到气组分的微分方程：

$$\nabla \cdot \left[\frac{a\rho_g KK_{rg}}{\mu_g}(\nabla p_g - \rho_g g \nabla D) + \frac{aR_{so}\rho_{gsc}KK_{ro}}{\beta_o\mu_o}(\nabla p_o - \rho_o g \nabla D) \right]$$

$$+ aq_g = a\frac{\partial}{\partial t}\left[\phi\left(\rho_g S_g + \frac{R_{so}\rho_{gsc}}{\beta_o}\right) \right] \qquad (3-1-41)$$

同理可以得到油组分的微分方程($i=o$)：

$$\nabla \cdot \left[\frac{a\rho_{osc}KK_{ro}}{\beta_o\mu_o}(\nabla p_o - \rho_o g \nabla D) \right] + aq_o = a\frac{\partial}{\partial t}\left(\frac{\phi\rho_{osc}S_o}{\beta_o} \right) \qquad (3-1-42)$$

水组分的微分方程($i=w$)：

$$\nabla \cdot \left[\frac{a\rho_w KK_{rw}}{\mu_w}(\nabla p_w - \rho_w g \nabla D) \right] + aq_w = a\frac{\partial}{\partial t}(\phi\rho_w S_w) \qquad (3-1-43)$$

若将 $\rho_g = \rho_{gsc}/\beta_g$ 代入方程(3-1-41)，将 $\rho_w = \rho_{wsc}/\beta_w$ 代入方程(3-1-43)，并分别除以 ρ_{gsc}、ρ_{wsc}，同时对方程(3-1-42)除以 ρ_{osc}，就可以得到在标准条件下体积守恒的偏微分方程。即：

气组分方程：

$$\nabla \cdot \left[\frac{aKK_{rg}}{\beta_g\mu_g}(\nabla p_g - \rho_g g \nabla D) + \frac{aR_{so}KK_{ro}}{\beta_o\mu_o}(\nabla p_o - \rho_o g \nabla D) \right]$$

$$+ \frac{aq_g}{\rho_{gsc}} = a\frac{\partial}{\partial t}\left[\phi\left(\frac{S_g}{\beta_g} + \frac{R_{so}}{\beta_o}\right) \right] \qquad (3-1-44)$$

油组分方程：

$$\nabla \cdot \left[\frac{aKK_{ro}}{\beta_o \mu_o}(\nabla p_o - \rho_o g \nabla D) \right] + \frac{aq_o}{\rho_{gsc}} = a \frac{\partial}{\partial t}\left(\frac{\phi S_o}{\beta_o} \right) \qquad (3-1-45)$$

水组分方程：

$$\nabla \cdot \left[\frac{aKK_w}{\beta_w \mu_w}(\nabla p_w - \rho_w g \nabla D) \right] + \frac{aq_w}{\rho_{wsc}} = a \frac{\partial}{\partial t}\left(\frac{\phi S_w}{\beta_w} \right) \qquad (3-1-46)$$

4. 定解条件

微分方程与其定解条件加在一起就构成了一个实际问题的数学模型。前者用来表达流动的规律，后者用来指明某实际问题的特定条件，二者缺一不可。

边界条件分为两种：

1）外边界条件

一般有三种形式：定压边界条件、定流量边界条件和混合边界条件。

（1）定压边界条件。

若边界上每一点在每一时刻的压力分布都是已知的，则这段边界就叫作定压边界，也叫第一类边界条件。表示为：

$$p \big|_{BC} = f_1(x, y, z, t) \qquad (3-1-47)$$

式中　$p \big|_{BC}$——边界 BC 段上的点 (x, y, z) 在 t 时刻的压力；

　　　$f_1(x, y, z, t)$——在 BC 段上的已知函数。

（2）定流量边界。

若有流量流过边界，而且每一点在每一时刻的值都是已知的，则这段边界就叫作定流量边界，也叫第二类边界条件，表示为：

$$\frac{\partial p}{\partial n}\bigg|_{AB} = f_2(x, y, z, t) \qquad (3-1-48)$$

式中　$\dfrac{\partial p}{\partial n}\bigg|_{AB}$——边界 AB 段上压力关于边界的外法线方向导数；

　　　$f_2(x, y, z, t)$——在 AB 段上的已知函数。

实际上，最简单、最常见的定流量边界是封闭边界，也叫不渗透边界，即在此边界上无流量通过，这时：

$$\frac{\partial p}{\partial n}\bigg|_{AB} = f_2(x, y, z, t) = 0 \qquad (3-1-49)$$

（3）混合边界条件。

在边界 AC 上要用到压力函数和它的导数的线性组合的形式来确定，这样的边界条件就叫作混合边界条件，表示为：

$$\frac{\partial p}{\partial n} + ap \bigg|_{AC} = f_3(x, y, z, t) \tag{3-1-50}$$

式中 $f_3(x, y, z, t)$——在 AC 段上的已知函数。

2）内边界条件

若油藏内分布有油井或注水井时，则可把它作为已知点汇或点源来处理，若井的产量为 q，则可在渗流基本方程中加上产量项 q，生产井取负值，注入井取正值。

此外，还可给定：

（1）定井底压力：

$$p(r_w, t) = 常数 \tag{3-1-51}$$

（2）定产量：

$$r \frac{\partial p(r, t)}{\partial r} \bigg|_{r_w} = 常数 \tag{3-1-52}$$

（3）变井底压力：

$$p(r_w, t) = \varphi_1(t) \tag{3-1-53}$$

（4）变产量：

$$r \frac{\partial p(r, t)}{\partial r} \bigg|_{r_w} = \varphi_2(t) \tag{3-1-54}$$

（5）关井条件：

$$r \frac{\partial p(r, t)}{\partial r} \bigg|_{r_w} = 0 \tag{3-1-55}$$

3）初始条件

初始条件就是给定某一选定的初始时刻（$t=0$），油藏内的压力分布可表示为：

$$p(x, y, z) \big|_{t=0} = p_1(x, y, z)$$

式中 p_1——确定在油藏区域上的已知函数。

（二）多井干扰理论

1. 多井干扰现象的物理过程

在油层中，当多口井同时工作时，其中任一口井工作状态的改变，如新井投产、注水井关井或更换油嘴等，必然会引起其他井的产量或井底压力发生变化，这种现象称为井干扰现象。油层上只要有两口以上的井在工作，就会产生井间干扰，在油田上，井干扰现象总是不可避免的。

在井工作制度未改变前，多井已处于某一稳定状态中，全油层内的能量供应和消耗处于暂时的平衡之中，而任一口井的工作制度发生变化均会使原有的能量平衡遭到破坏，引起整个渗流场的变化，因而地层内各点压力会重新分布。

一旦发生干扰，原有的渗流场从发生变化起直到重新稳定并形成一个新的渗流场为止，这一过程是不稳定的传播过程。下面以两口井同时工作时的情况为例，说明干扰后地层中压力重新分布的情况。

地层中有两口井同时工作，其产量分别为 q_1 和 q_2，当油层尚未投入开发时，地层各点均为原始地层压力，其值如图 3-1-1 中的 HH' 线所示。设想地层中只有 I 井在生产，其产量为 q_1，它消耗地层中的能量形成压降漏斗如虚线 A_2B_1 所示，由此线可知在 I 井的井底压降值为 AA_2。而由 I 井的生产引起在 II 井的井底压降为 BB_2，并在 I 井的井底处形成一个压降 AA_1。

以上的分析也适合于注水井，在矿场实际中，常把生产井的压降称为正的压降，而注水井的压降称为负压降，即为压升。图 3-1-2 为一口生产井和一口注水井同时工作及它们分别单独工作时的压力分布情况。

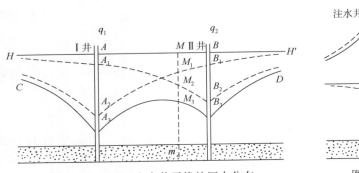 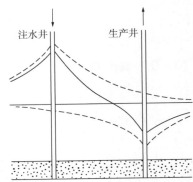

图 3-1-1 两口生产井干扰的压力分布　　　　图 3-1-2 一口生产井和一口注水井干扰的压力分布

从以上两口井的例子中可以看出，井干扰的实质是地层中能量重新平衡，能量的大小用压力来表示，故多井干扰的最终结果表现为地层中压力的重新分布。而这种重新分布是按照压降叠加的原则来进行的，即多井同时工作时，地层内各点的压降等于各井单独工作时的压降的代数和，即：

$$\Delta p_{AA_1} + \Delta p_{AA_2} = \Delta p_{AA_3} \qquad (3-1-56)$$

采用压降叠加这一名词是从物理意义而言，从数学的角度来说，称为压力叠加原则。当选择 HH' 为横轴，AA_3（或 BB_3）为纵轴时，即以压力轴 A 点作为原点，则 A_1 点压力为 p_1 值，A_2 点为 p_2 值，最终结果为 A_3 点即 p_3 值。即为：

$$p_1 + p_2 = p_3 \qquad (3-1-57)$$

可以用数学分析的方法来说明压力叠加原则。一口井生产时其压力分布是符合拉普拉斯方程的，拉普拉斯方程是二阶线性偏微分方程，两个线性偏微分方程可以进行代数叠加。

对于 I 井：

$$\frac{\partial^2 p_1}{\partial x^2} + \frac{\partial^2 p_1}{\partial y^2} + \frac{\partial^2 p_1}{\partial z^2} = 0 \qquad (3-1-58)$$

对于Ⅱ井：

$$\frac{\partial^2 p_2}{\partial x^2}+\frac{\partial^2 p_2}{\partial y^2}+\frac{\partial^2 p_2}{\partial z^2}=0 \tag{3-1-59}$$

两井同时工作有：

$$\frac{\partial^2(p_1+p_2)}{\partial x^2}+\frac{\partial^2(p_1+p_2)}{\partial y^2}+\frac{\partial^2(p_1+p_2)}{\partial z^2}=0 \tag{3-1-60}$$

2. 势的叠加原则

在重力水压驱动方式下，由于生产井工作制度改变或新井投产引起的干扰在比较短的时间内就能趋于稳定，干扰的结果体现为压力的重新分布，而压力重新分布又是按照压力的代数叠加原则进行的，因此就可以根据压力(势)叠加原则来确定多井同时工作时产量与压力的数量关系，以及压力分布等问题。

1）势的基本概念

"势"是表示一个标量，这个量的梯度形成一个力场。在渗流力学中，势的概念常与拉普拉斯方程联系在一起，有时常把拉普拉斯方程的解称势函数(数学上称调和函数)。

根据达西定律有：

$$v=\frac{K\mathrm{d}p}{\mu\mathrm{d}x} \tag{3-1-61}$$

引入一个新的量：

$$\varPhi=\frac{K}{\mu}p \tag{3-1-62}$$

则式(3-1-61)变为：

$$v=-\frac{\mathrm{d}\varPhi}{\mathrm{d}x}$$

这里"$\varPhi$"就定义为势，通常称为速度势。对于均质、等厚地层，单相液体渗流来说，地层各点$\frac{K}{\mu}$可视为常数，由式(3-1-62)可看出势等于压力乘上一个常数，它仍具有压力的含义。对式(3-1-62)进行微分得：

$$\mathrm{d}\varPhi=\frac{K}{\mu}\mathrm{d}p \tag{3-1-63}$$

一般用式(3-1-63)来研究平面上或空间中一点的势。

2）平面上一点的势

设在平面上存在一点，这点为点汇，即流体流向这一点，并在此消失。若在这一点周围画出半径为r的圆周，则其平面径向渗流时的流量为：

$$q = \frac{K}{\mu} 2\pi r h \frac{dp}{dr} \tag{3-1-64}$$

由 Φ 的表达式，且令单位油层厚度的流量 $q_h = \dfrac{q}{h}$，则：

$$\frac{q_h}{2\pi r} = \frac{d\Phi}{dr} \tag{3-1-65}$$

分离变量积分得：

$$\Phi = \frac{q_h}{2\pi} \ln r + C \tag{3-1-66}$$

式（3-1-66）即为平面上一点势的表达式，其中 C 是由边界条件确定的积分常数。若已知势值则可确定产量；反之若已知产量则可确定势值。

上面所讲的平面上的一点是一个点汇，若对点源（流体从一点开始流向它处），q_h 取负值即可。

3）空间一点的势

设想空间有一点 M，它周围存在着一个力场，流线若流向此点后消失（M 点为点汇），以 M 点为中心，以任意半径为 r 的球形表面的渗流速度为：

$$v = \frac{q}{4\pi r^2}$$

由达西定律：

$$v = \frac{K dp}{\mu dr} = \frac{d\Phi}{dr}$$

则：

$$\frac{q}{4\pi r^2} = \frac{d\Phi}{dr}$$

分离变量并积得空间一点势的表达式为：

$$\Phi = \frac{-q}{4\pi r} + C$$

若 M 点为点源，则有：

$$\Phi = \frac{q}{4\pi r} + C \tag{3-1-67}$$

4）势的叠加原则

当地层中同时存在若干口井时，可根据势的叠加原则来确定地层中任一点的势值。若有 n 口井，各口井的产量分别为 q_1，q_2，q_3，$\cdots$，q_n，单位厚度下产量分别为 q_{h1}，

q_{h2}，…，q_{hn}，欲求地层中任一点 M 的势值，按照势的叠加原则有：

$$\Phi = \frac{q_{h1}}{2\pi}\ln r_1 + \frac{q_{h2}}{2\pi}\ln r_2 + \frac{q_{h3}}{2\pi}\ln r_3 + \cdots + \frac{q_{hn}}{2\pi}\ln r_n + C$$

$$\Phi = \sum_{i=1}^{n} \frac{q_{hi}}{2\pi}\ln r_i + C \tag{3-1-68}$$

其中 C 值可由边界条件来确定，若已知 n 口井的井底势 Φ_{wf1}，Φ_{wf2}，…，Φ_{wfn}，就可求同此 n 口井的产量 q_1，q_2，…，q_n，反之亦然。当有 n 口井时，应当列出 $(n+1)$ 个方程，才能求出所需之量，因为除了 n 个未知值外，尚有一个积分常数 C 需确定。

若 n 口井中有生产井又有注水井时，那么注水井产量应取负值。式（3-1-68）可改写为：

$$\Phi = \sum_{i=1}^{n} \frac{\pm q_{hi}}{2\pi}\ln r_i + C \tag{3-1-69}$$

应用势的叠加原理，利用已知井点的压力，预测较小范围内（一般在 1000m 以内）未知点的压力具有较高的精度，尤其在钻井降压的地区可以得到较多的应用。

二、正常注采区域压力预测方法

所谓正常区域是指油水井所开采或注水的层段在一定范围内位于同一个砂体上，砂体中存在稳定的渗流场，不存在只注不采或只采不注现象。预测正常注采区储层流体压力时可以采用黑油模型与势叠加相结合的方法。使用黑油模型进行较大区域的压力变化趋势预测，即压力随时间变化的规律，而势叠加法则是对相对较小的区域某一时刻任一点的压力值进行预测。两种方法各有侧重。

（一）黑油模型法

黑油模型法是大庆油田较常用的一种油藏拟合方法。原理和数学模型已在前文介绍，操作上采用计算机软件系统进行。典型的油藏模拟步骤按图 3-1-3 进行。

1. 基础数据准备

一般油藏数值模拟研究，需要准备如下七项基础资料：

1）静态数据

静态数据用于油层地质描述。静态基础数据包括小层静态数据、油层分层数据、断层数据、油水界面及油气界面等。

小层静态数据包括：小层顶面（海拔）深度、总厚度、砂岩厚度、有效厚度、有效渗透率、有效孔隙度，以及初始含水饱和度（可选择）等。

油层分层数据包括：各砂岩组个数及名称、各小层名称、沉积类型及连通情况等。

断层数据包括：断层方向、断点深度、断距及密封情况等。

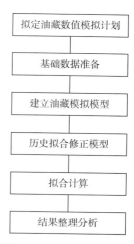

图 3-1-3　油藏模拟步骤

（流程图内容：拟定油藏数值模拟计划 → 基础数据准备 → 建立油藏模拟模型 → 历史拟合修正模型 → 拟合计算 → 结果整理分析）

同时应准备几种图件：即构造等高图、平均孔隙度等值图、平均渗透率等值图、有效厚度等值图、剖面图、模拟区（及有关油田范围）的标准井位图等。

如果模拟的油藏或区块能够再细分成不同岩性和流体特征的地质单元（或区块），那么，每个油藏单元（或区块）都应具备上述的所有参考图。

对于锥进、剖面及三维模拟研究还需要测井曲线和岩心分析资料帮助识别油层分层及其相应的特性。

2）油层流体性质的基础数据

包括来自实验室的油和天然气的 PVT 数据、油层水性质基础数据，以及它们的测定报告。

3）岩石性质的基础资料

包括取自实验室的油水及油气相对渗透率曲线，以及油水和油气毛细管压力曲线，润湿性、相对渗透率、毛细管压力试验结果的详细报告，岩石类型分区曲线（如果有的话）。此外，还有水敏、水质、注入水对油层的伤害等分析资料。上述这些资料属实验室特殊岩心分析资料。

4）完井和修井数据

主要包括射孔及补孔数据、压裂和酸化数据、分层配注、配产封隔器位置、机械堵水、化学堵水、解堵等。上述各项资料需要给出详细数据和完井层段、相应的地层参数值及相应日期等。

5）动态数据

动态数据主要指油水井动态数据，即井史数据。对于油井，包括月采液量、产水量、产油量、该月生产天数、含水率、生产油气比，还有投产、投注、转注日期、关井日期、原始地层压力及原始饱和压力、流动压力等。当注入物为聚合物时，还要考虑聚合物的黏度与浓度的关系，注入浓度或采出浓度等。

6）测试数据

包括涡轮测试、同位素测试、吸水剖面测试、压力恢复曲线测试等测试数据。压力测试数据包括油层中部海拔（或油层中深和补心海拔），基准深度、测试时仪器下入深度、全部测压记录数据及压力分析结果，测压时油井稳定产液量及含水百分数，关井时间，井底流压，测压时的射开地层系数等。

7）建立油田开发数据库

数据准备的主要工作是收集上述有关的各项基础资料。按目前情况，收集资料的方式主要有两种，一种是在没有数据库的情况下，需要从矿场及其他有关单位的资料本中抄写或复印等，有的数据还可能需要经过适当处理或初步加工，然后由人工输入计算机。由于资料的种类和项目很多，数据量很大，资料零散等因素，收集资料是一项十分烦琐、既费工又费时的工作，并且人工收集资料容易产生人为差错，工作效率低。另一种收集资料的方式是对于开发数据库来说，可以把有关的油藏模拟基础数据从数据库里直接提取或通过磁盘或磁带的读写形式，传输到模拟用机上。有了数据库，再配上加工各种数值模拟数据文件的软件，则效率更高，直接调用这些软件，可自动生成数值模拟使用数据文件，直接或间接传输到数值模拟用机上。因此，为了提高油藏数值模拟的工作效率，建立油田开发数据库是十分必要的。

2. 基础资料的分析研究及加工

准确齐全的基础资料是搞好油藏数值模拟研究的基础。除了收集相关资料外，还要对收集到的资料进行必要的分析研究（如用油藏工程方法、数理统计方法等），对数据的完整性、可靠性、准确性和代表性等做全面的审核、分析、判断，所有可疑的资料应着重分析判断，然后决定舍取。同时考虑是否需要附加数据，并按模拟器输入参数的要求等进行必要的预处理和加工。

例如，对压力史资料，发现异常现象的压力值应进行分析判断，某个压力点陡升，有时可能是由于机械堵水后解堵时测试造成的，像这样的压力点缺乏代表性，不适合采用（即不适合做历史拟合用的实际值）。又如有的含水值变化曲线，不出现零值，一投产就是特高含水值，这可能是由于其他层系的水窜槽造成的，这个实际值必须校正后才能用作历史拟合含水的依据。

3. 模拟区域及维数的选择

1）模拟区域

根据模拟策略确定模拟区域，一般来讲，模拟区域可以是整个油藏，也可以是油藏的一部分，一个井组的流动单元，甚至是一口井，这要根据具体问题具体确定。选择模拟区域的一般原则是：区域的边界应尽可能与断层线、储油层尖灭线、油水或油气边界线、均匀井网或构造的对称线、注水井排等相一致，这样做有利于边界条件的处理。

2）模型的维数

由于计算机计算量随着维数（或称维度）急剧增加，所以应尽可能采用最少的维数（在满足研究问题需要的前提下）。根据油藏的形状、井的布置和主要渗流特点，油藏可简化为一维、二维（平面或剖面）或三维渗流。渗流维度减少，计算工作量将会大大降低。

一维模型往往用来估算高度理想化的情况，例如，有限油藏和实验室的模拟实验。另外一维模型也适合于研究某些参数的敏感性分析。

二维模型在多种情况下都适用。大多数油藏的厚度和它们平面上的边长相比很小。这样的油藏看起来像"毯子"，自然可用二维平面网格来描述它。在进行流体压力拟合时常采用二维模型。对许多油藏来说，用二维模拟只要把油藏中典型的部分（称为"窗口"）加以研究，就足以代表整个油藏，这些称为"窗口"的模型比用三维模型研究整个油藏花费的工作量和费用少得多。

三维模型主要用于油藏厚度较厚，纵向非均质比较严重，情况比较复杂的油藏模拟上。

（二）势叠加法

黑油模型法的优点在于可以对未来某一时刻的压力进行预测，但由于影响因素较多，主要预测压力变化的趋势，对于较小范围的某一点在预测精度上还存一定的误差。势叠加法与黑油模型法相比，不考虑时间因素，根据某一时刻已知井点的动静态参数对未知点这一时刻的压力进行预测。由于不考虑时间因素，所以预测精度相对较高。下面是 S 油田某注聚合物区块采用势叠加法进行平面压力预测的实例。

设某预测区为一长为 A，宽为 B 的矩形区块，在该区块中共有 N 口井，第 i 口井在某点 (x, y) 处产生的势为：

$$\Phi(x, y) = \frac{q_i}{2\pi h_i} \ln \sqrt{(x-x_i)^2 + (y-y_i)^2} + C \tag{3-1-70}$$

其中，x_i，y_i 分别为第 i 口井在 x 和 y 方向上的坐标。

由势的叠加原理可知，N 口井在 (x, y) 处产生的势为：

$$\Phi(x, y) = \sum_{i=1}^{N} \Phi(x, y) = \frac{1}{2\pi} \times \sum_{i=1}^{N} \frac{q_i}{h_i} \ln \sqrt{(x-x_i)^2 + (y-y_i)^2} + C \tag{3-1-71}$$

把势转化成压力：

$$p(x, y) = \frac{1}{2\pi} \sum_{i=1}^{N} \frac{\bar{\mu} + \mu_i}{(\bar{K} + K_i) h_i} q_i \times \ln \sqrt{(x-x_i)^2 + (y-y_i)^2} + C \tag{3-1-72}$$

在第 j 口井井点处 (x_j, y_j) 产生的压力为：

$$p(x_j, y_j) = \frac{1}{2\pi} \left[\sum_{i=1, i \neq j}^{N} \frac{q_i}{h_i} \ln \sqrt{(x_j-x_i)^2 + (y_j-y_i)^2} + \frac{q_i}{h_i} \times \frac{\mu_j}{K_j} \ln r_\omega \right] + C \tag{3-1-73}$$

假设在离区块 2 倍边界的长度处，地层压力为原始地层压力，则：

$$p_{oi} = \frac{1}{2\pi} \sum_{i=1}^{N} \frac{\bar{\mu} + \mu_i}{\bar{K} + K_i} \times \frac{q_i}{h_i} \times \ln \sqrt{(2A-x_i)^2 + (2B-y_i)^2} + C \tag{3-1-74}$$

式中　p_{oi}——原始地层压力，MPa；

　　　$\bar{\mu}$——平均黏度，mPa·s；

　　　$\bar{K}$——平均渗透率，mD。

由式（3-1-73）、式（3-1-74）求出 q_i，代入式（3-1-72）即可求出 $p(x, y)$。

1. 计算步骤

（1）根据试验区的实际情况确定出 n_x，n_y，Δx，Δy：

n_x，n_y 为 x 方向和 y 方向上的网格数；

Δx，Δy 为 x 方向和 y 方向上的网格距。

（2）确定出井点网格坐标 (i_k, j_k)。

第 k 口井实际坐标为 x_k，$y_k(x_k = i_k \cdot \Delta x$；$y_k = j_k \cdot \Delta y)$。

（3）根据井点处已知的渗透率、有效厚度值，通过插值确定出渗透率、有效厚度在每一个网格上的值。

（4）确定黏度分布。

如果注入物质是水，则黏度为相对恒定的值，如果是其他物质，则需要确定黏度在储层中的分布。

当注入物质是聚合物时，在注入井与生产井之间，聚合物浓度分布为：

$$C = C_1 \left(\frac{C_2^{\frac{\gamma}{d}}}{C_1} \right) \tag{3-1-75}$$

式中　C——在注入井与生产井之间距注入井 γ 处的聚合物浓度；

　　　C_1——注入浓度；

　　　C_2——采出浓度；

　　　γ——某点到注入井的距离；

　　　d——注入井到生产井的距离。

根据黏度—浓度曲线可得：

$$\mu_k = f(c) \tag{3-1-76}$$

式中　μ_k——静态黏度；

　　　$f(c)$——黏度与浓度的关系式。

在地层中，聚合物的黏度为：

$$\mu_k = \frac{1}{2} f(c) \left[\frac{r(d-r+r_\omega)}{r_\omega \cdot d} \right]^{1-n} \tag{3-1-77}$$

$$r_\omega = \sqrt{(x-x_i)^2 + (y-y_i)^2} \tag{3-1-78}$$

式中　n——幂律指数；

　　　r_ω——井半径。

（5）求方程组系数。

对于第 j 口井：

$$A_{ij \atop (i \neq j)} = \frac{\bar{\mu} + \mu_i}{\bar{K} + K_i} \times \frac{1}{h_i} \ln \sqrt{(x_j - x_i)^2 + (y_j - y_i)^2} - \frac{\bar{\mu} + \mu_i}{\bar{K} + K_i} \times \frac{1}{h_i} \ln \sqrt{(2A - x_i)^2 + (2B - y_i)^2}$$

$$A_{ij} = \frac{1}{h_j} \times \frac{\mu_j}{K_j} \ln r_\omega - \frac{\bar{\mu} + \mu_j}{\bar{K} + K_j} \times \frac{1}{h_j} \ln \sqrt{(2A - x_j)^2 + (2B - y_j)^2}$$

$$f_j = (p_i - p_{oi}) 2\pi$$

$$\sum_{i=1, \ i \neq j}^{N} A_{ij} q_i + A_{jj} q_i = f_i (j = 1, \ 2, \ \cdots, \ N)$$

求出 q_j。

（6）将 q_j 代入式（3-1-79），求出每个网格的 $p(x, y) \rightarrow p_{i,j}$。

$$p(x, y) = \sum_{i=1}^{N} \frac{\bar{\mu} + \mu_i}{\bar{K} + K_i} \times \frac{q_i}{h_i} \times \ln \sqrt{(x-x_i)^2 + (y-y_i)^2}$$

$$p_{oi} = \frac{1}{2\pi} \sum_{i=1}^{N} \frac{\overline{\mu}+\mu_i}{\overline{K}+K_i} \times \frac{q_i}{h_i} \times \ln\sqrt{(2A-x_i)^2+(2B-y_i)^2} \qquad (3\text{-}1\text{-}79)$$

2. 应用实例

利用上述模型，对S油田的N区块聚合物实验区的压力分布进行了拟合及预测（图3-1-4）。

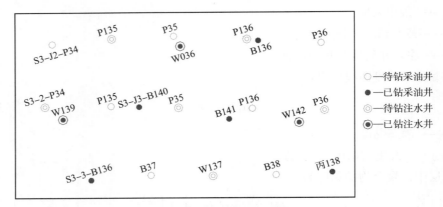

图 3-1-4　试验区井位图

试验区共有21口井，其中注水井9口，采油井12口。预测井点8口，网格划分时的网格距为30m，幂律指数 $n=0.7$，井半径 $r_w=0.1m$，其他参数见表3-1-1。

表 3-1-1　预测井点实际参数值

井　号	井别	渗透率，mD	有效厚度，m	浓度，mg/L	流压，MPa
S3-3-B136	油	800	2.4	50	2.54
S3-D3-B141	油	670	4.4	10	1.68
S3-D3-B140	油	730	6.3	420	1.89
S3-2-W036	水	630	4.4	942	20.90
S3-D3-W139	水	730	7.2	929	—
S3-2-B136	油	240	1.4	80	2.55
S3-D3-W142	水	550	7.0	942	23.00
S3-3-B138	油	600	6.6	6	7.19

按上述步骤进行了拟合和预测，结果见表3-1-2。

表 3-1-2　2001年4月计算压力与实测压力拟合

井　号	实测静压，MPa	计算静压，MPa	相对误差，%
S3-3-B136	10.17	10.20	0.3
S3-D3-B141	11.35	12.01	5.8
S3-D3-B140	11.57	11.10	-4.1
S3-2-W036	14.46	14.14	-2.2

井　　号	实测静压，MPa	计算静压，MPa	相对误差，%
S3-D3-W139	13.95	13.89	-0.4
S3-2-B136	11.45	11.20	-2.2
S3-D3-W142	13.00	13.60	4.6
S3-3-B138	13.06	12.38	-5.2

从应用实例可以看出，势叠加法对于小区域压力预测具有较高的精度，同样对于新布的加密井点的单层流体压力可以进行有效地预测。

三、憋压区储层流体压力预测方法

憋压区是指在一定范围内的储层，注水井的注入量显著大于采油井的采出量，使流体压力明显高于正常注采区的不稳定渗流区域。在大庆油田，较多地采用黑油模型预测孔隙流体压力，根据已知井点的流体压力状况对未知区域的流体压力进行预测，这种方法对于正常开采（注采井连通）的储层具有较好的预测效果，但对于非正常开采造成的异常压力（憋压）由于形成机理不同而不能进行准确地描述。

老井套管损坏后继续注水是油田开发后期形成憋压的主要原因。随着大庆油田的注水开发，老井套管损坏的问题日趋明显，截至 2000 年底，大庆油田发现套管问题井累计已达 7453 口，占已投产油水井的 16.72%，其中已证实套损井 7216 口。全油田采油井套损 3526 口，占已投产油井的 12.00%，注水井套损 3927 口，占投注注水井的 25.86%。这些套损问题井集中在长垣北部的喇、萨、杏油田，套管问题井累计 6597 口，占已投产油水井的 20.23%，其中套损井 6395 口，占全油田已证实套损井的 88.60%，套损井的存在不但给油田开发造成了严重的后果，而且给钻井生产也带来了巨大影响。套损注水井未能及时发现或发现后继续注水使注入水沿套损部位进入到地层中（套损层位），如果套损层位没有泄压点，或者采出量小于注入量，在一定区域内就会形成憋压。部分地区甚至可以形成异常高压（套损异常高压层），钻井过程中钻遇该层位时会发生油气水侵、井涌、井喷、井漏等复杂工程情况，固井质量也不易保证。

（一）异常压力形成的原因

在大庆长垣北部，憋压区一般可分为油层部位憋压区和非油层部位憋压区。油层憋压部位的岩性主要是以厚度较薄的泥质粉砂岩或粉砂质泥岩为主，非油层憋压部位的岩性主要是大庆长垣的区域沉积层即嫩二段底部油页岩。下面分别论述其形成原因。

1. 油层憋压形成的原因

（1）老井套管损坏后继续注水是形成高压异常层的外力来源。

套管损坏的部位如果对应在砂岩部位，注入水就可以沿着损坏位置进入到地层中，如果套损后未及时发现或发现后继续注水，注入水就为异常高压层的形成提供了外力来源。

（2）各种因素造成的圈闭是压力保存下来的地层条件。

大庆油田属于陆相沉积的砂岩油藏，具有多油层、非均质性的特点。特别是陆相中的三角洲内前缘相区沉积成的河口坝砂岩层和内前缘带状砂岩层以及三角洲前缘相沉积的砂岩层分布范围较小，油层物性差，单层砂岩厚度小于1.5m，渗透率在50mD以下，连通性不好，容易形成岩性尖灭。套损位置对应在这样的岩性地层，就会使注入水保存下来，形成高压层。

另外，大庆油田的断层多属正断层，断层上下两盘接合地比较紧密，加上断层两侧的岩性不同，注入水不能穿越断层进入低压区，从而断层起到了封闭作用。这样由于岩性尖灭的存在或者岩性尖灭和断层遮挡共同作用下，使套损层位形成的异常压力保存了下来。

(3)注采不平衡是套损层位形成高压的地质条件。

油层中能够形成异常压力的套损层位多是油层中的非开采层位，这样的层位只注不采或注多采少，使异常压力得到长时间保存。如X1-3区乙块、N6-4-G123井区等套损层位地层孔隙压力系数仍在1.60以上，N2-3区西部138号断层和151号断层之间采出量显著少于注入量，使S0下砂岩套损层位地层压力系数达1.60以上，有的井甚至高达1.80。

2. 嫩二段底油页岩憋压形成的原因

嫩二段底油页岩憋压形成的原因是标准层套损后仍在继续注水形成异常压力。

嫩二段底部油页岩作为标准层在大庆油田全区分布，它能形成异常压力是由于其特殊性，异常压力的形成及计算将在以下部分单独详细论述。嫩二段底标准层为油页岩，这种岩性吸水性很差，但油页岩的水平层理发育，当老的注水井嫩二段底套损后，注入水沿套损部位进入到油页岩中，沿水平层理窜流，局部地区形成浸水域。在浸水域内形成异常压力，当老的套损注水井关井后，进入到标准层油页岩中的水在上覆岩层强大的重压下，又会被重新挤回到井筒内，从而浸水域逐渐缩小最后直至消失。

老井嫩二段底套损继续注水情况下注入水沿标准层油页岩窜流可以通过新钻井钻进中的显示和固井后管外冒水得到证实，在萨中地区X二断块XD5-3井、X4-102井为标准层套损注水井，套损数据见表3-1-3。

表3-1-3　套损数据

井　号	井别	套损发现日期	套损类型	套损深度，m	套损层位	备　注	
						目前日注量，m³	注水压力，MPa
XD5-3	注水井	1989年4月4日	变形	789.71	嫩二段底	370/342	13.8
X4-102	注水井	1993年3月8日	拔不动	不详			
		1996年7月11日	错断	799.9	嫩二段底	200/96	12.1

位于XD5-3井和X4-102井附近的X41-3井、X4-P5井、X42-5井，钻井施工时间为1997年4月27日至5月11日，在这段时间内XD5-3井和X4-102井正常注水。X41-3井1997年4月27日开钻，4月28日钻至标准层826m后发生轻微水侵，钻井液密度由1.63g/cm³降至1.53g/cm³，在两口老套损井注水情况下，新钻3口井分别于固井施工两天后发生管外冒水，见表3-1-4。

表 3-1-4　钻井显示情况

新钻井井号	开钻时间	固井时间	管外冒水时间	固井与管外冒水时间间隔	标准层井段钻井显示情况	备　注
X41-3	1997 年 4 月 27 日	1997 年 5 月 2 日	1997 年 5 月 4 日	2d	轻微水侵	XD5-3 井 1996 年 6 月 20 日停注；1996 年 10 月 27 日转注。X4-102 井 1996 年 8 月 2 日停注，1996 年 10 月 27 日转注
X42-5	1997 年 5 月 6 日	1997 年 5 月 11 日	1997 年 5 月 13 日	2d	无	
X4-P5	1997 年 5 月 13 日	1997 年 5 月 18 日	1997 年 5 月 20 日	2d	无	

从以上现象分析可以得到结论：只有当注水井套损后继续注水才能形成浸水域并且存在异常压力。

（二）憋压区地层压力的计算方法

1. 油层憋压区压力的计算方法

1）三个方程的建立

构成油层的岩石骨架以及岩石骨架内包含的流体都具有弹性（弱可压缩性），衡量岩石与流体的弹性大小的物理量是压缩系数 C，即单位体积在单位压力变化条件下物质体积 V 的变化量，用表达式表示为：

$$C = -\frac{1}{V}\frac{dV}{dp}$$

根据实验室测定，岩石孔隙体积压缩系数 C_f 大致范围在 $(4.3 \sim 14.2) \times 10^{-5} \mathrm{atm}^{-1}$；原油压缩系数 C_o 大致范围在 $(7 \sim 140) \times 10^{-5} \mathrm{atm}^{-1}$；水的压缩系数 C_w 大致范围在 $(3.7 \sim 5) \times 10^{-5} \mathrm{atm}^{-1}$。

油层非开采层位或萨零组中的流体流动属弹性不稳定渗流，它满足三个方程：

（1）运动方程。

多孔介质弹性不稳定渗流的流体，其渗流速度服从达西定律，用极坐标形式表示为：

$$v_r = -\frac{K}{\mu}\frac{\partial p}{\partial r} \tag{3-1-80}$$

式中　r——径向半径；

　　　v_r——径向渗流速度。

负号表示流体流动方向与压力增加方向相反。

（2）状态方程。

流体的弹性作用与压力关系最密切，表示流体弹性大小的参数是压缩系数 C：

$$C = -\frac{1}{V}\frac{dV}{dp} \tag{3-1-81}$$

这是流体状态方程的微分表达式。

无论流体体积膨胀或是收缩，流体质量是不变的，质量与体积关系为：

$$m = \rho V \qquad (3\text{-}1\text{-}82)$$

将式(3-1-82)代入式(3-1-81)得:

$$C = -\frac{\rho}{m}\frac{\partial}{\partial p}\left(\frac{m}{\rho}\right) = \frac{1}{\rho}\frac{\partial \rho}{\partial p} \qquad (3\text{-}1\text{-}83)$$

式(3-1-83)为用密度表示流体压缩系数的表达式。其中,流体密度 ρ 是压力的函数,对式(3-1-83)分离变量,并两边积分,其积分限为:$p=p_0$,$\rho=\rho_0$;$p=p$,$\rho=\rho$,可得到:

$$\ln\frac{\rho}{\rho_0} = C(p-p_0) \quad \text{或} \quad \rho = \rho_0 e^{C(p-p_0)} \qquad (3\text{-}1\text{-}84)$$

将式(3-1-84)按麦克劳林级数展开,并认为取前两项的近似式已具有足够的精度,于是式(3-1-84)可简化为:

$$\rho = \rho_0[1 + C(p-p_0)] \qquad (3\text{-}1\text{-}85)$$

式(3-1-85)为流体的状态方程,其中压缩系数 C 是压力的函数。

（3）连续性方程。

在地层模型中,任意取一个无穷小单元体,对于弹性介质来说,它总是满足下面质量守恒关系:物质流入的质量速度-物质流出的质量速度=物质在系统中的累积速度。

图 3-1-5 是从地层模型中取出的一个宽度为 δr 的圆环,流体从 B 截面流进,由 A 截面流出,圆环的圆心为极坐标的原点（也是水井或油井的位置）,于是,可写出单位时间内通过截面 A 的质量流量为 $q_A = \rho v_r A$,将式(3-1-80)与截面积 $A = 2rh$ 代入上式,便得到:

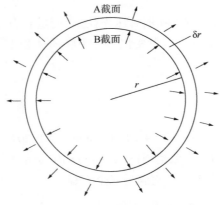

图 3-1-5　物质在地层中流动示意图

$$q_A = -2\pi rh \cdot \rho \cdot \frac{K}{\mu}\frac{\partial p}{\partial r} = -\frac{2\pi Kh}{\mu}\left(\rho \cdot r \cdot \frac{\partial p}{\partial r}\right) \qquad (3\text{-}1\text{-}86)$$

对无穷小圆环的截面 B 来说,同时有 q_B 流量流进,其表达式的形式与式(3-1-86)相同。然而,由于流体流过圆环的宽度 δr,所以其压力梯度将减小,δr 为无穷小,故可用内插计算压力梯度的减量,即 $\dfrac{\partial\left(\rho r\dfrac{\partial p}{\partial r}\right)}{\partial r}\delta r$,于是,在截面 B 上质量流量为:

$$q_B = -\frac{2\pi Kh}{\mu}\left[\rho r\frac{\partial p}{\partial r} + \frac{\partial\left(\rho r\dfrac{\partial p}{\partial r}\right)}{\partial r}\delta r\right] \qquad (3\text{-}1\text{-}87)$$

小圆环内流出与流进的质量差为:

$$q_A - q_B = \frac{2\pi Kh}{\mu}\left[\frac{\partial\left(\rho r \frac{\partial p}{\partial r}\right)}{\partial r}\delta r\right] \qquad (3-1-88)$$

另一方面，从小圆环的弹性介质内部流体角度来看，在 t 时间内，流体密度随压力变化所引起的小圆环内的质量减量为：

$$\Delta q_m = 2\pi rh \cdot \delta r \cdot \phi \cdot \frac{\partial\rho}{\partial t} \qquad (3-1-89)$$

根据质量守恒定律，式(3-1-88)与式(3-1-89)应该相等，于是可得到以下流体的连续性方程：

$$\frac{K}{\mu}\left[\frac{\partial\left(\rho r \frac{\partial p}{\partial r}\right)}{\partial r}\right] = r\phi\frac{\partial\rho}{\partial t} \qquad (3-1-90)$$

2）弹性不稳定渗流的微分方程

由于式(3-1-90)是包含了运动方程的连续性方程，因此，只要将状态方程代入，就能得到弹性不稳定渗流微分方程。

式(3-1-90)的等号左边项中的 ρ、$\partial p/\partial r$ 都是径向半径 r 的函数，按三个变量的乘积的导数展开，同时认为压力梯度 $\partial p/\partial r$ 是很小的，故其平方项可忽略，经过整理后，左边项可写成：

$$\frac{K}{\mu}\left[\frac{\partial\left(\rho r \frac{\partial p}{\partial r}\right)}{\partial r}\right] = \frac{K}{\mu}\rho\left(r \frac{\partial^2 p}{\partial r^2} + \frac{\partial p}{\partial r}\right)$$

于是式(3-1-90)可写成：

$$r \frac{\partial^2 p}{\partial r^2} + \frac{\partial p}{\partial r} = \frac{r\phi\mu}{K} \cdot \frac{1}{\rho} \cdot \frac{\partial\rho}{\partial t} \qquad (3-1-91)$$

式(3-1-91)的右边项中的密度 ρ 是压力 p 的函数，而 p 又是时间 t 的函数，于是可以将 $\partial p/\partial t$ 展开，并且代入状态方程(3-1-83)，即得：

$$\frac{r\phi\mu}{K} \cdot \frac{1}{\rho} \cdot \frac{\partial\rho}{\partial t} = \frac{r\phi\mu}{K} \cdot \frac{1}{\rho} \cdot \frac{\partial\rho}{\partial p} \cdot \frac{\partial p}{\partial t} = r \frac{\phi\mu C}{K}\frac{\partial p}{\partial t} \qquad (3-1-92)$$

将式(3-1-92)代入式(3-1-91)，经过整理可得到：

$$\frac{\partial^2 p}{\partial r^2} + \frac{1}{r}\frac{\partial p}{\partial r} = \frac{\phi\mu C}{K}\frac{\partial p}{\partial t} \qquad (3-1-93)$$

式(3-1-93)就是平面径向流弹性不稳定渗流微分方程，又称扩散方程。

扩散方程是一个二阶齐次线性偏微分方程，它的因变量为 p，自变量为半径 r 与时间 t，因此，该方程是描述弹性地层中压力在平面上的分布和随时间变化的规律。

为了使式(3-1-93)求解方便，以及求解结果能适用于不同油藏，可将公式(3-1-93)中的物理量作"标准化"处理(无量纲化)，定义下列无量纲量为：

无量纲半径：

$$r_D = \frac{r}{r_w} \qquad (3-1-94)$$

无量纲时间：

$$t_D = \frac{Kt}{\phi\mu C_t r_w^2} \qquad (3-1-95)$$

无量纲压力：

$$p_D = \frac{2\pi Kh}{\mu qB}(p_i - p) \qquad (3-1-96)$$

式中　　C_t——综合压缩系数；

　　　　p_i——原始地层压力；

　　　　B——流体体积系数。

由式(3-1-94)到式(3-1-96)可派生出下列公式：

$$r = r_w r_D, \quad p = p_i - q_D p_D, \quad q_D = \frac{\mu qB}{2\pi Kh}$$

代入式(3-1-93)，并且用复合函数求导方法将该式每项都用无量纲量表示，经过整理后可以得到用无量纲量形式表示的弹性不稳定渗流微分方程表达式：

$$\frac{\partial^2 p_D}{\partial r_D^2} + \frac{1}{r_D}\frac{\partial p_D}{\partial r_D} = \frac{\partial p_D}{\partial t_D} \qquad (3-1-97)$$

无量纲量是用相对的概念来代替物理量的绝对值，无量纲压力 p_D 实际上是一个压力降(Δp)的概念。

3) 地层压力计算方法及压力分布模型建立

(1) 计算圆形封闭地层(油藏)的压力大小及压力分布：圆形封闭地层弹性不稳定渗流微分方程的解。

通过求解微分方程(求解过程略)，可以得到圆形等厚封闭油藏任意时间、任一位置的压力计算公式如下：

$$p(r,\ t) = p_i \pm 1.842\times10^{-3}\frac{qB\mu}{Kh}\left[\frac{2}{r_{eD}^2-1}\left(\frac{r_D^2}{4}+t_D\right) - \frac{r_{dD}^2\ln r_D}{r_{eD}^2-1} - \frac{3r_{eD}^4-4r_{eD}^4\ln r_{eD}^2-2r_{eD}^2-1}{4\ (r_{eD}^2-1)^2}\right]$$

$$(3-1-98)$$

考虑地层系数(包括地层厚度)在径向上的变化，根据压力可以叠加的原理，能够得到圆形尖灭封闭油藏任一位置、任意时间的压力计算公式(推导过程略)：

$$p(r, t) = p_i \pm \sum_{i=1}^{m} \frac{1.842 \times 10^{-3} qB\mu}{K_1 h_1 - i\lambda} p_{Di} \qquad (3-1-99)$$

其中：

$$p_{Di} = \frac{2}{r_{eD}^2 - 1}\left(\frac{r_{Di}^2}{4} + t_D\right) - \frac{r_{eD}^2 \ln r_{Di}}{r_{eD}^2 - 1} - \frac{3r_{eD}^4 - 4r_{eD}^4 \ln r_{eD}^2 - 2r_{eD}^2 - 1}{4(r_{eD}^2 - 1)^2}$$

$$r_{Di} = \frac{r}{r_{wi}}, \quad r_{wi} = r_w + i \cdot \frac{r_e}{n}$$

$$r_{eD} = r_e / r_w, \quad t_D = 3.6Kt / (\phi\mu C_t r_w^2)$$

$$\lambda = \frac{K_1 h_1 - K_2 h_2}{n}, \quad m = \frac{n \cdot r}{r_e}$$

式中 　p_i——原始地层压力，MPa；

q——注入量或采出量，m³/d；

r——待算井距套损井或油井的距离，m；

r_w——井半径，m；

C_t——综合压缩系数，MPa^{-1}；

μ——流体黏度，mPa·s；

t——工作时间或关井时间，h；

r_e——边界半径，m；

ϕ——孔隙度；

K——渗透率，D；

h——有效厚度，m；

B——流体体积系数。

（2）计算构造—岩性油藏地层压力大小及压力分布。

实际油层内部常存在断层，这些断层起到不渗透边界的作用，它影响到地层内液体的流动，液体只能沿着断层流动，但不能穿越断层，断层本身在渗流场中相应于一条流线（分流线）。也就是说，断层油藏压力的分布相当于以断层为对称轴同时有两口井在无限大地层（油藏）内作用的结果。即是通常所说的镜像反映，所以首先需要建立无限大的油藏压力分布模型。

利用无限大等厚油藏（地层）的条件对弹性不稳定渗流微分方程进行求解（求解过程略），得到无限大等厚地层压力分布公式：

$$p(r, t) = p_i \pm \frac{0.921 \times 10^{-3} qB\mu}{Kh} \text{Ei}\left(-\frac{r^2}{14.4\eta t}\right) \qquad (3-1-100)$$

其中，$\eta = \dfrac{\phi\mu C_t}{K}$，$\text{Ei}(-x)$ 称为幂积分函数，定义为：

$$Ei(-x) = \int_{\infty}^{x} \frac{e^{-\xi}}{\xi} d\xi$$

式中　ξ——积分变量。

　　根据镜像反映法和压力的叠加可以得到等厚地层构造—岩性封闭边界任意时间、任一位置压力分布公式：

$$p(r, t) = p_i \pm \sum_{i=1}^{n} \frac{0.921 \times 10^{-3} qB\mu}{Kh} Ei\left(-\frac{r_i^2}{14.4\eta t_i}\right) \tag{3-1-101}$$

式中　n——镜像反映后的总井数（部分情况 $n = \infty$ ）；
　　　　r——任意位置到实际井和镜像井的距离。

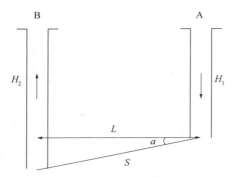

图 3-1-6　嫩二段底憋压压力计算示意图

　　当地层厚度在计算区域内不是等厚时，利用三角形分片插值函数 $U(x, y) = \frac{1}{2S} \sum_{j=1}^{3} u(x_j, y_j)(\eta_j x - \xi_j y + \omega_j)$（建立过程略）求出平均厚度代入公式（3-1-101）中计算压力大小。

　　2. 嫩二段底憋压区压力的计算方法

　　在图 3-1-6 中，根据套损井 A 井处的注水压力与静水柱压力之和等于新钻井 B 井处的剩余压力与 A 井到 B 井的压力损失之和，可以得到计算新钻井标准层处地层压力系数公式：

$$\gamma = \left[p_{注} + h_1\gamma_1 - L/\cos(\arctan\alpha \cdot \cos\omega) \cdot f \right] \times 10^2 / h_2 \tag{3-1-102}$$

式中　$p_{注}$——套损注水井的注水压力，MPa；
　　　　h_1——套损井标准层套损深度，m；
　　　　γ_1——注入物的当量密度，g/cm³；
　　　　L——套损井与新钻井的平面距离，m；
　　　　α——地层倾角，（°）；
　　　　ω——套损井到新钻井方向与地层倾向之间的夹角，（°）；
　　　　f——地层压力损失系数，MPa/m；
　　　　h_2——新钻井标准层深度，m。

　　B 二区西部标准层套损区的 B2-D3-642 井钻井时只有 B2-3-155 井正在继续注水，根据式（3-1-102）计算：标准层地层压力系数预测值为 1.88，RFT 实测地层压力系数为 1.83，预测与实测结果压力系数误差为 0.05。

　　3. 异常压力分布范围

　　根据标准层存在异常压力的特殊性，只有当套损井继续注水时才能确定异常压力分布范围，否则不存在异常压力。异常压力的分布范围在标准层深度、地层倾角、注水井注水压力等参数不变的情况下，以套损注水井为圆心向外线性递减，递减后的值可以通过式(3-1-102)算出。

（三）网格法预测地层压力

网格化分析法预测主要针对大庆油田内部调整井钻井区块钻前压力预测方法的不足而开展的，通过宏观整体上的注采比分析在区块钻前预测出高压区域，快速方便，易于实行。其主要内容包括：区块划分网格方法研究、网格内注采比计算方法研究、注采比临界值的确定、注采比法预测异常压力区异常分布范围技术等四个方面。

关键技术在于应用注采比预测异常压力区和网格注采比的计算程序编制。可以在区块钻前预测整个区块的压力分区。通过编制计算机程序将区块划分为网格，同时计算出网格注采比，工作方便快捷，对现场预测具有重要意义。

结合钻井施工的实际情况，统计回归，确定注采比临界值，预测出注采条件下高压区。经过进一步筛选，预测实钻施工时高压区的分布范围。

1. 区块划分网格方法

将钻井区块按一定规则划分成若干网格，可以分别研究单一网格内的情况。网格划分有很多种，一般有连续网格、不连续网格、规则网格、不规则网格、圆形网格、椭圆形网格、三角网格、矩形网格、多边形网格等。网格划分应与钻井区块老井的注采关系相匹配。

1）网格划分类型的选择

目前油田油藏数值模拟划分区块时所采用的网格形状主要有三角形和正方形两种，一般以正方形网格为主，在区块边部以三角形网格补充完善。某油田注水开发方式除基础井网采用行列式切割注水外，一次加密以后井网多采用面积注水方式，以5点法、9点法、反5点法、反9点法为主。5点法、9点法布井网格方式如图3-1-7和图3-1-8所示。

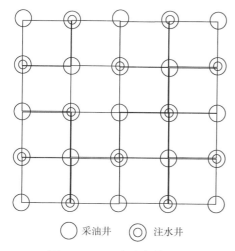

○采油井　◎注水井

图3-1-7　5点法布井网格

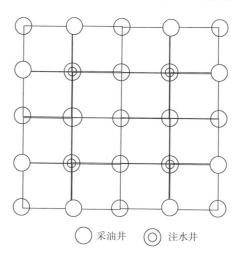

○采油井　◎注水井

图3-1-8　9点法布井网格

对于这几种布井网格，一个完整的注采系统均为正方形网格，各个注采井间距相等，以达到径向驱油效果，使得各注水井、采油井注采量保持均衡。

以计算注采比为主要研究手段，正方形网格符合常用的几种布井方式，能反映出一定的注采关系，划分后的区块形成无缝、不重复的各个独立网格。圆形网格内接或外切于正方形，符合储层流体在储层中渗流的基本规律：平面径向渗流，能有效反映待钻井单点上周围储层流体渗流状态，可以按整个区块按圆心均匀布网，也可以以区块内每口待钻井为圆心做出不等距、不连续的网格。

综上所述，选择正方形网格和圆形网格作为划分区块的两种主要网格类型，在区块边部和断层附近采用三角形网格弥补。

2）确定网格边界长度

网格边界长度即网格的步长，步长太大将导致网格内的注采井接近平衡，而影响注采比值趋于稳定，降低网格间差异；步长太小将导致网格内的注采井无序性严重，而影响注采比值趋于极度不稳定，差异过大而无法发现规律。

萨尔图油田某区西部东块是2007—2008年新完成的钻井区块，该区块钻井277口，数据量满足统计回归的要求。在该区块分别做300m、350m、400m、450m、500m、600m、700m正方形网格，300m、350m、400m、450m、500m、600m、700m半径的圆形网格，采用月累计注入量、月累计采液量计算注采比，计算结果见表3-1-5和表3-1-6。通过计算实例发现：正方形网格步长300m时，值域在0~35之间，没有规律，注采比值趋于发散。网格步大于300m后，注采比值域范围缩小，趋于收敛。网格步长大于500m后，注采比值域变化不大。

表3-1-5 不同步长正方形网格注采比统计

步长，m	300	350	400	450	500	600	700
注采比	0~35.0	0.7~28.0	0.6~24.8	0.3~15.7	0.5~13.4	0.4~13.8	0.5~12.1

表3-1-6 不同步长圆形网格注采比统计

步长，m	300	350	400	450	500	600	700
注采比	0~13.5	0.4~19.2	0.2~14.8	0.8~12.7	0.5~15.8	0.7~13.3	0.7~12.5

圆形网格各步长注采比值域范围差别不大。

萨尔图油田目前基础井网注采井距500m、高台子井网注采井距200~300m、一次加密井网注采井距300m、二次加密井网注采井距180~220m、聚合物驱井网注采井距200~250m。500m范围内应至少包含了一个井距的注采井，相应的网格内注采比较完善。

因此正方形网格步长选用500m，对应圆形网格步长（半径）确定为500m。

2. 网格内注采比计算方法

1）注采比计算选择原始数据

计算注采比的原始数据包括注水井注入量，采油井采液量、采油量。经分析发现注水井日注入量是不稳定的，因此采用日注入量计算注采比会有误差；采油井日采液量相对日采油量稳定，但常因检泵、测试等原因停机作业，这时报表上的日采液量为零，计算数据会不准确。为解决这些问题，确定计算时采用月累计注水量、月累计采液量进行计算。

2）网格注采比的计算机程序

使用 VFoxpro 运行环境。

（1）结构设计。

程序编制前先进行程序结构设计，正方形网格需要先计算出网格，再提取数据分别计算每个网格内的注采比；圆形网格是以每个待钻井为圆心计算圆形区域内注采比，两种网格的油水井提取规则、计算方法都有很大的不同，因此分成两个不同的结构设计。

正方形网格注采比计算程序结构设计如图 3-1-9 所示。

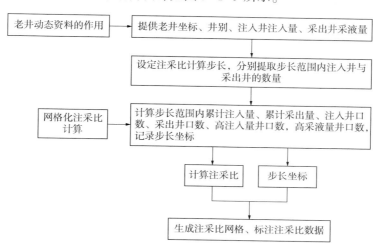

图 3-1-9　正方形网格注采比计算程序结构设计

圆形网格注采比计算程序结构设计如图 3-1-10 所示。

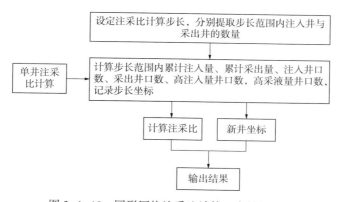

图 3-1-10　圆形网格注采比计算程序结构设计

（2）程序调用所需数据库。

两个程序调用都需要老井坐标库、老井动态库，其中计算单井注采比还需要新井坐标库。

老井坐标库需要老井目的层坐标，其中，定向井也必须是目的层坐标；老井动态库需要老井的日注入量、日采出量、月累计注入量、月累计采出量，数据要求筛选掉放溢流井、作业井、临时钻关井。

（3）程序的编制、调用及界面设计。

正方形网格注采比计算程序采用可视化程序设计，各个计算步骤通过点击主界面上相应按钮完成，各个按钮调用相对应的运算程序，主界面如图 3-1-11 所示。

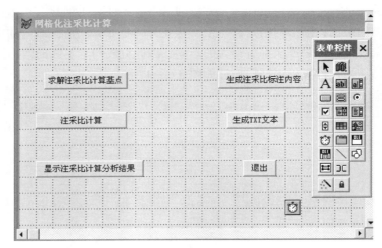

图 3-1-11　正方形网格注采比计算程序主界面

计算过程如下：

① 运行该表单程序；

② 求出计算注采比的基点；

③ 进行网格化注采比计算；

④ 显示注采比计算结果；

⑤ 生成注采比标注内容；

⑥ 最后进行标注，使计算结果图形化。

正方形网格注采比计算界面及成果如图 3-1-12 和图 3-1-13 所示。

Sjs	Yjs	Sjcl	Yjcl	Yj	Sj	Zcb	Jwrbx	Jwrby
2	2	405.00	636.00	11	5	0.6368	14796	68180
0	0	0.00	106.00	3	0	0.0000	14796	68680
0	1	0.00	240.00	2	0	0.0000	15298	64180
3	0	772.00	8.00	4	4	96.5000	15298	64680
0	0	93.00	86.00	5	4	1.0814	15298	65180
0	0	0.00	134.00	16	7	0.0000	15298	65680
0	0	0.00	134.00	14	14	0.0000	15298	66180
1	1	255.00	610.00	20	10	0.4180	15298	66680
4	3	950.00	1148.00	12	8	0.8275	15298	67180
7	2	1433.00	673.00	9	11	2.1293	15298	67680
2	1	572.00	428.00	9	4	1.3364	15298	68180
1	1	169.00	135.00	2	1	1.2519	15298	68680
2	2	631.00	385.00	11	6	1.6390	15796	64180
4	2	667.00	803.00	10	5	0.8306	15796	64680
0	0	0.00	416.00	9	5	0.0000	15796	65180
1	1	452.00	288.00	7	12	1.5694	15796	65680
0	0	105.00	324.00	13	9	0.3241	15796	66180
2	0	505.00	229.00	13	9	2.2052	15796	66680
4	3	679.00	853.00	12	7	0.7960	15796	67180
4	2	751.00	755.00	13	6	0.9947	15796	67680
0	0	138.00	389.00	8	2	0.3548	15796	68180
0	0	0.00	0.00	0	0	10000.0000	15796	68680
0	2	344.00	463.40	16	10	0.7423	16296	64180
2	4	498.00	772.60	11	7	0.6446	16296	64680

图 3-1-12　正方形网格注采比计算界面

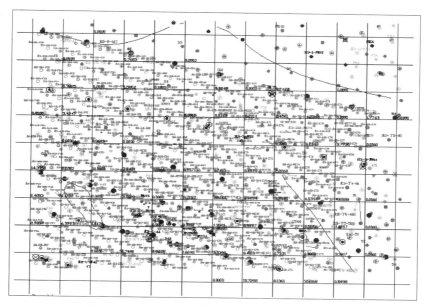

图 3-1-13 Y 厂西部东块 300m 网格注采比成果图

圆形网格注采比计算程序：

① 运行该表单程序；

② 输入计算注采比半径；

③ 进行单井注采比准备数据计算；

④ 进行单井注采比计算；

⑤ 显示注采比计算结果；

⑥ 生成注采比标注内容；

⑦ 计算结果图形化。

单井注采比计算界面及成果如图 3-1-14 至图 3-1-17，表 3-1-7 所示。

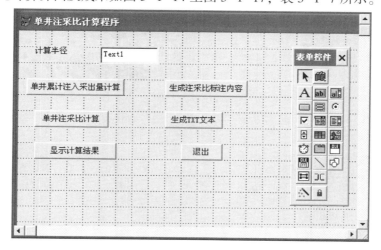

图 3-1-14 圆形网格单井注采比计算界面

```
747.0000    647.00       9       6       3       3
734.00      594.00      10       8       3       3
  0.8093
734.00      594.00      10       8       3       3
233.00        0.00       5       1       0       0
  0.0000
233.00        0.00       5       1       0       0
  0.00        0.00       0       0       0       0
323.40      279.00       4       5       2       0
  0.8627
323.40      279.00       4       5       2       0
660.50      677.00      15       8       2       3
  1.0250
660.50      677.00      15       8       2       3
621.00      767.00       7       6       2       3
  1.2351
621.00      767.00       7       6       2       3
552.00      998.00       4      10       1       5
  1.8080
552.00      998.00       4      10       1       5
1098.00     522.00       9       5       2       3
  0.4754
1098.00     522.00       9       5       2       3
1180.00     627.00      10       5       5       4
  0.5314
1180.00     627.00      10       5       5       4
  0.00       68.00       0       1       0       0
  0.00        0.00       0       0       0       0
  0.00        0.00       0       0       0       0
551.90      279.00      10       8       2       0
  0.5055
551.90      279.00      10       8       2       0
229.00      649.00      14       8       0       2
  2.8341
229.00      649.00      14       8       0       2
504.00      862.00       7      10       2       4
  1.7103
504.00      862.00       7      10       2       4
510.00      998.00       9      ...
```

图 3-1-15　圆形网格单井注采比计算结果

表 3-1-7　注采比标注内容数据表

井　号	横坐标	纵坐标	压力系数	注采比	采液量，m³	注水量，m³
X-353-XE78	21889	63538	1.41	0.7152	24868.0	17785
X-353-XE77	21790	63587	1.37	0.7650	27058.0	20699
X-353-XE76	21647	63601	1.44	0.8660	25575.0	22148
X-353-XE75	21526	63632	1.43	0.8739	22769.0	19897
X-353-XE74	21405	63663	1.42	1.3553	19893.8	26962
X-353-XE73	21284	63695	1.46	1.0856	24656.8	26767
X-353-E72	21163	63726	1.45	0.8983	34929.8	31376
X-353-E71	21042	63757	1.44	0.8647	26615.8	23014
X-353-XE70	20921	63789	1.48	0.7673	28014.8	21497

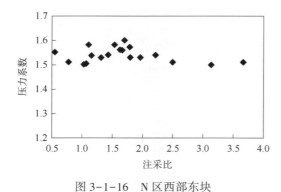

图 3-1-16　N 区西部东块
压力系数—注采比关系(正方形网格)

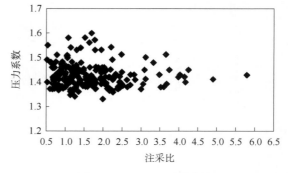

图 3-1-17　N 区西部东块
压力系数—注采比关系(圆形网格)

3. 注采比临界值的确定

1）注采比理论临界值

理想条件下，正常注采时，采油井在一个储油层段每采出一定体积液体，注入井也在这个储油层段注入相同体积的水，采油、注水储层均质连通，注采保持动态平衡，这样储油层保持注水前的原始压力不变，注采比为1。

注入井注入量小于采油井采出量时，储油层压力低于注水前的原始压力，注采比小于1。

注入井注入量大于采油井采出量时，储油层压力高于注水前的原始压力，注采比大于1。

因此达到形成高压区的注采比理论临界值为1。

2）确定注采比实际临界值

现场实际注采条件是多层注采、储层非均质，因此实际注采比临界值需要重新确定。

解决问题的思路是利用已完钻的井区做网格注采比与实际完井检测压力系数间关系图统计回归（图3-1-18）。

图3-1-18　圆形网格单井注采比成果

萨尔图油田某区西部东块是2007—2008年新完成的钻井区块，该区块钻井277口，数据量满足统计回归的要求。因为要对比压力系数分析，因此选择在该区块做以新钻井为圆心、500m为半径的圆形网格，采用月累计注入量、月累计采液量计算网格注采比。图3-1-19是压力系数—注采比关系图，通过对比计算数据可知，该区块网格注采比主要集中在0.5~3之间。

在此将压力系数大于1.5的层位定义为高压层。将压力系数小于1.5的点去掉，如图3-1-16所示。由图中可以看到，共有19个点压力系数大于1.50，其中17个点对应注采比大于1，只有2个点对应注采比小于1。这种情况与理论值极其相符，说明注采比大于1是产生高压的必要条件。因此实际注采比临界值与理论值一致，均为1。

4. 注采比法预测异常压力区及其分布范围技术

该部分以某区西部东块为目的区块，该井区压力系数一般在1.35~1.45之间，压力系数大于1.50的井区即认为是高压井区。各区块压力水平不一致，具体单个区块预测时应考虑实际压力情况确定高压区的压力系数标准。

由某区西部东块压力系数—注采比关系图（图3-1-19）可以看出：

注采比大于1是产生高压的必要条件，但不是充分条件。这一点从注采比与压力系数拟合曲线示意图上也可以看出：图中能够显示出压力系数与注采比之间没有很好的相关关系。这就是说，注采比大于1的区域有可能不是高压区。

分析原因认为：计算的注采比是正常注采条件下的注采比，压力系数是完井测井解释结果；而实际区块钻井施工前相关注水井已经停注降压，到完井测井解释压力系数时，区域内注采关系已经改变(注水井已经停注、采油井仍在采液)，大部分注水层位的压力已经下降。这样就产生了一个矛盾：计算的注采比与完井检测的压力系数间有一个时差，该问题造成实际回归统计中注采比与压力系数间相关规律性差，因此要预测高压区，还需要从注采比大于1的井区中进一步筛选出停注后真正高压井区。

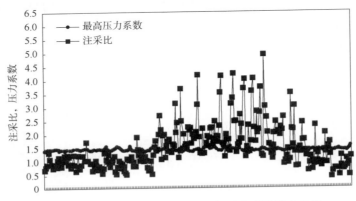

图 3-1-19　N 区西部东块注采比与压力系数拟合曲线

考虑用注水井停注降压后的注采数据重新计算注采比，这将产生两个问题：一是由于区块施工时往往多个钻井队同时集中施工作业，局部区域内注水井全部停注，局部网格内注入量为零，从而注采比为零；二是注水井停注降压后，采油井由于储层驱动能量变小而产液量产生递减，产液量不稳定。因此放弃用注水井停注降压后的注采数据重新计算。

注水井停注降压后有少部分储层压力下降缓慢，正常注采时形成的高压不能释放从而形成高压区。一般来说渗透率高、厚度大、连通好的储层降压较快，难以形成高压区；反之渗透率低、厚度小、连通差的储层降压较慢，易于形成高压区。这两种储层在注采液量上的表现就是物性好的储层相关注入井单位时间内注入量大、采油井单位时间内产液量高。在注采比上将这两种储层区分开即可以达到预测高压区的目的。为此考虑将注水量、采液量达到一定水平的注采井筛选出去，不参与注采比计算，从而消除其影响。

在某区西部东块做筛选后的压力系数—注采比关系图如图 3-1-20 所示。

根据图 3-1-20 所示情况看，除去 150m³ 注采井注采比—压力系数关系图相关性相对比较好，所以优选除去 150m³ 注采井注采比来进行高压区预测。

除去 150m³ 注采井注采比—压力系数图中注采比大于 1 的区域内仍有 83 个井点数据压力系数小于 1.50，分析原因为这些井点所处的网格区域在高压区内，但由于砂体平面展布方式的差异而未钻遇高压储层，因此表现为低压。

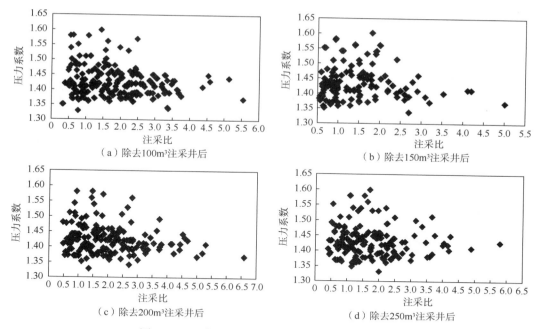

图 3-1-20　筛除某些井后压力系数—注采比关系

初步筛选后，还要对断层附近网格进行进一步计算，因为断层是不连通的封闭边界，断层两侧注采比要分别计算。

经过以上处理后，注采比大于1的网格即为高压区，网格边界即为确定的高压区边界范围。

5. 应用范围

（1）网格注采比应用程序可以满足不同步长条件下划分网格并进行注采比计算，为准确判断高压区提供保证。

（2）网格化注采比直观地反映了正常注采条件下地下储层压力情况，结合注入量、采液量进行筛选后可以预测现场施工时的高压区，方便、快捷，提高了钻前压力预测的精度。

（3）网格化注采比预测钻前高压区技术在储层物理性质较差的区块符合率较高，而在储层物理性质较好的区块符合率较低。需要对物性较好的区块进行进一步研究。

（4）同时可采用注采比法预测不同区块交界处的压力，在不同区块交界处，尤其在不同采油厂的交界处，由于两个区块开发层系的差异，容易造成注采关系不完善、注采不平衡的状况，某一井网的边缘处亦可造成注采不平衡，这两种情况适用于注采比法。找到待钻井与邻近油水井连通的小层是解决问题的关键，小层连通性的判断直接影响预测效果。注采比预测法也适用于断层区、注水井排区的压力预测。

（四）其他预测方法

1. 区块以往老井钻井资料预测法

以往钻井的地层压力系数可以代表当时所钻遇砂体中最高地层压力，以此作为基础数据，绘制出地层压力系数等值线图(图 3-1-21)，可以直观地预测出区块待钻井的压力分布情况，并结合在此密度下出现的各种复杂情况（图 3-1-22），进一步分析不同压力区的形成原因，最后形成不同分布范围的平面压力分区、复杂类型分区。

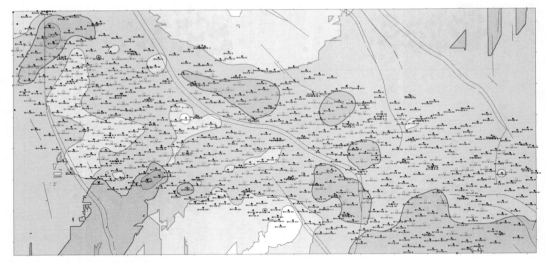

图 3-1-21　X11 区老井压力系数等值线图

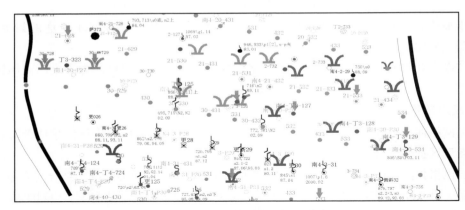

图 3-1-22　N 五区各类复杂情况分布图

　　地下压力是随着井网、注采关系的不同不断动态变化的，老井钻井资料图只是反映区块以往地层压力情况及钻井的难易，由于后期井网投入生产，会产生一些层间矛盾，因此它不能完全代表目前的地层压力状况，而代表一种笼统的地层压力趋势，只是用于确定区块的压力分区及复杂情况分区。有待于其他预测方法如 RFT 测井法进行校对。经过钻井过程中检验，区块压力预测技术误差在 0.13 以内。

　　2. 静压预测法

　　油水井投入生产以后，利用短期关井，待井底压力恢复稳定时，测得的油层中部压力即是静压。静压数据主要用于指导注水井钻关泄压。静压数据高的水井泄压较慢，利用注水井的静压数据等值线图（图 3-1-23）可以了解注水井的降压趋势，预测调整井的地层压力。由于采油厂测量的静压井数有限，约占总井数的 11%，因而应用范围有限。

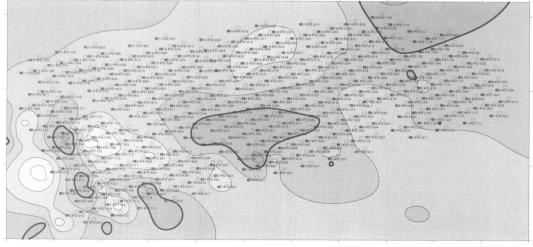

图 3-1-23 BB 块静压等值线图

3. RFT 测井法

RFT 地层压力测井是利用重复式测试器直接测量所钻遇小层的地层压力。摸底井通常进行 RFT 测井，得到单层的实测地层压力，以此了解地层压力的纵向分布，了解层间压差。利用 RFT 测井可以检查注水井井口剩余压力，该方法可以检验地层压力预测的准确性。

RFT 测井法成本较高，不易在大面积的井上应用。虽然 RFT 准确度较高，但是由于受到测压点的限制，并不能百分之百检测到单井最高压力层的数据。目前应用率在 2% 左右。

4. 注水井井口剩余压力法

1）注水井降压规律基础理论

根据渗流力学理论，排替压力和边缘压力是影响注水井钻关降压的两个主要因素，图 3-1-24 为注水井在降压过程中井口压力与地层压力的变化曲线。根据图 3-1-24，注水井钻关后井口压力与地层压力的变化可以分为以下几个阶段：

快速降压阶段：井口压力降至边缘压力前，由于注水井压力和边缘压力之间的压差较大，所以降压速度较快，这时注水井的井口压力大于地层压力。

压力平衡点：当井口压力降至与边缘压力相同时，这时井口的压力能够代表地层的平均压力。通过对降压曲线方程求导，可以计算出注水井降至该点的压力和所需的时间。

缓慢降压阶段：当注水井井口压力低于边缘压力后，注水井进入缓慢泄压阶段。压降速度取决于边缘压力与排替压力之间的压差及岩石的渗透率。压差越大，压降速度越快，压差越小，压降速度越慢。

稳定降压阶段：当注水井井口压力降至排替压力后，注水井井口压力保持不变。但这并不意味着地层压力不变，实际上，其压降速度仍取决于排替压力与边缘压力之间的压差和邻井采油井生产情况。地层压力变化是以注水井为中心向外推进，最后地层稳定压力取决于排替压力大小。推进的距离及稳定时间取决于排替压力与边缘压力之间的压差。

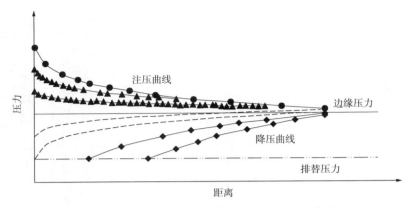

图 3-1-24　注水井井口压力与地层压力关系曲线

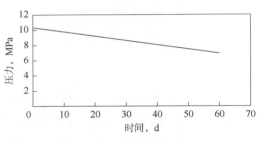

图 3-1-25　低渗透层钻关注水井
井口压力变化曲线

从理论上分析，钻关注水井应该遵循泄压规律的三个阶段，由于受到砂体边界和非均质性的影响，不是所有的注水井在钻井过程中都出现以上三个泄压阶段，同时该规律也只适合于关井泄压。对于低渗透层，在钻关期间可能只出现第一阶段和第二阶段，如图 3-1-25 所示。对于高渗透地层，一般会出现三个阶段，但三个阶段界线不是非常明显，如图 3-1-26 所示。对于中渗透地层，三个阶段比较明显，如图 3-1-27 所示。理论分析结果与钻关试验一致，可以用于指导钻关方案的制定，包括钻关距离、钻关时间及井口压力的标准。

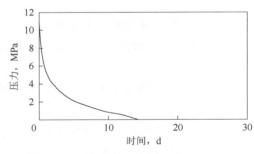

图 3-1-26　高渗透层钻关注水井
井口压力变化曲线

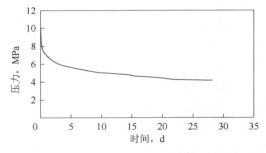

图 3-1-27　中渗透层钻关注水井
井口压力变化曲线

2）注水井稳定压力与时间的关系

注水井稳定压力与时间的关系是制定钻关方案中一个重要因素。影响钻关时间的两个主要参数是地层渗透率和边缘压力。渗透率越低，泄压时间越长；边缘压力越高，降压所需时间越长。根据钻关注水井的降压规律，前两个阶段可以通过钻关试验中建立的降压规律求得降压时间，最后一个阶段的降压时间只能根据理论计算求得。对于低渗透地层，一

般钻关时间的计算只需要第一阶段，这时井
口压力基本保持不变；对于高渗透层一般只
需计算降至平衡点的时间，以保持高渗透层
的地层压力。从图 3-1-28 中可以看出，当
注水井井口压力稳定后，其压力值要低于地
层压力，同时地层压力与降压时间和距注水
井的距离有关；当注水井井口压力降至边缘
压力以前，井口压力高于地层压力；当注水
井井口压力降至低于边缘压力以后，井口压

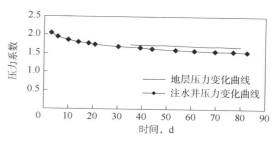

图 3-1-28 某区井口稳定压力与
地层压力关系

力低于地层压力。可以根据泄压时间确定地层压力分布规律，再根据距注水井的距离确定
地层压力。

 3）注水井放溢流泄压与地层压力关系

 放溢流泄压是快速降低注水井井口压力的一种常规技术。但对于开采低渗透层的注水
井，常见的一种现象是放溢一段时间关井后，井口压力迅速回升，与放溢前的井口压力
相近，同时增加了利用注水井井口压力预测
地层压力的难度。图 3-1-29 为某井放溢流
井口压力变化图。图 3-1-30 为低渗透层放
溢流泄压与关井泄压降压规律对比曲线，
图 3-1-31 为高渗透层放溢流泄压与关井泄
压降压规律对比曲线。从注水井井口压力变
化规律分析，放溢流泄压只是加快第一阶段
的降压，通过对井口恢复压力和恢复时间分

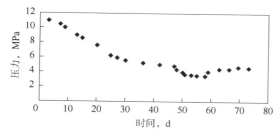

图 3-1-29 某井放溢流泄压井口压力变化图

析，计算井口放溢所影响的距离，对于低渗透层一般小于 150m，高渗透层放溢泄压则可
以影响边缘压力，相当于延长钻关时间，最后导致层间压差增大。放溢流泄压一般是针对
中渗透地层、注水井排井及注采不平衡井区，效果非常显著。对低渗透油层，取得的效果
并不明显。对于注水井放溢泄压目前还存在许多问题：

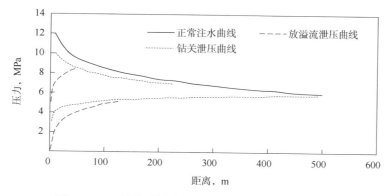

图 3-1-30 低渗透层放溢流泄压与关井泄压降压规律

（1）高渗透低压层注水井放溢流，压降速度较快，造成层间压差大；

（2）利用放溢井井口压力预测地层压力难度较大，而且对于低渗透高压层采用放溢泄压，效果不是非常明显；

（3）放溢泄压缩短套管的使用寿命，特别是在断层复杂区，易在断层两侧形成压力不平衡，导致断层错动，破坏套管；

（4）由于 HSE 管理要求，导致一些中高渗透岩性憋压区无法通过放溢泄压，需要采用改进放溢泄压方式。

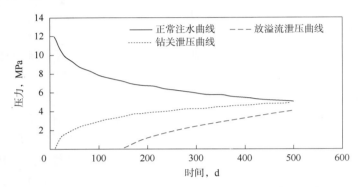

图 3-1-31　高渗透层放溢流泄压与关井泄压降压规律

5. 砂体分布图预测法

河流—三角洲相沉积的砂体，无论是在纵向上还是平面上都发育多个单砂体，一口调整井要钻遇几十个甚至几百个小层，每个小层要用到邻近每口注水井和采油井的相同小层的小层号、小层深度、砂岩厚度、有效厚度、渗透率和射孔情况等数据，因此钻前无法绘制所有小层单砂体分布图。目前的应用方法是，根据在钻井施工过程中观察是否有油气显示，在完井检测时是否有明显异常压力层的存在，如果存在异常压力层，根据完井压力检测结果，确定异常压力层的层位和深度，再利用砂体分析软件绘制该层位的砂体分布图。平面砂体连通性分析是地质预测和复杂情况分析等问题的重要依据，是精细地质研究的基础。根据砂体沉积的同期性、沉积环境和水动力环境分析，将砂体分为不同的类，依据主控砂体和非主控砂体之间的关系，建立起砂体平面上的分布关系，通过绘制砂体平面分布图，确定单砂体之间的连通关系，找出砂体内形成异常压力的原因，准确判断异常压力的分布范围，为异常井区钻井液密度的设计提供可靠的依据。同时依据预测结果可及时调整钻机运行、钻关方案及制定相应的钻井完井措施。

1）砂体图的绘制机理

砂体图的绘制机理是利用互相连通的砂体应具有同时期沉积、由同一水动力环境所控制和处于同一水动力变化时期等特征进行砂体平面分布的研究，它解决了以下几方面的问题：

（1）砂体沉积的同期性判断：沉积物被搬运、沉积后基本保持水平的成层状态，再经过压实、固结、成岩过程后，未经过大的构造运动，还是保持基本上的水平状态，即沉积岩的原始产状为水平状态。依据沉积水平原理，利用油层组的深度，对单砂体的深度进行校正，如果单砂体的深度相同，则可以认为是同期沉积的，否则认为是非同期沉积的。

（2）砂体沉积的水动力条件判断：在砂体小层数据中，砂岩组中有效厚度的变化体现出砂岩沉积时期的水动力条件的变化，即砂岩组中有效厚度单一的，为稳定水动力条件，砂岩组中存在多个有效厚度的，为不稳定水动力条件。

（3）砂体沉积环境判断：沉积旋回体现了沉积环境的变化，如果沉积区处于上升状态时，在水退过程中形成的岩性，自下而上由细变粗，而且有效砂岩位于砂岩组的顶部，底部有相对较厚的非有效砂岩沉积，则认为是反旋回；相反，如果沉积区处于下降状态时，在水进过程中形成的岩性，自下而上由粗变细，而且有效砂岩位于砂岩组的底部，顶部有相对较厚的非有效砂岩沉积，则认为是正旋回；如果有效砂岩在砂岩组中均匀分布，则认为是复合旋回。

2）利用砂体分析软件绘制砂体图的方法

利用井区老井砂体小层数据、新井坐标数据、老井坐标数据，根据砂体互相连通原理，将单井单砂体分成不同的类，依据主控砂体和非主控砂体之间的关系，建立起砂体平面上的分布关系，通过绘制砂体平面分布图，确定单砂体之间的连通关系。利用砂体分析软件绘制砂体图，分为以下几个步骤：

（1）老井井号的提取：输入异常高压井的井号及距离数据，即可提出这段距离内所有邻井的老井井号，并放到一个数据库中。

（2）沉积环境分析：利用该井区老井砂体小层数据，确定砂体的沉积环境及沉积旋回。

（3）砂体相关性分析：输入待分析的油层组名称、该油层组的底界埋深、砂岩底深及砂岩厚度后进行砂体相关性分析。

（4）砂体类别划分。

（5）生成分类、井号及射孔的文本文件。

（6）利用 SURFER 软件绘制砂体图。

3）砂体的常见类型

根据砂体的形态及平面分布情况，将砂体分为以下三种常见类型。

（1）土豆型砂体。

土豆型砂体外形似土豆，属于封闭型砂体，一般情况下影响范围不大，砂体里老井数量少，砂体上的注采关系明了，这种砂体以外的新井受其影响不大。

（2）透镜体型砂体（图 3-1-32）。

透镜体型砂体，有的形状很规则，外形似透镜，但大部分形状很不规则，其影响范围一般很大，有时受多个压力源影响，注采关系有时很复杂。

（3）断层遮挡型砂体（图 3-1-33）。

断层遮挡型砂体是砂体被断层分开，断层遮挡憋压，形成砂体内的异常高压，这类砂体压力源明确，砂体的影响范围易把握。

认识了砂体的常见类型及特点有利于准确判断异常高压层的压力来源及影响范围。

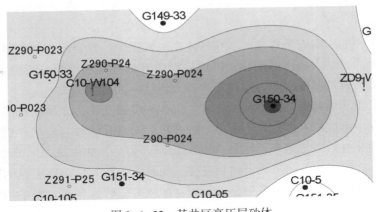

图 3-1-32　某井区高压层砂体

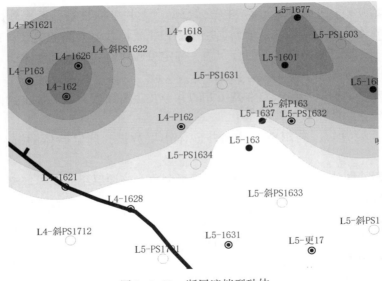

图 3-1-33　断层遮挡型砂体

（五）憋压层预测技术应用方法

1. 判断套损层位是否存在异常压力

并不是所有注水井套损后继续注水，都会形成异常压力。2000 年 4 月末至 8 月大庆油田钻井二公司所钻的采油二厂套损区更新井中，只有 N6-4-G123 井套损层位存在异常压力，而其他井套损层位均未形成异常压力。其中 N8-10-627 井位于标准层套损区，该井 1000m 范围内有 22 口标准层套损井，注水井全部关井，N8-10-G627 井钻井过程中未发生任何异常显示，RFT 测试标准层为干点。其他井套损层位分别为泥岩、采油井油层的开采层位、注水井的注水层位。这些层位除了不能进水就是进水后会被泄掉，所以对应这些套损层位不会形成异常压力，表 3-1-8 是这些更新井中的部分典型实例。

表 3-1-8 采油二厂更新井情况统计表

井号	井别	套损层位	岩性	同层位采油井及注水井	更新井套损层位压力系数
N4-D2-225	注水井	SⅡ4	砂岩	油井：N4-D2-326 N4-2-27、N4-2-227	1.18（RFT）
N5-10-425	注水井	SⅡ15	砂岩	油井：N5-1-23、N5-1-24 N4-4-24、N4-4-25	1.20
N8-2-水44	注水井	SⅡ2	砂岩	油井：N7-4-B43、N7-4-B45 N8-2-B42、N8-2-B45、N8-2-B46 水井：N8-2-GS43（钻前关井）	1.31（RFT）
N7-1-224	注水井	SⅡ5	砂岩	油井：N7-10-624、N7-10-626 N7-20-624、N7-20-625、N7-20-626 水井：N7-10-625（钻前关井）	1.35
N6-40-640	注水井	S0-1夹层	泥岩	—	干点（RFT）
N5-2-123	注水井	S0-1夹层	泥岩	—	干点
		PI6	砂岩	油井：N5-D3-116、N5-D3-118 N5-2-23、N5-2-24、N5-1-22	0.93
N5-1-226	注水井	S1-2夹层	泥岩	—	干点
		SⅡ1	砂岩	油井：N5-1-26、N5-1-27、N5-2-27	1.25

由此可见，首先应该确定出套损层位是否是油层的非开采层位、可疑油层（S0 组砂岩）、套损后仍在继续注水的标准层，进而判断是否存在异常压力。

2. 确定砂体分布范围

对那些存在异常压力的套损层位绘出该层位砂体平面分布图，根据砂体的分布范围及其与不渗透边界的相互关系选择相应的模式。不渗透边界往往是封闭断层和岩性圈闭。

3. 确定注水井套损时间

目前采油厂提供的注水井套损发现的时间都是经过修井作业等确定的套损时间，而在修井作业之前往往套管已经损坏。找出确切的套管损坏时间非常重要。它直接影响到预测精度，套管损坏后，相当于在原来的基础上又增加了射孔层位。在注水压力不变的情况下，注水量势必会增加，从注水井井史上就会找出套管损坏的时间，如 N2-D4-20 井，见表 3-1-9。

表 3-1-9 N2-D4-20 井注水情况变化表

时间	泵压，MPa	油压，MPa	套压，MPa	日平均注水量，m³
1990 年 4 月	14.7	13.5	12.0	68
1990 年 5 月	14.5	13.2	11.4	67
1990 年 6 月	14.7	12.7	9.6	57
1990 年 7 月	14.5	12.7	10.3	63
1990 年 8 月	14.5	13.4	10.6	89
1990 年 9 月	15.0	13.1	10.7	103
1990 年 10 月	15.1	13.3	10.2	101

从表 3-1-9 中可以看出，1990 年 8 月在注水压力变化不大的情况下，注水量有明显的变化。把注水量有明显变化的时间确定为套管损坏时间，而采油厂提供的发现套管损坏时间为 1995 年 8 月打印证实的时间。

4. 套损层位地层压力的预测和检测

前文公式给出了套损井注水和有采油井采油时的压力随时间和距离的变化关系。实际生产中套损注水井基本都已关井，采油井有的在泄压，有的也已关井。现在需要找出注水井发现套损后，注水 t_w 时间突然关井（采油井继续生产或关井），从关井时刻起 Δt 时间后（套损区内钻井时）地层中压力分布的情况。可以设想关井后该井还以注入量 Q 继续注水，但从关井时刻起该井的原井处又有一口虚拟的采油井继续生产。这样从产量方面看，生产井和注入井都为 Q，则井的实际产量等于零，符合关井情况，这时的压力分布公式应该为：

$$p(r,\ t)=p_i+\left[p(t_w+\Delta t)-p(\Delta t)-p(t_0)\right] \tag{3-1-103}$$

式中　p_i——原始地层压力，MPa；

　　　t_w——注水井套损后注水时间，d；

　　　Δt——注水井关井后时间，d；

　　　t_0——采油井生产时间，d。

依据地层压力随时间和距离的变化关系及砂体的平面分布，把 N6-4-G123 井区作为圆形封闭边界处理，X1-3-20 井区、X2-331-24 井区、X2-3 区西部 S0 下砂岩分布区作为矩形封闭边界处理，对套损层位地层压力进行预测和实际检验的结果见表 3-1-10。

表 3-1-10　套损层位地层压力系数预测与检测结果对比表

序号	井　号	套损层位	预测值	实际值	误差	备注
1	B2-D3-642	N2	1.88	1.83	0.05	RFT
2	X2-331-24	SⅡ11	1.62	1.64	-0.02	RFT
3	X1-322-X19	SⅢ7	1.53	1.58	-0.05	—
4	X1-321-21	SⅢ7	1.52	1.51	0.01	—
5	X1-321-22	SⅢ7	1.50	1.53	-0.03	—
6	X1-321-23	SⅢ7	1.53	1.55	-0.02	—
7	X1-322-20	SⅢ7	1.64	1.68	-0.04	—
8	X1-322-X21	SⅢ7	1.65	1.58	0.07	—
9	X1-322-22	SⅢ7	1.58	1.60	-0.02	—
10	X1-330-20	SⅢ7	1.67	1.64	0.03	—
11	X1-330-22	SⅢ7	1.63	1.66	-0.03	—
12	X1-331-X19	SⅢ7	1.68	1.70	-0.02	—
13	X1-331-X20	SⅢ7	1.70	1.71	-0.01	—
14	N6-4-更123	SI3	1.65	1.63	0.02	—
15	N1-D41-430	S0下	1.60	1.65	-0.05	—
16	N1-D41-431	S0下	1.63	1.67	-0.04	—

由于受套损层位压力预测模型中一些参数不能精确取值的影响，预测压力系数与实测压力系数之间还存在一定误差，从预测与实测结果对比看，高压层压力系数预测误差在 $-0.05\sim0.08$ 之间，能够满足钻井的需要。

四、注采井间相关性判断方法

调整井钻井时合理对周边注采井进行关调是保证安全钻井和钻完井质量的重要措施，关调的关键是调整井相关的周边注采井之间的连通关系。

小层对比、沉积相等油田地质研究及注入井和采出井动态分析是目前研究注采关系的主要方法，经常采用油田地质研究与开发动态分析相结合的方法。水驱管理中关于小层对比和储层非均质性研究等地质研究涉及大量的地质资料，需要采用专门的地质软件进行分析，而针对注采关系研究的注入井和采出井动态分析目前主要是依靠人工分析。但是，大量的注采井涉及大量的注采信息、油藏地质信息和开发资料，使水驱非均质油藏变成了一个具有高度不确定性的动态复杂系统，其复杂程度随着油田开发的不断深入而增大。

现有技术一般是由专家综合地质信息（例如地层、井位、断层等信息）和产量实现的，这种方法具有以下不足：复杂的油藏环境和油田大量数据使得人工分析方法费时费力；采出井附近注入井注采关系分析的局限性常常无法估计出因裂缝等强非均质性造成的远距离注采关系。

根据注水井的注水量与采油井的产量来确定注水井与采油井之间的关系（数学表达式或经验推导出的）是推断储层非均质性的一个重要方法。例如，根据给定井网的方向性波及效率和方向性裂缝能够分析储层非均质性，评价注采井网，制定调整注水井的注水量来提高油田产量的决策。由于井底压力变化、修井和天然或人工所导致的地质影响，注采关系不断发生变化，因此，注采关系估计是油田数据的非线性和自适应函数。

有许多学者基于注入井的注水量和采出井的产量来估计注采关系，把油藏视为一个由连续脉冲响应所表征的系统，将油田生产近似看成由输入信号（即注水量）产生输出信号（即产量）的过程。可将油藏模型建成一个由权值代表的电阻模型、由表示井间连通性和耗散性参数表征的电容模型或电容—电阻模型，井间连通性可由模型参数多线性回归量化估计。但是，上述模型对随着注采进程而变化的注采关系估计不适用或者涉及参数多、求解困难而难以应用于成千上万口注入井和采出井的注采关系估计。

鉴于水驱油田大量信息和复杂油藏环境的特点及现有方法存在的不足，提出一种基于注采井之间产量响应的注采关系估计方法，包括：

步骤 1，根据油田注水井和采油井的生产数据，确定注入井的注入量采样数据和采出井/采出井组的产量样本数据；

步骤 2，分别对所述注入井的注入量采样数据和采出井/采出井组的产量样本数据进行滤波处理，确定注入井注入量阶跃变化相对应的采出井/采出井组的产量响应；

步骤 3，根据注入井注入量阶跃变化相对应的采出井/采出井组的产量响应，确定各注入井与采出井/采出井组之间的注采关系。

本方法根据注入井的注入量和采出井的产量数据来估计水驱开发油藏的注采关系，而不是费时费力的传统地质研究与开采动态分析相结合的方法，提高了效率。采用数字滤波方法确定注入井阶跃变化的样本及相应的采出井产量响应的样本，消除了因井距和渗透率等因素造成的采出井响应的滞后问题。适用于一口注入井和一口采出井注采关系、多口注入井和一口采出井注采关系、一口注入井和多口采出井注采关系、多口注入井和多口采出井注采关系的估计。可以将一个井网单元中的多口采出井单独考虑来估计注采关系，也可将多口采出井作为一个采出井组来估计注采关系。本方法可用于估计河道沉积、三角洲沉积、裂缝发育等非均质水驱油藏及聚合物驱等化学驱、气(汽)驱油藏的注采关系。基于注采井产量相关性来估计注采关系的方法可以用于调整井周边注采井调控设计，也可用于指导注入井调剖、采出井堵水及酸化压裂等油层改造措施，还可用于指导注采井网调整方案设计。

　　由于注水井之间以及采油井之间的相互影响较小，为了分析方便，先忽略它们之间的影响。将每口井看成整个油藏介质空间的个体，注水井通过非均质油藏介质将注入信息传送给采油井。那么，整个井网系统是由注水井和采油井所构成的有向拓扑结构，由于地质构造、井距等因素的影响，注采井间的连通性随时间和空间变化，则整个井网为时变连通的动态系统，为了更好地分析和决策，需要清楚每口注水井对采油井的影响，采用 EKF 和拟似油藏方法来确定这一动态系统的注采关系。

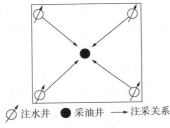

◇ 注水井　● 采油井　→ 注采关系

图 3-1-34　五点法
多注单采示意图

（一）油藏模型

　　考虑数据测量噪声的存在，对于有 N 个注水井和单个采出井的多注单采情况下的井网，其井网示意图和井网模型如图 3-1-34 和图 3-1-35 所示，其中将每个注采对看成一个独立的子系统，则整个井网可看成由 N 个独立的子系统所构成。

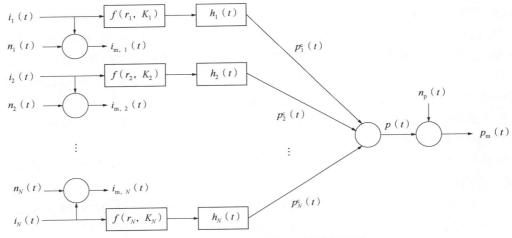

图 3-1-35　多注单采情况下的井网模型

　　其中 $i_j(t)$、$n_j(t)$ 和 $i_{m,j}(t)$（$j=1$，$\cdots$，N）分别为流入油藏的实际注水量、测量噪声以及测得的注水量。$p(t)$、$n_p(t)$ 和 $p_m(t)$ 分别是实际产量、测量产量相应的测量噪声以及测得的产量。令 $h_j(t)$ $(j=1, 2, \cdots, N)$ 是子系统 j 的通道脉冲响应，其用来对第 j 个注水井和采出井之间的连续通信通道进行建模。$p_j^c(t)$ 是由第 j 个注水井产生的产量。$P(s)$、$P_j^c(s)$、$I_j(s)$ 和 $H_j(s)$ 分别是 $p(t)$、$p_j^c(t)$、$i_j(t)$ 和 $h_j(t)$ 的 Laplace 变换，$P(z)$、$P_j^c(z)$、$I_j(z)$ 和 $H_j(z)$ 分别是 $p(t)$、$p_j^c(t)$、$i_j(t)$ 和 $h_j(t)$ 的 z 变换。

由图 3-1-35 可以得出：

$$p(t) = \sum_{j=1}^{N} p_j^c(t) \qquad (3-1-104)$$

$$p_j^c(t) = f(r_j, K_j)[i_j(t) * h_j(t)] \qquad (3-1-105)$$

其中 * 为卷积运算。对式（3-1-104）取 Laplace 变换得：

$$P(s) = \sum_{j=1}^{N} P_j^c(s) = \sum_{j=1}^{N} f(r_j, K_j) H_j(s) I_j(s) \qquad (3-1-106)$$

1. 标量函数 $f(r_j, K_j)$

由于地质结构、井间距离等因素的影响，注产之间的连通性随时间和空间发生变化。令 $f(r_j, K_j)$ $(j=1, 2, \cdots, N)$ 是 r_j 和 K_j 的线性或非线性标量函数，其中 r_j 和 K_j 分别是注水井 j 和采油井之间的距离和渗透率。到目前为止，还没有关于 $f(r_j, K_j)$ 的显式表达式，但即使有显式表达式，也无法计算，因为不知道注水井和采出井之间的渗透率。但可以使用 $f(r_j, K_j)$ 的下述性质：（1）$f(r_j, K_j)$ 是 r_j 的递减函数；（2）$f(r_j, K_j)$ 是 K_j 的递增函数；（3）若 $f(r_j, K_j)$ 的值越大，则注水井和采油井之间的连通性就越好，若滞后时间越短（即 a_j 越大），则注水井的影响就越大（即 IPR_j 越大）。

2. 注采对子系统模型

每个注采对子系统建成连续时间通信系统模型，其将注水量转化成采出量。结合工程师经验，该连续时间脉冲响应为单峰函数，可表示成扩散滤波器 $h(t) = bte^{-at}$ 的形式。$h(t)$ 的 Laplace 变换 $H(s) = \dfrac{b}{(s+a)^2}$ 具有两个极点 $s=-a$。鉴于油田数据均为采样数据，需要采用离散脉冲响应加以逼近。针对这种情况，可以采用两种方法对离散脉冲响应建模。

（1）采用具有两个相同极点的自回归（AR）模型，此时 AR 模型为：

$$p(k+1) - 2\alpha p(k) + \alpha^2 p(k-1) = \gamma i(k) \qquad (3-1-107)$$

其中 $p(k)$ 和 $i(k)$ 分别为注水量和产量，其中模型参数为 $\alpha = e^{-aT}$ 和 $\gamma = b\alpha T$。

（2）采用移动平均（MA）模型，此时 MA 模型为：

$$p(k) = \sum_{j=1}^{l} \beta_j i(k-j) \qquad (3-1-108)$$

其中 $p(k)$ 和 $i(k)$ 分别为注水量和产量，β_j $(j=1, 2, \cdots l)$ 为权值，l 是脉冲响应的长度。

AR 模型与 MA 模型相比，具有下列优点：①采用较少的参数来描述脉冲响应，即对

于 N 个注水井，AR 模型只需要 $2N$ 个参数，而 MA 模型需要 $\sum_{i=1}^{N} l_i$ 个参数；②很难确定 MA 模型的长度，即 l_1，l_2，$\cdots$，l_N 的数值。所以采用参数较少的自回归（AR）模型对离散脉冲响应建模，其 z 变换如下：

$$H_j(z) = \frac{\gamma_j z^{-1}}{(1 - \alpha_j z^{-1})^2} \qquad (3-1-109)$$

其中 $\alpha_j = \mathrm{e}^{-a_j T}$ 和 $\gamma_j = b_j \alpha_j T$ 代表离散化通信模型的参数。离散化例子如图 3-1-36 所示。

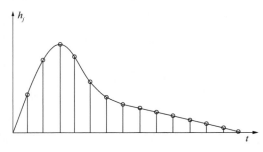

图 3-1-36 脉冲响应 $h_j(t)$ 离散化示意图

（3）注采关系。

t_j 时间第 j 个注水量有一个阶跃变化 $\Delta I_j u(t-t_j)$，则 $p_j^c(t)$ 产生变化 $\Delta p_j^c(t)$，如图 3-1-37 所示。

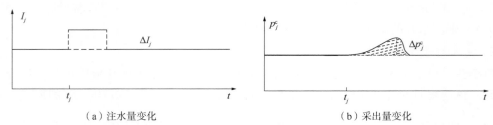

（a）注水量变化　　　　　　　　　　　　（b）采出量变化

图 3-1-37 注水量发生阶跃变化时采出量变化曲线

由 $\Delta I_j u(t-t_j)$ 的 Laplace 变换式 $\Delta I_j \dfrac{1}{s} \mathrm{e}^{-st_j}$，可得：

$$\Delta P(s) = \sum_{j=1}^{N} \Delta P_j^c(s) = \sum_{j=1}^{N} f(r_j,\ K_j) H_j(s) \Delta I_j(s) = \sum_{j=1}^{N} f(r_j,\ K_j) H_j(s) \Delta I_j \frac{1}{s} \mathrm{e}^{-st_j}$$

$$(3-1-110)$$

对式（3-1-110）取 Laplace 反变换，则由第 j 个注水井所产生的通道产量的变化可表示为：

$$\Delta p_j^c(t) = f(r_j,\ K_j)\left[\Delta I_j u(t-t_j) * h_j(t) \right] = \Delta I_j f(r_j,\ K_j) \int_0^t u(\tau - t_j) h_j(t-\tau)\,\mathrm{d}\tau$$

$$(3-1-111)$$

当 $t \to \infty$ 时，$\Delta p_j^c(t)$ 的稳态值 $\Delta p_j^c(\infty)$ 是：

$$\Delta p_j^c(\infty) = \Delta I_j f(r_j, K_j) \int_0^\infty u(\tau - t_j) h_j(\infty - \tau) d\tau$$

$$= \Delta I_j f(r_j, K_j) \int_{t_j}^\infty h_j(\infty - \tau) d\tau \qquad (3-1-112)$$

$$= \Delta I_j f(r_j, K_j) \int_0^\infty h_j(t) dt$$

定义 1：注水量 $i_j(t)$ 对采出量 $p(t)$ 的影响 IP_j 定义为：

$$IP_j \equiv \frac{\Delta p_j^c(\infty)}{\Delta I_j} = f(r_j, K_j) \int_0^\infty h_j(t) dt \qquad (3-1-113)$$

式（3-1-113）说明若在注水井的注水量上有单位阶跃变化，即 $\Delta I_j = 1$，则在稳态产量上的阶跃变化为 $f(r_j, K_j) \int_0^\infty h_j(t) dt$。显而易见 $\int_0^\infty h_j(t) dt$ 为脉冲响应的面积。为了计算 IP_j，需要 $h_j(t)$ 的采样值 $h_j(n)$，则 IP_j 可近似为：

$$IP_j = f(r_j, K_j) \int_0^\infty h_j(t) dt = Tf(r_j, K_j) \sum_{n=0}^\infty h_j(n) = Tf(r_j, K_j) H_j(z)\mid_{z=1}$$

$$= T \frac{\gamma_j f(r_j, k_j)}{(1-\alpha_j)^2} \qquad (3-1-114)$$

定义 2：第 j 个注水井的注采关系 IPR_j 定义为：

$$IPR_j = \frac{IP_j}{T} \approx f(r_j, K_j) H_j(z)\mid_{z=1} = \frac{\gamma_j f(r_j, K_j)}{(1-\alpha_j)^2} \qquad (3-1-115)$$

则 $IPR_j = \frac{IP_j}{T} \approx \frac{\gamma_j'}{(1-\alpha_j)^2}$，其中 $\gamma_j' = \gamma_j f(r_j, K_j)$，则 IPR 由两个参数 α_j 和 γ_j' 表征。估计 IPR_j 的过程为以下两个步骤：①估计 α_j 和 γ_j'，得到其估值 $\hat{\alpha}_j$ 和 $\hat{\gamma}_j'(j=1, 2, \cdots, N)$；②估计 IPR_j，其估值为 $\hat{IPR}_j = \frac{\hat{\gamma}_j'}{(1-\hat{\alpha}_j)^2}$。此估计过程由 EKF 来实现。

（二）非线性滤波方法

基于注水量和采出量的采样测量数据，要进行以下运算：

（1）估计通信脉冲响应参数 α_j 和 $\gamma_j'(j=1, 2, \cdots, N)$；

（2）基于估值 $\hat{\alpha}_j$ 和 $\hat{\gamma}_j'(j=1, 2, \cdots, N)$ 来计算 IPR_j 的估值 $\hat{IPR}_j$；

1. 状态变量模型

应用 EKF 方法的首要任务是先构建状态变量模型。为了说明清楚，可以先考虑三个注水井和一个采出井的简单例子。这种情况下，油藏模型为：

$$P(z) = P_1^c(z) + P_2^c(z) + P_3^c(z)$$

$$= f(r_1)H_1(z)I_1(z) + f(r_2)H_2(z)I_2(z) + f(r_3)H_3(z)I_3(z) \qquad (3-1-116)$$

$$= \sum_{j=1}^{3} \frac{\gamma_j' z^{-1}}{(1-\alpha_j z^{-1})^2} I_j(z)$$

其中 $P_j^c(z) = f(r_j)H_j(z)I_j(z)$（$j = 1，2，3$）分别是三口注水井产量的 z 变换。由式 (3-1-116) 得：

$$\frac{P_j^c(z)}{I_j(z)} = \frac{\gamma_j' z^{-1}}{(1-\alpha_j z^{-1})^2} = \frac{\gamma_j' z^{-1}}{1 - 2\alpha_j z^{-1} + \alpha_j^2 z^{-2}} \qquad (3-1-117)$$

式 (3-1-117) 可表示成：

$$(1 - 2\alpha_j z^{-1} + \alpha_j^2 z^{-2})P_j^c(z) = \gamma_j' z^{-1} I_j(z) \qquad (3-1-118)$$

在式 (3-1-118) 两端同时乘以 z，然后进行 z 反变换，可以得到下面的时域模型：

$$p_j^c(k+1) - 2\alpha_j p_j^c(k) + \alpha_j^2 p_j^c(k-1) = \gamma_j' i_j(k) = \gamma_j' [i_{m,j}(k) - n_j(k)] = \gamma_j' i_{m,j}(k) + n_{p_j^c}(k)$$

$$(3-1-119)$$

其中 $i_j(k) = i_{m,j}(k) - n_j(k)$，$n_{p_j^c}(k) = -\gamma_j' n_j(k)$。此方程为具有两个状态变量 $p_j^c(k-1)$ 和 $p_j^c(k)$ 的二阶有限差分方程。而且未知参数 α_j 和 γ_j 也可以看成状态变量，这样可以由一个 EKF 估计，其状态方程为：

$$\alpha_j(k+1) = \alpha_j(k) + n_{\alpha_j}(k)$$

$$\gamma_j'(k+1) = \gamma_j'(k) + n_{\gamma_j'}(k) \qquad (3-1-120)$$

其中 $n_{\alpha_j}(k)$ 和 $n_{\gamma_j}(k)$ 是离散零均值白噪声。将式 (3-1-119) 和式 (3-1-120) 合并在一起，可得如下的状态方程：

$$x_j(k+1) = \begin{bmatrix} x_{j1}(k+1) \\ x_{j2}(k+1) \\ x_{j3}(k+1) \\ x_{j4}(k+1) \end{bmatrix} = \begin{bmatrix} \alpha_j(k+1) \\ \gamma_j'(k+1) \\ p_j^c(k) \\ p_j^c(k+1) \end{bmatrix} = \begin{bmatrix} x_{j1}(k) \\ x_{j2}(k) \\ x_{j4}(k) \\ 2x_{j1}(k)x_{j4}(k) - x_{j1}^2(k)x_{j3}(k) + x_{j2}(k)i_{m,j}(k) \end{bmatrix} + n_{x_j}(k)$$

$$p_j^c(k+1) = \begin{bmatrix} 0 & 0 & 0 & 1 \end{bmatrix} x_j(k+1)$$

$$(3-1-121)$$

其中状态变量为 $x_j = [\alpha_j(k) \quad \gamma_j'(k) \quad p_j^c(k-1) \quad p_j^c(k)]'$，$p_j^c(k+1)$ 和 $i_{m,j}(k)$ 分别是第 j 个注水井的采出量和测量的注水量，而且 $n_{x_j}(k) = [n_{\alpha_j}(k) n_{\gamma_j}(k) 0 n_{p_j^c}(k)]'$ 是附加的零均值白噪声。则：

$$x(k+1)=\begin{bmatrix} x_{11}(k+1) \\ x_{12}(k+1) \\ x_{13}(k+1) \\ x_{14}(k+1) \\ x_{21}(k+1) \\ x_{22}(k+1) \\ x_{23}(k+1) \\ x_{24}(k+1) \\ x_{31}(k+1) \\ x_{32}(k+1) \\ x_{33}(k+1) \\ x_{34}(k+1) \end{bmatrix}=\begin{bmatrix} x_{11}(k) \\ x_{12}(k) \\ x_{14}(k) \\ 2x_{11}(k)x_{14}(k)-x_{11}^2(k)x_{13}(k)+x_{12}(k)i_{m,1}(k) \\ x_{21}(k) \\ x_{22}(k) \\ x_{24}(k) \\ 2x_{21}(k)x_{24}(k)-x_{21}^2(k)x_{23}(k)+x_{22}(k)i_{m,2}(k) \\ x_{31}(k) \\ x_{32}(k) \\ x_{34}(k) \\ 2x_{31}(k)x_{34}(k)-x_{31}^2(k)x_{33}(k)+x_{32}(k)i_{m,3}(k) \end{bmatrix}+n_x(k)$$

$$(3-1-122)$$

$$p_m(k+1)=p_1^c(k+1)+p_2^c(k+1)+p_3^c(k+1)+n_p(k+1)$$

$$=[0\ \ 0\ \ 0\ \ 1\ \ 0\ \ 0\ \ 0\ \ 1\ \ 0\ \ 0\ \ 0\ \ 1]x(k+1)+n_p(k+1) \qquad (3-1-123)$$

其中 $p_m(k+1)$ 是测量产量，$n_x(k)=\mathrm{col}[n_{x_1}(k)\quad n_{x_2}(k)\quad n_{x_3}(k)]$ 和 $n_p(k+1)$ 是状态方程和测量方程附加的零均值白噪声，其具有协方差矩阵 Q_k 和方差 r_{k+1}，其中：

$$Q_k=\mathrm{diag}[r_{n_{\alpha_1}}\quad r_{n_{\gamma_1}}\quad 0\quad r_{n_{p_1^c}}\quad r_{n_{\alpha_2}}\quad r_{n_{\gamma_2}}\quad 0\quad r_{n_{p_2^c}}\quad r_{n_{\alpha_3}}\quad r_{n_{\gamma_3}}\quad 0\quad r_{n_{p_3^c}}] \qquad (3-1-124)$$

由于此状态方程非线性，不能采用 Kalman 滤波来估计状态。但可以采用 EKF 估计状态，然后可以得到注采模型的六个参数估值 $\hat{\alpha}_j(k+1|k+1)$ 和 $\hat{\gamma}'_j(k+1|k+1)$（$j=1,2,3$），然后可以计算 $I\hat{P}R_j(j=1,2,3)$，由式（3-1-125）可得 $I\hat{P}R_j$ 为时间函数。

$$I\hat{P}R_j(k+1|k+1)=\frac{\hat{\gamma}'_j(k+1|k+1)}{[1-\hat{\alpha}_j(k+1|k+1)]^2} \qquad (3-1-125)$$

2. EKF 方法

EKF 方法作为递归非线性估计的典型方法已被广泛应用。对于下列非线性离散系统，该方法给出最优非线性均方状态估计的一阶近似。

$$\begin{cases} x(k+1)=f[x(k),\ k]+n_x(k) \\ y(k+1)=h[x(k+1),\ k+1]+n_y(k+1) \end{cases} \quad k=1,2,\cdots \qquad (3-1-126)$$

其中 $n_x(k)$ 和 $n_y(k)$ 是状态方程和测量方程的附加零均值白噪声，分别具有协方差矩阵 $Q(k)$ 和方差 $r(k)$。EKF 过程分预报和校正两个步骤。其中预报器计算 $x(k+1)$ 的预报值 $\hat{x}(k+1|k)$，校正器计算 $x(k+1)$ 的滤波值 $\hat{x}(k+1|k+1)$。对于 EKF，状态方程关于 $\hat{x}(k|k)$ 进行线性化，测量方程关于 $\hat{x}(k+1|k)$ 进行线性化，即：

$$\begin{cases} x(k+1) \approx f[\hat{x}(k|k),\ k] + F_x[\hat{x}(k|k),\ k][x(k)-\hat{x}(k|k)] + n_x(k) \\ y(k+1) \approx h[\hat{x}(k+1|k),\ k+1] + H_x[\hat{x}(k+1|k),\ k+1][x(k+1)-\hat{x}(k+1|k)] + n_y(k+1) \end{cases}$$

$$(3-1-127)$$

其中：

$\hat{x}(k+1|k) = f[\hat{x}(k|k),\ k]$，$F_x = \partial f[x(k),\ k]/\partial x(k) \in \mathbb{R}^{4N\times 4N}$，$H_x = \partial h[x(k),\ k]/\partial x(k) \in \mathbb{R}^{1\times 4N}$。

例如对于只有一口注水井的情况，EKF 过程可归纳如下。

（1）初始化，设定 $\hat{x}(0|0)$，$P(0|0)$，Q_k 和 r_k 的初值。

（2）执行预报过程（$k=0,\ 1,\ \cdots$）：

$$\hat{x}(k+1) = f[\hat{x}(k|k),\ k] \tag{3-1-128}$$

$$P(k+1|k) = F_x[\hat{x}(k|k),\ k]P(k|k)F'_x[\hat{x}(k|k),\ k] + Q_k \tag{3-1-129}$$

（3）执行校正过程（$k=0,\ 1,\ \cdots$）：

$$\hat{x}(k+1|k+1) = \hat{x}(k+1|k) + K(k+1)\{y(k+1)-h[\hat{x}(k+1|k,\ k+1)]\} \tag{3-1-130}$$

$$K(k+1) = \frac{P(k+1|k)H'_x[\hat{x}(k+1|k)]}{H_x[\hat{x}(k+1|k)]P(k+1|k)H'_x[\hat{x}(k+1|k)] + r_{k+1}} \tag{3-1-131}$$

$$P(k+1|k+1) = \{I-K(k+1)H_x[\hat{x}(k+1|k)]\}P(k+1|k) \tag{3-1-132}$$

（三）应用实例

河道沉积非均质油藏五点法开发井网如图 3-1-38 所示。河道沉积非均质油藏渗透率分布如图 3-1-39 所示，中间浅色区域为高渗透河道沉积条带，渗透率为 5D；两侧深色区域为渗透率较低的边滩沉积。地层厚度 10m。五点法井网的注入井井排与采出井井排的距离为 500m。共有 4 口注入井：Ⅰ1、Ⅰ2、Ⅰ3 和 Ⅰ4，9 口采出井：P1，P2，$\cdots$，P8 和 P9。注入井注入量为 200m³/d，注入量阶跃变化量为增大 100m³/d、降低 100m³/d 或关井，如图 3-1-40 所示。采出井流压为 6.5MPa。

注入井 Ⅰ1 与采出井 P1 和 P5 及注入井 Ⅰ2 和采出井 P5 之间的注采关系随着时间的变化曲线如图 3-1-41 所示。可见五点法注采井数大、注采比高，注入井 Ⅰ2 所在低渗透区域渗透率低、渗流阻力大，注入水倾向于向高渗透区域流动，同理注入井 Ⅰ3 的注入水也倾向于向高渗透区域流动，"低渗透区域注水井倾向于向高渗透区域渗流"的特点明显。而高渗透区域的注入井 I1 和 I4 与高渗透区域的其他采出井连通性也较好，对采出井 P5 的影响减弱。这与图 3-1-42 所示的河道沉积非均质油藏五点法注水流线模拟的流场分布是一致的。

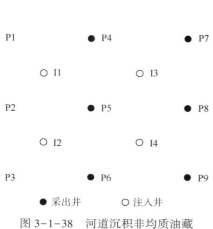

图 3-1-38　河道沉积非均质油藏
五点法开发井网

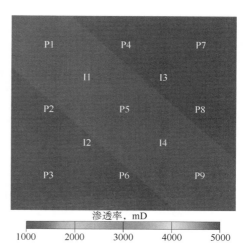

图 3-1-39　实例 1 的河道沉积
非均质油藏渗透率分布

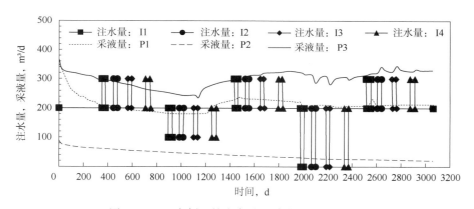

图 3-1-40　实例 1 的注水量和采液量的变化曲线

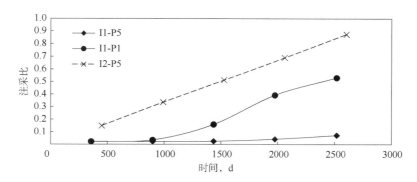

图 3-1-41　实例 1 的注采关系变化曲线

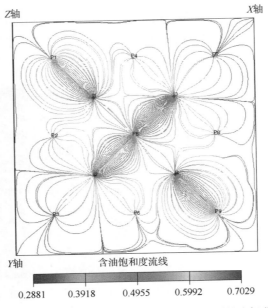

图 3-1-42　实例 1 的注水开采流线模拟得到的流场分布

五、调整井地层最大压力预测方法

调整井地层压力与周边注入井和采出井的压力相关（图 3-1-43）。在同一套层系井网系统中，调整井所在位置各层压力是油藏系统在注入井（包括分注）和采出井压力共同作用下的结果。鉴于分层计算调整井压力时注水量和产水量劈分困难，为此，提出根据调整井与周边注入井和采出井的连通关系及注入井和采出井的压力，直接估算调整井最大地层压力的简便方法。

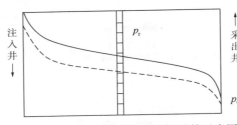

图 3-1-43　调整井地层压力计算示意图

（一）注水压力损失

注水井筒中注水压力损失 p_f 主要包括垂直管损 p_{f1}、水嘴损失 p_{f2} 和炮眼损失 p_{f3}。

$$p_f = p_{f1} + p_{f2} + p_{f3} \tag{3-1-133}$$

垂直管损计算时，主要涉及以下计算公式。

流体线速度：

$$v = \frac{Q}{A} \tag{3-1-134}$$

式中　V——流体线速度，m/d；

　　　Q——注入量，m^3/d；

　　　A——过流截面积，m^2。

流体圆管内流动雷诺数：

$$Re = \frac{vd}{\nu} \tag{3-1-135}$$

式中 Re——雷诺数；

v——流速；

d——圆管内径；

ν——流体运动黏度。

垂直管损是从井口到井底炮眼处的沿程压力损失，根据常用水力学公式得：

$$p_{f1} = \lambda \frac{L}{D} \frac{v^2}{2g}$$ (3-1-136)

其中：

$$\lambda = \frac{1}{1.74 + 2\lg \dfrac{r_0}{\Delta}}$$ (3-1-137)

式中 λ——沿程阻力系数；

L——井口到井底炮眼处的距离，m；

D——油管直径，m；

v——油管中注入水平均流速，m/s；

g——重力加速度，取 9.8065m/s²；

r_0——油管半径，m；

Δ——油管壁的平均粗糙度，m。

结合流态判断求得不同排量下的压力损失，见表3-1-11。水嘴损失可用实验得到的经验公式求得或参照嘴损图版查得。

表3-1-11 不同排量下的水嘴压力损失

排量，m³/d	压力损失，MPa	排量，m³/d	压力损失，MPa
≤200	0.1	300~400	0.5
200~300	0.3	500~600	1.0

也可根据下列公式计算：

$$p_{f2} = 1.08 Q^2 D^{-3.8} \times 0.0981$$ (3-1-138)

式中 Q——单井注水量，m³/d；

D——水嘴直径，m。

炮眼摩阻为：

$$p_{f3} = \frac{3.57 q^2 \rho}{N^2 d^4} \times 10^5 \quad (\zeta \text{ 近似取 } 1)$$ (3-1-139)

式中 ρ——注入水密度，kg/m³；

d——炮眼直径，m；

N——炮眼个数；

g——通过炮眼的注入水排量，m³/s；

ζ——局部阻力系数。

根据大庆油田注水井数据，估算注水井井筒压力损失约为 1.5MPa，如图 3-1-44 所示。

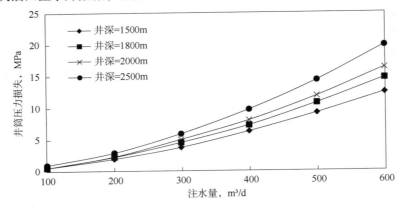

图 3-1-44　不同注水量和井深时的井筒压力损失

（二）调整井最大地层压力估算

根据注水井注水量、压力及地层厚度和渗透率等物性，可以估算调整井的最大地层压力。

$$p_{\max} = (p_{ij} + p_{hj} - p_{fj} - \Delta p_j)_{\max}, \quad j = 1, 2, \cdots, n \quad (3\text{-}1\text{-}140)$$

式中　p_{ij}——第 j 口注水井的注水压力，MPa；

　　　p_{hj}——第 j 口注水井的井筒液柱静压，MPa；

　　　p_{fj}——第 j 口注水井的井筒压力损失，MPa；

　　　Δp_j——第 j 口注水井至调整井渗流压力损失，MPa；

　　　n——周边注水井数。

其中：

$$p_{hj} = \rho g H \quad (3\text{-}1\text{-}141)$$

式中　H——调整井目标层位中深，m。

　　　p_{fj}——第 j 口注水井的井筒压力损失，根据深度和注水量等数据计算。

$$\Delta p_j = \frac{1}{2\pi} \frac{\overline{q_h} \mu_j}{K_j} \ln\left(\frac{d_j}{r_w}\right) \approx 0.159 \frac{\overline{q_h} \mu_j}{K_j} \ln\left(\frac{d_j}{r_w}\right) \quad (3\text{-}1\text{-}142)$$

式中　$\overline{q_h}$——平均单位厚度注水量或注水强度，需要根据注入井注入量和吸水厚度来计算；

　　　K_j——第 j 口注水井地层厚度加权平均渗透率，mD；

　　　d_j——第 j 口注水井至调整井的距离，m；

　　　μ_j——注入流体黏度，mPa·s；

　　　r_w——井筒半径，m。

（三）注采井间地层压力预测方法

油田开发过程中，注采井间压力处于动态平衡且稳定的状态，但注采井间压力分布随着储层特征和油水井开发特征不同而存在差异。实际生产条件下，可知的参数为：注水井井底压力、生产井井底压力、注采井井距、注采井生产指数、地层平均渗透率、原油黏度等。

在理想状态下，按照压力叠加原理，注采井间任意一点的地层压力计算公式为：

$$p = p_e + \frac{Q_{注}\mu}{2\pi Kh}\ln\left(\frac{L}{r_1}\right) - \frac{Q_{采}\mu}{2\pi Kh}\ln\left(\frac{L}{r_2}\right)$$ (3-1-143)

式中 p——计算压力值，MPa；

        p_e——注水井井底压力，MPa；

        $Q_{注}$——注水井注水量，$\mathrm{m^3/d}$；

        $Q_{采}$——采出井采出量，$\mathrm{m^3/d}$；

        μ——原油黏度，$\mathrm{mPa \cdot s}$；

        K——地层渗透率，mD；

        h——油层厚度，m；

        r_1——与注水井的距离，m；

        r_2——与采出井的距离，m；

        L——注采井井距，m。

定义注采相关性为：

$$\alpha = \frac{J_{注}}{J_{采}} = \frac{Q_{注}}{Q_{采}} \cdot \frac{\bar{p} - p_{wf}}{p_e - \bar{p}}$$ (3-1-144)

式中 $J_{注}$——注水指数；

        $J_{采}$——采液指数；

        $\bar{p}$——地层平均压力，MPa；

        p_{wf}——采出井井底压力，MPa。

则：

$$p = p_e + \frac{Q_{注}\mu}{2\pi Kh}\ln\left(\frac{L}{r_1}\right) - \frac{Q_{采}\mu}{2\pi Kh}\ln\left(\frac{L}{r_2}\right)\frac{\bar{p} - p_{wf}}{\alpha(p_e - \bar{p})}$$ (3-1-145)

设 $\beta = \dfrac{\bar{p} - p_{wf}}{\alpha(p_e - \bar{p})}$，$\beta$ 为注采相关性和注采井压力综合影响因素，则：

$$p = p_e + \frac{Q_{注}\mu}{2\pi Kh}\left[\ln\left(\frac{L}{r_1}\right) - \beta\ln\left(\frac{L}{r_2}\right)\right] = p_e + \frac{Q_{注}\mu}{2\pi Kh}\left[(1-\beta)\ln L + \ln\left(\frac{r_2^{\beta}}{r_1}\right)\right]$$

$$= p_e + \frac{Q_{注}\mu}{2\pi Kh}\ln\left(\frac{L^{1-\beta}r_2^{\beta}}{r_1}\right)$$ (3-1-146)

实际运算中，参数 μ、K、h 取值困难，将导致注水井压力传播到采出井时不收敛。因此以采出井井底流压为边界条件，保证注采井间压力收敛。即确保注采井间压力变化范围在注水井和采出井井底压力范围内，即 $\dfrac{Q_{注}\mu}{2\pi Kh}\ln\left(\dfrac{L^{1-\beta}r_2^{\beta}}{r_1}\right) \in (p_{wf} - p_e,\ 0)$。

故设 $\gamma = \ln\left(\dfrac{L^{1-\beta}r_2^{\beta}}{r_1}\right)$，$\gamma$ 为注采井间压力变化参数，则：

$$p = p_e + (p_e - p_{wf}) \cdot (\gamma - \gamma_{max} / \gamma_{max} - \gamma_{min}) \qquad (3-1-147)$$

式中　　γ_{max}——$r_1 = 1$ 时 γ 的最大值；

　　　　γ_{min}——$r_1 = L$ 时 γ 的最小值。

实例：一口注水井，一口采出井，井间距为 200m，注入井井底压力 20MPa，采出井井底压力 5MPa，地层平均压力 10MPa，假设地层平均压力不变，当注采相关性不同时，注水井与采出井间的地层压力传播规律不同。当注水井注水能力较强时，地层压力损耗主要发生在注水井附近，呈现出"先快后慢"的压降规律；当采出井的产液能力较强时，地层压力损耗主要发生在采出井附近，呈现出"先慢后快"的压降规律。注采相关性强弱不同时的注采井间压力传播规律如图 3-1-45 所示。

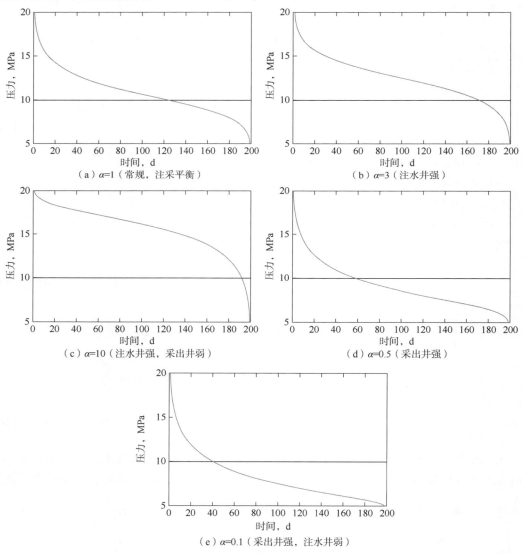

图 3-1-45　注采相关性强弱不同时的注采井间压力传播规律

第二节 储层流体压力检测

一、电缆地层测试器压力检测技术

大庆油田在 20 世纪 90 年代初期开始引进和使用电缆地层测试技术，主要用于裸眼井地层孔隙压力的测量，从此人们对裸眼井的地层孔隙压力有了清楚的认识。电缆地层测试器是目前国内各油田勘探开发中使用的一种主要技术。到目前为止，电缆地层测试器在国内累计测井一千余口。

电缆地层测试器可以在储层上测量地层压力并得到一条压力曲线，每次下井可以在有限多个深度上测量压力，且取到两个储层中的流体样品。组合式地层测试器改进为人为控制抽取地层流体。当前的主要地质应用是作压力与深度坐标平面图，根据油气藏中的压力分布原理，可以确定油气藏中油、气和水中两相流体接触界面的位置，显示出高压和低压的异常层位等。随着勘探技术的不断发展，它在油气勘探与开发中的作用越来越重要。

目前电缆地层测试器在国内石油工业中处于一个新的发展阶段。电缆地层测试器在 20 世纪 50 年代由斯伦贝谢公司发明并投入使用。由于受当时的技术水平的限制，它的实用性和可靠性存在一定的问题。计算机等现代工业的发展促进了地层测试器性能的改进，它们为地层测试器创造了新的发展机会。

（一）电缆地层测试器工作原理

由于电缆地层测试器的工作方式与其他测井方法类似，因此它属于一种测井方法，但是它的测井过程与其他测井方法的过程相比有很大的不同。其他测井测量的是井内随深度连续变化的物理量。在测井过程中，用测井电缆把井下仪器放入井筒内，测井绞车提升或者下放电缆，使井下仪器沿井筒移动，同时由电缆带动深度传感器工作。井下仪器在井中连续工作，对每一个深度点进行测量，并通过电缆向地面传输信号，这时深度传感器也传送出深度信号，两者同时送入地面测井车的测井记录仪与计算机中，计算机将信号和深度信息记录在磁带、胶片和纸上，就得到了一张从井底到井口的有各种物理量随深度连续变化的测井曲线图。电缆地层测试器的测量与以上不同。它一般是在测量自然电位、电阻率、自然伽马等测井曲线以后再进行测量。在测试以前，设计人员根据自然伽马或自然电位测井曲线确定井筒内储层所在深度，结合地质设计和施工情况，确定电缆地层测试器要进行流体取样的两个深度和预测试若干个深度的位置，一般要设计出几十个预测试深度点。以这个设计为基础，将井下仪器下放到井中的一个设计深度，定位并开始推靠仪器，探头被挤进储层，然后井下仪器开始抽取地层流体和测量探头处的压力变化，取样等，测量完后收回推靠器，井下仪器上升或下降至第二点、第三点等，重复测量，直到所有的设计深度测量完为止，到此一次下井的电缆地层测试器的测量完毕。

与其他测井方法相比，电缆地层测试器有四点不同。首先它测量的资料是压力随时间变化的坐标图（散点或折线图），而不是深度与某种测井的物理量的坐标图；第二它是对关注的个别深度点进行测量，而不是连续记录深度上的某一物理量；第三它是测量某一储层经过抽吸后压力场的变化，压力是地层的直接地质参数，它不像其他测井方法，测量的是间接的物理量，而是直接的物理量；第四它测量时井下仪器定位在井中某一深度位置上静止不动，而其他测井方法在测井时井下仪器是沿着井筒匀速运动的。

地层重复测试所测量的压力曲线上包括钻井液液柱静压力和地层压力等数据，它们综合地反映了储层的压力性质。根据所取得的压力资料可以估算每个储层的渗透率，以及井剖面上的压力分布、油气水界面等，它们是油气藏描述不可缺少的压力原始信息，取得的流体样品需要进行实验室分析。分析流体样品可以估算储层的产能、含水率等。

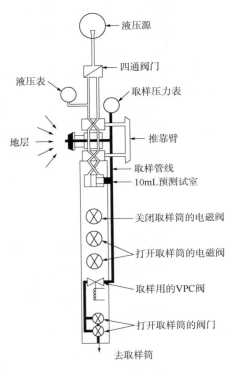

图 3-2-1 井下仪器结构

1. 测试过程

在裸眼井中，当仪器下放到选择好的深度时，可以得到一条压力曲线。如果在地面仪器面板上的压力曲线显示井下仪器与井壁之间的密封良好，而且地层是一个渗透性好的地层，就可以打开一个井下仪器中两个取样筒中的一个进行地层流体取样。

井下仪器系统包括控制电路、液压部分和采集流体样品的容器。图 3-2-1 是井下仪器结构示意图。控制电路和液压部分装在井下仪器的上部，探头部分安装在仪器的中间，取样筒安装在井下仪器的下部。有许多大小不同容积的取样筒可供选择，例如 3.875L、4L、10L 和 20L 等。根据具体的地质情况，可以选用各种尺寸的取样筒。如果井下仪器没有安装取样筒，探头部分距离仪器底部的距离为 1.676m。每一次可以选择其中两种取样筒，进行不同的组合。如果不进行地层流体取样，仅测量地层压力，可以不安装取样筒。

井下仪器的操作是由地面的测井仪器面板控制的。每一个胶片记录是由一个完整的控制操作过程产生的。当仪器正常工作时，记录的测量值是以时间秒的形式而不是以深度的形式记录的，如图 3-2-2 所示。当使用英制测量时，同常规的测井记录的深度格进行比较，一个时间格代表的是两秒而不是两英尺。第一道是以模拟方式记录压力值，它提供密封的有效性和渗透率的指示。第二道被分为四个记录压力的数字形式的小道，它们是个位、十位、百位和千位。它们提供了被记录压力的精确的数字型读数，液压泵的压力可以显示在第一道上，如图 3-2-2 中的虚线，它能够帮助分辨井下仪器的预测试和抽取流体的各个工作阶段，并且显示出液压系统的工作状态。压力的列表数据也可以显示在图上。当温度显示模块工作时，温度曲线可以显示在第一道上。

在每个设计深度上，操作的过程包括在记录前后的钻井液静压力的两部分，即探头推靠前和探头回缩后对应的曲线。FMT 有一个内部电动机、泵、推靠和回缩探头的液压系统。液压驱动推靠臂，使带有环状橡胶垫的探头牢固地支撑在井壁上。这个环状的橡胶垫圈称为封隔器。它是一种特殊的经过硫化处理的过氧化腈橡胶，它适用于储层中有硫化氢气体的环境。液压也显示在地面仪器面板上，用来指示液压系统工作正常与否。井下仪器的外壳始终保持远离井壁，这样可以减少井下仪器遇卡的可能性。推靠时，液压系统提供强大的推力推动推靠臂顶住井壁。由于反作用力，与之对应的探头被顶进地层。预测试室的活塞以一个常数流量抽取 10mL 的流体，让它进入预测试室。

2. 资料解释

地面仪器面板显示出液压泵压和测试压力曲线的变化，在地面仪器中记录了如图 3-2-2 形式的图。

在图 3-2-2 上，从 $T=0$ 开始到 $T=8s$ 的时期是预测试活塞抽取地层流体的阶段；称它为压降时期或阶段。从 $T=8s$ 到 $T=46s$ 的时期称为压力恢复时期或阶段，这段时期内的井下仪器没有动作，只有地层中的流体流入仪器和探头，压力在逐渐上升。这时测井工程师要耐心等待，让压力充分恢复到地层压力。为了让压力恢复到接近地层真实压力，在压降阶段结束后，必须尽可能长时间地记录压力变化。如果压力测量中断得太早，测量的地层压力将会大大低于真实的地层压力，因为有充分的压力恢复，仪器才能测量到地层压力。预测试过早地中断会使在解释 FMT 资料时工作无法进行。预测试测量的地层压力常常就是原始的地层压力。因此测量时一定要使压力得到充分的恢复。

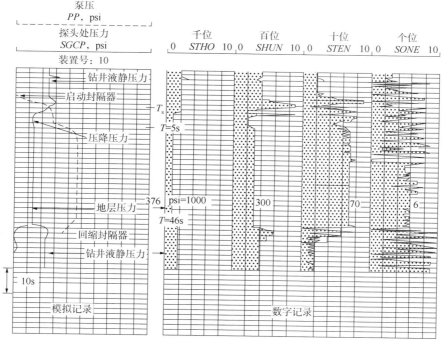

图 3-2-2　典型的预测试压力记录

下井仪器在移动到下一个深度之前要回缩推靠臂和探头，或者当取样筒采集地层流体完毕时也要回缩。这时井下仪器打开一个平衡阀，预测试室的流体从仪器中排到井眼中。在采集流体样品以后，为了回缩探头和从井壁表面收回推靠臂，要释放液压压力。在仪器关闭后仍然记录钻井液静压力。用它与测试之前的钻井液静压力做对比，可以提供仪器中的传感器的稳定性和重复性的数据。在仪器进行预测试前后，如果钻井液液柱压力不变，说明井下仪器工作稳定且正常。

（二）地层重复测试技术在大庆油田的应用

由于喇、萨、杏油田已进入开发后期，地层压力系统比较复杂，地层重复测试技术主要应用于钻井区块先导井的压力测试，一方面用来摸清区域的最高压力和最低压力，另一方面为电测曲线压力检测提供标准。表 3-2-1 和表 3-2-2，图 3-2-3 和图 3-2-4 是两口井的 RFT 测试数据表和压力系数剖面图。

表 3-2-1 Z53-5 井测压结果

序号	井深，m	层位	压力系数	压力，MPa
1	817.0	S1	0.821	6.58
2	841.0	S2	1.136	9.37
3	860.6	S2	1.002	8.45
4	874.0	S2	1.012	8.67
5	896.8	S3	1.122	9.86
6	932.0	P1	1.306	11.93
7	980.0	P2	1.399	13.44
8	995.4	P2	1.033	10.08
9	1015.0	G1	1.258	12.52

表 3-2-2 N1-4-XS469 井测压结果

序号	井深，m	层位	压力系数	压力，MPa
1	954.4	S1	1.287	12.04
2	965.3	S1	1.160	10.97
3	983.6	S2	1.450	13.94
4	1017.4	S2	1.604	15.99
5	1052.8	S3	0.356	3.67
6	1076.2	S3	0.967	10.21
7	1090.0	P1	1.417	15.13
8	1103.6	P1	1.469	15.89
9	1128.0	P2	0.943	10.43
10	1152.5	P2	0.720	8.15
11	1190.0	G1	1.312	15.30

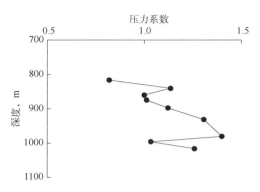

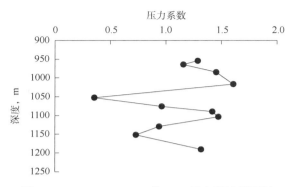

图 3-2-3　Z53-5 井 RFT 压力测试剖面图　　　　图 3-2-4　N1-4-XS469 井 RFT 压力测试剖面图

可以看出，重复地层测试技术在测量过程中，地层中的流体直接进入压力传感器，属于直接压力测量，压力传感器的精度决定了压力测量的精度。大庆油田 RFT（Repeat Formation Test）仪器中使用的压力传感器的量程可达 0~10000psi，误差 1~2psi，测量精度远远高于其他压力测量方法。RFT 这一高精度特性为完井测井曲线解释地层压力提供了可靠的依据和参考标准。目前，大庆油田历年累计 RFT 测井已达数百口，测试层段达数千个，包括砂岩、过渡岩性和泥岩段。这些实测压力数据为孔隙压力测井解释提供了可靠的基础数据，为精确解释地层压力奠定了基础。

二、电测曲线压力检测技术

人们获得流体压力的方法是多种多样的，在注采井点上，可以通过井下压力计来测量注采井点处各层的孔隙流体压力。但在相当长的一段时间内人们还无法对新井（裸眼井）进行准确的分层压力测试，只能通过钻进时的钻井液密度对全井的综合压力、笼统压力进行了解。直到 20 世纪 80 年代末期，油田引入了 CSU 测井系列中的 RFT，即重复地层测试技术，人们才对新钻井地层纵向压力分布有了清楚的认识。RFT 测井的优点是测量结果准确，但 RFT 测井设备十分昂贵，测一口井的费用在 8 万~20 万元，不可能进行逐井测试，测试井数只占新钻井总数的 1%~2%，只能控制很小的区域，显然不能满足油田钻井和油田开发的需要。

电测曲线压力检测方法是人们通过观察孔隙流体压力与油层电性特征存在的相关性进而形成数学模型对油藏进行孔隙流体压力解释的一种方法，优点是几乎不需要增加成本，可以在所有调整井上使用。由于测井技术水平和解释方法上的局限，以往的孔隙流体压力测井解释存在诸多人为因素和精度的问题，因而没有得到广泛的应用。

在大庆油田，利用裸眼井的完井电测曲线对油层孔隙流体压力进行解释这一项技术开始于 20 世纪 80 年代初期。1981 年有人提出了利用声波时差孔隙度与电阻率孔隙度两种孔隙度解释存在的偏差来估算水淹层的地层压力的方法。经过验证，对于低压层，这种方法存在较大的误差，且需要人为地确定一个参考压力层，并将其压力系数视为 1。参考压力层的选取需要有一定的工作经验，存在较大的人为因素。1984 年测井公司的技术人员提出了采用自然电位和声速两条曲线进行调整井地层压力估算的方法，将过滤电位的形成机理运用到孔隙流体压力解释中并形成了压力估算数学模型，但没有将钻井液液柱压力作为参考压力，仍然是人为地确定参考压力层。数学模型是直接采用数值回归方法得出的简单多项式，公式中的参数没有确切的物理含义，当计算出现偏差时，很难对其进行校正，极大地影响了解释精度。1994 年又提出了采用自然电位曲线和微电极曲线对调整井地层压力进行计算的方法，并将钻井液液柱压力作为参考压力。但这种方法是建立在观察自然电位幅度值和微电极幅度差基础上的一种半定量手工计算，仍然局限于经验判断，未能建立通用的压力解释数学模型，同样存在较大的人为因素。由于采用的微电极曲线受井眼、滤饼和钻井液性能的影响较大，曲线本身的稳定性较差，在一定程度上影响了解释的精度。

自 1997 年以来，大庆油田已全面推广应用了 DLS（Digital Logging System）全数控测井系统，使孔隙流体压力解释自动化成为可能，同时在电阻率测井、声波测井、岩石密度测井技术等方面也有了长足的发展，为包括孔隙流体压力解释在内的各种油藏物理参数的精确解释打下了坚实的基础。

通过剖析自然电位形成机理和影响因素，分析过滤电位与压差的相关性，从测井原理出发建立通用的流体压力解释数学模型，消除人为影响因素，使解释精度大为提高。在操作方面，以数字化测井技术为基础，改变过去单一的手工操作，采用计算机自动处理，打印连续的孔隙压力剖面线，并将操作软件装入测井仪器的微机系统，实现测井现场即时处理。经现场验证，在单层压力系数的绝对误差不大于 0.1 的前提下，符合率达到了 85% 以上，压力系数 1.6 以上的高压层的符合率达到了 90% 以上。砂岩渗透性油藏孔隙压力测井解释是建立在数字测井基础上的一种新的解释方法。该方法把 RFT 测试结果与油层电性特征有机地结合起来，将 RFT 获得的一般性规律应用于所有新钻井，是 RFT 技术的补充，对油田钻井和开发具有普遍意义。

（一）电测曲线压力检测的理论基础

过去人们认识到电测曲线与孔隙流体压力存在某种相关性，仅仅以数理统计和数值回归的方法进行计算，没有真正从测井原理出发建立通用的数学模型，而使测井解释压力工作存在种种局限性。要想真正从理论上解释孔隙流体压力，必须对测井曲线进行剖析，从曲线形成的机理入手，研究曲线形态与孔隙流体压力的内在联系。在现有的测井曲线系列当中，自然电位曲线与地层孔隙流体压力的关系最为密切。自然电位主要由扩散吸附电位和过滤电位两部分叠加而成。

1. 自然电位测井的基本原理

人们发现，在没有供电的情况下，测量电极在井内移动时，仍然能测量到与地层有关的电位变化，由于这个电位是自然产生的，所以称之为自然电位（self-potential），用 SP 表示。自然电位产生的原因是复杂的，主要有两个原因：一是地层水的含盐浓度与钻井液滤液含盐浓度不同，引起离子的扩散作用和岩石颗粒对离子的吸附作用；二是地层压力与钻井液液柱压力不同时，地层流体在岩石孔隙中产生的过滤作用。

1）扩散吸附电位

当地层被钻穿后，钻井液滤液和地层中的地层水直接接触，由于钻井液滤液的离子浓度不同于地层水的离子浓度，离子在渗透压的作用下产生扩散作用。同时，由于岩性的不同，井壁所吸附的离子也是不同的，在砂岩层井壁富集负离子，在泥岩井壁上富集正离子，这样形成的电动势称为扩散吸附电动势或扩散吸附电位，以 E_{da} 表示，根据实验结果和理论分析，扩散吸附电位可用式 3-2-1 来表示：

$$E_{da} = K_{da} \cdot \ln \frac{R_m}{R_w} \qquad (3-2-1)$$

式中　K_{da}——扩散吸附电位系数；

　　　R_m——钻井液滤液的电阻率，$\Omega \cdot m$；

　　　R_w——地层水的电阻率，$\Omega \cdot m$。

扩散吸附电位系数 K_{da} 的大小和符号主要取决于岩石颗粒大小和化学成分以及孔隙流体的化学性质。可见，扩散吸附电位的大小主要是由岩石的孔渗性和岩石中孔隙流体性质以及钻井液滤液的化学性质决定的。

2）过滤电位

在压差的作用下，当溶液通过毛细管时，毛细管的两端产生电位差。这是因为毛细管管壁吸附负离子使溶液中正离子相对增多。正离子在压差的作用下，随同溶液向压力低的一端移动，因此在毛细管两端富集不同符号的离子，压力低的一端带正电，压力高的一端带负电，于是产生了电位差，如图 3-2-5 所示。

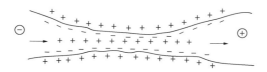

图 3-2-5　过滤电位形成示意图

在岩石中，颗粒与颗粒之间有很多孔隙，它们彼此相通，形成很多细的孔道，相当于上述的毛细管。当钻井液液柱压力大于地层孔隙压力时，钻井液向地层过滤，钻井液滤液通过井壁在岩石孔道中流过。由于岩石颗粒具有选择吸附性，孔道壁上吸附钻井液滤液中的负离子，仅正离子随着钻井液滤液向地层中移动，这样在井壁附近聚集大量负离子，在地层中富集大量正离子，其地层和钻井液接触面两端形成的电位称为过滤电位，以 E_f 表示，在钻井液液柱压力大于地层孔隙压力的条件下，渗透层处，过滤电位与扩散吸附电位方向一致，均呈负异常。过滤电位的数值与钻井液液柱和地层之间压差（钻井液液柱压力大于地层压力时为正压差，小于地层压力时为负压差）及钻井液滤液电阻率成正比，与钻井液滤液黏度成反比，可用式（3-2-2）来表示：

$$E_f = K_f \frac{\Delta p \cdot R_m}{\mu} \qquad (3-2-2)$$

式中　Δp——钻井液液柱压力与油层孔隙流体压力的差值，atm；

　　　R_m——钻井液电阻率，$\Omega \cdot m$；

μ——钻井液滤液黏度；

K_f——过滤电位系数。

过滤电位是由钻井液液柱和地层之间的压差作用产生的，当存在显著的压差时，过滤电位在总的自然电位中占有较大的比例，且是不可忽略的。

2. 影响自然电位的主要因素

自然电位的产生是井筒中的钻井液和地层相互作用的结果，在钻井液性能相对稳定的前提下，影响自然电位曲线形态的因素主要有岩石的孔渗性、岩石中孔隙流体的性质和钻井液液柱与地层之间的压差。

1）岩石的孔渗性

岩石的孔隙度和渗透率决定了流体透过岩石的能力。岩石的孔渗性直接影响钻井液滤液与岩石中孔隙流体（地层水）之间扩散与吸附规模的大小，因而在其他条件相同的前提下，岩石的孔渗性越好，扩散吸附电位异常值（与泥岩基线的差值）越大，岩石的孔渗性是影响扩散吸附电位系数 K_{da} 的重要因素，这也是油田开发初期利用自然电位曲线划分渗透层的主要理论根据。岩石的孔渗性同样对过滤电位系数构成影响，孔渗性变好，相当于增加了毛细管的数量，使过滤电位异常值增大。岩石孔渗性对扩散吸附电位和过滤电位影响在机理上是相似的，在相关性方面都属于正相关，孔渗性变好使扩散吸附电位和过滤电位异常值同时增大。

2）岩石中孔隙流体的性质

岩石中孔隙流体的性质主要影响扩散吸附电位的大小。当钻井液滤液浓度不同于岩石孔隙中流体浓度时，它们之间就产生了离子扩散作用，扩散吸附电位的大小取决于钻井液滤液浓度和岩石孔隙流体浓度的差值。从扩散吸附电位的表达式中可以看出，在其他条件不变的情况下，扩散吸附电位的大小与地层水的电阻率（矿化度）成反比。目前油田已进入高含水后期，油层孔隙流体性质处于相对稳定状态，流体性质对自然电位的影响与岩石孔渗性和压差相比相对较小。

3）钻井液液柱压力与地层孔隙压力之间的压差

钻井液液柱压力与地层压力之间的压差主要影响过滤电位的大小。从过滤电位的表达式中可以看出，过滤电位的大小与压差成正比。当压差增大时，单位时间内流过孔隙（毛细管）的液体体积增大，在孔隙两端形成的电荷聚集量增加，使过滤电位增大。实验证明，过滤电位与压差成正比，在正压差作用下，渗透层处的过滤电位与扩散吸附电位方向一致，负压差下，过滤电位与扩散吸附电位方向相反。当负压差较大时，过滤电位可以将扩散吸附电位完全抵消，这时渗透层的自然电位值与泥岩处自然电位值相同或超过泥岩基线而呈现正异常。

3. 与岩石孔渗性、孔隙流体性质有关的测井曲线

以上分析了自然电位形成的机理及其影响因素，总结出影响自然电位的三大主要因素，其中除了压差的影响，还有岩石孔渗性和孔隙流体性质。为了提取出自然电位曲线中反映压差的信息，必须把岩石孔渗性和孔隙流体性质对自然电位的影响消除掉。

1）电阻率曲线系列

电阻率测井是地球物理测井当中最基本最常用的测井方法，这种测井方法是根据岩石导电性的差别，在井内研究钻井地质剖面。岩石的电阻率与岩性、岩石孔渗性和孔隙流体性质有密切的关系。在大庆长垣，泥岩的电阻率呈现低值，而砂岩的电阻率较高。目前大庆油田使用的电阻率测井曲线主要有长电极、微电极、微球聚焦、高分辨三侧向和双侧向等。

近年来高分辨三侧向（HL3S/HL3D）和双侧向（DLL）测井技术发展很快，已经完全取代了普通三侧向测井。侧向电阻率具有接近地层真实电阻率的特点，而高分辨三侧向和双侧向还具有分层能力强、探测深度大等优点，在解释油层孔隙度、渗透率和含油饱和度等参数方面，与其他曲线配合使用，使解释精度大为提高，尤其在加密调整井的综合解释中起到了重要的作用。

2）声波测井

声波测井是利用声波在不同岩石中的传播速度的差异性和吸收声波的差异性原理进行的。声波在岩石中传播速度与岩石的弹性和密度密切相关。近年来，声波测井以高分辨声波（BHC 或 HAC）为主要发展方向。

对于沉积岩来讲，声波在岩石中传播的速度随着岩石密度和刚性的增大而增大。在岩石的结构方面，胶结疏松、孔隙度大的岩石密度较小。一般来讲，沉积岩的孔隙度与声波速度随着孔隙度的增大而减小。在大庆油田，声波曲线在钙质层处呈现出明显的高速特性（尖峰），这一特性在孔隙压力解释中消除高压层假象起到了重要作用。

3）岩石密度测井

近年来，岩石密度测井（DEN）在大庆油田加密调整井中得到了广泛的应用。密度测井是利用放射源测量岩石密度的一种测井方法，主要用来解释岩石的孔隙度和渗透率。在测量过程中，由装在井下仪器中的伽马源放出射线，经过岩石散射和吸收后，由探测器接收衰减后的伽马射线。岩石密度越大，吸收的射线越多，反之越少。利用这一原理并配合其他曲线可以对岩石的孔隙度和渗透率进行解释。经过补偿的密度测井可以直接从曲线上读出岩石密度值。

以上介绍的三种曲线系列是目前大庆油田进行油层物理参数解释所采用的主要测井曲线系列，广泛应用于岩石孔隙度、渗透率、含油饱和度和水淹层等物理参数的解释。虽然自然电位曲线在一定程度上可以反映孔渗性的好坏，但由于其受压差的影响较大，因此，在孔隙度和渗透率的解释中不采用自然电位曲线，而采用电阻率、声波和岩石密度曲线进行综合解释。在孔隙压力测井解释中，利用以上曲线系列的组合运算消除自然电位中岩石孔渗性和流体性质的影响，以求取压差对自然电位的贡献值。

（二）测井曲线解释流体压力的数学模型

建立通用的压力解释数学模型是孔隙流体压力测井解释的基础。过去人们判断高压层采用的经验法之所以没有得到广泛应用，其根本原因在于没有建立通用的数学模型。本书介绍的数学模型建立在过滤电位形成机理的基础上，利用过滤电位与压差的相关性建立数学模型的基本结构，采用数理统计方法并应用实测压力（RFT）数据确定模型中的参数系列，从根本上解决了解释精度问题。

1. 数学模型基本结构的确立

1）高压层电性特征

人们最初认识高压层电性特征是通过观察钻遇的高压层段（钻井或完井过程中发生油气水侵、井涌、井喷）的自然电位曲线与正常井相比存在的差异性。图 3-2-6 是 N1-22-74 井和 N1-22-75 井 SⅡ7+8 号层自然电位曲线对比图，两口井相距 220m。

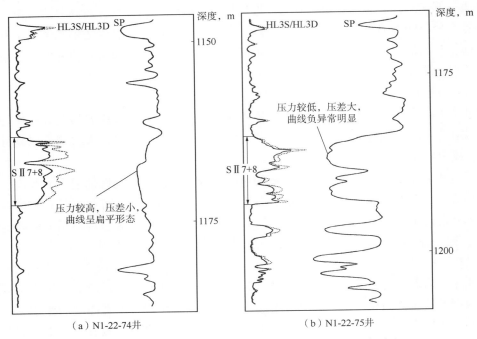

（a）N1-22-74井　　　　　　　（b）N1-22-75井

图 3-2-6　异常高压层与正常压力层自然电位曲线形态对比

从图 3-2-6 中可以看出，两口井 SⅡ7+8 号层的 HL3S、HL3D 电阻值接近，但自然电位曲线形态明显不同。N1-22-74 井 SⅡ7+8 号层自然电位曲线负异常很小，呈扁平状。原因是该层存在异常高压，实测压力系数达 1.85，钻至该层段时曾发生井喷，电测时钻井液液柱与该层的压差仅为 0.57MPa。而 N1-22-75 井 SⅡ7+8 号层压力正常，压差较大，自然电位曲线有明显的负异常。这说明压差对自然电位曲线有很大的影响，压差越小，自然电位曲线负异常越小。

在外围低渗透油层，上述特征不明显，因此亟待归纳总结新的高压层的电性特征。通过观察、总结，高压层主要存在以下特征：

（1）微电极曲线呈脉冲状高值，微电极曲线分别测量滤饼和侵入带的电阻率，高压层造成滤饼和侵入带的电阻率急剧升高，在曲线上具有急剧升高的脉冲状特点，如图 3-2-7 所示。

（2）自然电位反向：部分地层压力特别高的井，曲线除具有上述特征外，还具有自然电位曲线反向的特点，其机理是过滤电位增大，抵消了扩散吸附电位，如图 3-2-8 所示。

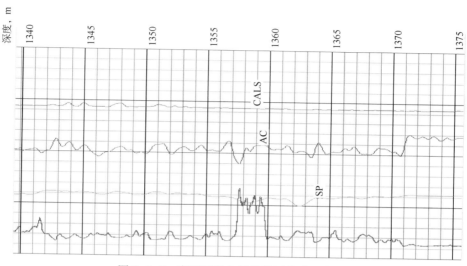

图 3-2-7 高压层微电极曲线呈脉冲状高值

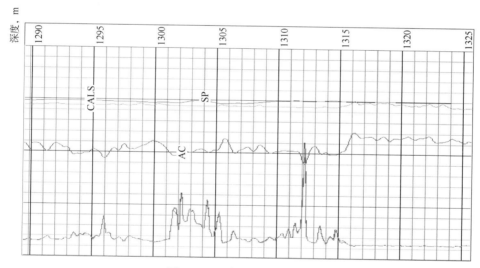

图 3-2-8 高压层自然电位反向

2) 基础模型建立方法

上述现象可以由自然电位测井原理得到解释。自然电位主要由扩散吸附电位 E_{da} 和过滤电位 E_f（单位 mV）两部分叠加而成，即有：

$$E = E_{da} + E_f$$

在钻井液性能相对稳定的情况下，扩散吸附电位 E_{da} 主要由岩性和岩石中孔隙流体的性质决定，与压差无关。

过滤电位值与压差有关，表达式为：

$$E_f = K_f \frac{\Delta p R_m}{\mu}$$ (3-2-3)

式中 Δp——钻井液液柱压力与油层孔隙流体压力之差，atm；

R_m——钻井液电阻率，$\Omega \cdot m$；

μ——钻井液滤液黏度；

K_f——过滤电位系数。

这说明过滤电位的大小主要由钻井液、岩石及流体的性质和压差共同决定。通过对自然电位值的分析，把自然电位曲线中反映压差的信息提取出来，配合其他参数得到压差值，用钻井液液柱压力值减掉压差值，进而得到油层的孔隙流体压力，即有：

$$p_p = p_1 - \Delta p$$ (3-2-4)

式中 p_p——油层的孔隙流体压力，atm；

p_1——钻井液液柱压力，atm。

用总的自然电位值 E 减去扩散吸附电位 E_{da}（负异常定义为正）来代替 E_f，则有：

$$p_p = p_1 - \frac{\mu(E - E_{da})}{R_m K_f}$$ (3-2-5)

式（3-2-5）即为油层孔隙压力计算公式的基本结构模式。从中可以看出，当自然电位值 E 大于扩散吸附电位 E_{da} 时，压差为正值，钻井液液柱压力大于油层孔隙压力；当自然电位值 E 等于 E_{da} 时，过滤电位为零，压差为零，油层孔隙压力与液柱压力相等；当 E 小于 E_{da} 时，过滤电位为负值，压差为负值，油层孔隙压力大于钻井液液柱压力，油层内流体向井筒方向流动，形成反向渗透。因此，只要采用除自然电位以外的其他曲线把 E_{da} 和 K_f 表示出来，就可求出压差及孔隙压力，把求压差的计算转化为求取 E_{da} 和 K_f。实际上，K_f 是除压差 Δp 和 R_m、μ 以外的其他所有因素对自然电位 E 的贡献值，这些因素当中最主要的是岩石的孔渗性和孔隙流体性质，现有完井电测中与之有关的曲线有岩石密度（DEN）、声波（BHC 或 HAC）、高分辨三侧向（HL3S、HL3D）等，E_{da} 同样是与地区岩石性质和流体性质有关的一个物理量，二者可以通过实测孔隙压力（RFT 或 SFT）数据确定。

设：ρ 为电测时的钻井液密度，单位为 g/cm^3；K_p 为油层孔隙压力系数；D 为计算点深度（定向井需将斜深换算为垂深），单位为 m，则有：

$$\Delta p = 0.0968 D(\rho - K_p)$$ (3-2-6)

代入式（3-2-3）并整理可得到压力系数计算公式：

$$K_p = \rho - \frac{\mu(E - E_{da})}{0.0968 D R_m K_f}$$ (3-2-7)

实际应用时，常使用式（3-2-5）直接计算出压力系数。

2. 参数系列的确定方法

1）E_{da} 和 K_f 的确定方法

经过以上的分析，只要采用除自然电位以外的其他曲线把 E_{da} 和 K_f 表示出来，就可求出压差及孔隙压力。在前文已经详细讨论了与岩石孔渗性和孔隙流体性质有关的测井曲线系列，运用这些曲线的某种运算组合可以求得 E_{da} 和 K_f。

E_{da} 和 K_f 的确定采用数理统计方法。当钻井液性能和孔隙流体性质相对稳定时，渗透率相同或相近的地层的自然电位负异常值与压差呈正相关关系，图 3-2-9 是 S 地区渗透率 $400 \sim 450$ mD 砂层自然电位负异常值与压差的关系图。

从图 3-2-9 中可以看出，自然电位负异常值与压差基本呈线性关系。由过滤电位表达式可知，当压差趋近于 0 时，过滤电位值趋近于 0，这时自然电位曲线所显示的异常值即为扩散吸附电位值，即图 3-2-9 中趋势线与纵轴的交点。依据此方法就可以采用相关曲线统计出不同渗透率砂层的扩散吸附电位 E_{da} 表达式。

在钻井液性能、孔隙流体性质和压差相对稳定的条件下，过滤电位系数 K_f 是与岩石孔渗性有关的物理量。过滤电位与渗透率呈正相关，图 3-2-10 为压差相同或相近时，过滤电位与渗透率的关系图，图中散点是经过分组统计后得到的平均值。

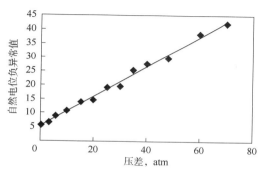

图 3-2-9　S 地区自然电位
负异常值与压差关系图

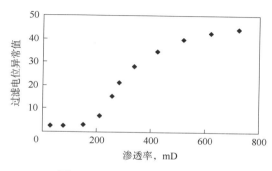

图 3-2-10　S 地区过滤电位与
地层渗透率关系图

图 3-2-10 中靠近横轴的点渗透率很低，过滤电位趋于 0，表示泥岩；比较陡峭的部分表示过渡岩性，随着渗透率的增大，过滤电位迅速增大。当渗透率继续增大时，过滤电位上升缓慢，这表示高渗透砂层渗透率的变化对过滤电位影响很小。根据这一规律，可以采用相关曲线统计出过滤电位系数 K_f 的表达式。

2）应用实例

式(3-2-8)为适用于 S 地区的压力系数计算公式，

$$K_p = \rho - \frac{E - \left[15.3\ln(\ln x) - 8.88 \right]}{0.0968 D R_m K_f} \mu \tag{3-2-8}$$

其中扩散吸附电位 E_{da} 的取值为 $15.3\ln(\ln x) - 8.88$，中间变量 x 取 $HL3S \cdot (0.0225 \cdot BHC - 5.525)$，$K_f$ 则由 21 个离散点组成，如图 3-2-11 所示。

K_f 无法用简单的函数进行拟合，为了获得节点之间的数值，需要构造一个三次样条插值函数 $S(x)$ 代替 K_f，尤其当 K_f 的点较稀少时，必须采用三次样条插值来满足精度要求。插值函数 $S(x)$ 的建立方法如下：

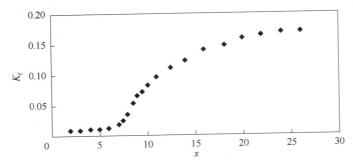

图 3-2-11　S 区块 K_f-x 散点图

$$S(x) = M_{k-1}\frac{(x_k-x)^3}{6h_k} + M_k\frac{(x-x_{k-1})^3}{6h_k} + \left(y_{k-1}-\frac{M_{k-1}h_k^2}{6}\right)\frac{x_k-x}{h_k} + \left(y_k-\frac{M_k h_k^2}{6}\right)\frac{x-x_{k-1}}{h_k} \quad (3-2-9)$$

其中 x_k 为 K_f 节点的横坐标，$h_k = x_k - x_{k-1}$，M_0，M_1，$\cdots$，M_k 为待定参数，可由节点处的光滑条件来确定，经过整理并利用端点处的边界条件得到一个线性方程组，通过计算机编程判断 x 属于某 (x_k, x_{k+1}) 区间（$k = 0，1，2，\cdots，20$），解出 M_k 代入式（3-2-9），求得 $S(x)$ 值，使 K_f 在其定义域内光滑连续。

采用同样的方法可以建立适用于油田不同地区的参数系列和插值函数。

（三）聚合物影响测井曲线变异地层孔隙压力解释方法

大庆油田自 1959 年发现并开发以来，已经过六十多年的勘探开发，目前已经进入高含水后期阶段，在大庆油田的开发过程中，油田的开采方式、注入方式、注入形式、注入介质都发生了较大的变化，从行列式、点状注水开发到现在的多种注入开发方式并存，从单一的基础井网到现在的多套井网开发，注入介质从单一的水到现在的聚合物、三元等多种介质并存，特别是随着聚合物驱油技术的大规模应用，大庆长垣内部已经进入三次采油阶段。大庆油田的聚合物驱油技术处于国内领先地位，但是聚合物驱油后地层的孔喉、地层水电阻率、矿化度、含油性都发生了不同程度的变化，导致电性特征发生了变化，同时由于钻井液性能和钻井工艺的变化，导致在测井曲线上出现了解释的匹配矛盾，由于对这种变异产生的机理认识不清，不能准确地预测和检测地下压力情况。在钻井过程中，造成油气侵复杂多发，需要多次通过重复电测进行曲线对比，增加了油层浸泡时间，同时由于固井时的钻井液密度过高，对油层产生伤害，也给后续采油部门的工作带来了影响。

地层流体压力检测法自应用以来，为钻井公司节约了大量成本、有效降低了钻井复杂、实现了滚动式近平衡钻井，是钻井地质的核心技术之一。但是三采阶段测井曲线出现了变异，按上述解释方法有时会和钻井实际情况产生较大的偏差，甚至完全无法判定曲线发生异常层位的压力系数的大小，给钻井带来了极大的安全隐患。

1. 注聚合物前与注聚合物后测井曲线相应特征

1）注聚合物前测井曲线特征

（1）自然电位曲线形态。

大庆油田是一个早期注水开发的陆相砂岩油田，经过长期分层注水开发后，自然电位的变化主要表现在两个方面：一是含水率的不断上升使流体的矿化度大幅度降低，导致了自然电位中扩散吸附电位显著减小，破坏了自然电位中扩散吸附电位的主导地位；二是由于储层的非均质性使层间压差增大，导致过滤电位变化范围增大，自然电位的变化主要由过滤电位的变化所引起。

自然电位的形成及形态为渗透性砂岩井筒聚集负离子，地层一侧聚集正离子，使该层位的自然电位呈现负值。因此，在钻井液液柱压力大于地层压力的情况下，砂岩井段自然电位曲线呈现负值，但定义为正值。

（2）微电极曲线的形成和形态。

微电极曲线由微电位和微梯度组成，其中，微梯度测量范围较小，反映的是滤饼的电阻率，一般情况下，滤饼的电阻率要小于冲洗带的电阻率。

微电位主要反映冲洗带的电阻率，所以一般在测井曲线上，微电位的值要大于微梯度的值。其差值定义为正幅度差，反之，称为负幅度差。

渗透性地层在微电极曲线上的基本特征就是有幅度差，因为孔渗性好的地层，有钻井液滤液的侵入，同时钻井液的泥质颗粒在井壁上形成滤饼，滤饼电阻率一般是钻井液电阻率的 1~3 倍，而冲洗带电阻率要比滤饼电阻率高出 5 倍以上，探测范围较大的微电位电极系所测结果主要受冲洗带电阻率的影响，而探索范围较小的微梯度电极系所测结果主要受滤饼电阻率的影响，在钻井液液柱压力大于地层压力的情况下，砂岩井段微电极曲线呈现一个高值，微电位数值大于微梯度数值，具有正的幅度差，幅度差的大小取决于滤饼电阻率和冲洗带电阻率的比值以及滤饼的厚度。

（3）声波曲线特征。

声波测井是通过测量井下岩层的声波传播速度，研究地层岩性、物性、估算地层孔隙度的一种方法。一般来说，砂岩声波时差显示低值，而泥岩显示高值。该曲线能一定程度反映岩石的致密程度。

2）注聚合物后测井曲线特征

大庆油田进入三次采油阶段后，不同区块测井曲线产生了一系列的变异，使得传统的测井曲线形态发生了改变。通过对大量的测井曲线进行归纳、总结，发现变异主要表现在以下方面：在钻井条件不变（注水井钻关压力小于 5MPa）的情况下，砂岩井段自然电位曲线幅度变小或者没有幅度，有些曲线甚至出现了正异常；与出现变异的曲线对应的微电极曲线值偏高，形态变得较为平缓，并且微梯度和微电位幅度差增大。流体曲线一般没有异常。

2. 注聚合物后地层变化

聚合物溶液在多孔介质中流动，它不仅显示出特殊的流变性，而且在诸如滞留、吸附特性和不可及孔隙体积等方面的流动性质也与一般溶液有很大的区别，聚合物溶液的滞留、吸附特性对油层的渗透率、油水流动特性、孔隙结构均有一定程度的影响。

1）聚合物驱前后岩心渗透率和孔隙度变化

选取不同渗透率，但孔隙度相近的岩心样品三组，进行岩心聚合物驱前后储层测定模拟实验，通过岩心室内实验发现，聚合物溶液流经多孔介质时，由于它的吸附和滞留特性，造成了岩心的空气渗透率有了一定程度的下降，但是孔隙度的变化不太明显，这个实验结果与前期大庆油田聚合物驱井抽样检查结果一致，即聚合物驱后油层的平均渗透率和饱和度有所降低，但是孔隙度保持相对稳定（表3-2-3）。

表3-2-3　聚合物驱前后岩心空气渗透率和孔隙度变化

聚合物驱前空气渗透率，mD	聚合物驱后空气渗透率，mD	聚合物驱前孔隙度，%	聚合物驱后孔隙度，%
336	302	27.05	27.65
886	824	31.04	31.71
2793	2767	30.38	29.90

2）聚合物驱前后孔隙结构的变化

（1）聚合物驱前后孔隙结构参数的变化。

通过聚合物驱后压汞室内实验结果分析可以看出，无论是纯聚合物驱还是聚合物驱后转水驱至残留聚合物状态的岩心，它的排驱压力没有变化，但岩心的平均孔隙半径，以及半径中值均有不同程度的降低，从结构系数上来说，实验后的岩心其结构系数大部分都是增大的，说明岩心内部迂曲度增大，从而增加了油水流动的难度，同时也可以看出，低渗透岩心聚合物驱后，经后续水驱，其结构系数变得更大了，也就是说流体流动的难度更大了，中高渗透岩心经过后续水驱其结构系数比聚合物驱时的要小（表3-2-4）。

表3-2-4　岩心压汞实验分析数据

样品号[①]	渗透率，mD	孔隙度，%	孔隙半径，μm			半径均值 μm	结构系数	均质系数	排驱压力 MPa
			最大	平均	中值				
1-1	303	27.62	11.61	5.13	1.05	3.22	3.01	0.44	0.063
2-1	869	31.39	20.22	8.51	7.93	7.43	2.27	0.42	0.036
2-2	826	31.69	20.33	8.50	7.53	7.25	3.45	0.42	0.036
2-3	809	30.55	20.36	7.71	6.59	6.73	2.81	0.38	0.036
3-1	2680	30.57	20.87	10.61	11.52	10.32	1.32	0.47	0.022
3-2	2170	30.61	20.37	10.33	11.41	9.84	1.88	0.51	0.022
3-3	2770	29.91	20.41	10.51	11.77	10.21	1.49	0.51	0.022

① 样品号短横线前的1代表未聚合物驱的岩心，2代表纯聚合物驱的岩心，3代表聚合物驱后转水驱的岩心。

目前大庆油田处于聚合物驱后期，地层中残留的聚合物较多，孔隙的微观结构复杂程度也变得越来越高。地层岩石中含有一定量的黏土矿物，其中的硅氧四面体和铝氧八面体结构中的氧分子与聚丙烯酰胺基中的氢分子通过氢键结合，产生吸附，聚合物的吸附往往是以单层吸附的形式进行的，且由于吸附的分子线团多倾向于相互排斥，吸附层的密度是有限的，会引起储层物性的下降，但不会将孔隙完全堵塞，同时聚丙烯酰胺溶液在地层渗流时，聚合物分子沿流动方向进入孔隙，运移到小孔喉处，在机械力的作用下，被捕集在孔隙中，一般来说，分子线团越大、孔隙越小，越容易被捕，这是引起油层渗透率降低的主要因素。

一般认为引起聚合物溶液滞留的机理有四种：机械捕集、聚合物分子间的相互作用、表面吸附和流体动力学捕集，聚合物溶液的滞留造成岩心孔隙体积变小，因而岩心的平均孔隙半径减小，对于同一分子量的聚合物流经不同的多孔介质时，其在岩心中的滞留量取决于岩心的孔隙结构和渗透率，也就是说，要判断引起聚合物溶液滞留的吸附、捕集机理哪个占主导地位，当聚合物溶液处于饱和滞留时，捕集和吸附都有着明显的作用，当转注水时，由于水洗可能造成一部分聚合物脱附而使吸附量减少，另一方面随着聚合物段塞逐渐被驱替出，岩心内的压力随之下降，使得在高压下被迫进入孔隙内的部分聚合物重新泄出，由此，造成机械捕集量的下降。因此，当转注水时，聚合物滞留量的减少，使岩心孔隙结构趋于恢复状态，岩心的结构系数变小，但是对于较低渗透率的岩心，水驱聚合物段塞会造成聚合物溶液在岩心中重新分布。由于岩心孔喉微小，而聚合物分子大，又会造成新的聚合物捕集或者是桥堵现象，使岩心内部孔喉弯曲程度增加，造成低渗透岩心的孔隙结构系数增大。

（2）聚合物驱前后岩心孔喉分布的变化。

岩心的最大孔隙半径均大于聚合物分子线团半径，因此，聚合物溶液在大孔隙中发生捕集的概率偏低，但可能发生吸附作用或者其他作用而使大孔隙体积减小；对中小孔隙可能同时发生捕集和吸附作用，但是由于分散较广，即便有一定的影响，表现也不会明显，小于聚合物分子等效球半径的微小孔隙对于聚合物来说是不可及孔隙体积，因此这些微小孔隙在聚合物驱前后不会有很明显的变化。岩心的最大孔隙半径分布的频率略有差别，孔喉分布的峰位没有变化，但是峰值有所变化，分布的频率变化主要是由聚合物溶液的滞留引起的，纯聚合物驱后，聚合物溶液在孔隙中吸附、滞留，将部分大孔隙变成了较小的孔隙，因而大孔隙的体积分数减少；聚合物驱后转注水，由于水洗作用以及流体力学捕集效应，一方面可能使曾经被聚合物溶液占据的孔隙释放出来，增大大孔隙体积分数，而另一方面也可能引起聚合物溶液新的滞留或者桥堵而使孔隙体积分数进一步地降低。

3）聚合物溶液的吸附对油水流动的影响

（1）聚合物溶液滞留、吸附对单相水和单相油流动的影响。

随着渗透率的增加，聚合物溶液的吸附对油相渗透率的影响逐渐减小，同时，聚合物溶液在残留状态下再油驱，得到的油相残余阻力系数明显降低，对于高渗透岩心，聚合物驱后转后续水驱，残留的聚合物对油相渗透率几乎没有影响。

由于岩石的选择性，溶液中的聚合物分子在岩石孔壁上吸附，并因为机械捕集和水动力捕集被滞留于孔喉处，从而缩小了孔隙流动的空间，减小了孔隙半径。当聚合物驱后转后续水驱时，聚合物处于残余状态，此时的聚合物溶液吸附机理占据主导地位，聚合物溶液吸附膜厚度对于高渗透的大孔隙半径来说，它的值很小，因此对流动性的影响也相应要小；另外，由于岩心的水湿性质，水和聚合物与岩石孔壁发生作用，而油则不与岩石孔壁作用，聚合物的吸附膜也起到了一个润滑的作用，更有利于油溶液的流动。

（2）聚合物溶液的吸附对油水两相渗透率的影响。

在相同含水饱和度下，含聚合物的水相相对渗透率要低于常规油水体系的水相相对渗透率；聚合物驱比常规水驱残余油饱和度低，在油聚两相流动的过程中，被吸附或者是滞留的聚合物分子与水分子形成较强的氢键，增强了吸附层对水分子的亲和力，从而显著地降低了含聚合物的水相相对渗透率。聚合物分子由于吸附和滞留作用形成水化层，增强了岩石的水湿程度，加上聚合物的高黏度驱替，使更多的残余油流动，在一定程度上改善了岩心的波及效率。另一方面，在一定的流速范围内，孔喉处聚合物分子的弹性拉伸所消耗的能量将使局部压降增大，它将冲刷和携带更多的残余油，使得残余油饱和度明显降低，在岩石孔壁上形成的吸附层，使孔壁表面变得光滑，减小了油相流动的摩擦力，因此，油相渗透率变化比较小。

4）注聚合物后地层流体电阻率变化

聚合物溶液又称聚电解质溶液，它具有与油田注入水溶液不同的导电性质，羟钠基离解出钠离子而使大分子变成带负电的阴离子，由于同性电荷的相斥作用，从而使本来蜷曲的大分子舒展开，这样水分子将其正电荷的一端吸附到大分子上，形成溶剂化层，由于高分子里的强静电场限制了抗衡离子的流出，导致链周围的抗衡离子比低分子酸周围的抗衡离子多，使平衡向非离解方向移动，这样就造成在聚合物溶液中，可以自由移动的离子的数目减少，从而使溶液的电阻率升高，也就是说聚合物浓度越高，电阻率越高（图3-2-12）。

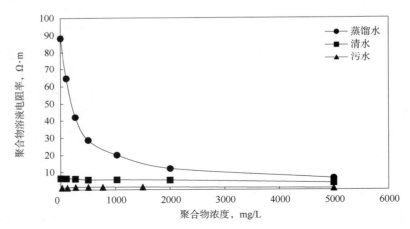

图 3-2-12　聚合物溶液电阻率与聚合物浓度关系

3. 注聚合物区曲线形态变异机理

大庆油田开发以来，原始地层矿化度较高，达到7500mg/L，地层水矿化度要远远大于钻井液矿化度；随着油田开发的深入，地层的含水率上升，根据已有资料，地层的矿化度降低至4500mg/L左右；21世纪初，大庆油田进入三次采油阶段，向葡萄花油层注入聚合物溶液，首先采取的是清水配制聚合物、清水注入地层的方式，此时注入的聚合物溶液矿化度大致在300~500mg/L，受注入的超低矿化度溶液影响，地层水的矿化度曾一度低至1000mg/L；聚合物驱后期，由于面临采出水排污的压力，在2009年前后，注聚合物区块部分井采取清水配制聚合物、污水注入地层的方式，使地层水的矿化度逐渐回升至注聚合物之前的水平。从总体上来看，注聚合物前后地层水矿化度经历了一个先降低、后升高的过程。

1）三采阶段之前自然电位曲线形成机理

注聚合物前，地层水矿化度由初期的 7500mg/L 降至 5000mg/L，而同期钻井液滤液的矿化度只有 3400mg/L，地层水离子浓度远大于钻井液离子浓度，离子由高矿化度的地层一侧向井筒扩散，负离子的扩散速度大于正离子的扩散速度，导致井壁上聚集越来越多的负离子，并且矿化度的差值越大，扩散效应就越明显。当扩散吸附电位一定时，孔隙压力的变化可以引起自然电位的显著变化，且孔隙压力越高，压差越小，负异常越小。

部分井在测井过程中出现钻井液井口外溢。发生外溢的井，某个层或层组的自然电位曲线扁平或正异常，被判为不合格曲线。通过提高钻井液密度，增大液柱压力后，二次测井时，这些层的自然电位曲线恢复正常。N2-5-025 井 2011 年 11 月 19 日第一次测井时钻井液密度为 1.5g/cm³，S2 组自然电位幅度较低，将钻井液密度提高到 1.8g/cm³ 后，11 月 20 日第二次测井，自然电位幅度明显增大（图 3-2-13）。

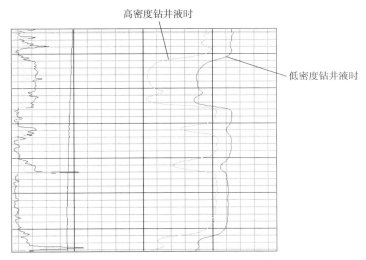

高密度钻井液时

低密度钻井液时

图 3-2-13　不同钻井液密度自然电位曲线形态对比

这表明，自然电位形态与钻井液密度具有明显的相关性，即钻井液液柱与地层之间的正向压差越大，自然电位的负差异越明显；当压差变小，甚至是负压差时，自然电位曲线变异为平直或者是反向。

2）三采阶段自然电位曲线形态变异成因

通过对注聚合物区块钻调整井及更新井的电测曲线特征分析整理，发现了两种完全不同的测井曲线特征，一种是明显的自然电位反向，一种是自然电位正常。葡萄花油层以注入聚合物为主，不同聚合物溶液配制方式影响着测井响应特征，注入的聚合物溶液又分为两种方式，一种是清水配制聚合物母液、清水注入；另一种是清水配制聚合物溶液、污水注入。B 三东钻井区块两种注入方式并存，在清水配制聚合物母液、清水注入区随机选取 305 采油队和 308 采油队 30 口葡萄花油层的采油井的采出液进行矿化度检测，结果表明大部分采出液的矿化度值低于 3000mg/L，大部分值集中在 2500mg/L 上下，个别极端的情况低于 2000mg/L（表 3-2-5）。

表 3-2-5　清水配制、清水注入区块采出液矿化度检测值

序号	井号	矿化度，mg/L	序号	井号	矿化度，mg/L
1	B3-2-P88	2686	16	B3-2-P80	2241
2	B3-20-XP100	1350	17	B3-31-P79	2591
3	B3-2-P92	2751	18	B3-20-P94	2517
4	B3-20-P88	3209	19	B3-2-P70	2760
5	B3-31-P77	2392	20	B3-D2-P75	2267
6	B3-3-P77	2439	21	B3-D2-P69	2851
7	B3-3-P79	2548	22	B3-D2-P73	2515
8	B3-20-P108	2586	23	B3-D2-P71	2530
9	B3-2-P84	2821	24	B3-30-P81	2898
10	B3-30-P77	3284	25	B3-30-P83	2838
11	B3-D3-XP68	2918	26	B3-30-P85	2366
12	B3-2-P78	2702	27	B3-D2-P85	2482
13	B3-D2-P79	3364	28	B3-D2-P81	2449
14	B3-20-P92	2853	29	B3-20-XP96	2761
15	B3-30-P75	2478	30	B3-20-P112	2306

同时，对区块清水配制聚合物、清水注入采出井随机选取 14 口不同时间段的采出液，对矿化度进行检测，结果表明，注入介质稳定，采出液的矿化度值也相对稳定，同样稳定在 2600mg/L 附近（表 3-2-6）。

表 3-2-6　清水配制、清水注入区块不同时期采出液矿化度检测值

序号	井号	矿化度，mg/L	序号	井号	矿化度，mg/L
1	B3-20-XP100	1350	5	B3-30-P85	2609
		2113			2515
		1936			2393
		1888			2370
2	B3-2-P80	2460			2366
		2365	6	B3-31-P77	2880
		2241			2749
3	B3-30-P81	2937			2526
		2849			2392
		2898			2451
4	B3-30-P83	2972	7	B3-31-P79	3002
		2840			2729
		2838			2775

序号	井号	矿化度，mg/L	序号	井号	矿化度，mg/L
7	B3-31-P79	2606	12	B3-D2-P75	2321
		2591			2234
8	B3-3-P77	2741			2267
		2628	13	B3-D2-P81	2993
		2439			2688
9	B3-3-P79	3019			2540
		2818			2373
		2730			2495
		2548			2449
10	B3-D2-P69	2714			2923
		2851			2681
11	B3-D2-P71	2748	14	B3-D2-P85	2600
		2530			2547
12	B3-D2-P75	2819			2438
		2251			2482

从以上矿化度检测情况看，在清水配制、清水注入区块的矿化度维持在一个较低水平，地层水矿化度明显小于钻井液矿化度3400mg/L，自然电位曲线异常较为明显，图3-2-14是B3-330-E86井电测曲线，使用的钻井液密度为1.58g/cm³，从图3-2-14中可以明显看出，砂岩段微电极曲线值较高，比较平缓。

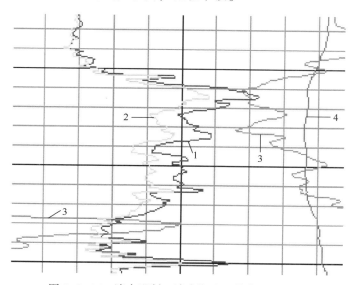

图3-2-14 清水配制、清水注入区块曲线变异图

1，2—微电极曲线；3—声波时差曲线；4—自然电位曲线

可以看出该井自然电位曲线基本平直，与二次采油阶段高孔隙压力的曲线形态比较近似，按照已有理论，计算出的地层压力对应的密度高达 $1.64g/cm^3$，原有钻井液密度平衡不住地层压力，将会发生较为严重的油气侵显示，需将完井钻井液密度提至 $1.69g/cm^3$，才能安全完井。但是钻井实际现场没有油气显示，与理论解释差别很大，产生了解释矛盾，而且这种现象越来越普遍。

按照自然电位产生的机理可知，钻井液矿化度大于地层水矿化度时，井壁上将会聚集正离子，但同时由于过滤电位的存在，在正向压差的作用下，压力高的一段也就是井壁上会聚集负离子，这两种效应同时存在，相互影响：

过滤电位大于扩散吸附电位，自然电位呈现负值，但受扩散吸附电位影响，自然电位负差异幅度变小；

过滤电位小于扩散吸附电位，此时，自然电位出现正值，产生反向；

当过滤电位为零时，自然电位曲线值为正值，其数值大小等于扩散吸附电位的大小。

聚合物的另一种注入方式为清水配制、污水注入，仍然从钻井区块随机选择 13 口采油井进行矿化度检测，见表 3-2-7，可以看出，污水回注后，地层水矿化度回升至 4700mg/L，根据已有资料，个别井已超过 5200mg/L，接近或者超过注聚合物前的矿化度数值。

表 3-2-7　清水配制、污水注入矿化度检测值

井号	矿化度，mg/L	井号	矿化度，mg/L
B3-5-55	4370	B2-20-P59	4292
B3-5-57	4447	B2-21-P55	4771
B2-1-77	4466	B3-6-P60	4705
B3-6-P56	4740	B3-D6-P61	4130
B3-6-P58	4878	B3-D6-P59	4232
B3-D6-P57	4579	B2-21-P59	4569
B2-D3-P59	4418		

此钻井区块电测曲线符合常规曲线形态规律（图 3-2-15）。

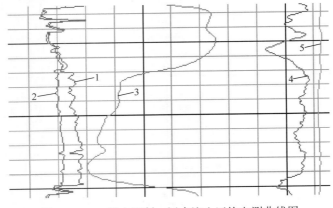

图 3-2-15　清水配制、污水注入区块电测曲线图

1，2—微电极曲线；3—自然电位曲线；4—声波时差曲线；5—井径曲线

从以上聚合物清水注入和污水注入两方面的研究和总结来看，可以得出以下结论：

（1）岩性、物性近似的储层，在水洗级别相同即目前含油饱和度相近的情况下，清水配制的聚合物驱受效层的电阻率高于污水驱储层电阻率值，且深、浅电阻率幅度差增大，自然电位幅度减小，含聚合物高水淹层表现出弱未水淹特征；而污水配注的聚合物储层，电阻率、自然电位测井响应特征与污水驱近似。

（2）导致自然电位曲线负异常减小甚至反向的原因是清水配制聚合物、清水注入的地层水矿化度的急剧降低，另外当地层水的矿化度很低时，聚合物水解度增大，释放出一定量的带负电的基团，吸附一定量的自由阳离子，也将使自然电位减小。

4. 注聚合物区曲线异常层与水驱高压层曲线特征的对比

注聚合物区测井曲线的异常严重影响到钻井作业，浪费了大量成本，通过以上的介绍，可以知道，清水配制、污水注入在测井曲线上与水驱相似。但是清水配制、清水注入的地区的测井曲线特别是自然电位曲线发生了较大的变异。这种变异的情况与常规水驱的异常高压层在测井曲线上的反映较为类似：自然电位曲线负差异变小，甚至反向。在进行完井压力检测时，容易将注聚合物区变异的曲线错误地判定为高压层，势必产生较大的计算误差，影响后续的技术措施。通过对异常曲线的大量总结和观察，注聚合物区曲线异常与常规水驱高压层的区别如下：

（1）在微电极曲线上：常规水驱高压层由于地层压力大于钻井液液柱压力，在井壁上无法形成有效的滤饼，所以微电极曲线的组分微电位和微梯度两条曲线的测量值一致或相差不大，在曲线上显示为重合状态或者有较小的幅度差；而注聚合物区砂岩层在微电极曲线上有较大的幅度差，并且由于地层水矿化度的减小，导致冲洗带的电阻率升高，微电极曲线值一般较大（图3-2-16）。

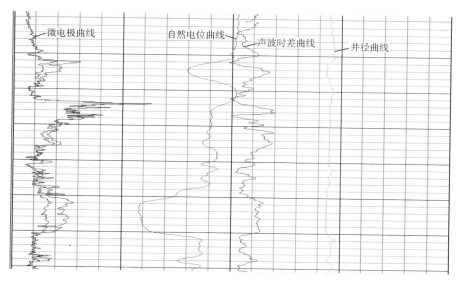

图3-2-16 高压层微电极曲线特征

（2）声波时差曲线：常规水驱高压层声波由于地层受高压的影响，在声波时差曲线上显示高值，但在注聚合物区测井曲线上声波时差曲线显示正常。

（3）常规水驱高压层由于受高压的影响，地层流体进入井筒，使井筒内侵入部分的钻井液电阻率发生变化，流体曲线会产生一个正异常或者负异常；但是在聚合物驱储层疑似高压层流体曲线没有明显变化（图3-2-17）。

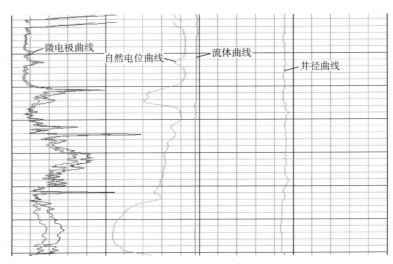

图 3-2-17　流体曲线情况

（4）高压层在曲线上另一个重要特征是浅三侧向 HL3S 曲线与微电极曲线接近重合，也就是说二者的数值非常接近。原因是地层流体侵入井筒后，使井筒内的流体性质接近于地层流体的性质（图3-2-18）。

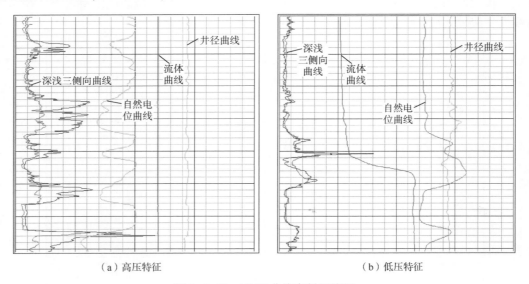

（a）高压特征　　　　　　　　　　　（b）低压特征

图 3-2-18　HL3S 曲线高低压特征

（四）压力检测操作方法

随着测井技术的不断发展，测井系统由模拟发展为数控系统，为油藏物理参数解释的计算机化奠定了基础。自1997年以来，数字测井系统（Digital Logging System，DLS）在大庆油田得到全面推广应用。数字测井曲线是由深度和对应量值构成的点组成的，把数字模型中需要的曲线（数据文件）经过编程自动向模型中赋值，进行逐点计算，完成孔隙流体压力剖面线连续扫描。

1. 孔隙流体压力测井解释软件的编制

软件采用 Visual C++语言编制，可在 Windows 95/98/NT 操作系统下运行，界面友好，操作方便。操作软件结构如图3-2-19所示。

操作软件主要分为六部分：

（1）原始数据校正部分：完成原始数据的深度校正和各种干扰的消除，保证运算数据的真实性和可靠性。

（2）数据格式转换部分：完成原始格式（特殊保密格式）向运算格式的转换。

（3）数据读取部分：根据需要读取真值或相对值。除自然电位曲线外，其他曲线如HL3S、DEN、BHC、HAC均读取真值，但SP曲线必须取相对值才有意义。

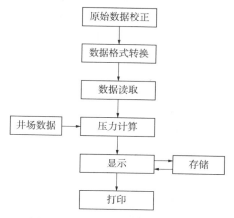

图3-2-19　孔隙流体压力测井解释软件框图

（4）井场数据输入部分：完成井场数据和地区校正参数的输入，供程序运算使用。

（5）压力计算部分：这部分包含压力计算数学模型，并附加必要的边界条件，应用曲线数据和井场数据进行逐点计算，形成孔隙压力数据。

（6）显示、存储和打印部分：以特定的格式将曲线数据显示出来，并按要求的格式进行存储，连接打印程序打印曲线。

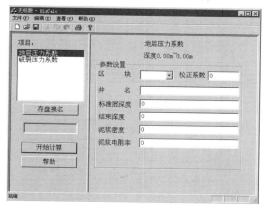

图3-2-20　压力计算操作面板

2. 操作方法

1）软件操作

孔隙流体压力测井解释的操作完全采用计算机操作，可以在室内操作，也可以在测井现场进行操作。为了在固井之前及时给钻井公司提供压力资料，需要应用解释软件，在测井现场仪器车内完成压力计算及剖面打印。具体操作方法是将解释软件装入测井仪器车中的微机系统，在图3-2-20所示的面板上输入地区（采油厂），打印井段、钻井液密度、钻井液电阻率、黏度等井场数据，即可进行计算和打印。需要注意的是，输入的井场数据必须准确无误，打印前曲线原始数据要经过校正。

目前油田内使用的数字测井系统的微机均采用PⅡ133以上的配置，完全满足运行需要，完成全井压力剖面计算仅需2~4s，采用热感式打印机在测井现场直接打印出图。

也可以应用操作软件在室内进行孔隙流体压力解释，对于以往模拟测井的曲线进行扫描进机，实现曲线数字化，再进行孔隙流体压力解释。

2）定向井（斜井）压力系数的校正

流体压力解释中采用的压差值是钻井液液柱压力与地层流体压力的差值，某一点钻井液液柱压力为钻井液密度与该点垂直深度的乘积。对于直井（井斜角不大于 3°）而言，井眼轨迹深度与垂直深度基本相同，对定向井（井斜角大于 3°）进行压力计算时，需要将斜深 D 换算为垂深，定向井压力剖面显示的压力系数校正为：

$$K'_p = D_m - (D_m - K_p)\frac{D}{D'} \tag{3-2-10}$$

式中　　D_m——测深，m；

　　　　D——斜深，m；

　　　　D'——垂深，m；

　　　　K_p——校正前的压力系数；

　　　　K'_p——校正后的压力系数。

3. 现场试验效果

现场试验阶段应用孔隙压力测井解释软件对 4 口井进行压力剖面计算，并与 RFT 实测压力进行对照，共有 41 个测点（表 3-2-8），其中压力系数绝对误差小于 0.1 的点 37 个，占总数的 90.2%，压力系数 1.55 以上的 6 个高压层的绝对误差均小于 0.1。

表 3-2-8　计算压力系数与实测压力系数对照表

序号	井号	井深，m	层位	实测压力系数	计算压力系数	误差
1	N1-32-71	1001.0	S1	1.48	1.46	-0.02
		1030.0	S2	1.69	1.65	-0.04
		1038.5	S2	1.60	1.54	-0.06
		1045.5	S2	1.74	1.70	-0.04
		1062.5	S2	1.65	1.58	-0.07
		1066.0	S2	1.52	1.59	0.07
		1095.5	S3	1.67	1.58	-0.09
		1127.0	P1	1.63	1.56	-0.07
		1140.4	P1	1.47	1.42	-0.05
		1152.0	P1	1.29	1.36	0.07
		1166.0	P2	1.12	1.44	0.32
		1177.5	P2	0.77	0.69	-0.08
2	S7-21-N639	989.2	S2	1.44	1.36	-0.08
		1006.0	S2	1.26	1.33	0.06
		1055.0	S3	1.0	1.09	0.09
		1067.7	S3	0.87	0.86	-0.01
		1108.0	P1	1.24	1.21	-0.03
		1142.4	P1	1.08	1.02	-0.06
		1161.4	P2	0.84	0.85	0.01

序号	井号	井深，m	层位	实测压力系数	计算压力系数	误差
3	X3-322-35	950.3	S2	1.35	1.41	0.06
		959.7	S2	1.42	1.42	0
		964.3	S2	1.27	1.25	-0.02
		968.0	S2	1.10	1.19	0.09
		973.0	S2	1.16	1.22	0.06
		978.7	S2	1.19	1.35	0.16
		986.6	S2	1.46	1.38	-0.08
		992.5	S2	0.96	0.98	0.02
		1007.6	S3	0.85	0.95	0.10
		1012.5	S3	0.85	0.90	0.05
		1040.3	S3	1.12	1.20	0.08
		1076.4	P1	1.05	0.97	-0.08
		1081.3	P1	1.25	1.03	-0.22
		1118.2	P2	1.00	0.90	-0.10
		1164.0	G1	1.43	1.28	-0.15
4	L5-P2515	950.0	P1	0.83	0.89	0.06
		962.0	P1	0.88	0.97	0.09
		974.0	P2	0.99	1.00	0.01
		1015.0	G1	1.08	0.98	-0.10
		1020.8	G1	1.13	1.12	-0.01
		1038.4	G1	1.05	1.03	-0.02
		1045.6	G1	1.05	1.10	0.05

三、流体压力检测技术在油田开发中的应用

孔隙流体压力是油田钻井和油田开发不可缺少的重要参数。在油田加密调整钻井中，地层孔隙流体压力的预测和压力检测工作对保证新钻井的固井质量起到了至关重要的作用。在油田开采过程中，应用该技术搞清油层的压力分布状况，恢复自然电位曲线正常形态，正确划分油层和沉积相，为提高采收率、保护老井套管提供重要的依据。孔隙流体压力检测技术在油田钻井和油田开采过程中具有广阔的应用前景，对提高固井质量、防止套管损坏、改善开发效果具有重要意义。

（一）流体压力检测在油田钻井中的应用

1. 制定完井工艺措施

加密调整井在固井水泥候凝过程中，要求固井液液柱压力不低于最高压力层的孔隙

流体压力，因此，必须在固井前搞清油层孔隙流体压力纵向分布状况，确定最高压力层的孔隙压力，依据最高压力设计固井洗井液密度，以保证压稳油层。对于压力系数大于1.7 的异常高压层，必须采取特殊固井工艺措施，如在高压层上部下套管外封隔器，或使用水泥外加剂（速凝剂）或二者同时使用。因此，准确计算高压层的压力值对于保证固井质量十分关键。采用电缆地层测试技术或小层压力测井解释法可以有效地解决这一技术难题。

大庆油田在各加密调整井钻井区块上普遍应用了该项技术，2000 年，应用井数达 800 余口，使固井液密度设计符合率达 99% 以上，发现异常高压层 78 个，采取特殊工艺井 52 口，有效地保证了新井的固井质量。小层压力测井解释分地区应用情况见表 3-2-9。

表 3-2-9　2000 年分区块小层压力测井解释应用情况统计表

钻井区块	应用井数，口	发现高压层数	压力系数	采取措施井数，口
N2+3 区	269	38	1.75~2.00	23
X6+7 区	293	26	1.70~1.80	16
Z 区	276	14	1.70~2.00	13
合计	838	78	—	52

2. 设计、修改钻井液密度

测井解释小层流体压力计算结果可以作为邻井钻井液密度设计的依据，也可以及时修改邻井的钻井液密度。对于部分高压低渗透层，钻进时（不包括完井阶段）可以适当采取欠平衡钻井工艺，使钻井液液柱压力低于油层孔隙压力约 1MPa，这样不仅可以提高钻速，节约钻井成本，还可以大幅度降低油层伤害，提高新井的产能。实施该项技术的前提是准确的地层压力预测及检测。利用测井解释小层压力计算结果，为邻井提供可靠的钻进密度设计依据，确保安全有效地实施低渗透高压层欠平衡钻井技术。

2000 年下半年及 2001 年一季度大庆油田逐步开始应用该项技术，应用井数达 400 多口，平均钻进钻井液密度由 2000 年上半年 1.50~1.60g/cm³ 下降至目前使用的 1.35~1.45g/cm³，收到了良好的效果。

（二）流体压力检测在油田开采中的应用

1. 油层识别

在油田开发初期，地层孔隙压力较低，层间压差小，自然电位以扩散吸附电位为主，曲线幅度主要反映地层的孔渗性，成为划分渗透层与非渗透层的主要依据。随着油田开发不断深入，层间压差增大，个别油层存在异常高压，这时自然电位曲线已不再有渗透层的特征，图 3-2-21 为 X1-22-74 井 SⅡ7+8 号层的 SP 和 HL3S/HL3D 曲线。

由于 X1-22-74 井 SⅡ7+8 号层存在高压，压力系数高达 1.85，钻进时曾发生井喷。由于自然电位曲线呈扁平形态，而被误认为是孔渗性较差或含有大量泥质成分，但从电阻率、声波等曲线上看则孔渗性很好。这种情况下，自然电位曲线已经不能成为划分渗透层的主要依据，必须结合其他曲线如电阻率、声波、岩石密度等进行综合判断。通过对压差影响过滤电位的认识，可以帮助解释在油层划分中存在的矛盾，正确划分油层。

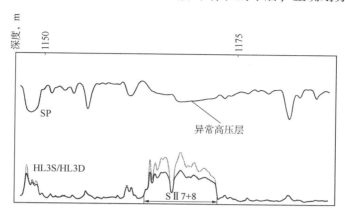

图 3-2-21 X1-22-74 井 S Ⅱ7+8 号层异常高压电性特征

1999 年，应用孔隙压力测井解释法对 X6-7 区 1997 年以后钻的 911 口加密调整井进行高压层普查和油层厚度补划工作，共发现含有异常高压层的井 163 口，补划厚度层 186 个，有效地改善了该区的开发效果。如 X7-D1-144 井 S Ⅱ7-9 号层存在异常高压，自然电位曲线发生变异，初期划分厚度仅 1.6m。通过高压层电性的认识，二次补划厚度达 3.6m，经过射孔试油，日产液 2.2m³，地层压力 13.92MPa，总压差达 3.4MPa，这说明划分是准确的。

2. 判别异常高压层

异常高压层可以造成新钻井固井质量差、损坏老井套管等不良后果，正确判断异常高压层并实施泄压是十分必要的工作。异常高压层在自然电位曲线上均有明显的异常显示，呈现出泥岩的特征或正异常（幅度高于泥岩基线）。

3. 恢复自然电位曲线正常形态

多年来，自然电位曲线形态一直是沉积微相划分的重要依据，划分的标准以油田开发初期的曲线形态为基础，如图 3-2-22 所示。由于注水开发后层间压差的增大，高压层的自然电位曲线发生畸变，造成在微相划分中自然电位曲线与其他曲线存在矛盾的现象。在划分沉积微相之前，有必要对存在异常的自然电位曲线形态进行恢复，再现其正常压差下的形态，为沉积微相划分提供正确的依据。如图 3-2-23 所示，B2-3-XG100 井 S Ⅱ1-2 号层存在高压，实测压力系数达 1.67，超过电测时 1.66g/cm³ 的钻井液密度。自然电位幅度略高于附近的泥岩层，而电阻率曲线与邻井的形态基本一致，两种曲线的解释结果截然相反，给相带的划分

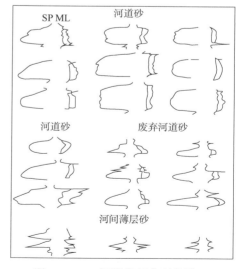

图 3-2-22 沉积微相典型曲线

造成矛盾。对于这种现象，可以进行孔隙流体压力计算反演，以正常的压差恢复其原有的形态，见图 3-2-23 虚线部分。

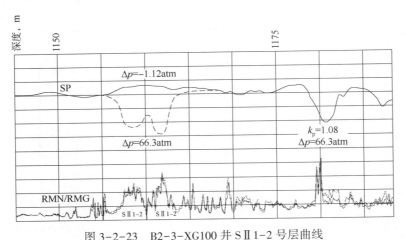

图 3-2-23　B2-3-XG100 井 SⅡ1-2 号层曲线

计算自然电位异常值采用的公式由孔隙压力计算公式经反推得到：

$$E = \frac{K_f \cdot R_m \cdot \Delta p}{\mu} + E_{da} \qquad (3-2-11)$$

计算时选取自然电位曲线异常的井段，采用计算机进行逐点计算，压差取邻近自然电位曲线正常油层的压差值。当压差取 66.3atm 时，计算出该层最大负异常值约 29mV。根据恢复后的 SⅡ1-2 号层的自然电位形态判断，其微相应属河道砂。

经过自然电位曲线形态的恢复，消除了微相划分中自然电位曲线与其他曲线之间存在的矛盾，为正确划分微相提供了依据。

第三节　浅层危害体识别技术

一、浅层危害体成因

浅层危害体是指密井网中，因高压流体侵入，在储层顶端以上浅层形成具有威胁钻井安全的异常地质体。单一浅层危害体平面分布范围比较小，纵向上主要集中在嫩四段、嫩三段的砂岩及嫩二段底部泥岩。根据不同时期不同区块钻井情况证实，在油田开发期间不断有新的浅层危害体形成，浅层危害体一旦形成，可长期存在。成因主要有以下三方面：浅层套损后，注水井长期往浅层井段注水；下部油层高压油气通过套管内环空，在浅层套损点外漏进入上部地层；下部地层高压油气通过套管外空间向上部运移，如图 3-3-1 所示。

大庆油田调整井区块在 60 余年的开发历程中，出现两次套损高峰期，平均每年有约 450 口井因套管损坏导致大修或报废，有的区块甚至发生成片套损。但针对每口套损井的发现，相对难度较大，除了注水异常外，需要下特殊工具进行检验，这给油田开发带来很大难度，最终导致部分套损井未能及时发现而继续注水，这是浅层危害体形成的根本原因。但并不是所有套损井发生错断后都能形成浅层危害体，这也给浅层危害体的预测增加很大难度。

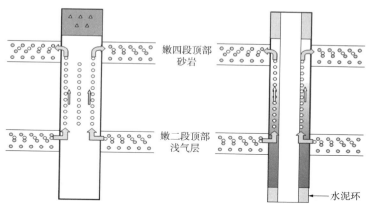

（a）模式1：沿井喷通道向上运移　　　　（b）模式2：沿环空向上运移

图 3-3-1　嫩二段、嫩四段顶部浅气层向上运移形成次生气藏

（一）浅层危害体压力源的确定

注水井套损后未及时发现而继续注水是形成浅层危害体的主要原因。B1-344-671 井区浅层套损体形成的主要原因是 B1-4-S139 注水井发生套损后继续注水形成的。该井从 1998 年开始出现注水异常，后经过多次注水参数调整，但仍与模拟结果不符，于 2003 年 5 月 9 日进行查套，发现在 802m 发生套损，层位为嫩二段底部油页岩，套损类型为错断。G238-335 井区浅层套损体形成的主要原因是 Z7-3 井在 201m 发生外漏，而与该深度对应的岩性为嫩四段上部砂岩。

萨尔图油田西二断块嫩二段套损高压区中 D6-1 井历年来注水量统计如图 3-3-2 所示。从图 3-3-2 中可以看出，该井在 1982 年出现注水异常，注水量月增加 500m³，1996 年查套，发现在嫩二段发生套管错断，间隔 14 年。

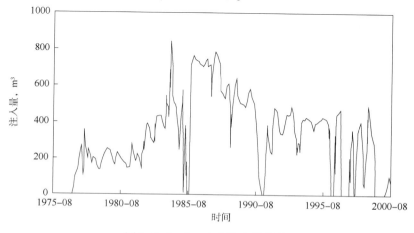

图 3-3-2　D6-1 井注入量统计

（二）浅层危害体类型

注水井套损后未及时发现而继续注水是形成浅层危害体的主要原因。按照浅层危害体高压流体聚集空间可分为独立砂体危害体、泥页岩水平层理危害体和断层遮挡危害体。危害体其形成前提是具有高压的压力源，但其形成过程和对钻井的危害差异较大。

图 3-3-3　独立砂体危害体

1. 独立砂体危害体

浅层上部砂体，砂体内处于原始地层压力，压力大小与盆地沉积压实作用有关。当对应砂体的注水井套管发生损坏后，注入流体直接进入砂体，逐步储存，压力逐渐升高且扩散，导致浅层砂体形成异常高压，如图 3-3-3 所示。砂体内的孔隙压力与砂体分布规模、注水时间的长短有关。由于该类砂体无泄压点，其压力分布规律符合一源压力计算公式。

$$p = p_e - (p_e - p_w)\frac{\ln\dfrac{R_e}{r}}{\ln\dfrac{R_e}{R_w}} \tag{3-3-1}$$

式中　p——距注水井 r 处的压力，MPa；

p_e——原始地层压力，MPa；

p_w——套损层位压力源处压力，MPa；

R_e——边缘半径，m；

R_w——井眼半径，m。

原始地层压力计算方法：

$$p = 0.098(0.082H + A) \tag{3-3-2}$$

式中　p——原始地层压力，MPa；

H——溢出点的构造深度，m；

A——与区域性埋藏史相关的系数，通过回归计算求取。

2. 泥页岩水平层理危害体

泥页岩水平层理，特别是嫩二段底部在松辽盆地北部普遍发育，平均厚度 5~8m。当注入压力超过上覆地层压力时，流体沿层理侵入，形成高压危害体（图 3-3-4）。该类危害体的压力源，有的是该层位的套损井的流体直接进入地层，有的是在油层段发生套损后，流体沿井筒上窜后进入地层，也有的是非套损井在正常注水后沿井壁上窜进入地层。只有当注入压力克服上覆地层压力和孔隙压力时，才能形成异常高压体。其初始压力 p_f 计算方法为：

$$p_f = p_p + \left(\frac{2\nu}{1-\nu} - K\right)(\sigma_v - p_p) + \sigma_t \tag{3-3-3}$$

式中　p_f——危害体初始压力，MPa；

p_p——地层孔隙压力，MPa；

ν——岩石的泊松比；

K——构造系数；

σ_v——上覆地层压力，MPa；

σ_t——岩石抗张强度，MPa。

3. 断层遮挡危害体

在构造上受断层影响，注入流体受到断层遮挡，使高压区局限在断层之间。特点是在断层附近易形成高压憋压区，边界在断层处(图3-3-5和图3-3-6)。

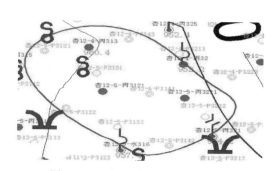

图3-3-4　泥页岩水平层理危害体

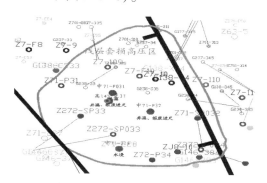

图3-3-5　断层遮挡危害体分布

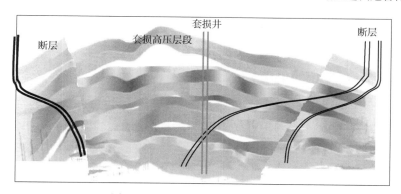

图3-3-6　断层遮挡危害体示意图

（三）浅层危害体的识别

依据浅层套损危害体形成的必要条件，即压力源和储集体综合识别。

1. 钻前识别技术

利用已发现的套损数据、油田开发动态数据及以往钻井情况进行综合预测。主要包括动态数据分析及上覆地层压力计算两部分。

G429-27井，2010年2月22日16：00钻至776m(N2底)，准备加重时井口返出大量污水，密度由1.34g/cm³降至1.02g/cm³，水侵严重，19：45开始分别使用密度为1.65g/cm³和1.70g/cm³的钻井液压井未成功，起钻钻具上提遇卡。2月23日上午停注300~600m内未钻关水井，13：00开始使用1.90g/cm³重钻井液压井，压井后井口正常，不返，起钻过程中钻杆及环空有钻井液返出。2 月 24 日 8：00 返出清水，流量大，砸 30m 隔水管，下套管 5 根、油管 4 根封井。因此，这个井区存在浅层危害体。

由于 Z7-G10 井的套损类型为外漏，因此认为该井为形成高压区的主要压力源，其余三口井为次要压力源（表 3-3-1）。

表 3-3-1　Z7-10 井井区内注水井套损情况表

序号	井　号	发现时间	套损类型	套损深度，m	套损层位	目前状况
1	Z7-10	1975 年	错断	242	嫩四段	实施报废
2	Z7-G10	1993 年，1997 年	外漏	206	嫩四段	报废
3	G145-37	2000 年	错断	183	嫩四段	报废
4	G145-373	2000 年	错断	183	嫩四段	未修过

如果由 Z7-G10 井向无限大的均质地层中注水，那么注入压力传导遵循达西径向流定律，表现为压力随时间变化的公式为：

$$p_r = p_0 + \frac{2.19Q\mu}{Kh} \lg \frac{2.25\eta t}{r^2} \qquad (3-3-4)$$

$$\eta = \frac{10^3 K}{\mu c \phi}$$

式中　η——地层导压系数，cm^2/s；

$\quad\quad p_r$——井距为 r 处的瞬时压力，MPa；

$\quad\quad p_0$——原始地层压力，MPa；

$\quad\quad Q$——稳定注水量，m^3/d；

$\quad\quad \mu$——注入水在地层条件下的黏度，$mPa \cdot s$；

$\quad\quad K$——地层的有效渗透率，mD；

$\quad\quad h$——注水井砂岩有效厚度，m；

$\quad\quad r$——距井底的水平距离，cm；

$\quad\quad t$——连续注水时间，s；

$\quad\quad \phi$——孔隙度，%；

$\quad\quad c$——弹性系数，MPa^{-1}。

应用压力传导公式计算待钻井处的地层压力值，可以认为该套损高压区边界应在距 Z7-10 井、Z7-G10 井、G145-37 井、G145-373 井不超过 250m 范围内。

通过从实钻资料分析：距 Z7-G10 井南 250m 外的 Z71-228 井 2003 年钻进时 240m 以上井段未发生水侵，西部的 2003 年所钻的 Z71-P31 井、2008 年所钻的 G138-CX33 井，东部的 2010 年所钻的 G233-345 井在钻进过程中均正常，北部的 Z631-311 平台的 6 口井施工均正常。这说明距 Z7-G10 井 250m 外的井压力系数在 1.40 以下。因此，这个井区存在浅层危害体。

2. 钻进识别技术

由于注水井发生套损后未能及时发现，形成了浅层危害体，那么只有在施工过程中对浅层危害体进行识别。通过监测施工过程中参数变化，主要是钻井液性能变化进行识别，浅层危害体处于加重井深之上，同时该危害体具有较高的地层压力，在钻遇危害体时，高压水侵入井筒，导致井筒内钻井液密度快速下降。钻井施工过程中，在施工正常的情况下，钻遇油岩段出现进尺较慢，泵压升高。这种情况可能是由于钻遇水侵油页岩，如果井筒内压力低于地层压力，高压岩体压力得到释放，导致泥岩蠕动缩径，引起局部环空变小，泵压升高，易引发井漏。

N2-D2-XP226 井，井深 105m（设计 103m），下完 7 根表层套管（共 9 根套管）后出水，密度由 1.50g/cm³ 降至 1.0g/cm³，用密度 1.42g/cm³ 固表层套管后管外冒水。二开钻至 110m（N4），密度 1.70g/cm³ 静止 20min 外溢。钻至 300m 井口返水，加重至 1.75g/cm³ 有溢流，加重至 1.78g/cm³ 仍未压住，原井眼泄压。用 1.80g/cm³ 重钻井液压井，密度加重至 1.85g/cm³ 正常。后密度逐渐降至 1.65g/cm³，用 1.65g/cm³ 密度电测，全井流体正常。因此，这个井区存在浅层危害体。

3. 完井识别技术

在钻进过程中，由于浅层危害体流体介质主要是注入水，在钻井液密度较高的情况下，地层水侵入井筒后，很难发现。但由于地层水与钻井液的电阻率存在较大差异，这种情况通过测量井筒内电阻率的变化来识别。

目前，已应用该技术调整钻井液密度 32 口井，完井流体测井曲线正常。

二、浅层危害体对钻井的影响

浅层危害体对钻井的影响，一方面钻遇未知浅层危害体，由于井筒内液柱压力远低于地层孔隙压力，易造成井喷事故；同时，危害体内孔隙内多为高压水，易导致井眼垮塌，增加后续处理难度。另一方面，在泥页岩层形成的危害体，一旦钻穿后压力得到释放，泥页岩也随之发生蠕动，导致缩径，易发生卡钻；同时，在划眼过程中也易在此处形成井眼扩大，为泥页岩蠕动提供空间，即便提高井筒平衡压力，也难抑制缩径现象，最终导致封井报废。主要体现在以下三个方面。

（一）上部地层异常高压

上部地层异常高压，使用的钻井液密度窗口变窄，较高的钻井液密度可导致井漏并引发井喷，同样较低的钻井液密度也可导致井涌、井喷事故。钻井液密度窗口变窄，为避免井漏等复杂情况发生，实现安全钻井，导致设计井身结构复杂化。

B1-344-671 井钻至 826m，嫩二段，发生水侵，钻井液密度由 1.32g/cm³ 降至 1.25g/cm³，逐渐将钻井液密度加至 1.63g/cm³，停泵井口外溢。进行短起后下钻至 790m 处遇阻，后将钻井液密度逐渐加至 1.75g/cm³、1.85g/cm³、1.90g/cm³、1.92g/cm³、1.94g/cm³，停泵井口仍外溢，上提钻具遇卡，最后，申请报废。该井报废后，作为该危害体的泄压井，井口一直返出大量水，持续 35d。该类型危害体目前在萨尔图油田西区、N1 区、N6 区都有不同范围的存在，且形成时间差异较大（图 3-3-7）。

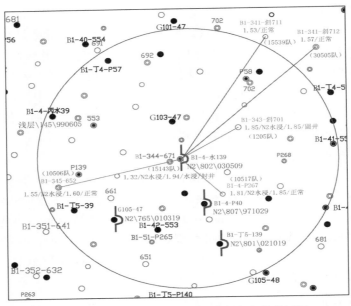

图 3-3-7   B1-344-671 井浅层套损危害体井区图

N2-10-P227 井钻至 106m（N4），水侵，密度由 1.35g/cm³ 降至 1.03g/cm³，持续 5min，停泵排水，加至 1.65g/cm³ 钻至 858m（P1 底）井漏，加堵漏剂静止，245 牙轮划至 140m 微漏，共漏失 50m³，用 215 钻头下钻分段循环，密度由 1.60g/cm³ 逐步降低到 1.55g/cm³，下钻到底，密度 1.50g/cm³ 钻进正常。

（二）岩石稳定性变差

一般注水压力大于上部地层破裂压力，浅层套损后，造成地层在注水期间处于压开状态。不平稳的注水使地层经常性地张合，注入水与地层接触破坏原始的地层应力状态，泥岩吸水软化，使岩石本身的力学性质和应力状态发生改变，成岩能力减弱，稳定性变差。导致在钻井过程中易发生严重井塌、卡钻事故。

Z71-P32 井钻至井深 223m 发生井漏、井塌、下钻遇阻，多次扩眼处理无效，决定报废进尺 223m，井口南移 21m 重新钻井。钻至井深 220m 时发生井漏、井塌、下钻遇阻，钻井液密度为 1.80g/cm³，经多次划眼、堵漏等处理无效，下技术套管，下深为 231.93m，油层钻井液密度为 1.60g/cm³，钻进正常。

（三）浅部地层水中含气

下部地层油气运移到浅部地层砂岩水层，形成次生气藏。井越浅，平衡地层压力的钻井液液柱压力也越小，一旦失去平衡，浅层的油气上窜速度很快，很容易引发井喷失控。

G238-335 井钻至 195m 时发现水侵，将钻井液密度加至 1.65g/cm³ 循环正常。钻进至 205m 时再次发现油气水侵，将钻井液密度加重至 1.74g/cm³ 循环正常。钻进至 214m 时又出现气侵，同时伴有大量浅层气，最后封井报废。经后续钻井证实，出水层位为嫩四段上部砂岩层。该类型危害体目前在喇嘛甸油田、萨尔图油田和杏树岗油田均有发现。

三、浅层危害体预测模型建立

(一) 浅层钻井危害体形成机理分析

1. 各种圈闭形成的浅层钻井危害体

大庆油田属于陆相沉积的砂岩油藏，具有多油层、强非均质性的特点。特别是陆相中的三角洲内前缘相区沉积成的河口坝砂岩层和内前缘带状砂岩层以及三角洲前缘相沉积的砂岩层分布范围较小，油层物性差，单层砂岩厚度小于1.5m，渗透率在50mD以下，连通性不好，容易形成岩性尖灭。套损位置对应在这样的岩性地层，就会使注入水保存下来，形成高压层。

另外，大庆油田的断层均属于正断层，断层上下两盘接合得比较紧密，加上断层两侧的岩性不同，注入水不能穿越断层进入低压区，从而断层起到了封闭作用。这样由于岩性尖灭的存在或者岩性尖灭和断层遮挡共同作用下，使套损层位形成的异常压力保存了下来，如N6-4-G123井区和X1-3井区乙块就是套损层位异常压力得到保存的典型实例。

2. 泥页岩层浅层钻井危害体

1) 泥页岩水化机理

泥页岩由黏土矿物、非黏土矿物和孔隙介质组成，是以黏土矿物为主且固结程度较高的沉积岩。泥页岩中黏土矿物粒径一般小于0.0039mm，是由多种含水的层状硅酸盐和含水的非晶质硅酸盐类组成，非黏土矿物主要由石英、长石、方解石、白云石等矿物组成。通过大庆油田Z342-J21井、Z342-J4井和X2-1-J29井取样，地层深度为786~936m和993~1120m，经矿物X射线衍射分析，这些岩石成分见表3-3-2。

表3-3-2 泥页岩X射线衍射分析报告

编 号	矿物种类和含量,%			黏土矿物含量,%
	石 英	钾长石	钠长石	
A	32.4	3.8	24.4	39.4
B	35.3	3.3	23.0	36.2

当泥页岩与水接触时，在水力梯度和化学势梯度的驱动下，引起水和离子的传递，包括钻井液液柱压力与孔隙压力之间的压力差驱动的达西流以及由钻井液与泥页岩之间的化学势差驱动的离子扩散。在这些因素的作用下，泥页岩发生水化，一般存在表面水化、离子水化和渗透水化三种机理。

表面水化是由黏土矿物表面上的水分子吸附作用而引起的，其主要驱动力为表面水化能。所有黏土矿物都会发生表面水化，在这一阶段，大约吸附4个水分子层厚的水，作用距离为1nm，从而导致结晶膨胀。

离子水化是指黏土矿物所含硅酸盐晶片上的补偿性阳离子周围形成水化壳。离子水化一方面给黏土带来水化膜，同时水化离子与水分子争夺黏土晶面的连接位置。

渗透水化是某些黏土在完成了表面水化和离子水化过程之后开始的。水化的离子在液体中离解，远离黏土矿物表面。黏土矿物间形成扩散双电层，双电层斥力和渗透压共同作用而产生的水化作用为渗透水化。因此，只有表面存在可交换阳离子的黏土才会产生离子水化，也只有阳离子交换容量大的黏土矿物才会发生明显的渗透水化。渗透水化作用距离可达 10nm 以上，体积膨大。

因此当泥页岩与钻井液滤液接触时，首先产生表面水化，在表面水化的过程中会产生离子水化，在表面水化和离子水化完成后，才发生渗透水化。

2）泥页岩浸水方式

（1）垂直于地层层理的浸水。

泥岩的浸水参数：泥岩浸水强度、浸水深度和浸水速度，主要受盖层孔隙压力之差的影响。

当压差为 0.5MPa 时，浸水强度微弱；当压差为 1.0MPa 时，浸水强度为 $2.76 \times 10^{-3} \sim 2.92 \times 10^{-3}$MPa；当盖层孔隙压力之差为 5.0MPa 时，浸水强度大于 6.0×10^{-3}MPa，约为 0.5MPa 时的 8 倍。

泥岩浸水速度是注水压差的函数。当注水压差为 0.5MPa 时，开始注水的前 8h，浸水速度约为 1.5mm/h，此后的 12h 浸水速度为 0.67mm/h，平均浸水速度为 1.0mm/h，最大的浸入深度为 2mm。当压差为 1.0MPa 时，平均浸水速度为 2.25mm/h，最大的浸入深度为 38mm。当盖层孔隙压力之差为 5.0MPa 时，平均浸水速度为 2.92mm/h，最大的浸入深度为 72mm。

（2）沿泥页岩层理界面浸水。

泥岩的浸水速度随浸水时间的增加而减慢，直至浸水速度为零。泥岩的浸水深度随浸水时间的增加而增加，但增加速度逐渐减慢，达到一定值后，浸水深度保持不变。在同一时刻，沿泥岩层理界面方向的浸水速度比沿垂直于泥岩层理界面方向的浸水速度要快；浸水深度比沿垂直于泥岩层理界面方向的要大，而且大得多。应当说明的是，浸水速度和浸水深度均为注水压差的函数，压差越大，浸水速度和浸水深度也越大。

3）泥页岩钻井危害体形成机理

（1）泥页岩水侵范围。

嫩二段底部泥页岩在松辽盆地北部普遍发育，平均厚度 5~8m。如果存在浅层套损井或套管和井眼环空存在间隙或裂缝，注水井注入水将从套损点或沿井筒上窜接触泥页岩层，泥页岩发生水侵，地层压力升高，同时内聚力、内摩擦角、强度等力学指标降低。如果注入压力（页岩层环空流体压力）小于页岩层破裂压力，水侵范围随注入压力增高而增大，但总体来看水侵范围很小，如注入压力为 8MPa，浸水半径仅为 70mm 左右，浸水体围绕在问题井周围。当注入压力超过页岩层破裂压力，将开启裂缝，随着裂缝扩展，裂缝尖端流体压力降低，当流体压力和起裂压力相等时，裂缝不再延伸，但注入水会继续浸入一定深度，此时水侵范围为裂缝长度与浸水深度之和，如图 3-3-8 所示。

通过上述分析可知，形成大范围钻进危害体的条件：注入压力超过泥页岩层的破裂压力，水侵范围为裂缝长度与浸水长度之和。

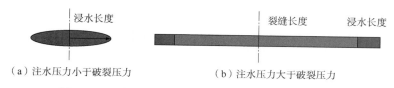

（a）注水压力小于破裂压力　　　　　（b）注水压力大于破裂压力

图 3-3-8　注入压力小于和大于破裂压力时水侵范围

（2）泥页岩层裂缝起裂模型。

当压力达到某一值时会使地层破裂，这个压力称为地层破裂压力。地层破裂压力大小取决于地层自身特性（岩石本身抗张强度及弹性常数）和地应力（上覆岩层压力、最大水平地应力和最小水平地应力）大小。国内外在研究地层破裂压力的预测方法方面已经提出了许多模式。这些模式的假设条件不同，结果不同，所以适用条件也不一样。

① Terzaghi 模式。

假设条件：地下岩层处于均匀水平地应力状态，水平方向不存在构造应力，且充满着层面、层理和裂缝；压裂液在压力作用下将沿着上述薄弱面侵入，使其张开并向远方延伸；张开裂缝的流体压力只需克服垂直裂缝面的切应力。

地层破裂压力为：

$$p_f = \frac{2\nu}{1-\nu}(\sigma_v - p_p) + p_p \qquad (3-3-5)$$

式中　p_f——地层破裂压力，MPa；

　　　ν——油层岩石泊松比；

　　　σ_v——上覆岩层压力，MPa；

　　　p_p——地层压力，MPa。

该方法考虑的因素较少，比较适用于地层沉积较新，受构造运动影响小的连续沉积盆地，不适合大庆地区油层特点。

② 史蒂芬模式。

Terzaghi 模式认为水平地应力没有受构造运动的影响，因此，没有考虑水平方向上的构造应力，而史蒂芬认为，地应力在水平方向上有构造应力，并且认为构造应力在水平各方向相等，因此，该方法的假设前提为：地下岩层处于均匀水平地应力状态，且充满着层面、层理和裂缝；压裂液在压力作用下将沿着上述薄弱面侵入，使其张开并向远方延伸；破裂压力等于垂直裂缝面的水平地应力。

地层破裂压力为：

$$p_f = 2\left(\frac{\nu}{1-\nu} + \xi\right)(\sigma_v - p_p) + p_p \qquad (3-3-6)$$

式中　ξ——均匀地质构造应力系数。

史蒂芬模式与 Terzaghi 模式的区别在于考虑了构造应力的影响。大庆油田为非均质性地层构造应力，用此模式不适合。

③ 黄荣樽模式。

本方法主张地层的破裂是由井壁上的应力状态决定的，并且要考虑地下实际存在的非均质的地应力场的作用，这是反映不同油田断块具有不同破裂压力的重要原因。因此，本方法考虑的假设前提是：地层的破裂是由井壁上的应力状态决定的；考虑了非均质的地应力场的作用；考虑了地层本身强度的影响。

地层破裂压力整理得：

$$p_f = \left(\frac{2\nu}{1-\nu} + 3\gamma - \beta\right)(\sigma_v - p_p) + p_p + \sigma_t \tag{3-3-7}$$

式中 σ_t——地层的抗拉强度，MPa；
  β，γ——水平方向上的两个构造应力系数。

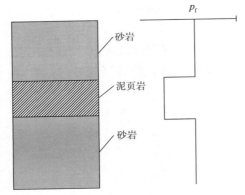

图 3-3-9 泥页岩层和邻层水平缝起裂压力

④ 水平缝起裂模式。

前面讨论的为垂向裂缝起裂压力，当垂向应力为最小主应力，注水压力满足公式（3-3-8）时将形成水平裂缝，地层被抬起。

$$p_f = \sigma_v - \alpha p_p + \sigma_t \tag{3-3-8}$$

式中 α——有效应力系数。

对于嫩二段泥页岩层，由于垂向应力为最小主应力，并且沿水平层理方向泥页岩浸水造成抗拉强度非常低，因此该层位水平裂缝起裂压力明显低于邻层的起裂压力，如图 3-3-9 所示。当注水压力超过水平缝起裂压力时，泥页岩层首先起裂，形成水平裂缝，并储集流体，形成浅层钻井危害体。

（二）地应力预测与计算

1. 地应力基本概念

地应力主要由重力应力、构造应力、孔隙压力等所构成。在油田应力场研究中，孔隙压力对地应力影响的研究是非常重要的。实际上，由于地层岩石的非线性特征，地应力的各种成因分量间不是独立的，人们只是在从其成因研究分析问题时才对地应力进行分类。

原地应力：是指地层岩石未经人工开挖或扰动以前的天然应力。有人又将原地应力称为初始应力或固有应力。在油田应力场研究中，原地应力是指钻井、油气开采等活动之前，地层中地应力的原始大小。

古地应力和现今地应力：在地质力学中将地应力分为古地应力和现今地应力。古地应力泛指燕山运动以前的地应力，有时也特指某一地质时期以前的地应力；现今地应力是目前存在的或正在变化的地应力。

构造应力：对于构造应力，定义有几种不相同的说法。在构造地质学研究中，构造应力是指导致构造运动、产生构造形变、形成各种构造形迹的那部分应力。这种构造应力的影响使两个水平方向的应力不相等。在油田应力场的研究中，构造应力常指由于构造运动引起的地应力的增量。

重力应力：指由于上覆岩层的重力引起的地应力分量，特别指由于上覆岩层的重力所产生的应力。

垂直应力和水平应力：地壳中主应力为压应力，其中一个主应力基本上是垂直的，叫作垂直应力，也叫垂向应力；另外两个主应力基本上是水平的，叫作水平应力。垂直应力由重力应力所构成，水平应力由构造应力所构成。

地应力状态：含油气盆地构造的生成和发展演化是在一定的地应力场状态作用下进行的。只有弄清含油气盆地、含油气区块的地应力场状态，才能正确认识古构造形迹的发生及演化历史，才能有效地分析和解决油气勘探开发的有关问题。在地学界，岩体的应力状态一般分为两种类型：一种类型相当于大地静力场，另一种类型相当于大地动力场。地壳岩层的每一个质点的形变、位移，最主要的是构造应力、上覆岩层重力及孔隙流体压力等引起的应力作用。不管是大地静力场，还是大地动力场，地壳内均存在垂向应力和水平应力。这里所言地层内某一质点的地应力状态，就是上述各应力相互叠加的总应力状态。

地应力来源于残存的古构造应力、地层的上覆重力、大陆板块的运动碰撞、地层中的水压力梯度等。因此地应力是地下岩体中客观存在的内应力。在地下的岩体中存在着三个在方向上相互垂直的主地应力，即由岩体自重引起的垂向地应力 σ_v 和两个水平方向的主地应力 σ_H 和 σ_h。一般情况下，三个主应力是不相等的。

2. 地应力计算模型

1）垂向地应力计算模型

瑞士地质学家 Heim 认为垂向地应力 σ_v 是由上覆地层重力引起的，它是随着地层密度和深度而变化的，因此可用密度测井资料来求出垂向地应力：

$$\sigma_v = \int_0^H \rho(h) \cdot g \cdot dh \qquad (3-3-9)$$

式中　h——地层埋藏深度；

　　　$\rho(h)$——地层密度随地层深度 h 变化的函数；

　　　g——重力加速度。

实际的地层密度 $\rho(h)$ 随深度的变化难以用一个简单的函数来表示，但是，由密度测井曲线可以求出某一井段的平均密度，所以可以用分段求和的方法来计算：

$$\sigma_v = \frac{1}{10} \sum_{i=0}^n \rho_i \Delta D_i \qquad (3-3-10)$$

式中　ΔD_i——第 i 段地层厚度；

　　　ρ_i——密度测井曲线上第 i 段的平均体积密度；

　　　n——总段数。

2）水平地应力计算模型

（1）金尼克模型：

$$\sigma_H = \sigma_h = \frac{\nu}{1-\nu} \sigma_v \qquad (3-3-11)$$

此模型是针对均质的、各向同性的、无孔隙的地层而提出，没有考虑地层孔隙压力的影响，对绝大多数地层是不适用的。

（2）Mattews 和 Kelly 模型：

$$\sigma_H = \sigma_h = K_i(\sigma_v - p_p) + p_p \tag{3-3-12}$$

此模型认为 K_i 是不随深度而变化的常数，故不适合实际情况。此外，K_i 需要用邻井的压裂资料确定，所以此模型未被推广使用。

（3）Terzaghi 模型。

根据井壁处岩石应力分布（后面阐述），以及多孔弹性理论，对岩石骨架来说，有应力计算公式和应变计算公式：

$$\begin{cases} \sigma_r = p_w - \alpha p_p \\ \sigma_\theta = (\sigma_H + \sigma_h) - 2(\sigma_H - \sigma_h)\cos(2\theta) - (p_w - \alpha p_p) \\ \tau_{r\theta} = 0 \end{cases} \tag{3-3-13}$$

$$\begin{cases} \varepsilon_x = \dfrac{1}{E}\left[\sigma'_x - \nu(\sigma'_y + \sigma'_z)\right] \\[2mm] \varepsilon_y = \dfrac{1}{E}\left[\sigma'_y - \nu(\sigma'_x + \sigma'_z)\right] \\[2mm] \varepsilon_z = \dfrac{1}{E}\left[\sigma'_z - \nu(\sigma'_x + \sigma'_y)\right] \end{cases}$$

式中　p_w——井眼压力；

　　　p_p——地层孔隙压力；

　　　α——Biot 弹性系数；

　　　σ_H——最大水平原地主应力；

　　　σ_h——最小水平原地主应力；

　　　ε_x——x 方向上的应变；

　　　ε_y——y 方向上的应变；

　　　ε_z——z 方向上的应变；

　　　σ'_x——x 方向上的有效应力；

　　　σ'_y——y 方向上的有效应力；

　　　σ'_z——z 方向上的有效应力。

假定地层是线弹性的各向同性的孔隙介质，则在水平方向的应变为零，即 $\varepsilon_x = 0$ 和 $\varepsilon_y = 0$，则有：

$$\begin{cases} \sigma'_x = \dfrac{\nu}{1-\nu} \cdot \sigma'_z \\[3mm] \sigma'_y = \dfrac{\nu}{1-\nu} \cdot \sigma'_z \end{cases}$$

根据有效地应力定义，最小水平主应力 σ_h 与水平有效地应力有如下关系：

$$\sigma_h - p_p = \sigma'_x \ (\text{或者} \ \sigma_h - p_p = \sigma'_y) \tag{3-3-14}$$

而垂直地应力 σ_v 与垂直有效地应力 σ'_z 具有下面的关系：

$$\sigma_v - \alpha p_p = \sigma'_z \tag{3-3-15}$$

将上述各式联合求得最小水平主应力 σ_h：

$$\sigma_h = \frac{\nu}{1-\nu}(\sigma_v - p_p) + p_p \tag{3-3-16}$$

$$\sigma_H = \sigma_h = \frac{\nu}{1-\nu}(\sigma_v - p_p) + p_p \tag{3-3-17}$$

此模型与上一个模型的不同之处是垂向应力梯度随深度而变化，将 K_i 具体化为 $\dfrac{\nu}{1-\nu}$。

（4）Anderson 模型。

该模型利用 Biot 多孔介质弹性变形理论导出：

$$\sigma_H = \sigma_h = \frac{\nu}{1-\nu}(\sigma_v - \alpha p_p) + \alpha p_p \tag{3-3-18}$$

（5）Neberry 模型。

Neberry 针对低渗透且有微裂缝地层，修正了 Anderson 模型：

$$\sigma_H = \sigma_h = \frac{\nu}{1-\nu}(\sigma_v - \alpha p_p) + p_p \tag{3-3-19}$$

从上面的几个模型来看，都认为水平方向的两个主应力是相等的，但实际情况绝大多数并非如此，都存在构造应力。

（6）两向不等地应力模型。

假设地层向单方向挤压得出的原地最小主应力其缺点是，单向挤压的结果就是地层在一个方向上受构造应力作用，而另一个方向上没有构造应力，但实际上大多数情况并非如此，构造应力在各个方向上都基本存在，而且是不相等的，中国石油大学（北京）的黄荣樽教授在多年研究基础上得出了以下表示地应力大小的关系式：

$$\sigma_H = \left(\frac{\nu_s}{1-\nu_s} + \beta\right)(\sigma_v - \alpha p_p)$$

$$\sigma_h = \left(\frac{\nu_s}{1-\nu_s} + \gamma\right)(\sigma_v - \alpha p_p)$$

考虑到 Biot 系数的影响，可以把上式写成：

$$\sigma_H = \left(\frac{\nu_s}{1-\nu_s} + \beta\right)(\sigma_v - \alpha p_p) + \alpha p_p \tag{3-3-20}$$

$$\sigma_{\text{h}} = \left(\frac{\nu_{\text{s}}}{1-\nu_{\text{s}}} + \gamma \right) \left(\sigma_{\text{v}} - \alpha p_{\text{p}} \right) + \alpha p_{\text{p}} \tag{3-3-21}$$

式中 β 和 γ 是反映两个水平方向上构造应力大小的两个常数，对于给定的地区是一个定值，但随地区而异。可以通过室内实验或压裂资料确定某一位置地应力的大小，再确定构造应力系数值。

（三）浅层钻井危害体识别与地层压力预测工程应用

套损注水井未能及时发现或发现后继续注水使注入水沿套损部位进入到地层中，如果套损层位为独立砂体（如岩性尖灭、透镜体）或断层遮挡，无泄压点或泄压较慢，则会憋压，形成异常高压区。如果套损层位为泥页岩层，注入流体压力高于上覆岩层压力，则会形成水平裂缝，裂缝停止延伸，也会形成异常高压区。为了揭示浅层危害体的形成和变化规律，根据局部区块地质结构特征，综合考虑压力源分布状态、运行情况及钻井过程钻遇的复杂等因素，建立了浅层危害体物理模型，得到空间区块应力分布规律和地层压力的分布规律，从而揭示了浅层危害体的形成机理，识别出目标区域钻井危害体，并确定危害体影响范围。

N2 区 G173-152 井区为独立砂体危害体，地质结构图、压力源及钻井复杂情况如图 3-3-10 所示。压力源为 S131 井和 S231 井，注入流体直接进入砂体，逐步储存，压力逐渐升高且扩散，导致浅层砂体形成异常高压，造成 N2-10-P227 井、N2-1-P226 井和 N2-D20-P227 井钻井过程中发生水侵等复杂事故。

分析浅层异常高压区的形成机理和压力分布范围。对于模型中实体，应力—应变部分假设地层为线弹性，边界设置中设定底面固定约束，其余面按地应力值设置为初始应力边界。模型中流场模拟部分采用达西定律，设置上下层面为遮挡层，四周面设置为远场地层压力，砂体内高渗透，四周遮挡层低渗透，调整压力源的压力边界条件，使异常压力区的预测压力值和加密井的压力监测值误差相近，算出砂体中各节点的应力和渗流压力。物理模型如图 3-3-11 所示。

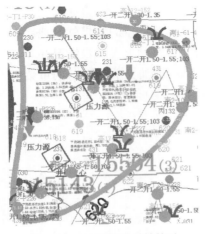

图 3-3-10　区域地质结构及
压力源分布图

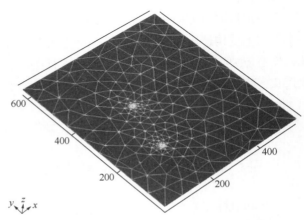

图 3-3-11　区域流固耦合有限元分析模型

模型基础参数见表 3-3-3。

表 3-3-3 模型基础参数

弹性模量，MPa	9863	最大水平地应力，MPa	16
泊松比	0.25	最小水平地应力，MPa	14
流体密度，g/cm³	1.1	上覆岩层压力，MPa	13
流体黏度，Pa·s	0.035	孔隙压力，MPa	8
砂体渗透率，mD	500	遮挡层渗透率，mD	0.8
模型长度，m	558	模型宽度，m	625
模型厚度，m	5		

采用自由四面体网格剖分模型，以预测的地层压力值和加密井的监测压力值误差小于 5% 为定解条件，通过有限元模拟计算，得到地层压力分布等值线图，如图 3-3-12 所示。

G173-152 井区为独立砂体危害体，压力源为 S131 井和 S231 井，套损层位为嫩四段。建模预测危害体是以 S131 井和 S231 井连线为中心的长半径约为 263m，短半径约为 238m 椭圆，属Ⅲ级危害体(表 3-3-4)。

识别出目标区域钻井危害体，并确定危害体影响范围和压力大小，如图 3-3-13 所示。

表 3-3-4 G173-152 井区危害体识别统计

面积 m²	深度 m	预测压力对应的密度 g/cm³	布新井口	以往钻井液密度 g/cm³	实钻钻井液密度 g/cm³	施工情况	符合率 %
1.97×10⁵	111~124	1.25~1.65	16	1.25~1.35	1.50~1.65	正常	100

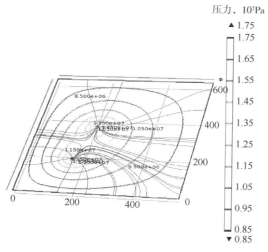

图 3-3-12 地层压力分布等值线

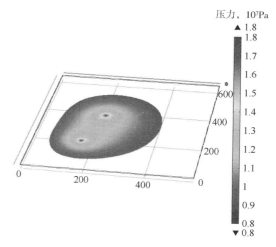

图 3-3-13 浅层危害体分布范围及地层压力分布云图

渗流场数值模拟计算结果与现有的理论解完全吻合，压力源注入流体直接进入砂体，导致浅层砂体形成高压。压力源附近压力值最高，并向外围逐渐扩展。

第四节 压力剖面调整及钻井液密度设计

一、压力剖面调整技术

针对注水开发后地层压力高、层间压差大的问题，不同注采层系压降速度有差别，通过"高放、低停、欠补"的压力剖面调整方法，形成层间压差控制技术。主要包括水井降压技术、低渗透高压层放溢泄压技术、高渗透低压层保压注水技术、采油井补孔泄压技术等。实现地下压力相对稳定，减小层间压差。

（一）水井降压技术

不同注采层系压降规律具有明显差异，反映出纵向上储层非均质，形成层间压差。通过压降规律研究，为钻关时间确定及层间压差控制调整提供依据（图 3-4-1 和图 3-4-2）。

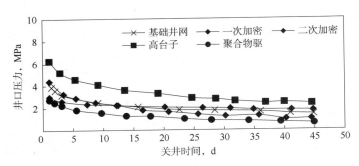

图 3-4-1 Z 区西部注水井降压趋势

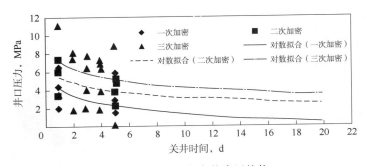

图 3-4-2 X 区注水井降压趋势

（二）低渗透高压层放溢泄压技术

当注水井采取放溢流方式降压时，相当于注水井变为采液井，采液量等同于溢流量进行生产，井底压力随放溢时间延长而降低，压降速度与溢流量成正比，与时间的对数成正比。

$$p_w = p_0 - \frac{q\mu}{4\pi Kh} \ln \frac{2.25xt}{r_w^2} \qquad (3-4-1)$$

2011 年在 X6 区东部钻 3 口平行于断层大井斜定向井,根据降压规律对 4 口高压二次加密注水井进行放溢泄压,放溢 48h 后井口恢复压力高达 9MPa 以上,推算 14d 后压力可达到 3~4MPa,实际放溢 15d 压力在 3.3MPa 以下,通过延长放溢时间,扩大了泄压半径,充分降低了地层压力。根据放溢泄压效果,结合压力预测情况,3 口井使用 1.50~1.60g/cm³ 钻井液密度,施工中没有发生井塌、井漏、油气水侵等复杂事故。

(三)高渗透低压层保压注水技术

保压注水技术是提高高渗透低压层压力、减小层间压差的一个有效方法。保压注水井的选择、回注压力的确定和回注时间的长短是措施成功的关键。回注压力过高,一方面增加钻井风险,另一方面增加小层流体流速,影响固井质量。回注压力低,不能得到理想的效果。图 3-4-3 为保压注水井井口控制压力与地层压力分布规律图。从图 3-4-3 中可以看出,如果让地层压力恢复至边缘压力,可以提高高渗透层的压力,地层压力处于平衡状态,小层流体流速低,有利于保证固井质量,利用该曲线对保压注水时间和井口压力进行反算。

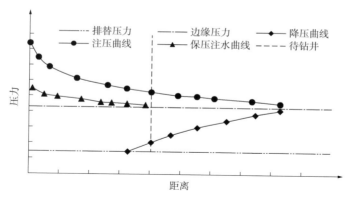

图 3-4-3　保压注水井井口控制压力与地层压力分布规律

保压注水井井口压力的计算公式:

$$p_{控} = p_e - \frac{p_e - p_{最高压力}}{\ln \dfrac{r_e}{r_w}} \cdot \ln \frac{r_e}{r_{控注距离}} \qquad (3-4-2)$$

式中　$p_{控}$——注水井井口控制压力,MPa;

　　　p_e——边缘地层压力,MPa;

　　　$p_{最高压力}$——目的层恢复地层压力,MPa;

　　　r_e——边缘半径,m;

　　　r_w——井筒半径,m;

　　　$r_{控注距离}$——注水井与待钻井的距离,m。

其中，边缘地层压力和目的层恢复地层压力可利用储层压力计算方法求得。

保压注水井的选择标准是保障安全、便于控制。因此，确定以下原则：

（1）保压注水试验井注水层位渗透率要大（一般选取大于 0.2D）、注水层数要尽量少、各个注水层位间渗透率差异小，最好是注单砂层的注水井；

（2）应选择远离注水井排的规则面积井网注水井，行列井网各注水井间干扰较大，注水井排附近压力分布复杂，均不宜选取；

（3）无断层遮挡，断层遮挡时由于镜像作用使压力叠加而复杂化，不易保障安全，故不宜选取。

N1 区三元复合驱钻井过程中，部分井使用 $1.38 \sim 1.55 \text{g/cm}^3$ 钻井液密度，在 S2、P1 等高渗透层出现严重井漏，而且井漏区域集中，其中 Z200-P41 井，密度 1.45g/cm^3，钻至葡一组井漏，漏失量高达 89m^3，堵漏难度大。通过对完井电测曲线、测压数据（RFT）、地质构造、地层孔隙度和渗透率进行分析，判断为高渗透层孔隙压力低、地下亏空导致井漏（图 3-4-4）。针对这种情况，采取注水井保压注水提高葡一组孔隙压力的方法来预防井漏。注水压力控制在 $1 \sim 3 \text{MPa}$，流量控制在 $50 \text{m}^3/\text{d}$ 左右（表 3-4-1）。

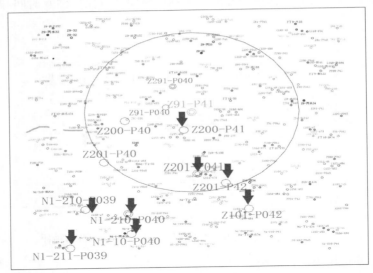

图 3-4-4　Z200-P41 井区井漏事故分析图

表 3-4-1　Z91-P41 井区保压注水统计

时间	控注压力，MPa	控注水量，m^3/d	时间	控注压力，MPa	控注水量，m^3/d
2011 年 3 月 15 日	1.8	52	2011 年 3 月 19 日	2.9	50
2011 年 3 月 17 日	2.1	50	2011 年 3 月 21 日	2.9	50
2011 年 3 月 18 日	2.5	50	2011 年 3 月 29 日	2.9	50

采取保压注水措施后，漏失井 Z200-P41 第三天停止井漏。注水井 450m 范围内 3 口待钻井 Z291-XP040 井（165m）、Z91-P040 井（113m）、Z201-P40 井（450m），没有发生井漏，收到了明显效果。

（四）采油井补孔泄压技术

注水井 N3-D30-425 井 2010 年萨二组 2 号层错断后累计注水 $2×10^4m^3$，套损层位只注不采，受断层遮挡形成异常高压区（图 3-4-5）。N3-20-XP217 井钻至萨二组发生严重油气水侵导致封井报废。由于憋压严重，2012 年钻井施工前对附近采油井 N3-21-425 井进行补孔泄压，全井共补孔 380 点，日产液量增加 $30m^3$（表 3-4-2）。

补孔泄压后，根据压力系数预测结果，由易到难运行，采取近平衡设计钻井液密度措施，成功完成复杂区 19 口井施工，经检测，最高压力系数达 1.90。

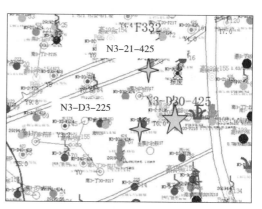

图 3-4-5　N3 区西部高压易漏区补孔泄压

表 3-4-2　N3-21-425 井补孔泄压统计

日期	状态	产液，m^3/d	产油，m^3/d	产水，m^3/d	含水率，%
3 月 1 日	补孔前	20.6	2.6	18	87.5
3 月 2 日		20.6	2.6	18	87.5
3 月 3 日		20.6	2.6	18	87.5
3 月 4 日		23.4	2.9	21	87.5
3 月 23 日	补孔后	45.5	6.0	40	86.9
3 月 24 日		41.7	1.5	40	96.3
3 月 25 日		43.9	3.9	40	91.2
3 月 26 日		38.3	3.5	35	90.9
3 月 27 日		40.6	3.9	37	90.5
4 月 8 日	补孔后	57.8	8.0	50	86.1
4 月 9 日		57.8	8.7	49	84.9
4 月 10 日		53.0	8.0	45	84.9
4 月 11 日		55.4	8.4	47	84.9

压力剖面调整技术实施效果：

高压层平均压力系数下降 0.07，低压层压力系数升高 0.25，层间压差减小了 3.6MPa，85% 的井层间压差控制在 6MPa 以内，52% 的井层间压差控制在 5MPa 以内。为安全高效钻井提供了相对稳定的地下环境。

二、钻井液密度设计方法

大庆油田自 20 世纪 90 年代末期逐步开始对部分外围油田进行加密调整。使用的钻井液密度多在 $1.50\sim1.75g/cm^3$ 之间，发生的复杂事故主要是油气水侵、井壁剥落、卡钻、井漏等，有多口井发生报废进尺、报废井眼事故。外围调整井钻井的关键是高压裂缝的处理，对于低渗透层的孔隙压力，可以采取适当的欠平衡对策，而高压裂缝必须进行充分泄压，避免大量出水而引发其他事故。对于存在消除负密度窗口的井，容易发生油气水侵、井塌、井漏等复杂事故，钻井成功率较低，目前还没有成熟有效的处理方法。在预防井漏方面，采取逐步提高钻井液密度的方法，在易漏区，钻井液中提前加入随钻封堵剂，近年来的应用起到了良好效果。在固井质量保证措施方面，普遍采取高压层上部卡封隔器的措施，效果较好，部分井应用水泥外加剂缩短凝固时间，防止高压层流体外窜。

（一）压差系数和地层系数

（1）钻井液液柱压力大于地层压力，钻井液向地层方向渗滤，在井壁形成滤饼，此时称为正压差。当钻井液密度小于地层压力，地层流体侵入井筒，发生油气侵，此时称为负压差，地层压力系数和钻井液密度的差称为压差系数，一般情况下，钻井液密度设计的原则是钻井液液柱压力要大于井身剖面最高层的压力，以保证钻井安全，总的来说，就是要使正压差系数尽可能小，同时要避免负压差系数的存在。但在钻井液密度窗口较窄，甚至为负的钻井区块钻井，发生井漏带来的风险远比发生油气侵带来的风险要大得多，此时可以忍受一部分液体侵入井筒的现象，以降低井漏发生的概率。

（2）地层系数的定义是有效渗透率乘以有效厚度，该系数可以用来判定油层各层位生产能力的大小及油层的吸水能力，地层系数越大，油气层的生产能力和吸水能力就越强，反之亦然，它是评价地层的重要指标和参数。

（二）启动压力梯度与渗透率关系

启动压力梯度是流体在低渗透油藏中渗流时，必须有一个附加的压力梯度克服岩石表面吸附膜或水化膜引起的阻力才能流动，该附加压力梯度称为启动压力梯度。

将岩心烘干，测量岩心气体渗透率，然后将岩心抽空，饱和实验流体，测定其孔隙度；将饱和实验流体岩心放入岩心夹持器，用恒压法进行流动实验，测定压力和流量，数据见表3-4-3。为防止水敏矿物的影响，实验采用低浓度盐水，原油为稀释的地层原油，实验温度为25℃。

表3-4-3　岩心实验

岩心编号	岩心长度，cm	岩心直径，cm	孔隙度，%	渗透率，mD
C-1	2.16	2.53	10.7	1.136
C-2	6.20	2.52	10.1	1.950
C-3	2.89	2.52	14.9	3.459
C-4	2.89	2.50	17.6	5.147

通过实验可知，在低渗流速度下，渗流曲线呈现非线性关系，而且曲线段凹向速度轴，随着渗流速度的增大，曲线的非线性段向线性段连续过渡；地层油渗流曲线的非线性段相对于盐水渗流曲线的非线性段要长，而且非线性段的起始点一般不通过坐标原点；岩心渗透率不同，渗流曲线的位置、非线性段的曲线曲率、变化范围和直线段的截距不同，渗透率越低，非线性段的延伸越长。

计秉玉等于 2008 年利用大庆外围油田 72 个区块的实际生产数据，得到了葡萄花油层及扶杨油层的启动压力梯度与渗透率的关系曲线，如图 3-4-6 所示，由该曲线可以看出，对于特低渗透储层，随着渗透率的降低，启动压力梯度明显增大，呈现出典型的非达西渗流特征。该关系曲线不仅可作为求取储层实际启动压力梯度的图版，而且也证实了非达西渗流的存在。

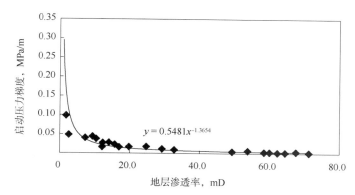

图 3-4-6 葡萄花油层启动压力梯度随地层渗透率变化曲线

根据该图版得到启动压力梯度与渗透率的表达关系式：

$$\lambda = 0.5481 K^{-1.3654} \tag{3-4-3}$$

G636 区块属于低渗透钻井区块，平均空气渗透率为 7.8mD，32 口待钻井处的渗透率见表 3-4-4。

表 3-4-4 待钻井处渗透率

序号	井号	渗透率 mD	序号	井号	渗透率 mD
1	X117-X85	34.2	17	X117-X71	9.4
2	X119-X85	7.8	18	X99-X81	7.5
3	X121-X85	6.5	19	X109-X75	17.3
4	X125-X79	8.4	20	X91-X83	4.7
5	X125-X85	6.1	21	X102-X77	10.8
6	X127-X81	7.9	22	X87-X87	21.5
7	X123-X77	7.2	23	X105-X81	8.4
8	X125-X75	5.5	24	X89-X87	10.3
9	X127-X77	6.0	25	X103-X81	13.8
10	X124-XG69	135.2	26	X95-X87	9.1
11	X113-X83	23.7	27	X99-X71	6.7
12	X121-X69	15.4	28	X95-X85	6.0
13	X103-X87	7.7	29	X105-X75	13.5
14	X115-X75	6.2	30	X129-X83	6.4
15	X106-X86	6.7	31	X89-83	10.5
16	X118-X81	10.6	32	X89-85	10.5

可以看出，渗透率的范围处于 4.7~135.2mD 之间，根据渗透率与启动压力梯度的关系式，32 口待钻井处启动压力梯度处于 0.004~0.066MPa/m 之间，转换成压力系数处于 0.04~0.66 之间。

（三）环空压耗的作用

环空压耗计算是钻井流体力学研究的重要内容，涉及钻井、压井、固井、完井等多个工艺流程，常用的钻井液压耗模式有宾汉、幂律等模式，经过调研、计算，宾汉模式与钻井区块的环空压耗吻合相对较好。

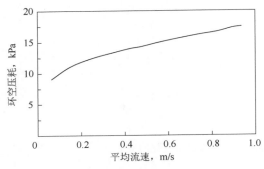

图 3-4-7　平均流速与环空压耗关系

钻井液循环时的压耗产生作用于井壁的侧向压力。根据计算和实际观察，在钻具长度 1000m 时，目前的泵排量、井眼尺寸和钻井液体系产生的环空压耗在平均井深为 1300m 时，其值在 0.9~1.2MPa 之间，折算成压力系数处于 0.07~0.09 之间。关系如图 3-4-7 所示，钻井液处于动态时井壁受到的压力大于钻井液处于静态时承受的压力。其存在的意义是，在钻井过程中，压耗作用于井壁，抵消部分地层压力，在一定程度上降低油气侵的发生率。

（四）钻井液密度设计方法

1. 在进行钻井液密度设计前需要收集资料

（1）钻关范围内的注水井降压资料。注水井井口压力的变化直接反映了钻关后地层压力的变化，当钻关一段时间后，注水井的井口剩余压力与地层压力趋于稳定，依据稳定的井口压力与稳定的地层压力之间的关系，设计合理的钻井液密度。

（2）待钻井邻近油水井静压资料。静压是指油水井投入生产以后，利用短期关井，待井底压力恢复稳定时，测得的油层中部压力，静压数据高的水井泄压较慢，利用注水井的静压数据等值线图掌握注水井的降压趋势，预测调整井的地层压力。

（3）裸眼井地层孔隙压力测试资料。利用测试器直接测量所钻遇小层的地层压力，得到单层的实测地层压力，以此了解地层压力的纵向分布和层间压差。检查注水井井口剩余压力以预测地层压力的准确性，同时对区块压力预测结果进行校正调整。

（4）邻井的压力检测及钻进显示资料。利用完井压力检测结果绘制新钻井地层压力系数分布图，可反映区块目前地下小层最高压力分布情况，为钻井液密度设计提供参考。

2. 浅部地层钻井液密度设计

一开、二开钻井液密度执行区块钻井地质设计，浅部地层有套损井的地区，设计时根据浅部地层套损情况结合邻近钻井显示情况确定浅部地层钻井液密度。

3. 油层钻井液密度设计

利用井口剩余压力法、压降法并参考邻井压力检测结果，预测油层最高孔隙压力系数。

$$p_1 = \frac{f \times h}{102} - p_h \tag{3-4-4}$$

式中 p_1——井口剩余压力，MPa；

f——孔隙压力系数；

h——油层中部深度，m；

p_h——油层中部静水柱压力，MPa。

依据预测最高孔隙压力系数附加 0.05~0.10，作为密度设计上限。钻完井期间通井有油、气、水显示，根据显示情况适当提高钻井液密度。

根据该钻井区块的历史钻井资料和采油厂提供的压裂数据，确定本区块地层破裂压力系数为 1.68，即钻井液密度超过 1.68g/cm³时，钻井井漏的风险较大。因此该区块钻井液密度设计的原则是在不发生严重油气侵的前提下，优化压差，降低钻井液密度，最大限度地减少井漏复杂的发生。通过油藏工程法预测该区 32 井的地层压力系数，见表 3-4-5。由表 3-4-5 可以看出，压力系数超过 1.68 的井共计 14 口，按常规钻井液密度设计方法，钻井液密度大于地层破裂压力，面临较大的井漏风险，导致无法钻井。

钻井液密度设计时要统筹地层压力系数与安全负压差，同时兼顾地层破裂压力，该钻井区块密度设计公式为：

$$\rho_m = \rho_w - (\rho_\lambda + \Delta\rho_a + \rho_r) \tag{3-4-5}$$

式中 ρ_m——钻井液密度，g/cm³；

ρ_w——地层破裂压力的当量密度，g/cm³；

ρ_r——可忍受地层压力系数；

$\Delta\rho_a$——环空压耗系数；

ρ_λ——启动压力系数。

表 3-4-5 G636 钻井区块地层压力预测表

序号	井号	渗透率，mD	预测地层压力，MPa	油藏中深，m	压力系数
1	Z102-77	10.8	24.34	1306.8	1.86
2	Z103-81	13.8	23.63	1326.9	1.78
3	Z103-87	7.7	22.24	1286.8	1.73
4	Z105-75	13.5	22.98	1322.6	1.74
5	Z108-81	8.4	23.57	1321.9	1.78
6	Z106-86	6.7	19.19	1307.2	1.47
7	Z109-75	17.3	23.64	1336.8	1.77
8	Z113-83	23.7	16.80	1340.0	1.25
9	Z117-71	9.4	21.08	1374.2	1.53
10	Z117-85	34.2	21.29	1371.5	1.55
11	Z118-81	10.6	22.88	1409.6	1.61
12	Z119-85	34.2	21.29	1371.5	1.46

序号	井号	渗透率，mD	预测地层压力，MPa	油藏中深，m	压力系数
13	Z121−69	15.4	22.68	1409.6	1.61
14	Z121−85	6.5	19.97	1378.8	1.45
15	Z124−F69	135.2	27.45	1413.4	1.94
16	Z125−75	5.5	23.33	1419.6	1.64
17	Z125−85	6.1	19.07	1407.8	1.35
18	Z127−77	6.0	23.24	1423.8	1.63
19	Z129−83	6.4	21.43	1414.5	1.51
20	Z87−87	21.5	23.34	1257.9	1.86
21	Z89−83	10.5	24.77	1252.6	1.98
22	Z89−85	10.5	24.81	1250.3	1.98
23	Z89−87	10.3	23.27	1257.9	1.85
24	Z91−83	4.7	22.06	1260.4	1.75
25	Z95−85	6.0	21.22	1274.1	1.67
26	Z99−71	6.7	19.56	1311.3	1.49
27	Z99−81	7.5	22.12	1240.1	1.78
28	Z115−75	6.2	16.48	1363.8	1.21
29	Z123−77	7.2	21.58	1393.2	1.55
30	Z125−79	8.4	16.50	1403.3	1.18
31	Z127−81	7.9	22.48	1445.6	1.55
32	Z95−87	9.1	16.53	1281.1	1.29

设计钻井液密度时，如果预测地层压力小于地层破裂压力，则钻井液密度低于预测密度 $0.02 \sim 0.05 \mathrm{g/cm^3}$ 为合适的钻井液密度，见表 3-4-6。如果预测地层压力高于地层破裂压力，要精确计算启动压力系数、环空压耗系数，确定可以忍受的最大侵入量来综合确定钻井液密度。预测地层压力系数在 1.70 以下，钻井液密度小于 $1.65 \mathrm{g/cm^3}$，负压差系数在 0.07 以内，钻井、固井施工正常；预测地层压力系数在 $1.70 \sim 1.80$ 之间，钻井液密度小于 $1.68 \mathrm{g/cm^3}$，负压差系数在 $0.08 \sim 0.15$ 之间，油气侵、井漏发生率达 86%，钻井风险显著提高；预测地层压力系数在 1.80 以上，负压差系数大于 0.15，已无钻井液密度设计窗口，油气侵和井漏相继发生，钻井安全和质量难以保证。

表 3-4-6　采用负压差系数钻井统计

序号	井号	钻井液密度，g/cm³		预测压力系数	压力系数	固井质量
		电测	固井			
1	X117−X71	1.47	1.52	1.53	−0.01	优质
2	X121−X85	1.50	1.50	1.52	−0.02	优质
3	X105−X75	1.63	1.63	1.65	−0.02	优质

续表

序号	井号	钻井液密度，g/cm³		预测压力系数	压力系数	固井质量
		电测	固井			
4	X125-X75	1.61	1.61	1.64	-0.03	合格
5	X91-X83	1.62	1.62	1.65	-0.03	优质
6	X125-X79	1.49	1.49	1.52	-0.03	优质
7	X121-X69	1.58	1.58	1.61	-0.03	优质
8	X118-X81	1.51	1.50	1.55	-0.05	优质
9	X115-X75	1.56	1.56	1.62	-0.06	优质
10	X102-X77	1.63	1.63	1.69	-0.06	优质
11	X127-X77	1.56	1.56	1.63	-0.07	优质
12	X124-XG69	1.65	1.70	1.78	-0.08	优质
13	X102-X87	1.64	1.64	1.73	-0.09	优质
14	X109-X75	1.68	1.68	1.77	-0.09	优质
15	X105-X81	1.68	1.68	1.78	-0.10	优质
16	X102-X81	1.53	1.68	1.78	-0.10	合格
17	X95-X87	1.66	1.66	1.76	-0.10	优质
18	X127-X81	1.65	1.65	1.76	-0.11	优质
19	X87-X87	1.68	1.68	1.86	-0.18	合格
20	X89-X87	1.53	1.66	1.85	-0.19	合格

（五）密度监控技术

由于采用负窗口钻井液密度，在钻井过程中面临较高的复杂发生危险，对钻井液密度的监控和及时快速反应是保证钻井安全的必要措施。

为此安装了钻井液密度监控仪，实现了对钻井液密度的全过程监控(图3-4-8)。发现密度异常时，自动报警，能够及时采取相关的措施，避免出现后续复杂。该密度监控仪具有以下优点：测量精度为±0.01g/cm³；监测对象的数量最多为6个；具备自动、手动复位功能；具备防水、防爆、防结霜功能；采用无线传输技术；配备了重晶石粉罐，在钻进过程中，井场备25t以上的重晶石粉。该设备以压缩空气为动力加重钻井液，具有快速加重的能力，可以在40min内将60m³钻井液密度由1.30g/cm³提高到1.60g/cm³，效率是人工加重的三倍以上。在发生严重油气水侵时，能够快速提高钻井液密度，实现井口有效控制。监控原则：钻进阶段保持较低密度，有显示时逐步提高密度，最大限度地降低钻井液密度，调整后密度不高于地层破裂压力梯度对应的压力系数1.68，保持电测阶段钻井液密度的平稳，降低井漏发生率(图3-4-9)。

通过密度监控技术，保持了较低的钻井液密度，既没有发生严重油气侵，也有效降低了井漏发生率，取得了良好的效果。

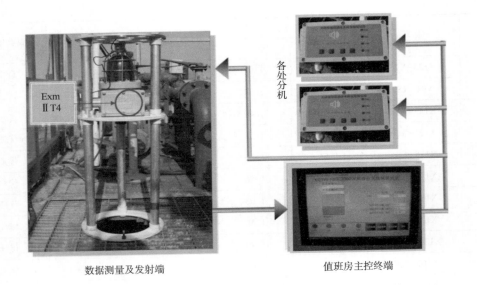

数据测量及发射端　　　　　　　　　值班房主控终端

图 3-4-8　钻井液密度监控系统

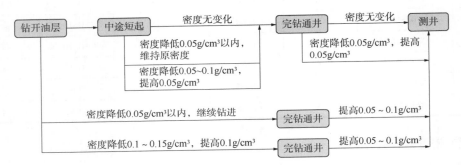

图 3-4-9　钻井液密度设计

第四章 特高含水期调整井固井应用技术

伴随调整井开发不断深入，油田进入特高含水期，出现了渗透层界面胶结薄弱、异常高压层油水窜、浸水泥岩层套损等问题，在后续的钻完井过程中易发生井喷、井漏、井塌、油水侵、封固质量差、管外冒等复杂事故。此外，剩余油开采还需要进一步深度挖潜，为了实现层系细分调整，对工程质量的要求也越来越高，如何应用固井技术来提高三次加密调整时期的固井质量，成为油田持续稳产急需解决的问题。

在调整井机理研究与地质研究的基础上，形成了在钻井液界面增强处理剂、水泥浆、固井工具、冲洗隔离液四个方面十余项固井关键技术，并通过技术的组合与优化，形成了提高复杂区块固井质量集成技术，满足了特高含水期对固井技术的需求。

第一节 钻井液界面增强处理剂

由第二章中固井界面胶结基础研究中提到的界面劣化机理可以知道，高渗透砂岩层的钻井液滤饼性能与动态地下环境是影响界面胶结的主要因素，稳定的地下环境可以通过邻近注水井保压注水和控制钻关时间等方法来实现，而提高钻井液滤饼界面性能主要是通过界面增强处理剂来实现。

界面增强处理剂的技术原理主要是利用井壁封堵剂降低高渗透砂岩层的渗透性，利用滤饼增强剂和晶体催化剂使形成的滤饼强化，达到降低井壁渗透性、优化滤饼结构、提高滤饼致密性的目的。本节主要介绍了滤饼增强剂、晶体催化剂、晶体反应剂和降黏处理剂等单剂的优选，界面增强处理剂的复配研究，以及影响界面胶结强度的性能评价。

一、实验方法

采用硬化封堵、理化性能分析等实验对滤饼增强剂、晶体催化剂、晶体反应剂、降黏处理剂等进行优选。评价方法如下：

（1）钻井液为乳液聚合物钻井液体系；水泥滤液制备采用大连 G 级水泥。

（2）滤饼形成：将钻井液常压搅拌 10～15min，倒入低压钻井液滤失仪中，加压 30min，形成滤饼后取出，测量滤液体积。

（3）滤饼厚度测量：把制备好的滤饼放入水泥滤液中养护 15d，取出滤饼，测定滤饼的厚度。

（4）滤饼强度测量：穿透时间是指单位厚度滤饼被水流穿透的时间。实验中水流以恒定速度冲击滤饼，滤饼逐渐变薄直至穿透，计算穿透时间，穿透时间越长，则滤饼强度越高。

（5）清洗效果评价：把一定尺寸的模具（70mm×50mm×1mm）浸入钻井液中，静止30min后取出，取出后简单处理并称量质量。模具质量变化可以直接反映出清洗效果的好坏，增加质量值越大，清洗效果越差。

（6）钻井液流变性评价：对体系流变参数、密度、电阻率、滤失量和黏度进行测量，对比处理剂的影响。

二、处理剂单剂的优选

（一）滤饼增强剂的优选

为了增加滤饼强度，增加抗侵蚀冲刷能力，对滤饼增强剂进行了优选。选择的滤饼增强剂主要由人工合成的晶须或硅酸铝、硅酸镁、硅酸钙、铝酸钙等矿物纤维、表面改性剂和微小晶体等组成，属于一种超细的无机矿物纤维，钻井液加入增强剂后能够形成纤维网状结构，改善滤饼的层理状态，同时在滤饼内部形成较强结构的晶体，进而提高滤饼强度。据此优选出5种矿物纤维，编号分别为ZQJ-1、ZQJ-2、ZQJ-3、ZQJ-4、ZQJ-5，以1%的添加比例加入钻井液中，实验研究了增强剂对滤饼强度和钻井液主要性能的影响，结果见表4-1-1，其中ZQJ-1、ZQJ-2、ZQJ-3、ZQJ-4相比于ZQJ-5、原浆穿透时间有较大幅度提高，滤饼强度增强，且都降低了钻井液滤失量，电阻率和黏度均未产生明显的改变，其中增强剂ZQJ-1效果最佳，进而研究ZQJ-1、ZQJ-2、ZQJ-3、ZQJ-4不同加量对滤饼强度的影响，其结果如图4-1-1所示。

表 4-1-1　不同型号增强剂对钻井液性能及滤饼影响

增强剂	原浆	ZQJ-1	ZQJ-2	ZQJ-3	ZQJ-4	ZQJ-5
钻井液密度，g/cm³	1.43	1.43	1.43	1.43	1.43	1.43
穿透时间，s/mm	11	98	66	67	65	18
滤失量，mL	2.90	2.60	2.62	2.68	2.69	2.85
漏斗黏度，s	55	54	55	56	55	55
电阻率，Ω·m	3.56	3.55	3.56	3.60	3.55	3.50

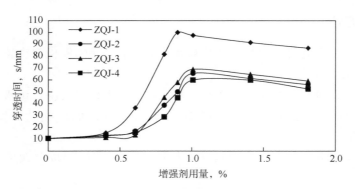

图 4-1-1　增强剂用量对滤饼强度的影响

由图 4-1-1 中可以看出，增强剂 ZQJ-1 加量为 0.9% 时，滤饼增强效果最佳，因此选用 ZQJ-1 滤饼增强剂。

（二）滤饼催化剂的优选

选择的滤饼催化剂为一种亲水泥的含有大量的 SiO_2 的纳米超细晶体。该晶体可作为硅酸钙结晶的晶核，进而诱导水泥浆滤液中的硅酸根离子和钙离子在滤饼的空隙中结晶生长，并进一步水化，形成具有水泥性质的滤饼硬化晶体（杆状沸石类、片沸石类矿物）和晶体空间结构。加入催化剂后能改善钻井液与水泥的亲和性，促进滤饼和水泥紧密结合，进而提高滤饼的致密度和强度，形成稳定的较高强度的界面。据此优选出 5 种纳米超细晶体，编号分别为 CHJ-1、CHJ-2、CHJ-3、CHJ-4、CHJ-5，以 1% 的添加比例加入钻井液中，实验研究了催化剂对滤饼强度和钻井液主要性能的影响，结果见表 4-1-2。

表 4-1-2 不同型号催化剂对钻井液性能及滤饼影响

催化剂	原浆	CHJ-1	CHJ-2	CHJ-3	CHJ-4	CHJ-5
钻井液密度，g/cm^3	1.43	1.43	1.43	1.43	1.43	1.43
穿透时间，s/mm	11	46	52	50	12	13
滤失量，mL	2.90	2.60	2.60	2.75	2.85	2.85
电阻率，$\Omega \cdot m$	3.56	3.52	3.51	3.55	3.50	3.55
漏斗黏度，s	55	55	55	55	54	55

由表 4-1-2 中数据可见，钻井液中加入催化剂后，CHJ-1、CHJ-2、CHJ-3 三种催化剂相对于原浆、CHJ-4、CHJ-5 穿透时间大幅度提高，其中 CHJ-2 催化剂效果最佳，且能明显降低钻井液的滤失量，同时钻井液的密度、电阻率和黏度均未产生明显的改变。

实验研究了 CHJ-1、CHJ-2、CHJ-3 三种催化剂不同加量对滤饼强度的影响，其结果如图 4-1-2 所示，由图 4-1-2 可以看出，催化剂 CHJ-2 加量为 1.25% 时，滤饼增强效果最佳，因此选用 CHJ-2 作为滤饼催化剂，加量控制在 1.25%。

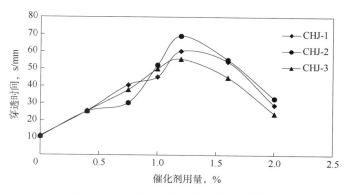

图 4-1-2 催化剂用量对滤饼强度的影响

（三）滤饼反应剂的优选

水泥浆水化过程中存在大量过饱和钙离子，在固井界面上，由于钙离子与硅酸根离子的移动扩散速度的差异，钙离子大量集中过剩，不能及时与硅酸根反应生成硅酸钙，沉淀形成大量氢氧化钙晶体，影响了界面胶结。因此，选择的反应剂应该是一种能够消耗钙离子、阻碍氢氧化钙生成、促使水化硅酸盐生成的高分子物质。加入反应剂后生成的水化硅酸盐能使界面处的结构和化学成分与水泥相似，有利于与水泥石及岩石表面牢固结合。据此优选出 3 种反应剂，编号分别为 FYJ-1、FYJ-2、FYJ-3，以 1%的添加比例加入钻井液中，实验研究了反应剂对滤饼强度和钻井液主要性能的影响，结果见表 4-1-3。

表 4-1-3　不同型号反应剂对钻井液性能及滤饼影响

反应剂	原浆	FYJ-1	FYJ-2	FYJ-3
钻井液密度，g/cm³	1.43	1.43	1.43	1.43
穿透时间，s/mm	11	35	12	13
滤失量，mL	2.90	2.70	2.85	2.85
电阻率，Ω·m	3.56	3.55	3.55	3.55
漏斗黏度，s	55	55	55	54

　　由表 4-1-3 中数据可见，钻井液中加入反应剂后，FYJ-1 反应剂穿透时间大幅度增加，且可降低钻井液的滤失量，同时钻井液的密度、电阻率和黏度均未产生明显的改变，因此选用 FYJ-1 作为滤饼反应剂。

　　实验研究了反应剂 FYJ-1 不同加量时对滤饼强度的影响，其结果如图 4-1-3 所示。由图 4-1-3 可以看出，反应剂 FYJ-1 加量为 0.8%时，滤饼增强效果最佳。

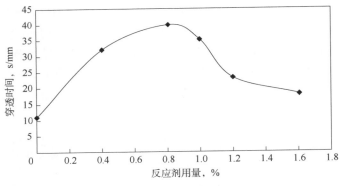

图 4-1-3　反应剂 FYJ-1 用量对滤饼强度的影响

(四) 降黏处理剂的优选

　　设计的降黏处理剂为含有阴离子-COO⁻和亲水的-CONH₂基团的高分子表面活性剂，能促使黏土颗粒分散，增加钻井液流动性，清洗浮滤饼，提高胶结强度。据此优选出 4 种降黏处理剂，编号分别为 JNJ-1、JNJ-2、JNJ-3、JNJ-4，实验发现加入四种降黏处理剂后，不能制备成滤饼，为此采用静止钻井液中钢板重量变化的方法评价降黏处理剂效果。将 4 种降黏处理剂以 0.10%的添加比例加入钻井液中，实验研究了降黏处理剂对清洗效果和钻井液主要性能的影响，结果见表 4-1-4。钻井液中加入降黏处理剂后，对钻井液的密度、电阻率和黏度均未产生明显的改变，在增重值指标上，前三种钢板的增重值明显降低，第四种无明显变化，说明 JNJ-4 不符合要求，进而研究了 JNJ-1、JNJ-2、JNJ-3 三种降黏处理剂不同加量对滤饼清洗效果的影响，其结果如图 4-1-4 所示。

表 4-1-4　4 种降黏处理剂的作用效果对比

降黏处理剂	原浆	JNJ-1	JNJ-2	JNJ-3	JNJ-4
模具增重值，%	9.90	0.84	4.48	2.31	8.36
钻井液密度，g/cm^3	1.43	1.43	1.43	1.43	1.43
电阻率，Ω·m	3.56	3.54	3.55	3.55	3.55
漏斗黏度，s	55	54	53	54	54

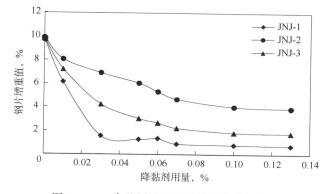

图 4-1-4　降黏剂用量对钢片增重值的影响

由图 4-1-4 可以看出，JNJ-1 降黏处理剂效果最佳，在其用量超过 0.07% 以后，钢板增重值变化不大，因此选用 JNJ-1 作为降黏处理剂且降黏处理剂加量为 0.07%。

三、处理剂的复配和复配后性能评价

（一）处理剂复配比例和加量研究

（1）将增强剂 ZQJ-1、催化剂 CHJ-2 与反应剂 FYJ-1 以不同的比例复配，复配后用量为钻井液质量的 1%，开展了复配比例对滤饼强度影响规律研究，结果见表 4-1-5。

表 4-1-5　增强剂、催化剂与反应剂复配比例对滤饼强度的影响

增强剂：催化剂：反应剂	滤失量，mL	穿透时间，s	滤饼厚度，mm	单位厚度滤饼穿透时间，s/mm
4:2:1	3.55	133.4	1.93	69.1
8:2:1	3.85	365.0	1.89	193.1
16:2:1	4.10	385.4	1.83	210.6
8:4:1	4.25	128.5	1.81	71.0
2:1:1	3.80	349.1	2.07	168.6
2:1:2	3.40	155.6	1.77	87.9

续表

增强剂：催化剂：反应剂	滤失量，mL	穿透时间，s	滤饼厚度，mm	单位厚度滤饼穿透时间，s/mm
4：1：1	3.62	279.6	1.91	146.4
4：4：1	3.90	479.3	1.89	253.6
4：8：1	3.99	132.2	1.97	67.1

由表4-1-5可以看出，增强剂：催化剂：反应剂＝4：4：1时，单位厚度滤饼穿透时间最长，滤饼强度最大。因此，增强剂 ZQJ-1、催化剂 CHJ-2 与反应剂 FYJ-1 质量最佳配比为4：4：1。

（2）将增强剂 ZQJ-1、催化剂 CHJ-2 与反应剂 FYJ-1 以最佳配比4：4：1复配，开展了用量对滤饼强度的影响规律研究，结果如图4-1-5所示。

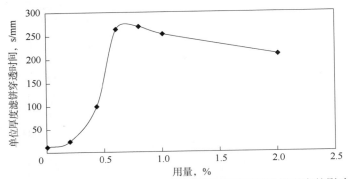

图4-1-5　增强剂、催化剂、反应剂复配后用量对滤饼强度的影响

由图4-1-5可以看出，将增强剂 ZQJ-1、催化剂 CHJ-2 与反应剂 FYJ-1 以4：4：1比例复配后，随着用量的增加，滤饼强度呈现先上升后缓慢下降的趋势；当用量为钻井液质量的0.8%时，滤饼穿透时间最长，说明此条件下滤饼强度最大。因此，增强剂 ZQJ-1、催化剂 CHJ-2 与反应剂 FYJ-1 以最佳配比4：4：1复配后最佳用量为钻井液质量的0.8%。

（3）将增强剂 ZQJ-1、催化剂 CHJ-2 与反应剂 FYJ-3 以最佳配比4：4：1比例复配，以最佳用量0.8%加入钻井液中，改变降黏剂的用量，开展了复配比例对滤饼强度影响规律研究，结果如图4-1-6所示。

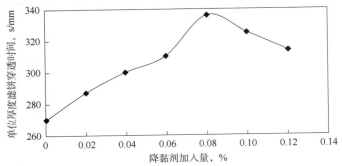

图4-1-6　四种外加剂复配后比例对滤饼强度的影响

由图4-1-6可以看出，随着降黏剂用量的增加，滤饼强度呈现先上升后下降的趋势；当降黏剂用量为钻井液质量的0.08%时，单位厚度滤饼穿透时间最长，滤饼强度最大。因此，可推出增强剂、催化剂、反应剂与降黏剂最佳复配比例为4:4:1:1。

（4）将增强剂ZQJ-1、催化剂CHJ-2、反应剂FYJ-1和降黏剂JNJ-1以最佳配比4:4:1:1比例复配后，进行了用量对滤饼强度的影响规律研究，结果如图4-1-7所示。

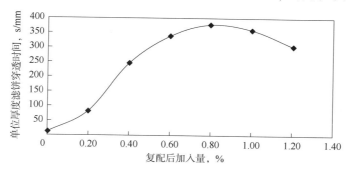

图4-1-7　四种外加剂复配后用量对滤饼强度的影响

由图4-1-7可以看出，随着加量的变化，单位厚度滤饼穿透时间也发生变化。当加量为0.8%左右时，穿透时间最长，此时滤饼强度最高，是原浆滤饼强度的30倍左右。因此，增强剂ZQJ-1、催化剂CHJ-2、反应剂FYJ-1和降黏剂JNJ-1以最佳配比4:4:1:1比例复配后的最佳用量为钻井液质量的0.8%。

（二）处理剂复配后对钻井液主要性能影响的研究

将各种处理剂以最佳的复配比例和用量加入钻井液中，测定钻井液的滤失量、黏度、密度、电阻率、流变性等性能参数，具体数据见表4-1-6，钻井液的流变曲线如图4-1-8所示。

表4-1-6　不同复配外加剂加量时钻井液性能

性能参数	原浆	增强剂：反应剂 （4:1）1.6%	增强剂：催化剂 （2:1）0.8%	增强剂：催化剂： 反应剂 （4:4:1）0.6%	增强剂：催化剂： 反应剂：降黏剂 （4:4:1:1）0.8%
钻井液密度，g/cm³	1.43	1.43	1.43	1.43	1.43
滤失量，mL	2.90	2.63	2.62	2.62	2.60
电阻率，Ω·m	3.56	3.55	3.55	3.54	3.54
漏斗黏度，s	55	55	55	55	54

从表4-1-6可以看出，各种处理剂以最佳的比例和用量加入钻井液后，并没有明显改变钻井液的滤失量、密度和电阻率。

由图4-1-8可以看出，将增强剂ZQJ-1、催化剂CHJ-2、反应剂FYJ-1和降黏剂JZJ-1复配后以最佳的比例和用量加入钻井液中，钻井液的流变曲线类型没有发生显著变化，说明复配后的处理剂并不会影响到钻井液的流体类型。

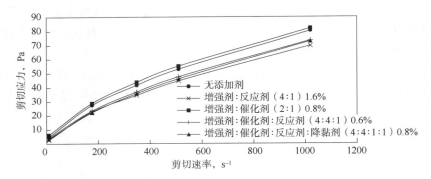

图4-1-8　钻井液的流变曲线

（三）界面增强处理剂对固井质量影响评价

为了检验界面增强处理剂对提高高渗透低压层固井质量效果，进行室内声学检测评价实验。采用原钻井液和加入界面增强处理剂的钻井液在模拟高渗透层井壁形成滤饼（厚度4mm），将大连 G 级水泥浆倒入模拟地层与套管间的环空中，在40℃水浴中养护，连续声波测井，并记录测井结果的变化情况，实验结果如图4-1-9所示。

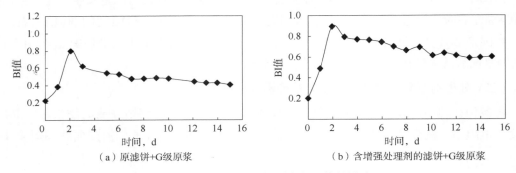

（a）原滤饼+G级原浆　　　　　　（b）含增强处理剂的滤饼+G级原浆

图4-1-9　界面增强处理剂对 BI 值的影响

从图4-1-9曲线中可以看出，原钻井液形成滤饼情况下，G 级水泥浆 2d 时 BI 值为0.8，随着时间延长，界面胶结质量大幅度下降，15d 时 BI 值为 0.4；加有界面增强处理剂钻井液形成的滤饼，G 级水泥浆 2d 时 BI 值为 0.9，15d 时 BI 值基本平稳在 0.6 左右，说明界面增强处理技术利用井壁封堵剂降低高渗透层的渗透性，滤饼增强剂、晶体催化剂使形成的滤饼强化，从而达到提高高渗透层固井质量的目的。

第二节　调整井水泥浆系列

固井水泥浆在钻完井工程中有着举足轻重的地位：所有套管均要用水泥浆封固，水泥浆能有效封闭地层、保护支撑套管、隔离生产层段。水泥浆也要经受住井下恶劣环境，承受地下油气水及其他介质的腐蚀窜扰，以及采油作业中注水、酸化、压裂等增产措施的种种考验，同时水泥浆也要满足针对不同地质环境特性提出的性能要求。

调整井固井面临特高含水期复杂的地质环境与新的技术难点，高压层油水窜、高渗透层界面胶结薄弱等问题突出，有针对性地研制出调整井水泥浆系列，主要包括了低温防窜水泥浆、防腐抗渗水泥浆、低温高密度水泥浆、表层促凝早强水泥浆等，下面进行逐一介绍。

一、低温防窜水泥浆

高压层固井时，由于区域地层压力高，水泥浆失重、防窜能力差等因素的影响，会造成环空水气窜，严重影响高压层固井质量，甚至会发生高压流体运移至井口，造成管外喷冒等事故。针对固井后高压流体侵入问题，研发低温防窜水泥浆体系，该体系主要由低温早强剂、防窜剂和降失水剂组成，其中低温早强剂可使水泥石在低温下具有较高强度并缩短凝结时间；低温防窜剂，可增大气窜阻力，降低水泥石渗透率，提高界面胶结强度；低温降失水剂，可在低温下形成聚合膜，降低水泥浆失水。

（一）低温早强剂的研究

早强剂是能缩短水泥浆稠化时间、加速水泥凝结及硬化、提高水泥石早期强度的化学剂。目前应用的早强剂主要有无机盐、有机物和复合型三大类，这些早强剂在低温环境下（小于30℃）早强效果不明显，多数早强剂的共同缺点是引起水泥石收缩，水泥石后期强度衰退，因此需要对低温早强剂进行研究。

1. 早强剂作用机理

一般认为，水泥浆液相最初由硫酸盐溶液和氢氧化钙、氢氧化钾、氢氧化钠溶液组成，它们之间处于动态平衡：

$$CaSO_4 + 2KOH \longrightarrow K_2SO_4 + Ca(OH)_2$$

$$CaSO_4 + 2NaOH \longrightarrow Na_2SO_4 + Ca(OH)_2$$

任何促使该反应向右移动的外加剂都能加速水泥浆的水化与凝结过程，早强剂正是能加速该反应向右移动的外加剂。归纳起来，早强剂的促凝早强机理有以下三个方面的原因：

1）离子效应

无机盐在水泥浆体系中可发生盐效应和同离子效应，从而改变胶凝材料的溶解度，加快水泥水化反应的进程。若水泥浆中没有同类离子的电解质，早强剂在盐效应的作用下增大水泥浆溶液的离子浓度，改变水泥颗粒表面的吸附层，从而提高水化矿物的溶解度，加速水泥水化进程；若水泥浆中有同类离子的电解质，早强剂可在同离子效应的作用下，一方面减小一些水泥水化矿物的溶解度；另一方面却促使水泥水化产物更快地结晶析出，从而提高水泥石的早期强度。

2）生成复盐、络合物或难溶化合物

一些早强剂可通过与水泥胶体矿物发生化学作用，生成复盐、络合物或难溶化合物。由于复盐、络合物或难溶化合物的溶度积比相应单盐更小，从而加速了水泥水化进程。如亚硝酸盐和硝酸盐能与 C_3A 生成络盐、亚硝酸铝酸盐和硝酸铝酸盐，加速水泥水化并促进水泥石早期强度的发展；胺类在水泥浆中可生成易溶解络合物，可加快 C_3A、C_4AF 的溶解速度，从而生成更多的硫铝酸钙以提高早期强度。

3）形成结晶中心，加速水泥的凝结与硬化

一些早强剂还能起到制备结晶中心的作用以加速水泥的水化进程，如 $NaAlO_2$、Na_2SiO_3 等物质，在水溶液中可水解为呈胶态的氢氧化铝胶体、硅胶等，它们与钙离子结合可形成水化物的结晶中心而加速水泥浆的凝结与硬化。

2. 低温早强剂的确定

通过对早强机理的研究，在大量的资料调研及探索性实验基础上，利用多相加速、分散增溶原理，优选出以聚合物 A 为主的 A、B、C、D 早强效果较好的 4 种组分进行复配。

1）复配方案的确定

改变 A、B、C、D 各组分比例，通过大量的水泥浆常规性能实验评价，优选出早强效果较好的 5 种复配比例进行研究，5 种复配比例见表 4-2-1。

表 4-2-1　低温早强剂复配比例

方案	1	2	3	4	5
A：B：C：D	3：2：2：1	4：3：1：1	4：2：2：1	5：2：1：1	5：2：2：1

2）各组分比例的确定

改变表 4-2-1 中每种方案中早强剂的加量，进行同条件下凝结时间、$10℃×24h$ 抗压强度实验。方案 1~5 实验数据分别见表 4-2-2 至表 4-2-6。

表 4-2-2　方案 1 实验数据

加量，%	0	1.0	2.0	2.5	3.0	3.5	4.0	4.5	5.0
$10℃×24h$ 抗压强度，MPa	0.8	1.2	1.7	3.8	3.9	4.5	5.2	5.7	6.0
$27℃$ 初凝/终凝时间，min/min	280/322	248/290	230/254	190/210	182/202	170/188	160/176	160/172	150/163
$38℃$ 初凝/终凝时间，min/min	204/227	200/216	185/200	170/185	160/175	130/142	116/127	100/110	90/99

由表 4-2-2 数据可见，随着方案 1 早强剂加量增大，水泥石抗压强度有所增加，凝结时间相应缩短，$10℃×24h$ 水泥石最高强度为 6.0MPa，但从实验现象看，当加量大于 3.5% 时，水泥浆浆态变稠，流动度明显降低。

表 4-2-3　方案 2 实验数据

加量，%	0	1.5	2.5	3.5	4.5
$10℃×24h$ 抗压强度，MPa	0.8	2.2	4.5	6.0	7.8
$27℃$ 初凝/终凝时间，min/min	280/322	230/266	168/198	160/184	170/195
$38℃$ 初凝/终凝时间，min/min	204/227	170/185	120/135	100/110	110/121

由表 4-2-3 数据可以看出，方案 2 早强剂加量增大，水泥石抗压强度增加，凝结时间缩短，加量为 4.5% 时抗压强度 7.8MPa，但凝结时间比加量为 3.5% 时要延长 10min 左右。

表 4-2-4 方案 3 实验数据

加量,%	0	2.5	3.5	4.5	5.5
10℃×24h 抗压强度,MPa	0.8	1.5	2.5	3.3	1.6
27℃初凝/终凝时间,min/min	280/322	260/300	190/216	178/199	160/175
38℃初凝/终凝时间,min/min	204/227	182/197	116/131	105/115	96/106

由表 4-2-4 数据可见,方案 3 早强剂加量的增大,抗压强度有所增加,但早强效果不明显,而且随着加量的增大,水泥浆体增稠严重。

表 4-2-5 方案 4 实验数据

加量,%	0	1.0	2.0	2.5	3.0	3.5	4.0	4.5	5.0
10℃×24h 抗压强度,MPa	0.8	2.9	4.5	5.6	6.5	6.8	7.6	8.4	9.6
27℃初凝/终凝时间,min/min	280/322	230/251	192/212	185/205	172/193	165/183	153/165	142/152	135/145
38℃初凝/终凝时间,min/min	204/227	172/198	155/170	119/132	108/118	95/103	82/89	78/85	70/75

由表 4-2-5 数据可见,方案 4 早强剂加量的增大,水泥石抗压强度增加,凝结时间缩短,终凝时间可缩短到 5min 左右,加量 5.0% 时,抗压强度达到 9.6MPa,而且随着加量的增加,水泥浆体系仍有较好的流动性。

表 4-2-6 方案 5 实验数据

加量,%	0	1.5	2.0	2.5	3.0	4.0
10℃×24h 抗压强度,MPa	0.8	0.9	1.1	2.4	2.8	1.6
27℃初凝/终凝时间,min/min	280/322	280/320	214/245	170/200	150/180	182/217
38℃初凝/终凝时间,min/min	204/227	197/223	165/183	136/151	110/124	135/149

由表 4-2-6 数据可见,方案 5 早强剂加量的增大,抗压强度有所增加,但早强效果不明显,而且随着加量的增大,水泥浆体明显增稠,加量为 4.0% 时抗压强度反而减小,凝结时间也相应延长。

根据以上数据与分析,方案 4 的早强效果最为明显,确定方案 4(5∶2∶1∶1)为低温早强剂(以下简称 DLA)的组成比例。

3. 低温早强剂 DLA 的性能评价

1)常规性能实验

表 4-2-7 是低温早强剂 DLA 不同加量在 15℃ 时的终凝时间、抗压强度实验数据,表 4-2-8 是不同温度下低温早强剂 DLA 加量 3% 时水泥浆的凝结时间、抗压强度实验数据。

表 4-2-7 15℃时 DLA 不同加量水泥浆的终凝时间、抗压强度实验数据

加量,%	0	1.0	2.0	2.5	3.0	3.5	4.0
8h 抗压强度,MPa	—	1.0	2.7	3.8	5.5	7.6	9.8
终凝时间,min	560	380	320	275	260	220	190

表 4-2-8　3%DLA 时水泥浆不同温度抗压强度、凝结时间实验数据

温度，℃	15	27	38	45	50
8h 抗压强度，MPa	5.5	12.4	16.4	19.8	21.5
初凝/终凝时间，min/min	210/260	168/183	100/110	85/93	75/80

从表 4-2-7 数据中可以看出，15℃时水泥浆体系 8h 抗压强度随早强剂 DLA 加量的增加而增大，而凝结时间则随着加量的增加而缩短，早强剂加量大于 2.5% 时，15℃×8h 抗压强度均大于 3.5MPa。

从表 4-2-8 数据中可以看出，DLA 早强剂加量相同时，水泥石的 8h 抗压强度随着养护温度的升高而增加，凝结时间则随温度的升高而缩短。

表 4-2-9 是 DLA 不同加量水泥浆体系的稠化时间实验数据。从表 4-2-9 中数据可以看出，水泥浆稠化时间可根据低温早强剂 DLA 加量进行调整。

表 4-2-9　DLA 不同加量时水泥浆稠化时间实验数据

加量，%		2.0	2.5	3.0	3.5
稠化时间，min/100Bc	38℃×15.9MPa	96	90	84	78
	50℃×33.8MPa	80	72	63	50

2）水泥石渗透性评价实验

渗透率实验方法执行 GB/T 19139—2012《油井水泥试验方法》，实验用水泥为大连 G 级水泥，水泥浆密度为 1.90g/cm^3。表 4-2-10 是原浆、低温早强剂 DLA 水泥浆和目前应用效果相对较好的早强剂对比样品在不同养护条件下水泥石渗透率实验数据。

表 4-2-10　27℃时水泥石渗透率实验数据

配方	渗透率，mD					
	24h		48h		15d	
	27℃	45℃	27℃	45℃	27℃	45℃
原浆	0.35672	0.11082	0.12782	0.06782	0.09123	0.04723
早强剂对比样	0.31362	0.09567	0.10432	0.06430	0.07846	0.03146
DLA 早强剂	0.08792	0.05025	0.04216	0.02455	0.02859	0.01859

从表 4-2-10 数据中可以看出，3 种水泥浆体系随着温度的升高和养护时间的延长，水泥浆渗透率降低。加入 DLA 早强剂的低温早强水泥浆体系，渗透率明显低于原浆和早强剂对比样。

3）水泥石胀缩性实验

利用数显式比长仪对水泥浆胀缩性能进行评价，实验数据见表 4-2-11，图 4-2-1 是线性膨胀率曲线。从图 4-2-1 可以看出，DLA 低温早强水泥浆体系水泥石膨胀率大于原浆，5d 后 DLA 低温早强水泥石膨胀量，仍处于上升趋势，而原浆 5d 后则开始收缩。

表 4-2-11 水泥石线性膨胀率数据

配方	线性膨胀率,%										
	1d	2d	3d	4d	5d	6d	8d	10d	11d	13d	15d
DLA	0.04	0.06	0.08	0.70	0.81	0.81	0.80	0.84	0.83	0.88	0.89
原浆	0.04	0.05	0.05	0.32	0.48	0.44	0.43	0.40	0.31	0.31	0.26

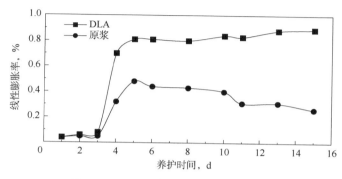

图 4-2-1 DLA 与原浆线性膨胀率曲线

4）水泥石抗压强度的发展

利用 5265 静胶凝强度分析仪,在 38℃ 条件下,对 DLA 低温早强水泥浆的强度发展趋势进行检测,如图 4-2-2 所示,从图 4-2-2 中可以看出,水泥石早期强度发展快,后期趋于平稳、不衰退。

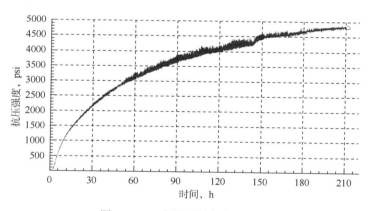

图 4-2-2 水泥石强度发展曲线

5）DLA 低温早强剂的机理分析

（1）DLA 低温早强剂中含有多种不同的官能团,形成了固定的活性中心,增加水泥与水的接触面积,并通过分散增溶、润湿渗透等作用,低温下促进各种水泥水化产物的水化速度,提高水泥石的早期强度,缩短凝结时间。

（2）水泥水化过程中,生成膨胀结晶水化物钙钒石,并通过高分子聚合物不断充填作用,阻塞毛细管通道,增加了水泥石的密实性及抗渗性,使水泥石微膨胀,降低渗透率。

（二）低温降失水剂的研究

预防高压流体窜流，必须控制水泥浆的失水，胶乳类聚合物是目前应用效果很好的非渗透防窜降失水剂。胶乳类聚合物降失水剂的作用机理为：圈闭自由液而降低水泥浆滤失量，缩短过渡时间，减少水泥浆失重；聚合物乳胶粒在水泥浆内部的成膜作用增加浆体内部结构阻力，增加水气窜阻力，提高水泥浆体系自身防窜能力；弹性胶粒或胶膜能够抑制微裂缝的产生、扩散，或者堵塞孔隙，使水泥石微膨胀，降低水泥石渗透率，为此，选用胶乳类聚合物作为降失水剂(以下简称 DSQ)。

1. 聚合物乳液的改进

高聚物乳液在低温时作用效果不明显，为了提高其低温性能，在不改变乳液单体组成的情况下，改变乳液的合成方式，将常规乳液聚合物的普通共聚方式改变为核壳乳液聚合，即在不改变乳液单体组成的情况下，改变乳液粒子结构，从而提高乳液性能，改进后的乳液是非均相的，而并非像常规聚合方式得到的均相乳液。

具体合成方法是将单体(用量 95～99 份)、功能单体(用量 1～5 份)、复合乳化剂体系(用量 0.01～2 份)、螯合剂、电介质等进行乳液聚合，补加引发剂、分子量调节剂，最后形成非均相粒子核壳共聚乳液。反应过程中控制分子量调节剂等添加剂的加量及乳液的pH 值和离子浓度，反应温度为 50～60℃。改性后乳液与常规乳液只是结构形态的改变，核壳乳胶粒独特的结构形态降低了乳液成膜温度，使合成的聚合物乳液在 10℃时即可成膜。

2. 低温降失水剂性能评价

评价了低温早强剂加量 2.5%时，不同低温降失水剂加量对稠化时间、凝结时间及滤失量的影响，数据见表 4-2-12。

表 4-2-12　DSQ 不同加量水泥浆常规性能实验数据

DSQ %	DLA %	38℃×15.9MPa 稠化时间，min/100Bc	38℃×常压 初凝/终凝时间，min/min	38℃×6.9MPa 滤失量，mL
0	2.5	88	104/114	—
5	2.5	92	105/108	150
8	2.5	96	105/108	64
10	2.5	96	108/110	32
12	2.5	101	112/114	20

从表 4-2-12 的数据中可以看出，随着降失水剂加量的增加，水泥浆的滤失量明显降低，而对稠化时间和凝结时间影响不大。降失水剂加量 5%时，水泥浆失水量 150mL，降失水剂加量 10%时，水泥浆滤失量 32mL，因此降失水剂加量为 8%～10%。

评价了低温降失水剂加量 10%时，不同低温早强剂加量对稠化时间、凝结时间及滤失量的影响，数据见表 4-2-13。

表 4-2-13　38℃时 DLA 不同加量水泥浆常规性能实验数据

DSQ %	DLA %	38℃×15.9MPa 稠化时间，min/100Bc	38℃×常压 初凝/终凝时间，min/min	38℃×6.9MPa 滤失量，mL
10	0	>300	400/420	30
10	2.0	105	112/117	35
10	2.5	96	108/110	32
10	3.0	84	102/104	33
10	3.5	73	95/97	33
10	4.0	65	85/87	32

从表 4-2-13 数据中可以看出，低温降失水剂具有一定的缓凝效果，但随着早强剂的加量的增加，水泥浆体系稠化时间变短，水泥浆的滤失量没有太大变化。

根据以上数据和分析，低温降失水剂与低温早强剂具有良好的适应性，配伍后解决了低温下降失水剂超缓凝问题，同时又控制了水泥浆体系的失水性能。

（三）低温防窜剂的研究

中深井防窜剂的研究发展很快，但低温防窜剂的研究较少。通过调研及机理分析，将可分散的酯类聚合物作为防窜剂应用到水泥浆体系中，该防窜剂主要具有以下四方面的优点：在低温环境下，形成的胶膜具有较强的抗渗特性；聚合物大量集中在界面处，少量分散在水泥本体，分散后形成高黏性的聚合物膜，起到胶黏剂的作用，提高界面胶结能力；分布在水泥浆体系内部的高柔性和高弹性聚合物膜，改善了水泥石的柔性和弹性，降低了水泥石的渗透性和力学形变能力；改变水泥水化产物(氢氧化钙)的界面取向性，使薄弱疏松的界面变得致密。

研究了醋酸乙烯酯与乙烯共聚物(A)、乙烯与氯乙烯及月硅酸乙烯酯三元共聚物(B)、醋酸乙烯酯与乙烯及高级脂肪酸乙烯酯三元共聚物(C)、乙烯与丙烯酸酯二元共聚物(D)等四种可分散聚合物，将其以相同的加量加入油井水泥中。评价了不同类型聚合物对抗压强度、流动度的影响，数据见表 4-2-14。

表 4-2-14　不同类型可分散聚合物对抗压强度的影响数据

检验项目	原浆	A	B	C	D
抗压强度，MPa	11.6	13.2	8.2	4.5	6.3
流动度，cm	20	24	19	18	15

从表 4-2-14 中可以看出，可分散聚合物 A 对水泥浆流动性和水泥石的抗压强度无不利影响。因此确定可分散聚合物 A 为油井水泥低温防窜剂(以下简称 DSI)。

将不同加量的低温防窜剂加入低温早强水泥浆体系中，检测防窜剂不同加量对水泥浆抗压强度、凝结时间、稠化时间、流动度、界面胶结强度、渗透率、变形量的影响，数据见表 4-2-15。

表 4-2-15　低温防窜剂不同加量下水泥浆常规性能实验数据

DSI 加量 %	抗压强度 MPa	凝结时间 min/min	稠化时间 min/100Bc	流动度 cm	48h 界面胶结强度，MPa		24h 渗透率 mD	48h 变形量 %
					一界面	二界面		
0	25.6	105/115	96	25	0.548	0.441	0.11082	0.956
1	25.8	105/115	95	25	0.612	0.502	0.10245	0.924
2	24.5	109/119	95	25	0.705	0.542	0.10035	1.624
3	22.5	116/126	98	22	0.823	0.632	0.01326	1.978
4	19.2	130/140	115	19	0.912	0.814	0.00764	2.014

由表 4-2-15 可见，防窜剂 DSI 加量在 1%~2% 时，对水泥浆体系的性能几乎没有影响，界面强度稍有增加，水泥石的渗透率、变形量基本没有改变；加量 3% 时，对水泥浆体系的凝结时间、稠化时间、流动性、抗压强度影响不大，表现在界面胶结强度增大、变形量增大，渗透率显著降低；加量 4% 时，水泥浆稠化时间、凝结时间明显延长，抗压强度下降 6MPa，流动性明显变差。从数据分析可知，低温防窜剂与体系配伍性较好，能够改善水泥浆体系的性能，防窜剂的加量应控制在 2%~3%。

（四）低温防窜水泥浆体系评价

通过以上研究，形成了三元复合防气窜水泥浆体系——低温防窜水泥浆体系（以下简称 DCK 体系），主要由低温早强剂 DLA、低温降失水剂 DSQ、低温防窜剂 DSI 组成，低温防窜水泥浆体系的作用机理是：低温防窜剂、降失水剂合理的颗粒级配、成膜机制、填充作用及低温早强剂的调整作用，增大了水泥浆体系的气侵阻力、缩短了过渡时间，改善了水泥环本身的性能，避免产生缺陷，通过渗透、吸附、交联、粘接等多种反应机制，改善过渡层结构，提高水泥环双界面质量。

1. 常规性能评价

对不同温度下低温防窜水泥浆体系的常规性能进行评价，实验数据见表 4-2-16。水泥浆体系低温下具有较高的早期强度，10℃×8h 抗压强度为 2.0MPa，15℃×8h 抗压强度为 4.2MPa，原浆此时没有终凝。DCK 水泥浆体系的滤失量随温度的升高而降低。

表 4-2-16　不同温度下低温防窜水泥浆体系常规性能实验数据

水泥浆 体系	温度 ℃	稠化时间 min/100Bc	抗压强度，MPa		初凝/终凝时间 min/min	滤失量 mL
			8h	24h		
原浆	10	—	0	2.1	600/700	—
DCK		—	2.0	7.0	300/350	—
原浆	15	—	0	3.2	500/560	—
DCK		—	4.5	11.4	250/285	35
原浆	27	—	2.8	11.6	270/305	>1000
DCK		—	14.2	20.5	165/173	32
原浆	38	135	5.6	16.2	200/230	>1000
DCK		96	18.6	26.4	105/109	33

续表

水泥浆 体系	温度 ℃	稠化时间 min/100Bc	抗压强度，MPa		初凝/终凝时间 min/min	滤失量 mL
			8h	24h		
原浆	45	128	9.8	17.9	180/210	>1000
DCK		88	20.5	29.6	98/100	34
原浆	50	120	12.0	20.1	142/167	>1000
DCK		80	22.5	32.4	90/92	28

注：DCK 体系游离液体积分数为 0，流动度为 24cm。

2. 过渡时间评价

水泥水化过程中从初凝到终凝，是水泥浆静液柱压力损失最快、最容易产生窜流动力（压差）的时期。从初凝过渡到终凝的时间称为凝结过渡时间，缩短过渡时间，可以快速形成阻止窜流阻力，有利于防止气窜，表 4-2-17 是水泥浆体系的凝结时间数据。

表 4-2-17　水泥浆体系凝结时间实验数据

配方	初凝/终凝时间，min/min				
	27℃	38℃	45℃	50℃	60℃
常规防窜体系	206/241	165/197	121/146	108/128	82/97
低温防窜体系	165/173	105/109	98/100	90/92	60/62

从表 4-2-17 中数据可以看出，低温防窜水泥浆体系的凝结时间、过渡时间均小于常规防窜水泥浆体系，初凝 2min 之后达到终凝，更易于保持水泥浆柱压力，减缓了油井水泥浆失重现象，有助于降低气窜发生可能性。

3. 早期强度、渗透率评价

提高水泥石早期强度，降低渗透率，这是低温浅井防窜的一项重要措施。因此，有必要对早期强度以及渗透率进行评价，实验检测不同温度下水泥浆早期强度、渗透率，数据见表 4-2-18 和表 4-2-19。

表 4-2-18　不同温度下水泥浆 8h 抗压强度实验数据

温度，℃		15	27	38	45
抗压强度 MPa	原浆	0	2.8	5.6	9.8
	DCK	4.5	14.2	18.6	20.5

表 4-2-19　水泥浆体系渗透率实验数据

配方	渗透率，mD					
	27℃×24h	27℃×48h	27℃×15d	45℃×24h	45℃×48h	45℃×15d
原浆	0.35672	0.12782	0.09123	0.11082	0.06782	0.04723
常规防窜体系	0.12652	0.07212	0.06232	0.08624	0.03135	0.02842
低温防窜体系	0.04623	0.02216	0.00941	0.01135	0.008455	0.00659

从表4-2-18和表4-2-19中数据可见，低温防窜水泥浆体系具有较高的早期强度、较低的渗透率。高的早期强度和低渗透率有利于提高水泥石本体的抗窜能力。

4. 界面胶结强度评价

由于水泥水化过程中在界面处存在界面过渡区，过渡区内大颗粒的氢氧化钙、钙钒石等存在，导致其结构疏松容易形成微裂缝，为窜流提供通道；此外，二界面由于滤饼的存在形成不可固化层，形成界面胶结薄弱环节。实验检测了不同温度、水泥浆体系、养护时间情况下水泥环一界面、二界面胶结强度，数据见表4-2-20。

表4-2-20 界面胶结强度实验数据

配方		界面胶结强度，MPa							
		15℃		27℃		45℃		60℃	
		一界面	二界面	一界面	二界面	一界面	二界面	一界面	二界面
原浆	48h	0.179	0	0.332	0	0.444	0	0.628	0
	15d	0.356	0	0.463	0	0.592	0	0.785	0
常规防窜体系	48h	0.218	0	0.421	0	0.466	0	0.694	0
	15d	0.412	0	0.542	0	0.612	0	0.746	0
低温防窜体系	48h	0.325	0.011	0.685	0.042	0.742	0.071	0.869	0.081
	15d	0.523	0.022	0.751	0.062	0.841	0.079	0.912	0.082

从表4-2-20中数据中可以看出，低温防窜水泥浆体系的一界面胶结强度高于原浆和常规水泥浆防窜体系；有滤饼存在时，原浆二界面没有强度，而低温防窜水泥浆体系在15℃时，二界面胶结强度达到0.011MPa(48h)、0.022MPa(15d)，45℃时，二界面胶结强度达到0.071MPa/48h、0.079MPa/(15d)，界面胶结强度的提高，能够提高界面的抗窜能力。

5. 力学形变能力评价

对水泥浆体系进行力学形变能力评价，按GB/T 19139—2012《油井水泥试验方法》的要求制备实验模块，利用三轴力学性能评价实验仪对水泥石的力学形变能力进行检测，三轴实验围压20MPa，2kN/min恒速加载，实验数据见表4-2-21。

表4-2-21 水泥石三轴力学性能实验数据

配方	三轴强度，MPa				屈服变形量，%			
	27℃		45℃		27℃		45℃	
	48h	15d	48h	15d	48h	15d	48h	15d
原浆	49.82	71.52	72.56	95.80	0.72	0.69	0.65	0.80
低温防窜体系	69.45	101.12	107.62	131.21	1.84	1.74	1.55	1.64

由表4-2-21中数据可以看出，低温防窜水泥浆体系三轴强度大于原浆，水泥石的屈服变形量大于原浆2倍以上，这说明体系具有良好的力学变形能力，更能抵抗外力对水泥环的破坏，防止油井二次窜流，提高油井的使用寿命。

6. 抗窜能力评价

利用 7150 型液/气分析仪，评价了原浆、低温防窜水泥浆体系的抗窜能力，数据如图 4-2-3 所示。

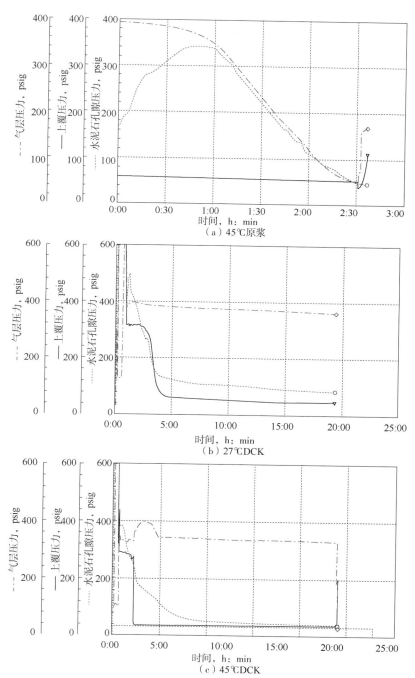

图 4-2-3 水泥浆抗窜能力评价

从图 4-2-3 可以看出，原浆开始水化，气层压力曲线迅速下降，发生了气窜；而 DCK 水泥浆体系无论是在水泥浆水化凝结过程中还是水泥浆凝固后，气层压力曲线未发生变化，水泥石气窜量为 0mL。

7. 微观结构分析

利用扫描电镜，对水泥浆本体、界面进行微观结构分析。图 4-2-4 为大连 G 级原浆与低温防窜水泥浆体系在 38℃实验条件下养护 48h 的水泥石扫描电镜微观图。从图 4-2-4 中可看出 G 级原浆存在叠层生长的 $Ca(OH)_2$ 和大量纤维状 C-S-H 凝胶，形成疏松的类似颗粒堆积的浆体结构；低温防窜水泥浆体系试样则结构紧密，表面光滑。分析认为，防窜剂改变了水泥水化产物结构和生成量，低温降失水剂和低温防窜剂配伍，在胶粒表面形成的弹性胶膜，使水泥石结构更加致密。

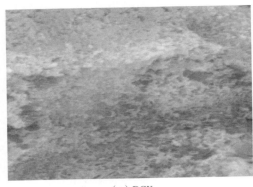

（a）DCK　　　　　　　　　　　　　（b）原浆

图 4-2-4　水泥石本体扫描电镜图（放大 5000 倍）

图 4-2-5 是大连 G 级原浆、低温防窜水泥浆体系 38℃养护 48h 的水泥环界面扫描电镜微观图。由图 4-2-5 可以看出，原浆界面内含有大量的针状晶体、裂缝和大孔隙，结构疏松；低温防窜水泥浆体系界面没有孔隙和裂缝，结构致密。分析认为，防窜剂改变了界面水化产物的趋向性。

（a）DCK　　　　　　　　　　　　　（b）原浆

图 4-2-5　水泥环—界面扫描电镜图（放大 5000 倍）

以上研究表明，低温防窜水泥浆体系在低温下有着过渡时间短、早期强度高、渗透率低、界面胶结质量好等优良性能，低温下可提高水泥浆、水泥环本体、水泥环双界面的防窜能力。

二、防腐抗渗水泥浆

针对高渗透砂岩层水洗严重、渗透性增大、孔隙流体流速大、矿化度高的复杂地质环境，为了提高水泥浆的防腐抗渗能力与界面胶结质量，研制了防腐抗渗水泥浆体系。通过优选 DTP 弹性膨胀材料，使水泥固相含量增加，降低水泥石渗透性；优选 DNO 滤饼耦合剂提高高渗透层滤饼强度、防溶蚀破坏，提高二界面滤饼对水泥环的支撑力；优选 DZK 抗渗剂，减少易冲蚀水化产物，提高水泥环抗侵蚀能力。

（一）水泥外加剂的优选

1. DTP 弹性膨胀材料

DTP 弹性膨胀材料作为弹性膨胀高分子材料，具有以下特点：一是该材料具有吸收并束缚水的特性，能够提高固相含量，降低水泥石渗透性；二是该材料具有一定的膨胀应力，使水泥浆在失重条件下产生应力膨胀，扩张填充水泥颗粒，达到内部挤紧压实的双重作用，为界面胶结提供良好的胶结环境。此外，DTP 的延迟膨胀性能可保证油井水泥浆体系在前期具有良好流动性能。

1）DTP 弹性膨胀材料膨胀速率

膨胀速率的快慢和膨胀率的大小是决定材料能否应用于油井水泥领域的重要指标。膨胀速率太快将导致水泥浆体系的水灰比（W/C）快速下降，浆体黏度增大、流动度减小，进而丧失被泵送的能力；膨胀速率慢（大于 240min），在水泥石强度形成过程中开始膨胀，就会在 DTP 颗粒存在的地方产生应力集中、破坏水泥石结构，从而产生裂纹；在井深 1200m 左右的调整井中使用时，理想的膨胀速率是在遇水后 30min 以内膨胀较慢、在 120min 左右膨胀结束，这样既保证了水泥浆体系的流变性，又能充分发挥 DTP 的特性（图 4-2-6）。

（a）膨胀前　　　　　　　　　　　　　　（b）膨胀后

图 4-2-6　DTP 弹性膨胀材料

膨胀率是指材料完全膨胀后，其质量或体积与未膨胀时相比增加的部分，计算公式如下：

$$膨胀率 = \frac{m_t - m_o}{m_o} \times 100\% \qquad (4-2-1)$$

$$膨胀速率 = \frac{m_t - m_o}{t} \qquad (4-2-2)$$

式中　m_t——膨胀后的质量，g；

　　　m_o——材料初始质量，g；

　　　t——材料在溶液中浸泡的时间，min。

膨胀率的大小一方面会影响 DTP 颗粒膨胀后的体积和韧性，另一方面也会影响水泥浆体系内部的应力分布情况。此外，材料的膨胀率越大，其吸水能力也相应越强，越有利于降低周围水泥浆的 W/C，使水泥石排列得更加紧密、减少缺陷。DTP 的膨胀速率和膨胀率受多种因素的影响，例如制备过程中所使用的交联剂、增韧剂的种类和加量，干燥成型后颗粒的尺寸及形状等。据此优选出 4 种 DTP 弹性膨胀材料颗粒，编号分别为 1~4 号，进行了膨胀速率和膨胀率对比实验研究，结果如图 4-2-7 所示。

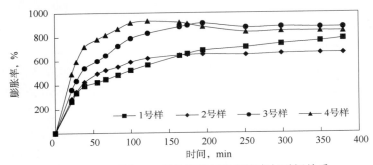

图 4-2-7　不同 DTP 弹性膨胀材料膨胀率与时间关系

由图 4-2-7 可知，2 号样品在 30min 以内吸水速度较慢，120min 以后基本不再膨胀，膨胀率为 600%。该样品既有利于水泥浆凝固过程中束缚水分，又防止水泥石由于橡胶膨胀而出现裂缝，故选择 2 号样品。

2）DTP 水泥石渗透率

评价 DTP 弹性膨胀材料水泥石抗渗性能。实验条件：45℃×常压，养护 24h，60℃干燥箱干燥 7d，数据见表 4-2-22。

表 4-2-22　水泥石渗透率实验数据

配方	水泥浆密度，g/cm³	渗透率，mD
G 级原浆	1.9	0.11082
G 级原浆+0.5% DTP	1.9	0.07821
G 级原浆+1.0% DTP	1.9	0.04632
G 级原浆+1.5% DTP	1.9	0.04415
G 级原浆+2.0% DTP	1.9	0.04121

从表 4-2-22 中数据可以看出，随着弹性膨胀材料加量的增加，渗透率不断降低；当加量大于 1.0% 后，渗透率变化不明显，因此，确定弹性膨胀材料在水泥浆中的加量为 0.5%~1.0%。

3）DTP 水泥石声学性能检测

检测了水泥浆固化后水泥石的声阻抗，结果见表 4-2-23。实验数据表明，加入 DTP 弹性膨胀材料后水泥石声学性能得到了一定的提高，有利于提高水泥声检质量。

表 4-2-23　48h 水泥石声学性能实验数据

配方	水泥浆密度，g/cm³	水泥石密度，g/cm³	声速，m/s	声阻抗，10^6kg/(m²·s)
G 级原浆	1.9	1.97	3340	6.58
G 级原浆+0.5% DTP	1.9	1.95	3697	7.21
G 级原浆+1.0% DTP	1.9	1.95	3775	7.36

2. DNO 滤饼耦合剂

DNO 滤饼耦合剂的作用机理为水泥水化反应初期，为滤饼提供了可激发水化反应的可溶性离子，从而实现了滤饼转化成凝饼，在凝饼胶凝固化后，抗冲蚀能力提高，进而提高界面胶结质量，其成分与低温防窜水泥浆中的低温早强剂 DLA 相同。

为了确定钻井液耦合剂的加量，开展了水泥环界面剪切强度评价实验，实验数据见表 4-2-24。

表 4-2-24　滤饼耦合剂评价实验数据

DNO 加量，%	0	1.5	2.0	2.5	3.0	3.5	4.0	4.5
流动度，cm	25	25	25	24	24	23	19	17
38℃×48h 二界面强度，MPa	0	0.012	0.021	0.038	0.050	0.058	0.060	0.061

注：二界面滤饼厚度为 4mm。

从表 4-2-24 中数据可见，随着 DNO 滤饼耦合剂加量的增加，流动度降低，界面强度增大，当加量大于 2.0% 时，二界面强度大于 0.020MPa，二界面能够形成有效强度；当加量大于 4.0% 时，DNO 滤饼耦合剂水泥浆流动度不利于固井施工，且二界面胶结强度变化不大；随着滤饼耦合剂加量增加，水泥石抗压强度会增加，凝结时间缩短，有利于防窜，因此，综合考虑 DNO 滤饼耦合剂在水泥浆中的加量为 2.0%~3.5%。

3. DZK 抗渗剂

DZK 抗渗剂成分基于低温防窜水泥浆的低温防窜剂 DSI 研究而成，主要为胶粉聚合物，可以利用胶粒增加了水泥石的致密性，同时胶粉颗粒成膜作用会黏结覆盖水泥浆硬化体的缺陷和微裂缝，提高抗渗能力。

为了确定 DZK 加量，将不同加量的抗渗剂 DZK 加入水泥浆中（水泥浆体系中以加入 2.5%DNO 滤饼耦合剂），渗透率和变形量实验数据见表 4-2-25。

表 4-2-25　水泥石渗透率、变形量实验数据

DZK 加量，%	24h 渗透率，mD	48h 弹性变形量，%
0	0.11082	0.956

续表

DZK 加量，%	24h 渗透率，mD	48h 弹性变形量，%
1	0.10245	0.924
2	0.10035	1.624
3	0.01326	1.978
4	0.00764	2.014
5	0.00760	2.021

从表4-2-25 中数据中可看出，DZK 加量为加量 1%~2%，渗透率变化不大；加量 2%以上时，随着 DZK 加量的增大，水泥浆体系的变形量增大，渗透率显著降低；当加量在 4%以上时，随着加量的增大，水泥石弹性变形量、渗透率无明显变化。根据以上数据，为了有效地改善水泥浆体系的各项性能，DZK 的推荐加量应在 2%~3%。

（二）水泥浆体系性能评价

通过以上评价实验，确定防腐抗渗水泥浆体系内各组分材料成分及加量，形成了防腐抗渗水泥浆体系，对该水泥浆进行性能评价。体系配方为：G 级水泥+（0.5%~1%）DTP+2.5%DZK+3.5%DNO。

1. 防腐抗渗水泥浆常规性能评价实验

水泥浆常规性能见表4-2-26，稠化曲线如图4-2-8 和图4-2-9 所示。从实验数据可以看出，常规性能满足现场施工要求。

表 4-2-26　水泥浆常规物理性能

配方	水泥浆密度 g/cm³	流动度 cm	初凝/终凝 min/min	40℃×6.9MPa 失水，mL	48h 抗压强度 MPa	48h 渗透率 mD
G 级原浆	1.9	24.0	130/150	1700	26.6	0.06782
防腐抗渗体系	1.9	23.5	110/135	47	22.4	0.01102

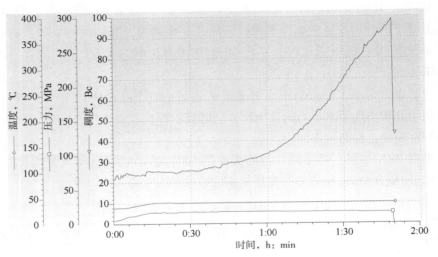

图 4-2-8　0.5%DTP+2.5%DZK+3.5%DNO 稠化曲线

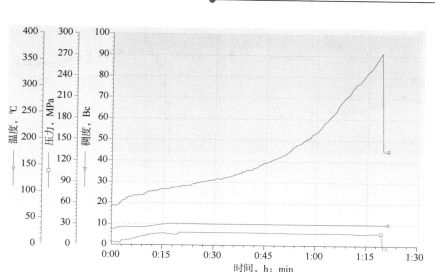

图 4-2-9　1%DTP+2.5%DZK+3.5%DNO 稠化曲线

2. 防腐抗渗水泥浆界面剪切强度评价实验

界面剪切强度实验数据见表 4-2-27，从表 4-2-27 中数据可以看出，体系一界面剪切强度明显大于原浆水泥石，二界面剪切强度略有增加，说明体系能够提高界面胶结强度。

表 4-2-27　水泥浆界面胶结强度评价实验数据

水泥浆配方	一界面强度，MPa	二界面强度，MPa
G 级原浆	0.444	0
G 级原浆+1%DTP+2.5%DZK+3.5%DNO	0.806	0.070

注：滤饼厚度为 4mm。

3. 防腐抗渗水泥浆声学检测评价实验

为检验防腐抗渗水泥浆对提高高渗透低压层固井质量应用效果，进行室内声学检测评价实验（滤饼厚度 4mm）。实验数据如图 4-2-10 所示。从图 4-2-10 曲线中可以看出，G 级原浆 2d 时 BI 值为 0.8，随着时间延长，界面胶结质量大幅度下降，15d 降为 0.4。防腐抗渗水泥浆 BI 值基本平稳，BI 值在 0.8~1.0 之间，说明该水泥浆体系有助于提高高渗透砂岩层固井质量。

三、低温高密度水泥浆

针对异常高压区域，部分高压层压力系数可达 1.95 以上，常规密度水泥浆已不能满足压稳需求，需要用高密度水泥浆技术来压稳高压层。研制低温高密度水泥浆体系，设计密度范围 2.1~2.4g/cm³，利用颗粒级配理论和紧密堆积设计原理，通过优选加重材料、外掺料和外加剂，并进行合理组配，使体系综合性能优良，满足高密度固井施工要求。

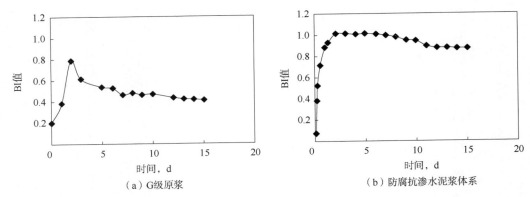

（a）G级原浆　　　　　　　　　（b）防腐抗渗水泥浆体系

图 4-2-10　G 级原浆与防腐抗渗水泥浆体系 BI 值随时间变化关系曲线

（一）加重材料优选及评价

1. 加重材料的优选原则

加重材料的作用是提高水泥浆固相质量，从而提高水泥浆密度。优选加重剂的原则有以下几点：

（1）加重剂粒度分布与水泥相匹配，颗粒太粗易使水泥浆产生离析，颗粒太细容易增加水泥浆稠度；

（2）加重剂需水量少；

（3）在配制水泥浆时，加重剂不应与水泥或者水发生反应，引发水泥水化异常，并且需与其他外掺料有较好的配伍性。

2. 加重材料的优选研究

用于高密度水泥浆加重的惰性材料主要有重晶石、钛铁矿、磁铁矿等，通过性能比较进行加重材料的优选。

1）重晶石

重晶石主要成分是硫酸钡，重晶石化学性质稳定，不溶于水和酸，无磁性和毒性，晶体属正交（斜方）晶系的硫酸盐矿物。其本身密度较高，为 $4.1 \sim 4.4 g/cm^3$，在作为加重剂使用时，重晶石的优点是加重效果明显，容易悬浮，同时重晶石性质稳定，不会影响原液的性能，水泥浆密度可达 $2.28 g/cm^3$。重晶石缺点是需水量大，如需获得良好流动性的高密度水泥浆，需加入大量的水才能满足要求，同时当粒度小于 300 目时，重晶石溶液易发生沉淀现象，会降低高密度水泥石的力学性能。

2）钛铁矿

钛铁矿颜色为灰色或黑色，密度为 $4.45 g/cm^3$，具有金属光泽，性质稳定。由于其较大的密度，当钛铁矿作为加重材料时，水泥浆最大密度可达 $2.40 g/cm^3$。但是钛铁矿本身颗粒较大，配制高密度水泥浆时不易悬浮，导致水泥浆体系稳定性变差，因此，一般不选用钛铁矿作为加重材料。

3）磁铁矿

磁铁矿的主要化学成分为四氧化三铁，硬度大，化学性质稳定，密度为 $4.9 \sim 5.2 g/cm^3$。

该矿物粒径分布均匀,配制高密度水泥浆时需水量较小,水泥浆略微增稠,可加入分散剂调节水泥浆流态。当磁铁矿作为加重材料时,水泥浆最大密度可达 2.60g/cm³。

常用水泥浆加重材料的物理性能见表4-2-28。

表4-2-28 常用水泥浆加重材料物理性能

加重剂	外观	密度 g/cm³	细度 μm	对水泥浆的影响	水泥浆理论密度 g/cm³
重晶石	白色粉末	4.10~4.40	97%的颗粒小于75 80%的颗粒小于45	增加需水量,增稠	2.28
钛铁矿	黑色细粒	4.45	97%的颗粒小于75 80%的颗粒小于45	增加需水量较小	2.40
磁铁矿	黑色或 黑褐色粉末	4.90~5.20	97%的颗粒小于75 85%的颗粒小于45	增加需水量较小, 轻微增稠	2.60

从加重材料物理性能可以看出,重晶石需水量大,配制高密度水泥浆体系流动性差,且在酸化作业时重晶石难以被酸溶解;钛铁矿自身颗粒粒径大,不易悬浮,对水泥浆稳定性影响较大。

通过以上分析,选用磁铁矿,优选粒度分布均匀的加重材料,以颗粒级配理论和紧密堆积为基础,形成水泥、加重材料及其他辅剂的颗粒级配,研发出不同密度要求的高密度水泥浆体系。

3. 加重材料优选及评价

优选了不同厂家200目磁铁矿粉样品,分别标注为磁铁矿A、B、C,分别进行室内对比实验,选出性能最好的加重剂作为高密度水泥浆体系的加重材料。具体配方如下:100%G级水泥+100%磁铁矿+8%胶乳+1.5%分散剂+0.5%消泡剂+56%水,对该实验配方分别进行了水泥浆密度、流变性、强度及稳定性评价测定实验,实验结果见表4-2-29至表4-2-31。

表4-2-29 水泥浆密度及流变性测定结果

磁铁矿	密度 g/cm³	六速旋转黏度计读数					
		Φ_{600}	Φ_{300}	Φ_{200}	Φ_{100}	Φ_6	Φ_3
A	2.42	—	225	160	89	9	6
B	2.39	—	278	194	106	10	7
C	2.38	—	271	196	114	11	8

由表4-2-29可以看出,相同加量下,采用加重剂A的水泥浆体系流变性较好,加重剂B和加重剂C对水泥浆流变性能影响相差不大。加重剂A的效果明显好于加重剂B和加重剂C。

从表4-2-30中可以看出,相同加量下,加重剂A所配制的高密度水泥浆的抗压强度明显高于加重剂B和加重剂C。

表 4-2-30　水泥石抗压强度实验

磁铁矿	密度 g/cm³	抗压强度，MPa	
		24h	48h
A	2.42	18.6	42.0
B	2.39	4.0	26.0
C	2.38	3.8	19.0

表 4-2-31　水泥浆沉降稳定性实验

磁铁矿	密度 g/cm³	稳定剂加量 %	沉降稳定性 g/cm³	各测定点处的密度，g/cm³				
				1	2	3	4	5
A	2.42	0.4	0.0121	2.4156	2.4179	2.4194	2.4209	2.4277
B	2.39	0.4	0.0417	2.3716	2.3854	2.3919	2.4058	2.4133
C	2.38	0.4	0.045	2.3652	2.3719	2.3875	2.3946	2.4102

从表 4-2-31 中可以看出，当稳定剂加量相同时，加重剂 A 所配制的高密度水泥浆稳定性优于加重剂 B 和加重剂 C。

通过上述高密度水泥浆性能实验数据对比，加重剂 A 的加重效果优于加重剂 B 和加重剂 C。同时，加重剂 A 的抗压强度及沉降稳定性明显高于后两者。因此，优选加重剂 A 作为高密度水泥浆体系加重材料。

加入加重剂 A 的高密度水泥浆的流变性与沉降稳定性可能出现互为负面影响，流变性太差会影响水泥浆的泵送施工，流变性太好会影响水泥浆的沉降稳定性。因此，还要确定合理的加重剂 A 加量，优化体系水灰比，使水泥浆的流变性既能符合固井要求，同时又能保证水泥浆的沉降稳定性。

随着磁铁矿粉加量的增加，为保证流变性，需要增加水灰比，因此对加重剂加量和水灰比的关系进行研究，见表 4-2-32。

表 4-2-32　不同加重剂 A 加量时的水灰比与水泥浆流变性

序号	实际密度 g/cm³	加重剂 A 加量 %	水灰比	六速旋转黏度计读数					
				Φ_{600}	Φ_{300}	Φ_{200}	Φ_{100}	Φ_6	Φ_3
1	2.40	60	0.41	—	—	208	147	24	17
2	2.40	70	0.45	—	255	183	112	18	12
3	2.38	80	0.50	192	105	79	43	6	4
4	2.38	90	0.53	142	114	84	65	5	4
5	2.37	100	0.58	86	53	32	22	4	3

续表

序号	实际密度 g/cm³	加重剂 A 加量 %	水灰比	六速旋转黏度计读数					
				Φ_{600}	Φ_{300}	Φ_{200}	Φ_{100}	Φ_6	Φ_3
6	2.40	95	0.54	140	104	82	56	4	3
7	2.38	100	0.56	80	49	30	20	4	2

注：理论设计水泥浆密度为 2.4g/cm³。

从表 4-2-32 中可以看出，当加重剂 A 的加量增加时，需水量也是增大的。当水灰比小于 0.45 时，Φ_{600}、Φ_{300} 的读数都是超过量程的，说明水泥浆的稠度过大，不宜泵送；当水灰比大于 0.53 时，水泥浆稠度值降低了，满足了可泵送的要求，但加重剂比例偏小，实际密度偏低；当水灰比为 0.54，磁铁矿粉加量为 95%，实际水泥浆密度为 2.4g/cm³ 时，高密度水泥浆流变性能良好，满足泵送需求。因此，当密度为 2.4g/cm³ 时，确定了加重剂 A 的加量为 95%，水灰比为 0.54。同理可计算出高密度水泥浆密度分别为 2.1g/cm³、2.2g/cm³、2.3g/cm³ 时，加重剂 A 的加量分别为 22%、31%、70%，水灰比为 0.42、0.45、0.51。

（二）水泥浆外加剂优选研究

配套外加剂的优选是进一步优化体系性能的重要内容。优选高密度水泥配套外加剂的主要考虑因素有：水泥石强度、水泥浆沉降稳定性、水泥浆稠化的温度敏感性等，同时还要考虑外加剂对加量及温度的敏感程度。

1. 降失水剂的优选

参照低温防窜水泥浆中低温降失水剂 DSQ 的胶乳聚合物，在高密度水泥浆体系中加入胶乳降失水剂，可有效降低水泥浆的滤失量，降低水泥石的渗透率，减少水泥石的收缩，提高水泥石的弹性，同时胶乳与磁铁矿等密度调节剂可一起使用，用该降失水剂配制的水泥浆失水量较低，具有良好的防气窜性能，可满足固井施工的要求。

通过滤失量实验，可确定胶乳降失水剂最优加量，实验数据见表 4-2-33。

表 4-2-33　胶乳降失水剂加量确定实验

序号	密度，g/cm³	G 级水泥，%	磁铁矿，%	水灰比	胶乳，%	45℃×6.9MPa 滤失量，mL
1	2.4	100	95	0.51	5	54
2	2.4	100	95	0.51	7	48
3	2.4	100	95	0.51	9	42
4	2.4	100	95	0.51	11	36
5	2.4	100	95	0.51	15	30

随着胶乳降失水剂加量增大，高密度水泥浆滤失量逐渐减小，当加量在 9%~15% 时，高密度水泥浆体系滤失量达到最佳。

2. 早强剂优选

在低温高密度水泥浆体系中，弱胶凝物质较多，加重剂、二氧化硅、膨胀剂等在温度较低情况下水化胶凝较弱且水化速度缓慢，导致高密度水泥石凝结时间长，强度发展缓慢，优选早强剂是提高高密度水泥石低温下早期强度的重要环节，根据大量基础性研究，发现低温防窜水泥浆体系的低温早强剂 DLA 也同样适合高密度体系，因此选用 DLA 作为高密度体系的早强剂。

加入早强剂 DLA 后，体系的低温水泥石强度明显提高。当加量为 1.8%~3.0% 时，水泥石强度达到最大。针对密度为 2.4g/cm³ 的低温高密度水泥浆体系，开展有机类早强剂 A 不同加量条件下的室内评价实验，实验数据见表 4-2-34。

表 4-2-34 早强剂 A 不同加量下水泥石强度实验数据

密度 g/cm³	早强剂加量 %	抗压强度，MPa	
		27℃×24h	27℃×48h
2.4	2.1	9.8	14.6
	2.0	12.8	17.4
	2.5	23.0	31.6
	2.7	23.5	33.8
	3.0	24.2	34.2

从实验数据可以看出，随着早强剂 DLA 的增加，其水泥石强度也增加，当 DLA 加量为 2.5% 时，27℃×24h 强度达到 23.0MPa，加量进一步增加，强度有所提高，但提高幅度不明显。同时，早强剂 DLA 对高密度水泥浆体系有增稠效果，影响体系下灰和流动度，因此，确定早强剂的最优加量为 1.8%~3.0%。

此外，为了更直观分析水泥石强度发展趋势，对 2.4g/cm³ 水泥体系进行了 40℃ 条件下，水泥石 21d 超声波强度实验。从图 4-2-11 中可以看出，该体系水泥石强度发展快，且强度不衰退。

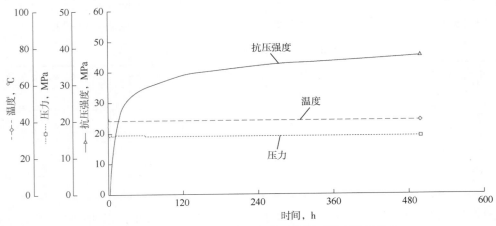

图 4-2-11 密度 2.4g/cm³ 水泥体系水泥石强度发展趋势

3. 稳定剂优选

水泥浆静止后，水泥浆处于稳定状态，即由液态转变为固态——凝结硬化的过程。在高密度水泥浆体系中，加重材料的密度在 $4.9\sim5.2g/cm^3$ 之间，由于加重材料本身密度与水泥密度差别大，在水泥浆体系中极易发生分层现象，导致加重剂发生沉降现象，使水泥浆体系存在不稳定趋势，影响固井施工安全及后期的质量。

在水泥浆特性中，对稳定性起到重要作用的是水泥浆浆体的静切力 τ_s 和塑性黏度 η_s，当 τ_s 和 η_s 匹配适当时，既能保证水泥浆具有良好的流动性，满足施工要求，又保证浆体的稳定性，具体分析如下：

假设加重剂的密度 ρ_0 大于浆体的密度 ρ_s，加重剂颗粒直径为 d，则加重剂的运动趋势是向下。因此，欲使加重剂不向下沉底，则浆体稳定的最小静切力应满足：

$$F_f-(\tau+G)=0 \qquad (4-2-3)$$

即：

$$\pi d^2\tau_s=F_f-G$$

从而：

$$\tau_s=gd(\rho_s-\rho_0)/6 \qquad (4-2-4)$$

式中　F_f——加重剂颗粒所受浮力，N；

　　　G——加重剂颗粒重力，N；

　　　d——加重剂颗粒直径，m；

　　　ρ_0——加重剂密度，kg/m^3；

　　　g——重力加速度，取 $9.8m/s^2$；

　　　τ——加重剂颗粒表面所受切力，N；

　　　τ_s——保持浆体稳定的最小静切应力，Pa；

　　　ρ_s——加加重剂前浆体密度，kg/m^3。

可见，在浆体密度 ρ_s 一定时，加重剂颗粒直径 d 与静切应力 τ_s 成正比，加重剂密度 ρ_0 与静切应力 τ_s 成反比。因此，应选择一种适应于低温高密度水泥浆体系的稳定剂来保证浆体的稳定性。

研究过程中，先后对 3 种稳定剂进行了评价实验（代号为 A、B、C），稳定剂 A 为固体粉末，属于有机大分子材料，水化后能够大幅度提高浆体切力。稳定剂 B 为液体纳米二氧化硅，稳定剂 C 为一种生物胶，两者性能相似，抗温能力都在 100℃ 以内，具有极大的比表面积，能够束缚水泥浆内自由水，形成网架结构，提高浆体切力。分别针对这 3 种稳定剂进行了稳定性评价，实验中以密度为 $2.4g/cm^3$ 水泥浆体系来评价，实验数据见表 4-2-35。

表 4-2-35　不同稳定剂对水泥浆稳定性的影响

稳定剂	加量，%	流动度，cm	混灰时间，s	45℃×48h×常压抗压强度，MPa	稳定性，g/cm^3
A	3.0	25	42	18.0	0.030
A	3.5	22	50	17.8	0.028

稳定剂	加量，%	流动度，cm	混灰时间，s	45℃×48h×常压抗压强度，MPa	稳定性，g/cm³
B	1.5	23	40	18.8	0.028
B	2.0	21	45	19.6	0.026
C	0.1	23	42	19.2	0.027
C	0.2	21	50	19.8	0.024

注：水泥浆密度为 2.4g/cm³。

从表 4-2-35 可以看出，A、B、C 三种稳定剂都能提高高密度浆体的悬浮能力，但稳定剂 C 具有加量少、水泥石强度高的特点，而且大庆老区高压井固井施工循环温度一般在 45℃左右，在低温条件下，选用稳定剂 C 作为低温高密度水泥浆体系稳定剂。

4. 分散剂优选

油井水泥分散剂能够降低水泥浆在流动过程中的流动阻力，改善水泥浆体系的流变性、降低水泥浆的黏度，提高其可泵性，使水泥浆在顶替过程中更易形成紊流顶替，尽可能延长紊流时间。针对高密度体系要求，分散剂必须具有以下两个特点：一是具有良好的吸附分散性能以保证为水泥浆提供良好的流变性能；二是不同温度下，不会分解并且依然能够保持良好的吸附性和分散性能。

选择以磺化酮醛缩聚物为主要成分的分散剂 SXY 系列。SXY 是一种有机合成的磺化酮醛缩合物，其吸附分散性和温度稳定性较好，是一种高效能的固体油井水泥减阻剂，在 27~45℃的温度范围内，能有效地吸附在水泥颗粒表面，形成吸附双电层，分散水泥浆，降低水泥浆的初始稠度，改善水泥浆的流变性能；常温下有些缓凝，高温下分散效果显著，对水泥浆其他综合性能无不良影响，与其他外加剂具有良好的配伍性。

5. 微硅的优选

微硅含有丰富的无定形 SiO_2（85%以上），它与水泥的水化产物 $Ca(OH)_2$ 反应生成低碱度的含水硅酸钙水化物（C/H = 0.67~1.10 的 C—S—H），能够降低水泥石中 $Ca(OH)_2$ 的含量。反应式为：

$$Ca(OH)_2 + SiO_2(无定形) \Longrightarrow C—S—H(凝胶)$$

另一方面微硅超细颗粒周围还能吸附大量水分子，水分子之间通过氢键相互连接，使微细颗粒之间形成均匀致密的网架结构，使水泥浆形成稳定的悬浮体系，且不同粒径的颗粒合理级配和极化，使水泥石更加致密，以及附加面的形成进一步改善了水泥浆的沉降稳定性，并提高了水泥石的抗压强度和抗渗能力。在高密度水泥中还能起到孔隙填充的作用，与不同外掺料之间形成颗粒级配，以达到固相的紧密堆积作用。

不同产地、厂家的微硅，其物化性能也有很大区别，与不同粉煤灰性能差别类似，决定微硅的性能方面主要有：燃煤的种类、燃煤方式和温度，以及除尘效率和收集方式等。不同因素的影响，导致微硅的 SiO_2 含量、颗粒细度、密度、水化活性及吸附能力有所不同。在高密度水泥中，主要要求微硅具有足够的细度、水化活性及吸附能力。

具有足够的细度不仅能够具有相对较高的水化活性，而且在不同颗粒的堆积中实现最终的紧密堆积。细度足够高，其颗粒表面自由电荷相对增加，在水泥浆体中能够形成电荷网格结构，对其他固相颗粒起到吸附、支撑的作用，提高水泥浆的沉降稳定性。

为了更好优选出性能适合高密度水泥浆体系的微硅，针对不同厂家的微硅进行了相关性能对比，实验数据见表4-2-36。通过实验分析可以得出，微硅R-300具有较高比表面积，吸附能力强；对水泥浆的悬浮稳定性具有较好的促进作用；平均粒径为0.3~1.0μm，更利于实现紧密堆积。因此，优选微硅R-300作为高密度水泥浆体系填充材料。

表4-2-36　不同产地微硅性能对比

微硅型号	平均粒径，μm	比表面积，m²/g	颗粒密度，g/cm³	加5%微硅粉水泥浆流动度，cm
R-100	10.0~20.0	5~10	2.45	23
R-200	5.0~10.0	10~15	2.20	21
R-300	0.3~1.0	20~28	2.00	19

（三）高密度水泥浆体系综合性能评价

通过室内实验，确定了以G级水泥、磁铁矿及微硅三级级配的低温高密度水泥浆体系，适应温度27~45℃，密度范围2.1~2.4g/cm³，基础配方为：G级水泥100%+磁铁矿（22.0%~117.0%）+微硅（1.5%~5.0%）+稳定剂（0.3%~0.8%）+胶乳（8.0%~15.0%）+分散剂（0.8%~1.5%）+消泡剂（0.5%~1.0%）+水（37.0%~60.0%）。在不同温度下，对低温高密度水泥浆体系各项性能进行了实验评价。

1. 水泥浆（石）抗压强度评价

针对低温高密度水泥浆体系，通过加入不同量的早强剂A，测试了不同密度在27℃的水泥石抗压强度，实验数据见表4-2-37。

表4-2-37　低温高密度水泥浆体系抗压强度实验

密度 g/cm³	早强剂 %	常压×27℃×24h 抗压强度，MPa	常压×27℃×15d 抗压强度，MPa	45℃初凝/终凝时间 min/min
2.1	1.8	20.2	30.4	205/225
2.2	2.0	21.8	31.2	215/240
2.3	2.2	22.4	32.8	240/270
2.4	2.5	23.0	33.2	250/258

由实验数据看出，低温高密度水泥浆体系各密度点水泥石24h、15d抗压强度均大于20MPa，能满足射孔、压裂作业时的强度要求，并保持长期强度不衰退。

2. 沉降稳定性评价

通过室内评价实验，优选了稳定剂C作为低温高密度水泥浆体系稳定剂，复配的高密度水泥浆体系配方沉降稳定性见表4-2-38。

由实验数据看出，高密度水泥浆体系中稳定剂C的加量在0.3%~0.8%之间，通过沉降稳定性实验，各配方密度差均小于或接近0.024g/cm³，能够满足固井作业对水泥浆稳定性的要求，保证施工安全性。

表 4-2-38　高密度水泥浆体系沉降稳定性实验

序号	密度 g/cm³	稳定剂加量 %	沉降稳定性 （密度差），g/cm³	各测定点处的密度，g/cm³				
				1	2	3	4	5
1	2.1	0.30	0.023	2.088	2.091	2.099	2.110	2.111
2	2.2	0.40	0.025	2.187	2.190	2.195	2.201	2.212
3	2.3	0.45	0.021	2.289	2.291	2.297	2.304	2.310
4	2.4	0.50	0.024	2.389	2.390	2.398	2.401	2.413

3. 游离液及滤失量评价

复配的高密度水泥浆体系游离液及滤失量评价见表 4-2-39。

表 4-2-39　高密度水泥浆体系游离液及滤失量实验

序号	密度，g/cm³	降失水剂加量，%	游离液，mL	45℃滤失量，mL
1	2.1	8	0	16
2	2.2	8	0	32
3	2.3	8	0	40
4	2.4	9	0	42

由表 4-2-39 可以看出，高密度水泥浆体系各配方不存在自由水析出，能够满足固井要求。同时，高密度水泥浆滤失量可以得到很好的控制，水泥浆的滤失量均在 50mL 以内，能满足固井对水泥浆滤失量的要求。

4. 稠化性能评价

对复配的高密度水泥浆体系配方进行稠化实验，其稠化时间见表 4-2-40。

表 4-2-40　高密度水泥浆稠化性能评价实验

密度，g/cm³	水灰比	磁铁矿，%	流动度，cm	游离液，mL	初始稠度，Bc	45℃稠化时间，min/100Bc
2.1	0.37	12	24.0	0	12	136
2.2	0.39	25	23.0	0	16	152
2.3	0.41	40	23.0	0	19	127
2.4	0.51	85	22.5	0	23	192

注：（1）水泥为大连 G 级水泥；

　　（2）降失水剂加量为 8.0%，早强剂加量为 0.5%，分散剂加量为 0.5%~0.8%，稳定剂加量为 0.4%；

　　（3）加量百分比值均为占水泥质量百分数。

从表 4-2-40 中可以看出，高密度水泥浆体系的稠化时间在 130~200min 之间，能够满足调整井固井泵送时间需求。

5. 高密度水泥石渗透率评价

为验证高密度水泥浆体系水泥石渗透效果，利用渗透率实验评价装置（图 4-2-12），对不同密度水泥石进行了评价。从表 4-2-41 可知，高密度水泥浆体系水泥石具有较低的渗透率，可提高水泥环抗流体冲蚀能力，保证水泥环长期封隔效果。

表 4-2-41　高密度水泥浆体系水泥石渗透率评价实验

水泥浆密度，g/cm³	1.9	2.1	2.2	2.3	2.4
27℃渗透率，mD	0.02213	0.00963	0.01841	0.02612	0.04821
45℃渗透率，mD	0.01335	0.00462	0.00564	0.00623	0.00692

（四）高密度水泥浆工艺技术

为保证高密度水泥浆体系的施工可行性，需要研究出一套适合于高密度水泥浆体系的工艺技术。一是确定 G 级水泥、加重材料和二氧化硅等外掺料在干混时的工序及附加量，提高干混外掺料的均匀性，干混装备示意图如图 4-2-13 所示；二是考察现场混配水泥浆大样与室内小样性能符合性；三是经过后续跟踪，验证高密度水泥浆体系的封隔质量。

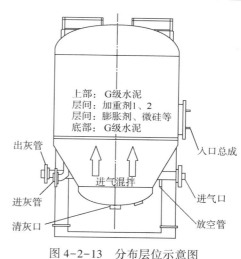

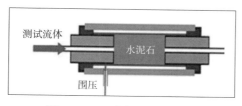

图 4-2-12　水泥石夹持装置　　　　图 4-2-13　分布层位示意图

1. 高密度水泥浆干混外掺料性能检测

高密度水泥外掺料干混过程中采取以下措施，保证现场水泥浆密度与设计密度一致：

（1）干混前清空混灰灰罐及立式罐，保证混灰灰罐及立式罐罐内没有剩余的其他水泥；

（2）以 10t G 级水泥为基础，首先由进灰管进入立式罐内，起到压稳作用；

（3）根据不同密度要求，将加重剂、G 级水泥按比例加入立式罐；

（4）微硅等密度较小，且易发黏黏罐，应夹在加重剂及 G 级水泥中间，防止此类密度较小材料"跑出"；

（5）以同样顺序，接着混入 G 级水泥、加重材料、微硅等，混配 4 次后取样。

通过采取以上措施，密度相对较大的材料在罐体最上部，起到压实作用，同时，密度相对较小的材料不易随着进气压力而"跑出"，保证水泥外掺料与水泥均匀混配，混配 4 次后，取不同位置 4 点水泥样品，进行密度检测。

2. 高密度水泥浆工艺评价方法

高密度水泥浆体系干混完成后，需进行室内小样实验，各项性能满足固井设计要求后进行大样药液混配，随后进行复核实验。

按照室内小样实验结果，将降失水剂、稳定剂、分散剂、消泡剂等外加剂按一定比例湿混后，取样，进一步复核大样实验，用合格的水泥浆外加剂进行现场试验，并对现场的施工情况跟踪、总结、反馈，流程如图4-2-14所示。

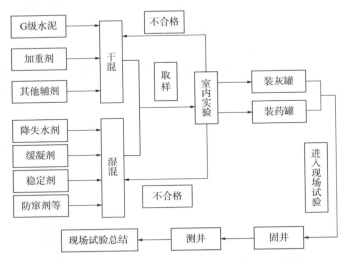

图4-2-14 高密度水泥浆工艺评价方法流程图

研发的低温高密度水泥浆体系，密度 $2.1\sim2.4g/cm^3$，适应温度 $27\sim45℃$，具有良好的流动度、早期强度高、低渗透等特点，解决了高密度水泥浆低温强度低、胶结能力差等难题，改善了水泥环本体和界面的结构性能，提高了高密度低温封窜能力，可满足大庆油田调整井高压区块固井要求。

四、表层促凝早强水泥浆

为了缩短建井周期、提高表层封固质量，研发了表层促凝早强水泥浆体系，具有早期强度高、后期强度不衰退、低渗透率等特性，水泥浆 $10℃\times8h$ 强度大于 $3.5MPa$、凝结时间小于 $5h$。

表层促凝早强水泥浆体系由促凝剂、早强剂、减阻剂等主要成分组成。体系中促凝剂 A 为无机盐类，通过离子加速、扩散渗透原理，生成水化氯铝酸钙加速了 C_3A 的水化，同时加速氢氧钙石沉淀，加快了水泥浆的凝结硬化；早强剂 B 为纳米级水化硅酸钙，纳米级水化硅酸钙掺入到水泥浆中，会发挥吸附效应和"晶核"中心作用，降低水泥水化过程中水化产物结晶成核与晶体生长的阻力，缩短了水泥水化过程中结晶成核与晶体生长反应控制阶段，加快了水泥的水化进程；早强剂 C 通过润湿渗透，使水泥石结晶变细，结构致密，使水泥石抗渗性好；减阻剂 D 通过降低水泥颗粒表面张力，提高水泥浆流动性，加速水泥水化反应作用，体系通过对水泥颗粒起促凝、早强、减阻作用，达到促进水泥水化、提高水泥石早期强度、封固浅层高压危害体目的。

经过大量实验，确定了 A：B：C：D 组分比例为 6：3.5：1：1 时早强效果最为明显。

（一）常规性能实验

开展了促凝早强水泥浆体系凝结时间、抗压强度、稠化时间评价实验。不同加量在10℃时水泥浆的凝结时间、抗压强度实验数据见表4-2-42，不同温度下加量4.0%时水泥浆的凝结时间、抗压强度实验数据见表4-2-43，不同早强剂加量水泥浆体系的稠化时间实验数据见表4-2-44。

表4-2-42　10℃时不同加量水泥浆的终凝时间、抗压强度实验数据

加量,%	0	1.0	2.0	2.5	3.0	3.5	4.0	4.5
8h抗压强度，MPa	—	0.9	1.7	2.2	2.6	3.3	3.7	3.8
终凝时间，min	700	365	340	307	303	270	245	240

从表4-2-42数据中可以看出，10℃时水泥浆体系8h抗压强度随早强剂加量的增加而增大，而终凝时间则随着加量的增加而缩短，当早强剂加量大于4.0%，10℃×8h抗压强度均大于3.5MPa。

表4-2-43　4.0%加量时水泥浆不同温度抗压强度、凝结时间实验数据

温度,℃	10	15	27	38
8h抗压强度，MPa	3.7	5.0	17.6	20.8
初凝/终凝时间，min/min	190/55	170/40	110/20	90/10

从表4-2-43数据中可以看出，早强剂加量相同时，水泥石的8h抗压强度随着养护温度的升高而增加，凝结时间则随温度的升高而缩短。

表4-2-44　不同加量时水泥浆稠化时间实验数据

加量,%	3.0	3.5	4.0	4.5
38℃×15.9MPa稠化时间，min/100Bc	92	81	73	60

从表4-2-44数据中看出，水泥浆稠化时间可根据低温早强剂加量而进行调整。

（二）水泥石渗透性评价实验

渗透率实验方法执行GB/T 19139—2012《油井水泥试验方法》，检测了原浆、促凝早强水泥浆体系、油田常用的早强剂，在不同温度、不同时间下水泥石渗透率，数据见表4-2-45。

表4-2-45　水泥石渗透率实验数据

配方	渗透率，mD					
	24h		48h		15d	
	27℃	45℃	27℃	45℃	27℃	45℃
水泥原浆	0.35672	0.11082	0.12782	0.06782	0.09123	0.04723
对比早强水泥浆	0.31362	0.09567	0.10432	0.06430	0.07846	0.03146
促凝早强水泥浆	0.08854	0.05023	0.04224	0.02526	0.02945	0.01952

注：实验用水泥为大连G级水泥，水泥浆密度为1.9g/cm³。

从表4-2-45数据中可以看出，三种水泥浆体系随着温度的升高和养护时间的延长，水泥浆渗透率降低，促凝早强水泥浆体系的渗透率明显低于原浆和对比早强水泥浆。

（三）水泥石抗压强度的发展

利用静胶凝强度分析仪，检测了38℃时促凝早强水泥浆的强度发展趋势，如图4-2-15所示。从图4-2-15中可以看出，水泥石早期强度发展快，后期趋于平稳、不衰退。

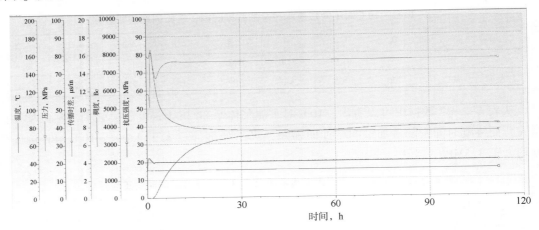

图4-2-15　水泥石抗压强度长期发展曲线

第三节　调整井固井工具系列

油田长期注水开发，由于地层不均质、注采不平衡及多种地质构造影响，有些地层变成了高压水层，固井后，高压层的油气水会侵入水泥环，形成高压与低压之间的层间混窜，严重威胁着固井质量；在泥岩层，注入水缓慢进入黏土含量很高的部位，黏土矿物吸水后体积会膨胀，泥岩力学性质发生改变，钻开后，泥岩在地应力的作用下产生蠕变，发展到一定程度会导致缩径、卡钻、井塌等复杂情况发生，严重时导致井眼报废，同时，随着开发的进行，易发生标准层套损事故。为了解决上述问题，在钻井液、水泥浆方面开展了大量的工作，不过为了达到更好的治理效果，还需要借助固井工具的力量来进一步解决。

本节介绍了多种调整井用固井工具，包含套管外封隔器、遇水膨胀封隔器、控制水泥面工具等，丰富了预防泥岩层套管损坏及油气水窜等复杂问题的解决手段。

一、套管外封隔器

为了预防油气水窜，研发了套管外封隔器（4-3-1），能通过压力控制阀组使胶筒膨胀，实现环空有效密封。套管外封隔器可根据使用需求，设计密封胶筒长度，采用双卡、多卡工艺措施，该工具不仅能够防止高压层与低压层之间的层间混窜，还可以实现井筒环空介质压力和体积增值，即有效地抑制高压层流体的溢出，提高固井的压稳效果，进而提高高压层固井质量，预防管外冒的发生，按不同方式可进行如下分类：

（1）按控制部件的工作方式分：平衡压差式和非平衡压差式。

（2）按密封部件的结构形式分：组合叠片式和整体帘布式。

（3）按密封部件的承压能力分：高压式和低压式。

（4）按密封部件的工作温度分：高温式和低温式。

（5）按密封部件的密封长度分：常规式和加长式。

图 4-3-1　套管外封隔器系列工具

（一）套管外封隔器的结构原理

套管外封隔器由中心管、胶筒、阀环、断裂杆等部件组成。中心管上下有配合接头与套管连接，如图 4-3-2 所示。

1. 胶筒

胶筒是能承受高压的可膨胀密封元件，阀环的进液口处装有断裂杆，当固井施工时，胶塞下行碰断断裂杆后将通道打开，液体经阀环进入胶筒，使胶筒膨胀。

胶筒由内外两层构成，外胶筒由骨架和硫化在骨架上的外胶构成，骨架由叠片和软金属支撑而成，用以加强胶筒的承压能力。

2. 阀环

阀环由锁紧阀、单流阀、限压阀串联而成。

（1）锁紧阀有两个作用，其一是限定封隔器的打开压力，当套管内压力达到一定值时，剪销被剪断，锁紧阀打开；其二是当封隔器膨胀坐封完成后，阀芯在弹簧力的作用下回到原始位置并被锁住，实现永久性关闭。

（2）单流阀的作用是防止胶筒内的高压液体回流到套管内，保持胶筒内的坐封压力不变。

（3）限压阀能控制胶筒内的液体压力，当胶筒内压力达到预定压力时，限压阀的销钉被剪断，阀芯被推到关闭位置，进入胶筒的通道被封闭，防止了胶筒爆破。

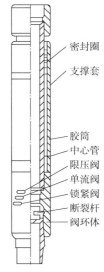

密封圈
支撑套
胶筒
中心管
限压阀
单流阀
锁紧阀
断裂杆
阀环体

图 4-3-2　套管外封隔器结构

套管外封隔器施工过程及工作原理：

（1）将封隔器与套管柱连接，按设计要求下入井中预定位置。注前置液、注水泥与常规固井工艺相同，此时锁紧阀关闭进入封隔器的通道，如图4-3-3(a)所示；

（2）顶替水泥浆时，胶塞下行通过封隔器时将断裂杆碰断，打开通往锁紧阀的通道，胶塞到阻流环处"碰压"后，升压至预定压力，剪断锁紧阀剪销，打开锁紧阀，顶替液便经锁紧阀、单流阀、限压阀进入胶筒内，使胶筒膨胀，如图4-3-3(b)所示；

（3）当胶筒内的压力达到预定压力后，限压阀的销钉被剪断，限压阀的阀芯被推到关闭位置，关闭了胶筒通道，使胶筒得到保护，如图4-3-3(c)所示；

（4）当套管内的压力泄掉，锁紧阀在弹簧的作用下关闭，单流阀在弹簧的作用下关闭，封隔器便完成了坐封，如图4-3-3(d)所示，然后再进行套管试压工作。

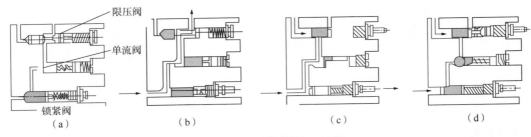

图4-3-3　封隔器施工过程

（二）平衡压差式套管外封隔器

1. 平衡压差式套管外封隔器的技术特性

（1）平衡压差式套管外封隔器在外径、适应内外静液压差、断裂杆密封压力、施工阀剪销精度和顶替液类型等技术性能方面远远地高于常规套管外封隔器。

（2）平衡压差式套管外封隔器创新采用了新型安全锁紧方式，确保了在胶筒或限压阀失效的情况下，将进入胶筒的通道自动关闭，从而确保了套管试压合格。

（3）平衡压差式套管外封隔器在有效密封长度、耐温和承压等技术性能方面远远地高于常规帘布胶筒。

2. 平衡压差式套管外封隔器结构原理

如图4-3-4所示，平衡压差式套管外封隔器由控制机构、密封机构及连接机构等构成。将套管外封隔器与套管连接，下入井内预定位置。注完水泥浆后，顶替胶塞经过工具，将其阀环处的断裂杆撞断，露出进液孔。碰压，进行常规套管试压后，放压回零。然后继续升压，以地面所测试的剪销压力打开施工阀，并最高升压至20MPa以确保可靠打开。套管内高压液体依次经过施工阀、锁紧阀和限压阀进入胶筒，使胶筒膨胀并贴挤井壁。当胶筒内压力达到某一限定值时，限压阀将胶筒的进入通道关闭。至此，该工具完成坐封，套管外环空被胶筒可靠封隔。泄压后，锁紧阀将进入胶筒的通道自动关闭。可确保套管柱试压合格。

图 4-3-4　平衡压差式套管外封隔器

（三）套管外封隔器应用工艺

套管外封隔器卡放位置要依据油田开发方案、固井设计、电测层位解释资料以及井径图来确定，一般卡放在井径比较规矩、封隔器允许胀大的直径范围内，具体卡放设计如下。

（1）套管外封隔器可卡放在高压层之上，可防止高压油气水上窜。

（2）套管外封隔器可以双卡或多卡，卡放在预定层位之间，或目的层位置上下，防止层间窜流。多卡工艺技术已经成熟，一般有如下两种方法。

① 在工具打开压力不分级的条件下，每两只工具的距离大于或等于 70m，可以在两只工具之间再放一支套管外封隔器，能安全实现多卡工艺；

② 在工具打开压力分级（级差 1.5MPa）的条件下，使用平衡压差式套管外封隔器，并使用清水固井顶替作业，可安全实现 6~7 只工具的多卡工艺。

（3）套管外封隔器也可下在油层部位，挤入水泥浆使胶筒膨胀坐封，形成永久性封固，并可进行射孔采油。

套管外封隔器保证套管外环空的密封性，能防止固井后油气水管外冒，防止环空混窜，提高固井质量；另外还可以预防或延缓套管损坏，延长油水气井的寿命，降低开发成本。

二、遇水膨胀封隔器

为了有效封隔水层，研发遇水膨胀材料，研制了遇水膨胀封隔器，遇水膨胀橡胶是利用渗透性压差原理，橡胶亲水性基团与水分子发生水合作用，产生体积膨胀。遇水膨胀封隔器具有作业简便、可靠性高、风险低、适应裸眼井段等优点。

（一）遇水膨胀橡胶的研制

遇水膨胀橡胶是 20 世纪 70 年代后期开发的新型功能高分子材料，基本特性是在保持橡胶高弹性的同时赋予硫化胶快速吸水和保水性能，它是由橡胶基体上引入亲水性功能团或亲水性组分制成的。由于其具有独特的吸水膨胀性能，因而应用于土木建筑施工中防水堵漏填缝材料、管道密封材料、漏水抢险材料等，作为功能性材料它也被应用在一些特殊方面，如水敏传感器、医疗用品和生物组织替代品等。遇水膨胀橡胶是由橡胶基体与亲水性组分及其他橡胶添加剂构成的多组分体系，主要通过物理共混方法进行遇水膨胀橡胶的制备。

1. 遇水膨胀橡胶膨胀机理

遇水膨胀橡胶在与水接触时，橡胶内外产生渗透压差，水分子通过扩散、毛细管作用及表面吸附等物理作用进入橡胶内，亲水性组分遇水开始解离，橡胶中亲水性基团形成极强的亲和力。由于亲水性组分不断吸收水分，致使橡胶发生形变，当抗形变力和渗透压差达到平衡时，遇水膨胀橡胶达到稳定状态。最常见的吸水树脂为聚丙烯酸盐，聚丙烯酸盐是一种聚电解质型吸水聚合物，当含有聚丙烯酸盐的硫化胶浸于水中时，高分子亲水性—COONa 就会与水发生水合作用。与此同时，—COONa 在水的作用下，发生电离形成高分子的—COO⁻和可移动的 Na^+，这些高分子的—COO⁻之间的相互排斥将会使吸水聚合物分子链进一步伸展，进而使硫化橡胶交联网络扩展，这样水分子在渗透压的作用下就会向硫化橡胶内扩散。硫化橡胶交联网络的弹性收缩应力对这种扩散作用具有抑制作用，当二者的作用力相等时，水膨胀过程就达到了平衡状态。因而，硫化胶的吸水膨胀性能与亲水性基团的含量、膨胀液离子浓度以及高分子网络的交联密度等因素有关。

吸水组分是赋予遇水膨胀橡胶吸水性能的关键，其类型及用量对橡胶吸水膨胀性能有重要影响；橡胶基质的弹性和强度影响体系力学性能，而橡胶基质与吸水组分的界面相容性影响吸水树脂在橡胶中的分散与亲和程度，从而影响体系的吸水膨胀性能、力学性能及耐用性。因此制备高性能的遇水膨胀橡胶的关键是合理选择橡胶基质类型、亲水组分及其相互间的适当配合。

2. 原料、仪器及方法

1）主要原材料

氢化丁腈橡胶（HNBR）；丁腈橡胶（NBR）；氯丁橡胶（CR）；膨胀剂；硫化剂；补强剂；防老剂；增塑剂及其他橡胶助剂，所有原材料均为市场销售。

2）主要仪器设备

XK-160 开放式炼胶机，大连华韩橡塑机械有限公司。

350×350 平板硫化机，大连华韩橡塑机械有限公司。

GT-m2000 硫化仪，高铁科技股份有限公司。

UT-2080 电子拉力试验机，台湾优肯科技股份有限公司。

橡胶硬度计，高铁科技股份有限公司。

GT-313-A1 橡胶厚度计，高铁科技股份有限公司。

HITACHI-S-2150 型扫描电子显微镜（SEM），日本日立公司。

Perkin-Elmer TGA7 型热重分析仪，美国。

3）制备方法

先将生胶放入开炼机塑炼 3min，然后加入膨胀剂、增塑剂、防老剂、补强剂、硫化剂及其他助剂，混炼均匀出片。室温停放 24h 后在硫化仪上测试硫化曲线，再用平板硫化机硫化。

4）测试方法

（1）力学性能。

测试拉伸性能按 GB/T 528—2009《硫化橡胶或热塑性橡胶拉伸应力应变性能的测定》

要求测试，断裂伸长率按 GB/T 529—2008《硫化橡胶或热塑性橡胶撕裂强度的测定（裤形，直角形和新月形试样）》要求测试，橡胶硬度按 GB/T 531—1999《橡胶袖珍硬度计压入硬度试验方法》要求测试。

（2）膨胀性能测试。

将称量后的试样放入烧杯中，加入足量膨胀介质，每隔一段时间取出称重。每次称重前要用滤纸迅速吸去试样表面的膨胀介质。按式（4-3-1）计算体积膨胀率：

$$体积膨胀率=\frac{膨胀后体积-膨胀前体积}{膨胀前体积}\times100\%\qquad(4-3-1)$$

（3）扫描电镜分析（SEM）。

试样从产品上直接切取，经液氮脆断后，喷金处理，用 HITACHI-S-2150 型扫描电子显微镜（SEM）观察试样的微观形态。

（4）热重分析（TGA）。

在 Perkin-Elmer TGA7（USA）型热重分析仪上对样品进行热重分析，500℃以前在纯 N_2 氛围，500℃以后切换成空气（N_2+O_2）氛围，升温速度 20℃/min，温度范围：常温至 800℃。

3. 遇水膨胀橡胶研究与性能评价

1）橡胶种类对遇水膨胀橡胶性能的影响

由于水的极性较大，吸水树脂也为极性物质，因此橡胶既要吸水膨胀，也要具备一定的极性，这样才能提高橡胶与吸水树脂的配伍性。大部分橡胶都是非极性的，或者极性很小，初选了具有一定极性的丁腈橡胶（NBR）、氢化丁腈橡胶（HNBR）和氯丁橡胶（CR）进行遇水膨胀橡胶的制备。其中，氢化丁腈橡胶和丁腈橡胶由于分子中含有氰基，具有一定的极性；氯丁橡胶由于侧基中含有卤素而具有一定的极性。表 4-3-1 为不同生胶对遇水膨胀橡胶性能的影响。实验配方为生胶 100phr，膨胀剂 50phr，补强剂 30phr，硫化剂 5phr，增塑剂 15phr，促进剂 3phr，活性剂 1phr。

表 4-3-1 生胶种类对遇水膨胀橡胶性能的影响

生胶种类	硬度（未膨胀）（A）	硬度（100%膨胀）（A）	拉伸强度，MPa	体积膨胀率,%
HNBR	72	35	13.32	218
NBR	53	26	8.13	256
CR	69	38	11.56	368

从表 4-3-1 中可以看出，膨胀前氢化丁腈橡胶的硬度最大，膨胀后氯丁橡胶硬度最大，而氢化丁腈橡胶的拉伸强度最大，体积膨胀率则是氯丁橡胶最大。由于橡胶在使用时更关注膨胀后的性能，综合来看氯丁橡胶更适合制备遇水膨胀橡胶。由于氯丁橡胶不能用硫黄硫化，只能用金属氧化物硫化，不必对其硫化体系进行研究，因此优选丁腈橡胶。

2）吸水树脂的选择及其对遇水膨胀橡胶性能的影响

橡胶之所以能够吸水膨胀，主要就是因为橡胶基体中添加了膨胀剂，膨胀剂对橡胶的膨胀至关重要。吸水膨胀橡胶中的膨胀剂就是高吸水树脂，高吸水树脂种类很多，主要有淀粉类、纤维素类和合成聚合物类。合成聚合物类具有工艺简单、吸水保水能力强、吸水速度较快、耐水解、吸水后凝胶强度大、抗菌性好、适用于工业生产等优点，应用最为广泛。选择三种合成聚合物类高吸水树脂进行遇水膨胀橡胶的制备。

选择聚丙烯酸盐、聚丙烯腈水解物和醋酸乙烯酯共聚物三种吸水树脂进行实验对比。先称取 2g 树脂，然后加入 400g 水，搅拌后静止，观察树脂膨胀后的状态。如图 4-3-5 所示，发现聚丙烯酸盐悬浮在下部，可明显看到絮状分散物；聚丙烯腈水解物和醋酸乙烯酯共聚物则出现树脂溶解于水的现象，说明共聚物其交联程度不够，导致树脂吸水量的降低或吸水后从橡胶中的析出。

（a）聚丙烯酸盐　　　　　　（b）聚丙烯腈水解物　　　　　　（c）醋酸乙烯酯共聚物

图 4-3-5　吸水树脂吸水膨胀情况

为了进一步了解吸水树脂加入橡胶后的综合膨胀性能，对加入树脂后的橡胶进行了性能评价。使用相同加量的三种树脂进行了遇水膨胀橡胶的制备，三种不同吸水树脂对橡胶性能影响见表 4-3-2。

表 4-3-2　吸水树脂对遇水膨胀橡胶性能的影响

吸水树脂类型	硬度（未膨胀）(A)	硬度（100%膨胀）(A)	拉伸强度，MPa	体积膨胀率，%
聚丙烯酸盐	69	38	11.56	368
聚丙烯腈水解物	62	34	10.89	315
醋酸乙烯酯共聚物	58	38	12.03	279

从表 4-3-2 中可以看出，三种吸水树脂对橡胶膨胀前后的硬度影响差别不大，拉伸强度差别也很小，由于聚丙烯酸盐吸水树脂的体积膨胀率最大，因此选择聚丙烯酸盐作为遇水膨胀橡胶的膨胀剂。

针对吸水树脂的加量对橡胶的膨胀产生的影响，添加不同加量的聚丙烯酸盐对橡胶性能的影响进行了研究，聚丙烯酸盐加量分别为 25phr、50phr 和 75phr，结果见表 4-3-3。

表 4-3-3　吸水树脂加量对遇水膨胀橡胶性能的影响

吸水树脂用量，phr	硬度（未膨胀）(A)	硬度（100%膨胀）(A)	拉伸强度，MPa	体积膨胀率，%
25	68	41	13.17	214
50	69	38	11.56	368
75	73	28	10.25	525

从表4-3-3中可以看出，橡胶的体积膨胀率随着树脂用量的增加而增加，膨胀后的硬度和拉伸强度则随着树脂用量的增加而降低，这是因为树脂对橡胶的力学性能没有贡献，随着树脂用量的增加，含胶率相对下降，橡胶的力学性能下降。

3）混炼工艺及硫化工艺

（1）混炼工艺。

氯丁橡胶混炼生热量多，对温度变化敏感性大，易黏辊和焦烧，配合剂分散较慢，混炼容量、速比宜小，辊温要低。开炼机混炼前辊温度比后辊低5~10℃，在50℃以下，辊距要由大到小逐步调节，要先加氧化镁，使其分散均匀，最后加氧化锌，防止焦烧。

（2）硫化工艺。

氯丁橡胶采用金属氧化物硫化，硫化温度为150℃，时间为10min。

4）遇水膨胀橡胶扫描电镜分析（SEM）

取遇水膨胀橡胶脆断面进行扫描电镜分析，如图4-3-6所示。从图4-3-6中可以看出，采用物理共混的方式，吸水树脂是以原生颗粒状分散在橡胶基体中。通过多点扫描电镜分析判定，吸水树脂均匀分散，验证遇水膨胀橡胶制备方法可行。

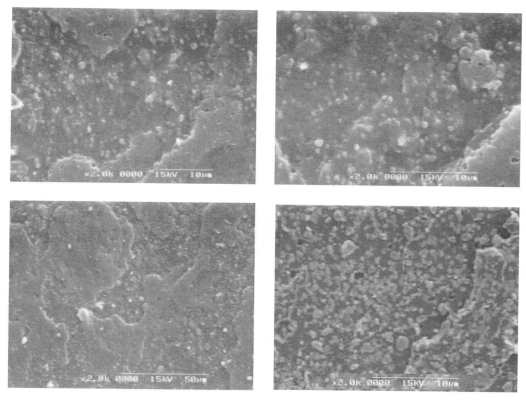

图4-3-6 遇水膨胀橡胶脆断面多点扫描电镜分析

5）遇水膨胀橡胶热重分析（TGA）

遇水膨胀橡胶的热重分析（TGA）曲线如图4-3-7所示。

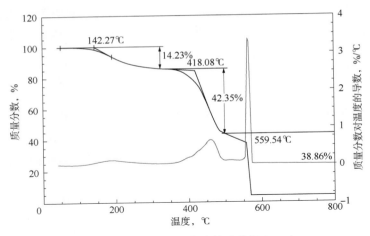

图 4-3-7　遇水膨胀橡胶热重分析（TGA）

从图 4-3-7 中可以看出，遇水膨胀橡胶在 142℃ 有少量失重，分解的是橡胶中添加的吸水材料；从 418℃ 开始，遇水膨胀橡胶失重明显，橡胶主体发生降解，这表明遇水膨胀橡胶具有良好的热稳定性。

6）遇水膨胀橡胶力学性能测试

（1）温度对力学性能的影响。

橡胶制品都是在一定外力条件下使用，因而要求橡胶具有一定的力学性能，通常以硬度和拉伸性能反映橡胶的物理力学性能。橡胶硬度实验是测定橡胶试样在外力作用下橡胶对压针的抵抗能力，硬度值的大小反映了橡胶的软硬程度。橡胶的拉伸性能实验是在规定温度下，把试样放在拉力试验机上进行拉伸，拉伸强度是指试样拉伸至断裂过程中的最大拉伸应力。

对三种不同膨胀倍率的橡胶样品进行了热老化实验，温度分别为 90℃ 和 120℃，结果见表 4-3-4。

表 4-3-4　温度对遇水膨胀橡胶力学性能影响

测试项目	实验温度	橡胶 A	橡胶 B	橡胶 C
硬度（A）	室温	68	69	73
拉伸强度，MPa		13.17	11.56	10.25
硬度变化（A）	90℃×24h 热老化	1	1	2
拉伸强度变化，%		3	5	6
硬度变化（A）	120℃×24h 热老化	11	9	13
拉伸强度变化，%		−28	−36	−32

从表 4-3-4 中可以看出，遇水膨胀橡胶在 90℃ 热老化后性能未发生明显变化，但 120℃ 老化后橡胶发生了热交联老化，硬度增加，拉伸强度下降，遇水膨胀橡胶推荐使用温度不大于 90℃。

（2）压缩模量和体积弹性模量。

遇水膨胀橡胶在使用时要对接触面产生接触应力，橡胶在应用时处于一种压缩状态。

与橡胶压缩相关的物理参数就是压缩模量和体积弹性模量，对橡胶膨胀前后的压缩模量和体积弹性模量进行了研究。

使试样在施加力方向上产生形变时的应力为压缩应力。在压缩力的作用下，试样在受力方向上产生的尺寸变化与该方向原始尺寸之比称为压缩应变，通常用百分率表示。在压缩力的作用下，弹性体的体积减小量除以原来的体积称为体积应变。压缩模量是压缩应力与压缩应变之比值，体积弹性模量是压缩应力与体积应变之比值。

压缩模量和体积弹性模量在 TAW-2000 微机控制电液伺服岩石三轴试验机上测得，压缩速度为 2mm/min。不同倍率的遇水膨胀橡胶压缩模量与体积弹性模量见表 4-3-5 和表 4-3-6。

表 4-3-5　不同遇水膨胀橡胶吸水前后压缩模量

橡胶样品	体积膨胀率，%	压缩模量，MPa
A	0	108.00
	115	1.92
	176	1.55
B	0	3.07
	111	1.76
	176	1.73
	214	1.09
C	0	2.99
	215	2.60
	254	1.41
	453	1.03

表 4-3-6　不同遇水膨胀橡胶吸水前后体积弹性模量

橡胶样品	体积膨胀率，%	体积弹性模量，GPa
A	0	1.45
	115	0.84
B	0	1.48
	138	0.78
C	0	1.47
	214	0.62

从表 4-3-5 可以看出，橡胶膨胀后压缩模量均大幅下降，但下降幅度并不一致，其中橡胶 A 降低较大，膨胀前模量大并不代表膨胀后会大，不能以橡胶膨胀前的压缩模量大小来判断橡胶膨胀后的性能。根据橡胶的使用特点，更应该关注橡胶膨胀后的压缩模量。从表 4-3-6 可以看出，相比压缩模量，各种膨胀橡胶体积弹性模量差别不是很大，但是膨胀前后相对比，膨胀后的体积弹性模量仍然有很大程度的降低。

7）影响橡胶膨胀性能因素研究

为了更好地了解橡胶的膨胀性能，研究了比表面积、矿化度、温度、养护环境及压力等因素对橡胶膨胀性能的影响。由于遇水膨胀橡胶膨胀原理基本相同，因此选取了相同种类、相同体积膨胀率的橡胶为研究对象。

（1）材料比表面积对膨胀性能的影响。

遇水膨胀橡胶在制作成封隔工具时，其外形尺寸和结构可能影响其膨胀速率，进而影响封隔工具的坐封时间，为此开展了橡胶的比表面积对膨胀性能的影响研究。分别取比表面积为 3.1cm²/g 和 3.7cm²/g 的橡胶样品进行实验，将其置于 45℃的去离子水和 3%氯化钠溶液中浸泡，每隔一段时间测其体积变化，结果如图 4-3-8 和图 4-3-9 所示。

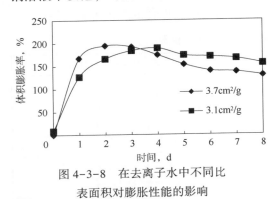

图 4-3-8　在去离子水中不同比
表面积对膨胀性能的影响

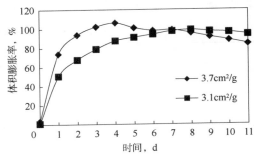

图 4-3-9　在 3%氯化钠溶液中不同比
表面积对膨胀性能的影响

从图 4-3-8 中可以看出，在去离子水中，3.7cm²/g 样品在 2d 体积达到最大，而3.1cm²/g 样品达到最大体积则需要 4d。从图 4-3-9 中可以看出，在 3%氯化钠溶液中，3.7cm²/g 样品达到最大体积需要 4d，而 3.1cm²/g 样品需要 8d。比表面积越大，其膨胀速率越快，最大体积膨胀率基本相同，比表面积对最大体积膨胀率并无太大影响。对比图 4-3-8 和图 4-3-9 中数据发现，与去离子水相比，在 3%氯化钠溶液中橡胶膨胀速率慢，且倍率低，将在后续进行对比分析。

橡胶的膨胀速率之所以同样品的比表面积有关，是因为膨胀速率是通过扩散过程进行控制的，样品比表面积越大，水分子进入橡胶的通道越多，越容易扩散，橡胶的膨胀速率越快。如果想要得到较慢的初始膨胀速率，则在封隔工具密封设计中必须使有效面积最小化。

（2）介质矿化度对膨胀性能的影响。

橡胶膨胀的主要驱动力就是橡胶内外的渗透压差，渗透压越大，橡胶的膨胀能力越

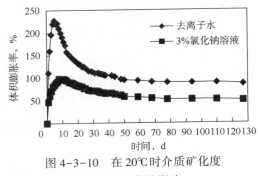

图 4-3-10　在 20℃时介质矿化度
对膨胀性能的影响

强。渗透压主要与溶液中的离子数有关，而与离子种类无关。遇水膨胀封隔工具要在井下复杂环境下使用，地下流体由于采出水回注等原因造成水中离子含量较高，需要研究矿化度对膨胀性能的影响。

将体积相同的橡胶样品分别置于去离子水和 3%氯化钠溶液中，在 20℃、45℃和 90℃下浸泡，每隔一段时间测量其体积，样品的体积随时间变化如图 4-3-10 至图 4-3-12 所示。

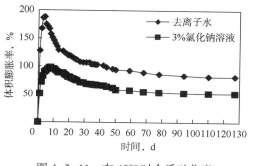

图 4-3-11　在 45℃ 时介质矿化度
对膨胀性能的影响

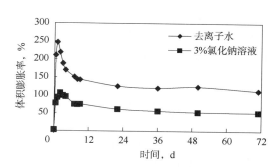

图 4-3-12　在 90℃ 时介质矿化度
对膨胀性能的影响

从图 4-3-10 至图 4-3-12 中可以看出，在 20℃ 条件下，橡胶在去离子水中体积最大增加 226%，在 3% 氯化钠中为 98%；在 45℃ 条件下，橡胶在去离子水中体积最大增加 188%，在 3% 氯化钠中为 99%；在 90℃ 条件下，橡胶在去离子水中体积最大增加 246%，在 3% 氯化钠中为 106%。实验结果表明，在 3% 氯化钠溶液中的样品体积明显小于去离子水中的样品体积，水中的离子会影响橡胶的膨胀倍率。分析认为在 3% 氯化钠溶液中的离子使橡胶与溶液中的离子浓度差减小，橡胶内外渗透压降低，导致膨胀量减小。

橡胶在使用中由于地下环境的不同，会使其膨胀量和膨胀速率发生变化，从而影响封隔效果，在使用时必须依据井下条件，设计橡胶的体积膨胀率。

（3）温度对膨胀性能的影响。

遇水膨胀橡胶与水接触时，水分子通过扩散、毛细管作用及表面吸附等物理作用进入橡胶内，进而与橡胶中亲水性基团形成极强的亲和力。温度影响水分子的分子运动，温度越高水分子热运动越剧烈，进入橡胶中的速率加快，使膨胀速率增加。由于井下温度随着井深的增加而升高，橡胶的使用温度随着井深变化，因此还需要评价温度对膨胀性能的影响。

取 3g 表面积相同的遇水膨胀橡胶置于不同温度下的去离子水和 3% 氯化钠溶液中浸泡，其体积变化如图 4-3-13 和图 4-3-14 所示。

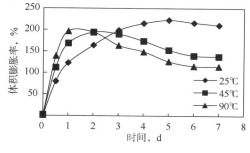

图 4-3-13　在去离子水中温度
对膨胀性能的影响

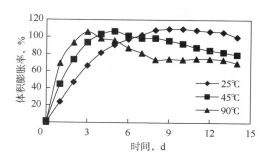

图 4-3-14　在 3% 氯化钠溶液中温度
对膨胀性能的影响

从图 4-3-13 中可以看出，橡胶的膨胀速率随着温度的升高而加快，20℃ 下在 5d 时体积达到最大，而45℃达到最大值为2d，90℃只需要1d。由于受渗透压的影响，在3%氯化钠溶液中橡胶的最大体积低于去离子水中的样品体积。由于驱动力的减小，其膨胀速率也小于去离子水中浸泡的样品，如图4-3-14所示，达到体积最大值20℃下需要8d，45℃需要5d，而90℃需要3d。

（4）橡胶膨胀稳定性研究。

遇水膨胀橡胶用来封隔井壁与套管的环形空间时，由于地层水处于动态的变化过程，橡胶外部的膨胀介质也可能发生变化。遇水膨胀橡胶在井下起到长期密封的作用，需要评价动态介质条件对膨胀稳定性的影响。

在20℃和45℃条件下，将橡胶样品分别置于去离子水和3%氯化钠溶液中浸泡，1个月后从去离子水和3%氯化钠溶液中分别取出一块橡胶样品放入新的膨胀液中，改为变化体系，每周更换一次膨胀液，未更换膨胀液的为稳定体系，测得的体积随时间的变化如图4-3-15至图4-3-18所示。

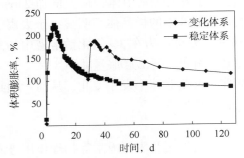

图4-3-15　在20℃去离子水中不同养护条件下橡胶体积随时间变化曲线

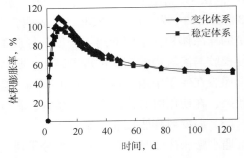

图4-3-16　在20℃ 3%氯化钠溶液中不同养护条件下橡胶体积随时间变化曲线

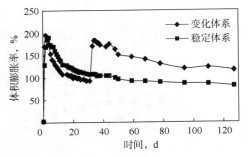

图4-3-17　在45℃去离子水中不同养护条件下橡胶体积随时间变化曲线

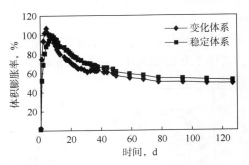

图4-3-18　在45℃ 3%氯化钠溶液中不同养护条件下橡胶体积随时间变化曲线

从图4-3-15至图4-3-18中可以看出，20℃和45℃时橡胶的膨胀曲线趋势基本相同。在去离子水中，橡胶体积达到最大值后均缓慢下降，改为变化体系后，橡胶体积又迅速增加，后又缓慢下降。在20℃浸泡4个月后，变化体系的橡胶体积增加了120%，稳定体系的增加了85%，而45℃浸泡3个月后，变化体系的橡胶体积增加了120%，稳定体系的增加了80%。在3%氯化钠溶液中稳定体系和变化体系中橡胶的体积未产生明显不同变化，体积均增加了50%左右。

通过20℃和45℃实验发现体系变化对橡胶膨胀性能有明显影响，在90℃条件下将橡胶样品直接置于稳定体系和流动变化体系的去离子水和3%氯化钠溶液中浸泡，每隔一段时间测其体积变化。同时也采用间隔更换膨胀液的方法对橡胶膨胀性能进行研究，即将橡胶置于去离子水中浸泡，在体积减小至100%左右时，更换膨胀液，观察其体积变化情况。90℃时在去离子水、3%氯化钠溶液、去离子水间隔更换膨胀液等不同体系下橡胶体积随时间的变化情况如图4-3-19至图4-3-21所示。

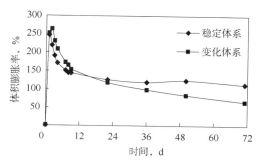

图4-3-19 在90℃时去离子水中稳定体系和流动变化体系下橡胶体积随时间变化曲线

由图4-3-19可知，在变化体系中橡胶体积收缩明显快于稳定体系中橡胶，这是由于在变化体系中橡胶中的抽出物不断被移出，使橡胶内外渗透压一直保持最大，导致抽出物更易抽出；而稳定体系中的抽出物使水中离子浓度升高，减小了橡胶内外的渗透压，使抽出速率减慢，橡胶在变化体系中体积收缩快于稳定体系中。在3%氯化钠溶液中，由于膨胀液中离子含量较高，抽出物对膨胀液的离子浓度影响不大，两种体系中体积收缩情况基本相同，如图4-3-20所示。在稳定和变化结合体系中橡胶的体积变化如图4-3-21所示，当橡胶体积收缩至增加100%左右时，更换膨胀液后体积又迅速增加，这是由于之前橡胶中的抽出物被移出，使橡胶内外渗透压升高，体积又增加，在更换两次膨胀液后，橡胶在4个月时体积仍然增加150%左右。

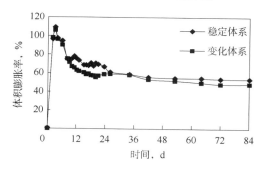

图4-3-20 在90℃时3%氯化钠溶液中稳定体系和流动变化体系下橡胶体积随时间变化曲线

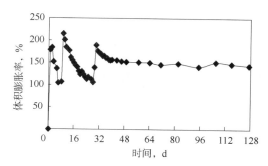

图4-3-21 在90℃时去离子水间隔更换膨胀液体系下橡胶体积随时间变化曲线

从橡胶实验结果可以得出，温度越高体积收缩越快，在去离子水中抽出物会影响橡胶的体积变化，而在3%氯化钠溶液中抽出物并不影响橡胶体积变化。由于实验是在橡胶样品无约束情况下进行的，其与水接触面积较大，且样品体积较小，而实际使用中橡胶处于受限压缩状态，橡胶尺寸较大，而且橡胶受限膨胀后只是两个端面与膨胀液接触，预估橡胶在实际使用时抽出物会减少，体积收缩会较慢。

（5）压力对膨胀性能的影响。

由于在井下应用的橡胶需要在流体静压力下膨胀，需要评价流体静压力对膨胀性能的影响。

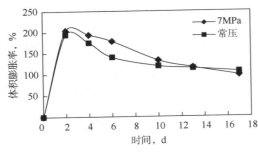

图 4-3-22　45℃去离子水中
压力对膨胀性能的影响

取 3g 表面积相同的遇水膨胀橡胶，分别在常压和 7MPa 压力下于 45℃去离子水中浸泡，每隔一段时间测量其体积变化，实验结果如图 4-3-22 所示。

从图 4-3-22 中可以看出，在 7MPa 下橡胶的体积膨胀率与常压下样品基本相同，均是在 2d 时达到 200%，而后缓慢下降，在 17d 时达到 100% 左右，两种压力下测试的橡胶膨胀速率也基本一致，可以认为压力对橡胶的体积膨胀率和膨胀速率没有太大影响。

（二）遇水膨胀封隔器的研制

1. 工作原理

遇水膨胀封隔器同套管柱一起下入井中，在下入指定位置的过程中，在油或水的介质中，膨胀橡胶会产生微量膨胀，使其外径稍有增加。下入到指定位置后，胶筒与井眼之间的环形空间为封隔工具的工作间隙，在膨胀介质的作用下胶筒外径逐渐增加。当胶筒外径接触井壁时，胶筒填满工作间隙，封隔工具产生初始密封压力。橡胶继续膨胀对井壁形成接触应力，密封能力逐渐增强。膨胀胶筒在密封时应处于压缩状态，其压缩尺寸的大小直接影响其封隔能力，其压缩量（即未使用膨胀段）越大则封隔能力越强。封隔工具封隔原理如图 4-3-23 所示。

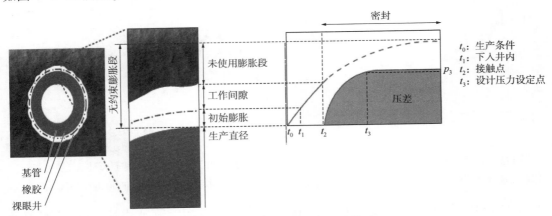

图 4-3-23　遇水膨胀封隔工具封隔原理

从封隔工具封隔原理可知，封隔工具封隔能力的大小与胶筒外径、胶筒最大膨胀量和井眼尺寸等因素有关。使用封隔工具时不但要考虑密封要求数据，如密封处膨胀介质、密封处流体盐度、井下温度、计划密封直径、最大密封直径、最大要求密封压力和密封所需最长时间等，而且要考虑下钻井数据，如钻井液类型、钻井液盐度、膨胀封隔工具通过的井眼最小内径和下放到指定深度的最长时间等。

2. 性能评价装置及方法

为了评价遇水膨胀橡胶的封隔能力，建立了微单元模拟、高压差模拟及全尺寸模拟三种评价装置及实验方法。

1）微单元模拟评价装置及实验方法

（1）实验装置：为了评价橡胶的密封能力，使用水泥浆高温高压失水仪改造设计了密封性能微单元模拟评价装置。该装置由压力系统、加热装置和模拟封隔装置组成，最高加热温度为90℃，最高压力为7MPa。模拟封隔装置基于几何相似理论设计，根据8½in 井眼和5½in 套管的实际尺寸，按照1∶4比例进行模拟。其中，模拟井壁的直径为54mm，模拟套管的直径为35mm，模拟胶筒的长度为150mm，模拟胶筒的厚度为7mm、8mm。密封性能微单元模拟评价装置组装图如图4-3-24所示。

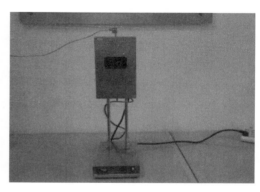

图4-3-24　密封性能微单元模拟评价装置

（2）胶筒的加工制作：实验用模拟胶筒的厚度为7mm、8mm，设计了胶筒加工成型模具，如图4-3-25(a)所示，模具主要由上模、下模和中心管组成。遇水膨胀橡胶按照设计配方混炼，采用平板硫化机以模压方式进行硫化。加工制作胶筒时，先将混炼胶在开炼机上压成一定厚度的薄片，然后将薄片缠绕在中心管上，达到合适的尺寸及质量后，将中心管放入下模中，如图4-3-25(b)所示；合上上模，放入平板硫化机硫化，如图4-3-25(c)所示。硫化完成后，从平板硫化机上取出模具，打开模具，取出中心管，将胶筒从中心管上脱掉，胶筒制作完成，如图4-3-25(d)所示。加工出的胶筒内径35mm、外径49mm 或51mm、长度150mm。

（3）密封性评价方法：将胶筒安装在中心管上，将端环固定，放入模拟井筒中，注入膨胀液，每隔一段时间对其进行压力测试，胶筒密封性评价如图4-3-26所示。

2）高压差模拟评价装置及实验方法

（1）实验装置：鉴于微单元模拟装置模拟压差较低、温度波动大等问题，建立了高压差模拟装置。由压力控制系统、温度控制系统、循环系统和数据采集系统组成。工作压力为0~80MPa，最高工作温度200℃，膨胀介质为柴油或水，加温介质为变压器油，压力釜内径40~45mm，芯轴长度为300mm。高压差模拟装置如图4-3-27所示。该装置可模拟井下环境定量检验封隔器的耐压差能力、膨胀时间及耐受温度压力。主要功能如下：

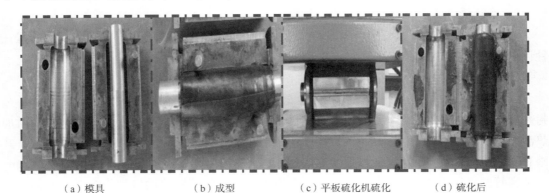

（a）模具　　　（b）成型　　　（c）平板硫化机硫化　　　（d）硫化后

图4-3-25　胶筒的加工制作

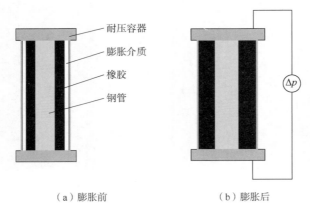

（a）膨胀前　　　　　　（b）膨胀后

图4-3-26　胶筒密封评价示意图

① 模拟井下的温度压力环境对橡胶的膨胀程度的作用；

② 测定一定的橡胶厚度在一定的压力温度下对高压釜壁的作用压力；

③ 测定橡胶在不同膨胀程度下的密封压力。

（2）实验方法。

① 橡胶硫化。

先将混炼胶在开炼机上压成一定厚度的薄片，然后将薄片缠绕在中心管上，达到合适的尺寸及质量后，将中心管放入下模中，合上上模，放入平板硫化机硫化。硫化完成后，从平板硫化机上取出模具，打开模具，取出中心管，裁去模具接缝处的多余胶边，即可制成胶筒。

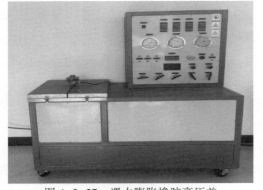

图4-3-27　遇水膨胀橡胶高压差
封隔模拟评价装置

② 橡胶膨胀。

将待测试的橡胶芯轴放入压力釜中（图4-3-28和图4-3-29），旋紧两端端盖，正确连接压力釜与箱体间的管线；打开压力釜体上的空气排空螺钉，旋紧前端压力释放和后端压力释放阀门，打开前端压力和后端压力阀门，调解空气调解阀，将压力釜内充满膨胀介质，看到排空螺栓处有液体流出，将排空螺钉旋紧；加入一定的初始压力（1MPa左右），设置给定温度和加温时间，保持到设定时间，橡胶达到设计膨胀程度。

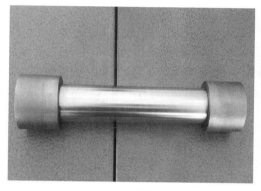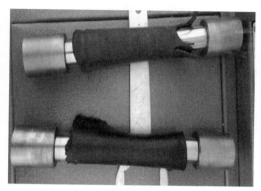

图4-3-28　高压差封隔模拟评价装置所用芯轴

③ 膨胀橡胶密封监测。

当橡胶膨胀实验结束后，打开高压泵开关，调解空气调解阀，向压力釜内注入介质使之达到设计压力的最大值。保持一段时间后关闭前端压力和后端压力阀门，然后缓慢打开一端的压力释放阀门，当压力到达设计压力时关闭释放阀门，使橡胶轴芯两端保持一定的设计压力差，等待到达设计时间后，观察两端压力变化情况。

3）全尺寸模拟评价装置及实验方法

（1）实验装置：为了更加真实模拟井下井眼尺寸，准确、定量评价遇水膨胀封隔器的封隔能力，建立了全尺寸模拟评价装置。模拟实验装置设计如图4-3-30所示。

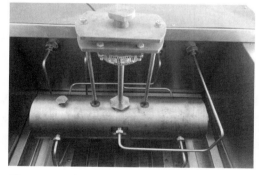

图4-3-29　高压差封隔模拟评价装置所用压力釜

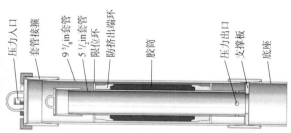

图4-3-30　全尺寸模拟评价装置设计图

装置主要由四部分组成，分别为上部密封帽、封隔工具、模拟井壁和下部固定部分。密封帽由套管接箍、加强筋、钢板和快速接头组成，其能够使整套装置上部密封，同时通过快速接头连接手动压力泵使装置内产生压力；封隔工具由外径 139.7mm 套管、套管接箍、限位板和膨胀橡胶组成。套管接箍将外径 139.7mm 套管内部密封，防止实验时流体由套管内流通，同时在套管下部开了四个 10mm 的圆孔作为流体通道；限位板主要是固定遇水膨胀胶筒，防止其轴向膨胀，使其周向膨胀；由外径 244.5mm 套管作为模拟井壁，其内径为 224.5mm，模拟 215.9mm 钻头产生的井眼；下部固定部分由底座、支撑板和套管接箍组成，接箍将模拟井壁与底座连接在一起，支撑板在底座与模拟井壁之间固定，防止封隔工具整体向下部移动。

（2）实验方法：将套管接箍与 139.7mm 中心管进行连接，密封管内通道，将上限位板固定，从中心管下部装入膨胀胶筒，然后安装下限位板。将模拟井壁、底座、244.5mm 套管接箍和支撑板连接为一整体，将封隔工具装入模拟井壁中，放入膨胀液中进行浸泡。每隔一段时间测量封隔工具外径，当封隔工具膨胀后接触模拟井壁时安装上部密封帽，进行密封压力测试。

（三）水膨胀封隔器评价

1）微单元模拟评价装置实验

实验采用了两种不同尺寸的胶筒，厚度分别为 7mm 和 8mm，其中 7mm 胶筒接触失水筒内壁时的膨胀量为 44%，8mm 胶筒接触失水筒内壁时的膨胀量为 23%，分别模拟 202mm 胶筒封隔 224mm 井眼，204mm 胶筒封隔 216mm 井眼。胶筒密封压力随时间变化情况如图 4-3-31 所示。

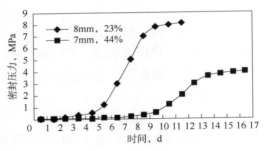

图 4-3-31　遇水膨胀胶筒密封压力随时间变化情况

从图 4-3-31 中可以看出，8mm 胶筒 2d 产生初始密封压力，在 11d 时密封压力达到 8.1MPa；而 7mm 胶筒在 5d 时产生初始密封压力，在 16d 时密封压力达到 4MPa，由于 7mm 胶筒使用的膨胀率（44%）大于 8mm 胶筒（23%），这使得膨胀后 7mm 胶筒力学性能低于 8mm 胶筒，所以其密封压力远低于 8mm 胶筒，因此可知胶筒力学性能越优异，密封能力越强，胶筒的密封能力同橡胶的体积膨胀率直接相关。

2）全尺寸模拟评价装置实验研究

对遇水膨胀封隔器进行了全尺寸封隔能力模拟评价，胶筒长度为 1m，温度 45℃，膨胀介质为自来水。将封隔器及评价装置组装完成后放入自来水中浸泡，其封隔工具外径及密封压力变化情况如图 4-3-32 和图 4-3-33 所示，在全尺寸模拟的情况下，1m 的遇水膨胀封隔器压力达到 10.8MPa。

利用全尺寸模拟评价装置，进行了 0.5m 长胶筒的封隔器封隔能力评价，其外径变化同 1m 长胶筒相同，但封隔压力最高为 5.8MPa。1m 长封隔器的密封压力基本为 0.5m 长胶筒封隔器的两倍，这说明封隔器的封隔能力与其长度成正比关系。

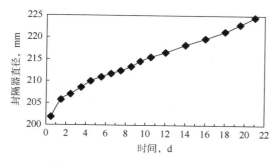

图 4-3-32　遇水膨胀封隔器外径
随时间变化情况

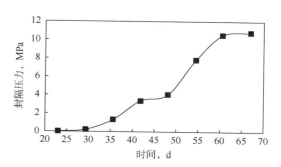

图 4-3-33　遇水膨胀封隔器密封
压力随时间变化情况

（四）遇水膨胀封隔器设计及加工

1. 结构设计

遇水膨胀封隔器是将一种特殊的可膨胀橡胶材料固定在套管外壁上的新型完井工具。常规遇水膨胀封隔器，一般采用将膨胀橡胶直接硫化在套管上或将可膨胀橡胶做成胶筒套在套管上，两边用端环固定，其结构如图 4-3-34 所示。对遇水膨胀封隔器进行结构优化设计，增加了防挤出柔性端环，使其在橡胶膨胀过程中起到缓冲保护的作用，同时将胶筒直接硫化在套管上，减小胶筒膨胀后的轴向应力，避免胶筒膨胀时端部应力集中造成的损害。遇水膨胀封隔器主要由中心管、膨胀胶筒、防挤出端环、定位环和接头等组成，如图 4-3-35所示。

图 4-3-34　遇水膨胀封隔器端部

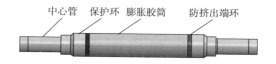

图 4-3-35　遇水膨胀封隔器结构设计图

2. 膨胀胶筒混炼、成型与硫化

膨胀胶筒是封隔工具的核心部件，胶筒的加工要经过混炼、成型与硫化三个过程。自膨胀橡胶配方中粉料较多，增加了增塑剂的比例，采用增塑剂与粉料预混的方式提高混炼效果。在硫化过程中采用低温长时间硫化，避免了厚胶筒内外硫化不一致的问题，提高了制品的性能和加工合格率。在硫化方式上，采用平板硫化机模压和硫化罐热空气硫化两种方式（图 4-3-36 为不同硫化方式结构图）可以满足不同的使用需要（图 4-3-37）。

1）平板硫化机硫化

橡胶原材料混炼后制成较厚胶片，将胶片裁剪成合适大小的尺寸后放入模具中，将模

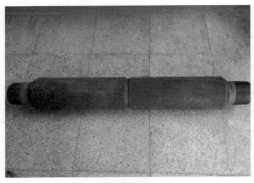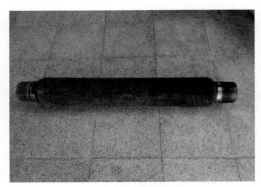

（a）平板硫化机硫化　　　　　　　　　　　（b）硫化罐硫化

图 4-3-36　遇油遇水膨胀封隔器不同硫化方式结构图

具放入平板硫化机中在一定温度和压力下硫化。胶片在模具中受到温度和压力的作用后具

图 4-3-37　遇水膨胀封隔器实物图

有一定的流动性，充满模腔，形成胶筒形状；通过平板硫化机的加热板加热，橡胶发生交联反应形成网状结构；硫化后打开模具，取出胶筒，可以按照要求加工成所需要的尺寸。

2）硫化罐硫化

在橡胶原材料混炼后制成较薄胶片，将胶片一层层缠绕到中心管上，厚度达到要求后橡胶外部用水布紧紧包裹，然后用钢丝绳缠绕，对橡胶加压，使其形成紧密结构而完成成型，然后将成型好的胶筒放入硫化罐中硫化。硫化后去掉钢丝与水布，在车床上加工成所需尺寸。

三、固井界面增强工具

固井界面增强工具由中心管与薄层遇水膨胀橡胶组成。遇水膨胀橡胶是橡胶基体中混入吸水膨胀材料，在渗透压作用下，水进入橡胶基体中使橡胶持续膨胀，以此起到密封作用。固井增强工具随同套管下入，同常规固井一样注水泥，固井增强工具会通过与水反应，产生体积膨胀，封闭由于套管和水泥环之间存在钻井液顶替不净或水泥环收缩产生的微环隙。此外，固井增强工具可以防止水泥环由于应力而引起的破坏，进而保证水泥环的完整性，如图 4-3-38 所示。

（一）性能评价装置及方法

1. 遇水膨胀橡胶与水泥配伍性评价方法

将遇水膨胀橡胶制作成长 10cm、宽 1.5cm 的长方形样品，在钻井液中浸泡 12h；取出后，放置于内径 35mm、高 10.5cm 的模具之中，倒入大连 G 级水泥浆，45℃水浴下养护 48h；养护到龄期后，脱模，观察水泥石及膨胀橡胶粘接状态。

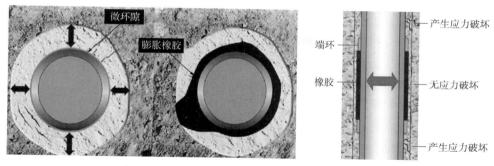

图 4-3-38　固井界面增强工具应用原理示意图

2. 界面剪切强度评价方法

按照 8½in 井眼和 5½in 套管的实际尺寸，按 1∶2 的比例进行水泥环横向尺寸模拟。采用外径 70mm 钢管模拟套管，采用内径 110mm 钢管模拟井筒，水泥环厚度为 20mm，水泥环高度为 100mm。

实验流程如下：

（1）将遇水膨胀橡胶（厚度 2mm）粘贴在外径 70mm 钢管表面，在 45℃ 钻井液中浸泡 12h，取出后将表面清理干净；

（2）将粘有遇水膨胀橡胶的外径 70mm 钢管，放入内径 110mm 钢管内，在环空注入大连 G 级水泥浆，45℃ 水浴下养护 48h；

（3）将组合体从水浴中取出，利用压力试验机给模拟二界面钢管施加压力，检测界面剪切压脱力，计算界面剪切胶结强度（采用 YES-300 数显液压压力试验机，长春长城试验机厂生产）。

3. 界面封隔能力评价方法

按照 8½in 井眼和 5½in 套管的实际尺寸，全尺寸进行水泥环横向尺寸模拟。套管外径 139.7mm，壁厚 7.72mm；采用天然砂岩、泥岩岩心模拟地层，模拟井眼内径 230mm，岩心厚度 100mm；水泥环高度 1.5m，模拟温度 20~80℃，如图 4-3-39 所示。

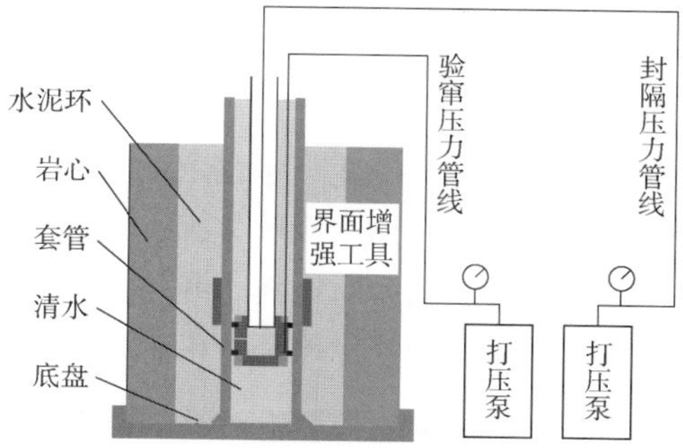

实验流程如下：

（1）将遇水膨胀橡胶胶筒粘贴在 5½in 套管表面，胶筒连同套管在钻井液中浸泡 12h；

图 4-3-39　界面水力封隔能力评价示意图

（2）根据井下环境，在模拟井眼表面形成厚度不同的滤饼；

（3）套管取出后放置模拟井眼内，在环空注入大连 G 级水泥浆，在 45℃ 水浴中养护；

（4）养护到龄期后，采用声波变密度测井仪器进行固井质量检测，利用液压膨胀式套内验窜封隔器，检测界面水力封隔能力。

（二）固井界面增强工具评价

1. 水泥与遇水膨胀橡胶配伍性评价

固井界面增强工具是将遇水膨胀橡胶封固到水泥之中，配伍性主要考虑橡胶的吸水膨胀倍率及吸水膨胀速率两项参数，以避免影响水泥性能。

当遇水膨胀橡胶膨胀倍率过高时，会增大橡胶与水泥石的接触应力。由于水泥石的硬脆特性，接触应力增大时，会造成水泥石损伤甚至破坏；此外，根据遇水膨胀橡胶力学性能评价，其膨胀量越小力学性能越优异，因此要选用低倍率膨胀橡胶开展研究。

橡胶封固在水泥上以后，依靠水泥中的水增加体积从而使橡胶膨胀产生接触应力。如果膨胀速率过快，在水泥未完全水化过程中吸收了水泥中的水分，会影响水泥凝固后的性能。尤其是由于现场应用条件，遇水膨胀橡胶一般入井 12h 后，开始进行固井作业，并与水泥浆接触，因此控制吸水膨胀速率十分必要。

利用遇水膨胀橡胶与水泥配伍性评价方法，选择体积膨胀率为 200% 的低倍率橡胶进行实验，实验发现水泥石整体完整性较好，无微裂纹，说明吸水膨胀倍率满足应用需求。但在图 4-3-40 中可以看出，在靠近橡胶的位置有一层水泥未完全水化，这是由于橡胶吸水膨胀速率过快造成的，同时可以看出橡胶与水泥之间无任何粘接作用。

图 4-3-40　橡胶与水泥配伍性评价图

由于橡胶在不改变吸水倍率的条件下，调整吸水膨胀速率的难度较大，因此选择了一种聚合物增强剂喷涂在橡胶表面，延缓橡胶吸水膨胀速率，从图 4-3-41 中可以看出，橡胶表面喷涂增强剂后对水泥水化不会造成影响，同时橡胶与水泥之间具有了一定的粘接作用。因此选用表面喷涂增强剂的橡胶用于固井界面增强工具。

图 4-3-41　表面喷涂增强剂的橡胶与水泥配伍性评价图

2. 界面剪切强度评价

利用界面剪切强度评价方法，进行了对比实验。样品1的钢管表面粘贴了体积膨胀率为200%的橡胶，且橡胶表面经过喷涂处理；样品2的钢管表面未粘橡胶。实验结果见表4-3-7。

表4-3-7　界面剪切强度评价对比实验

试　　样	样品1	样品2
二界面剪切强度，MPa	1.32	1.05

从表4-3-7中数据可以看出，一界面粘有橡胶的样品二界面剪切强度比无橡胶样品提高了26%。分析认为，由于橡胶膨胀增加了二界面处钢壁与水泥之间的接触应力，使界面强度增加。

3. 界面封隔能力评价

利用界面封隔能力评价装置，开展了不同胶筒厚度、地层环境、滤饼状态、一界面状态等模拟条件下，固井界面增强工具水力封隔能力评价。具体实验条件见表4-3-8。

表4-3-8　界面封隔能力评价实验条件

实验序号	1	2	3	4	5
胶筒长度，m	0.25	0.25	0.25	0.25	0.25
胶筒厚度，mm	8	8	3~4	3~4	3~4
模拟地层	花岗岩	砂岩	花岗岩	砂岩	花岗岩
二界面	无滤饼	4mm滤饼	无滤饼	4mm滤饼	无滤饼
一界面	光套管	光套管	光套管	光套管	钻井液膜

实验1：橡胶部分在1d时封隔压力达到6.5MPa，在3d时封隔压力大于15MPa，在7d时0.5MPa就发生窜流，8d时封隔压力同7d基本相同。由于橡胶具有修复功能，且不可能在短时间内密封压力迅速降低，因此判断橡胶外部的水泥环破裂，导致密封压力降低。未有遇水膨胀橡胶的0.25m水泥环密封压力始终未变，保持大于15MPa，这说明水泥环在橡胶部分开裂，并未波及其他水泥环。

实验2：橡胶部分在1d时声变检测BI值只有0.19，接近于空套管，判断水泥环开裂，3d时取出观察，发现橡胶外部水泥环裂开。

实验3：橡胶部分1d时封隔压力达到5.5MPa，在3d时封隔压力大于15MPa。这说明减小胶筒厚度后，花岗岩未发生破坏，同时加入胶筒后对一界面的封隔能力不会带来不利影响。

实验4：橡胶部分1d时封隔压力达到2.5MPa，在3d时封隔压力4.5MPa。14d时0.5MPa就发生窜流，取出高渗透砂岩模拟地层，发现水泥环破裂。这说明减小胶筒厚度后，在二界面存在厚滤饼的情况下，胶筒依然会破坏水泥环。故此，界面增强工具适用于低渗透砂岩地层或泥岩地层。

实验5：在1d时验窜，有胶筒部位封隔压力3.5MPa，无胶筒0.25m部位封隔压力1.5MPa；3d时胶筒部位封隔压力8MPa，而无胶筒部位封隔压力为0.5MPa，7d胶筒部位封隔压力大于 15MPa，说明在一界面顶替不净或存在微环隙时，界面增强工具可以显著提高封隔能力。

（三）工具结构设计

将遇水膨胀橡胶套粘接固定在各种尺寸的套管短节上，两端直接同套管接箍相连。中间的两个套管接箍作为保护环对橡胶起到保护作用，防止工具在下入过程中刮破橡胶。上部套管短节安装工具时预留吊卡的位置，下部短节安装工具时预留套管钳的位置。具体结构如图 4-3-42 所示。工具参数见表 4-3-9。

其橡胶部分厚度和长度可根据油气井的密封压差要求、井径、地质情况、操作条件以及其他情况进行调整。

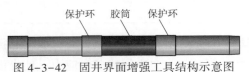

图 4-3-42　固井界面增强工具结构示意图

表 4-3-9　固井界面增强工具技术参数

规格型号	DQIE-140/148	膨胀介质类型	水及水基钻井液
钢体最大外径	154mm	适应地层	低渗透砂岩或泥岩
胶筒外径	146mm	橡胶体积膨胀率	200%
工具内通径	124.3mm	胶筒耐温	100℃
工具总长度	2.02m	基管钢级和扣型	5½in×J55×LTC
有效封隔长度	0.46m	最大安全下入时间	24h
耐压差能力	≥15MPa	封隔井眼直径	8½in

四、控制水泥面工具

通过统计大量现场套损井的地质情况发现，嫩二底油页岩标准层处的平均水平位移为 30~50mm，由于油顶距离嫩二底油页岩标准层平均只有 70~130m，嫩二底油页岩标准层处易吸水导致岩层蠕动、滑移造成套管损坏，固井时水泥浆进入标准层，加速了标准层的蠕动滑移所造成的套管损坏，为了控制套管外水泥浆返高，将多余水泥浆推到上部地层，使嫩二底油页岩标准层处的环空充满钻井液，使固井水泥浆既不漏封油顶又不封标准层，采用控制水泥面工具固井。水泥浆胶凝失重的大小与水泥浆的浆柱长度成正比。在不漏封目的层的前提下，控制水泥浆的返高将会减少水泥浆的失重。该工具随套管下入，下入位置为设计水泥面返高处，固井后，该工具能打开循环孔，通过循环钻井液，将工具处的水泥浆推移向上，至上部泥岩层稳定区域，相当于浅层"水泥帽"，起到二次水泥环密封作用，可以有效封隔高压层流体上窜，起到预防管外冒的作用。该工具适用于嫩二底油页岩标准层处套损的井，控制水泥浆返高。另外，还适用于防止套管外喷冒。

（一）结构

工具主要由上下短节、外滑套、主体、剪销等部件构成，外滑套与主体之间有液压腔并靠剪销连接在一起，如图 4-3-43 所示。

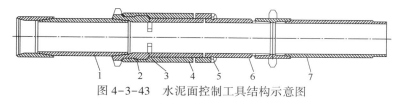

图 4-3-43 水泥面控制工具结构示意图

1—提升短节；2—主体；3—液压腔；4—外滑套；5—剪销；6—限位接箍；7—短节

（二）原理

当常规固井"碰压"之后，可以继续升压至 14~15MPa，进行套管试压后回零，也可以直接降压回零。卸水泥头，从水泥头向套管内投球 8~10 个，上好水泥头，憋压，压力缓慢上升至 14MPa 稳压半分钟，继续升压，压力通过液压腔作用到外滑套上，当压力达到一定值时（工具正常打开压力为 15.5~17.5MPa），剪断第一道销钉，外滑套下行，露出循环孔，通过循环洗出多余水泥浆，同时小球下行到循环孔处，堵住循环孔，第二次"碰压"，迅速将压力升至 20MPa，稳压 1~2min，确保剪断第二道销钉，外滑套下行，关闭循环孔。

如图 4-3-44 所示，控制水泥面固井工艺流程：进行常规套管注水泥，见图（a）；"碰压"后继续升压，压力达到一定值剪断打开销钉，外滑道下移、开通循环孔，见图（b）；循环钻井液，并投球，工具外水泥浆被向上推移，见图（c）；当小球下行至循环孔处，将循环孔堵塞，压力升高，剪断关闭销钉，外滑套向下移，关闭循环孔，见图（d）。至此，工具外水泥浆推移到预定高度，控制水泥面工作完成。

使用该工艺固井后具有以下特点：

（1）防止 N_2 段套损及水侵高压区管外冒。

该工具形成的两段水泥环密封系统中间有一部分为钻井液，可确保 N_2 易损层段的环空充满钻井液，使套管与地层柔性接触，起到缓

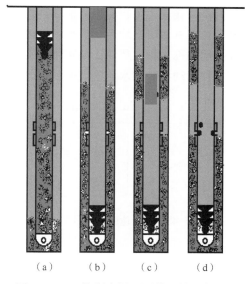

（a）　　（b）　　（c）　　（d）

图 4-3-44 控制水泥面固井工艺示意图

冲作用，可有效避免套损区对水泥环破坏而产生的油气水外窜事故，并且上部水泥浆体对 N_2 段高压层有较好的压稳防窜作用，避免了高压流体窜至井口而引起管外冒事故。

（2）提高固井后浆柱静水压力，采用该工具后，水泥浆量多返出 100m 以上，环空压力提高 0.3MPa，有利于压稳防窜。

（3）形成两凝水泥浆固井，减少或补偿水泥浆的失重。

使用该工艺固井后，相当于采用"两凝水泥固井"或"双级注水泥固井"。水泥浆柱形成两段封隔，上部水泥浆在低温环境下，形成缓凝水泥浆，水化速度慢，胶凝失重来得晚，避免了环空水泥浆同时失重、压力急剧下降的现象。下半部水泥浆受井温影响，形成速凝水泥浆，水化速度快，当上半部水泥浆还未失重时，下半部水泥浆已经能够形成足够的强度来封

闭高压油气水层了，避免了大段水泥浆柱同时失重，达到防止高压层管外冒的目的。

（4）形成浅层水泥帽，提高二次密封能力。

水泥浆柱被二替套管内的钻井液分隔成两部分，上部水泥浆运移至上部浅层，受冲洗液及前导水泥浆冲洗顶替钻井液影响，在该位置形成较好的界面胶结环境，形成的水泥环具有较好的密封性，封隔浅气层及水层，防止浅层管外冒发生。

五、振动固井工具

旋流剪切振动固井技术以固井液为动力源，利用固井液旋流剪切振动固井工具，使内部的叶栅旋转，发生径向振动脉冲，使洗井和顶替水泥浆过程中固井液的流变性提高，强化柱塞流顶替效果，实现对水泥浆的旋流、剪切、振动功能的"三合一"，并能提高水泥石胶结强度，从而有效地提高固井质量。

（一）旋流剪切振动固井技术机理

1. 叶栅偏心振动理论

井下叶栅受力分析研究：流体经导流孔导流以后，以一定的水平角冲击叶栅。流体进入叶栅后，一方面沿叶片运动，另一方面随叶栅的转动而旋转，这是一种复合运动：流体质点沿叶栅运动称为相对运动；随转轮的旋转运动称为牵连运动；相对于大地的运动称为绝对运动。每种运动相应的水流质点速度也分别称为相对速度（用 ω 表示）、牵连运动（也称圆周运动，用 u 表示）、绝对速度（用 V 表示）。绝对速度 V 由相对速度和牵连运动合成，如图4-3-45所示。

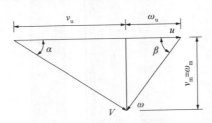

图4-3-45　叶栅速度三角形

图4-3-45中，相对速度 ω 与圆周速度 u 之间的夹角 β 为相对速度 ω 的方向角，绝对速度 V 与圆周速度 u 之间的夹角 α 为绝对速度的方向角。要想让流体提供最大的冲击力以提供较为理想的转速，绝对速度角与相对速度角之和为90°，即垂直冲击叶栅时，产生的冲击力存在最大值。

流体对叶栅的冲击力为：

$$F=\rho_{d}Q_{e}V\sin(\alpha+\beta) \tag{4-3-2}$$

式中　ρ_{d}——流体的密度，kg/m^3；

　　　Q_{e}——流体流经偏心叶栅的排量，m^3/s；

　　　V——绝对速度，m/s。

当 $\alpha+\beta=\dfrac{\pi}{2}$ 时，叶栅获取的冲击力最大，然而并不是冲击力越大叶栅转速就会越高，因为叶栅转动主要是因为流体对叶栅的冲击力及绕流叶栅产生的升力。二者的周向分力才是提供叶片周向转动的主动力，其轴向分力与固井叶栅轴线平行，故水平方向不做功，同时还会产生轴向压力，增大叶栅装置轴承的摩阻。因此在叶栅的结构设计上，应尽可能地追求叶栅所受的合外力周向分力最大。当 $\theta=35°$ 时，p_{u} 有最大值 p_{umax}：

$$p_{umax} = \frac{\rho_d \pi r t V^2}{z} \tag{4-3-3}$$

式中　ρ_d——流体的密度，kg/m³；

　　　r——叶栅的半径，m；

　　　t——叶栅的栅距，m；

　　　V——绝对速度，m/s；

　　　z——叶栅的叶片数。

因此为使升力周向分力达到最大值，要求导流孔倾角设计为35°。

2. 偏心叶栅作用下套管串振动模型

流体进入偏心叶栅后推动叶栅高速旋转，由于叶栅上偏心块的作用对整个装置产生偏心力，作用到井底的套管串上，套管串底部受到方向不断发生变化的偏心叶栅产生的激振力作用。在振动过程中，激振力来源于偏心块的偏心转动，大小由式（4-3-4）确定：

$$P = \frac{W}{g}\left(\frac{2\pi n}{60}\right)^2 R \tag{4-3-4}$$

式中　W——偏心块重力，N

　　　n——叶栅的转速，r/s；

　　　R——偏心块的偏心距，m；

　　　g——重力加速度，m/s²（取9.8m/s²）。

在装有弹性扶正器的套管串中，可以把弹性扶正器视为弹性支座，将整个套管串视为在 A_n 处累计安装 n 个弹性扶正器的连续梁模型，如图4-3-46所示。

套管振幅模型：在相同的偏心块质量和扶正器个数条件下，井底的振幅最大，并且井越深，套管的振幅越大，井越深该装置引起的振动效果越明显。井下套管串的振动幅度随着排量及偏心块的质量的增加而增加。

扶正器的约束作用会降低井下套管串的变形程度，扶正器数量越多，套管产生的振幅越小，但这种变化不是一种线性变化，扶正器个数增大到一定值时，对振幅的影响将会越来越小。

3. 剪切旋流振动提高顶替效率

1）环空旋转流提高壁面剪切力机理

（1）壁面剪切力与顶替效率的关系。

固井作业时，水泥浆流动的壁面剪切力是提高环空顶替效率的驱动力，相反，钻井液在壁面处的流动剪切力是水泥浆顶替钻井液的阻

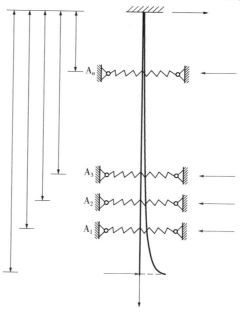

图4-3-46　考虑弹性扶正器的
井下套管串模型

力，以往针对壁面剪切力的研究，就是以提高水泥浆的壁面剪切力和降低钻井液的壁面剪切力为目的，以达到提高顶替效率的目的。

研究表明顶替效率与水泥浆驱动力和钻井液阻力之间的关系如下：

当 $\tau_{0c} > \tau_{0m}$，$\tau_{wc} > \tau_{wm}$ 时，水泥浆顶替效果最好；

当 $\tau_{0c} = \tau_{0m}$，$\tau_{wc} = \tau_{wm}$ 时，水泥浆顶替效果较好；

当 $\tau_{0c} < \tau_{0m}$，$\tau_{wc} > \tau_{wm}$ 时，环空中有窜槽现象，顶替效果不好；

当 $\tau_{0c} < \tau_{0m}$，$\tau_{wc} < \tau_{wm}$ 时，水泥浆顶替效果最差。

其中 τ_{wm}，τ_{wc} 分别是钻井液和水泥浆在井壁和套管外表面上的剪切应力；τ_{0m}，τ_{0c} 分别是钻井液和水泥浆在井壁和套管外表面上的静切力。

（2）轴向速度产生的壁面剪切力。

水泥浆和钻井液在偏心环空流动时，边壁剪切力的表达式为：

$$\tau_{wc} = \frac{4v(\eta_{sc} - \alpha\eta_{sm})}{E_B(c-1)(R_0 - R_i)} \tag{4-3-5}$$

$$E_B = 1 + \frac{3 + \left(\dfrac{R_0}{R_i}\right)^2}{4 + \dfrac{4R_0}{R_i}}\varepsilon^2 \tag{4-3-6}$$

$$\varepsilon = \frac{e}{R_0 - R_i} \tag{4-3-7}$$

式中 τ_{wc}——水泥浆在井壁和套管外表面上的静切力，Pa；

　　α——常数，一般为 2；

　　c——常数，一般为 1.5；

　　η_{sm}，η_{sc}——钻井液和水泥浆的塑性黏度，Pa·s；

　　R_0——井筒半径，m；

　　R_i——套管半径，m；

　　v——环空平均速度，m/s；

　　E_B——与偏心度 ε 有关的常量；

　　ε——偏心度；

　　e——偏心距，m。

（3）周向速度产生的壁面剪切力。

振动固井过程中，环空中的流体会产生一个周向速度 μ_θ，在环空窄间隙处产生速度梯度：$\dot{\gamma} = d_u/d_y = \mu_\theta/(R_0 - R_i - e)$，由此产生对壁面的剪切力 $\tau_{\theta c}$。

当钻井液是幂律流体时：

$$\tau_{\theta c} = K\dot{\gamma}^n \tag{4-3-8}$$

式中 K——幂律流体的稠度系数，Pa·s^n；

n——幂律流体的流性指数。

当钻井液是宾汉流体时：

$$\tau_{\theta c}=\tau_0+\eta_p\dot{\gamma} \tag{4-3-9}$$

式中　τ_0——宾汉流体的动切力，Pa；

　　　η_p——宾汉流体的塑性黏度，Pa·s。

由水泥浆轴向运动产生的壁面剪切力 τ_{wc} 和由水泥浆周向运动产生的壁面剪切力 $\tau_{\theta c}$，是相互垂直的，由力的合成定理可知总的壁面剪切应力 $\tau_c=\sqrt{\tau_{wc}^2+\tau_{\theta c}^2}$。由三角形的斜边大于任意一条直角边，得 $\tau_c>\max(\tau_{wc},\ \tau_{\theta c})$。

振动固井过程中，由于套管在井筒中做公转运动，使流体产生周向运动，流体的周向运动会产生一个沿圆周切线方向的剪切力，这个剪切力和由流体轴向运动产生的剪切力合成的总剪切力比常规固井时产生的剪切力要大，由壁面剪切力与顶替效率的关系可知，增大的水泥浆壁面剪切力能够使更多的滞留在井筒里的钻井液循环出井，从而提高顶替效率。

已知参数：井眼直径 200mm，套管直径 139.7mm，环空返速 $v=100cm/s$，$\eta_{sc}=0.04Pa\cdot s$，$c=1.5$，$\alpha=2$，$\eta_{sm}=0.01228Pa\cdot s$。

可以看出，常规固井时，流体只存在轴向速度，此速度产生随偏心度增大而减小的剪切力。而在振动固井时，由于存在轴向速度，会在井壁产生与轴向剪切力相互垂直的周向剪切力，它们可以通过合成产生总的剪切力。由图 4-3-47 可以看出，总的剪切力大于常规固井时只有轴向速度时的剪切力，这个剪切力使滞留在井筒内的钻井液更易被携带出井，从而提高顶替效率。

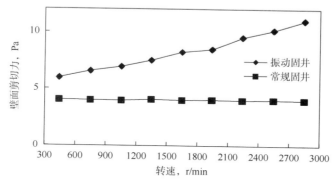

图 4-3-47　偏心位移 5mm 时常规固井和振动固井的壁面剪切力变化规律

2）提高窄间隙钻井液顶替效率的机理分析

（1）振动固井宽窄间隙周期变化提高顶替效率。

振动固井时，套管在井眼内周期性旋转振动，使窄间隙变宽后，顶替速度增加，从而使环空窄间隙顶替效率得到提高。随着偏心位移的增加，窄间隙处的最大流速变小，宽间隙处的最大流速增加，流速差值变大，说明套管偏心位移越大，越不利于环空流体顶替。但另一方面，对于任一偏心位移下，宽窄间隙间的最大流速差值，在套管旋转振动时宽窄间隙的相互转换下得到了减小和缓解，也证明了振动固井时，套管在井眼内周期性旋转振动，使窄间隙变宽后，顶替速度增加，有利于提高顶替效率（图4-3-48）。

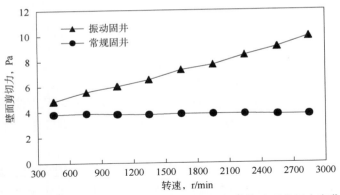

图4-3-48　偏心位移10mm时常规固井和振动固井的壁面剪切力变化规律

（2）窄边间隙流体克服黏滞力流动提高顶替效率。

钻井液性质一定的条件下，随着套管偏心位移的增加，使井壁滞留钻井液流动的临界套管转数减小，也说明了振动固井时，套管旋转振动的振幅即偏心位移增大时，有利于将窄边滞留的钻井液驱替出来，提高窄边间隙的顶替效率。

（二）旋流剪切振动固井技术室内评价

实验装置如图4-3-49所示，装置下部为一长方形水槽，水泵通过钢管一端与水槽相连，沿钢管上端接有流量控制阀与流量计，水泵是整个实验装置的动力系统，负责将水箱内的流体泵入振动装置并进行循环。通过流量计可以读出流体的流量，并利用流量控制阀调节排量，通过改变排量，可以改变装置的转速，即改变装置的振动频率和振幅。装置的

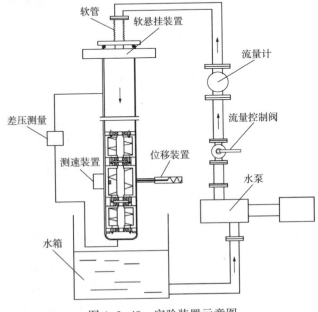

图4-3-49　实验装置示意图

上部装有悬挂系统。套管与振动装置相连后，上端接有软悬挂装置。软悬挂装置与刚性悬挂相比，可以避免刚性悬挂减弱振动强度，提高装置的实验精度。在振动装置外部与装置内部带有偏心块的叶栅平行处，装有测速装置及位移测量装置。在装置振动时，可以通过测速装置读出叶栅的转速，通过位移装置读出振动的振幅。

1. 不同注入排量下装置振动参数测定流体

钻井液参数：密度为 1.6g/cm³；黏度为 20mPa·s；屈服应力为 6Pa。通过图 4-3-50 可以看出，随着泵排量的增加，转子转速逐渐升高，振幅逐渐增大。

2. 流体性能对振动效果的影响

从图 4-3-51 和图 4-3-52 可以看出，随着密度的减小，转子的转速逐渐降低，振幅逐渐减小。通过模型计算结果与室内模拟实验结果对比可知，偏心叶栅作用下套管偏心公转转速平均计算符合率为 91.41%，振幅平均计算符合率为 91.09%，

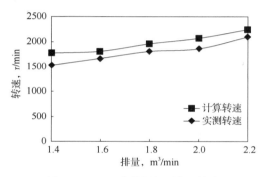

图 4-3-50　不同排量下转子转速
实测值与计算值

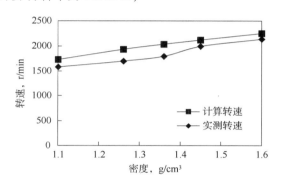

图 4-3-51　不同密度下转子转速
实测值与计算值

3. 振动频率对钻井液性能的影响实验

通过测量不同振动频率和振动强度作用下钻井液的性能，得出套管振动频率及振幅对钻井液性能的影响规律，为振动提高固井质量机理提供真实的依据。实验材料：钻井液，密度为 1.60g/cm³；黏度为 20mPa·s；屈服应力为 6Pa。

通过实验装置模拟后，钻井液的塑性黏度平均降低了 40%，动切力平均降低了 56.7%，表观黏度平均降低了 43.3%，钻井液的流变性能明显提高，更加易于被顶替。

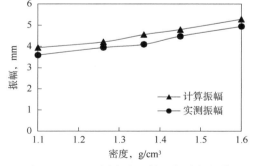

图 4-3-52　不同密度下转子振动振幅值

4. 振动频率对水泥浆性能的影响实验

实验材料：G 级水泥，密度为 1.90g/cm³，属于宾汉流体，黏度 72mPa·s，屈服应力 3Pa。

通过实验装置模拟后，水泥浆的塑性黏度平均降低了 44.7%，动切力平均降低了

38.3%，水泥浆的流变性能明显提高。水泥浆初凝时间平均缩短了5.9%，初终凝过渡时间平均缩短了15.1%。振动加快了水泥浆早期水化速度，减少了水泥浆由液态向固态转化时间，有利于防止固井后发生早期环空油气水窜。振动后显著提高了水泥石的抗压强度，有利于提高固井质量。

（三）偏心叶栅结构工作原理

流体轴向流入旋流剪切振动固井工具时，通过导向定子倾斜孔改变流动方向后冲击叶栅，推动叶栅转动，使流体的势能和动能转化为机械能。剪切转子叶栅的转动，对流体产生剪切搅拌作用，同时流体沿着叶栅流道流动，形成螺旋流动。该螺旋流再通过振动转子，带动装有偏心质量块的振动转子径向振动，产生可以传导一定距离的振动波，同时螺旋流继续受到转子叶栅剪切搅拌作用，以旋流方式流入旋流转子，最后以大强度螺旋流状态通过导向座流出。

（四）振动固井的主要作用

通过转子叶栅的剪切搅拌作用破坏循环液体的内部结构，降低钻井液的黏度和切力，钻井液处于易于流动的紊流状态，有利于强化紊流替浆效果，提高顶替效率。使水泥颗粒充分均匀地分散到水泥浆液流中，提高水泥浆的流变性，获得均匀分布的水泥浆，从而得到完全湿润和分散均匀的水泥石。

通过装有偏心质量块的振动转子旋转，使套管柱和固井液产生振动波。小颗粒水泥填充部分空隙，消除水泥浆中的气泡，水泥浆密度变得均匀，提高水泥浆凝固的密实性。水泥浆中未活化好的颗粒得到充分地活化，提高水泥石强度。套管和水泥环，水泥环和井壁岩层很好地胶结在一起，形成高强度的密封。破坏水泥浆的胶凝结构和静切力，减小水泥浆失重，保持水泥浆液柱压力，压稳地层流体，防止环空气窜的发生，提高水泥封固质量。

放于套管串下部，使钻井液在环空中形成旋流场，改变流动状态，改变套管柱相对井眼轴线的位置，增加井壁的周向剪切驱动力。能够冲洗井壁虚滤饼和残留的固相颗粒，冲洗井径变化率较大及窄边滞留的钻井液，提高钻井液的携砂能力，降低岩屑在环空中的堆积程度，达到提高井眼清洗度的目的。

预防卡套管事故发生。井壁上存在厚而疏松的滤饼是造成卡套管事故的内在原因。旋流剪切振动固井技术可以冲洗井壁虚滤饼和残留的固相颗粒，清洗井壁获得良好的实滤饼。同时，使套管产生径向振动，减少套管与井壁之间的接触时间，降低发生卡套管事故的概率。

第四节　调整井冲洗隔离液系列

冲洗隔离液在固井过程中发挥着重要作用，冲洗隔离液能稀释钻井液，降低钻井液的黏度和切力，很好地冲洗井壁和套管壁，并能够有效地隔离钻井液与水泥浆、保证压稳，对界面胶结质量也起到一定的改善作用，提高顶替效率，有利于固井质量的提高。

冲洗隔离液作为水泥浆的配套技术在特高含水期调整井区块已拥有成型的产品系列，本节主要介绍了干混型隔离液与紊流水基冲洗液两种体系。

一、干混型隔离液

研制干混型隔离液，主要是考虑到湿混型隔离液存在以下几方面的不足：（1）配制工序比较烦琐，时间长、工作强度大；（2）单井专配，不易储存，损耗大，不利于环保；（3）对于边远地区，受设备条件限制，配制困难；（4）冬季保温困难，使用受限；（5）涉及高密度隔离液体系，经过配制、运输长时间静置稳定性不佳，不能满足控制压力固井的技术要求。干混型隔离液则实现了用固井水泥车边混边注的施工工艺，即把预先混好的隔离液粉剂，由固井灰罐装运到井，与固井水泥车连接，通过固井水泥车直接与水混合，即时完成隔离液的配制和注入，这一工艺过程与固井注水泥浆配浆工艺相同。与常规隔离液相比，应用干混型隔离液有以下特点：（1）粉剂可批量预混，长期储存，不存在冬季保温问题，有利于推广；（2）成品化程度高，现场应用方便快捷；（3）设备占用少，损耗低或无损耗、环保；（4）可实现高密度隔离液边混边注、满足有限钻关条件下的固井技术需求，因此总体上说干混型隔离液的优势就在于既简化了固井施工，又解决了环保和冬季配制、运输以及高密度隔离液体系的问题。

（一）室内混拌方法

根据现场固井工艺要求，在不增加设备的情况下，最便捷的方式就是用固井水泥车边混边注，即把干混型隔离液中的悬浮稳定剂、加重剂和辅料混拌成粉剂，通过固井水泥车把粉剂与水混配成隔离液注入井中，与注水泥程序相同。在室内实验中，采用油井水泥的室内混拌方法进行干混型隔离液制备。

室内依据 GB/T 19139—2012《油井水泥试验方法》，用于制备隔离液的混合装置选用的是一台容量约为 1L、底部驱动的叶片式瓦林搅拌器。具体方法如下：将混灰称重，并充分混拌均匀；在搅拌杯中加入清水和适量的消泡剂，启动电动机并保持 4000r/min±200r/min 的转速；将混灰均匀地加入搅拌杯中，在 15s 内加完；盖上搅拌杯盖，然后在 12000r/min±500r/min 的转速下继续搅拌 35s±1s。

为了提高室内模拟实验与现场的符合程度，开展了室内模拟实验与地面实验的对比分析，见表 4-4-1。

表 4-4-1　干混型隔离液室内模拟实验与地面实验对比数据

参数	室内模拟实验			地面实验		
密度，g/cm³	1.35	1.40	1.45	1.35	1.40	1.45
流动度，cm	23.0	21.0	20.0	29.0	28.0	27.5
Φ_{300}	72	76	84	34	37	39
Φ_{100}	53	58	67	18	19	20

注：地面实验瞬时排量 0.8m³/min，室内模拟实验按水泥混拌标准执行。

从表 4-4-1 中数据可以发现，用固井水泥车混拌的隔离液在流动度和流变性能方面，要明显好于室内混拌的隔离液，两者存在明显的差异。引起这种差异的可能性有两种：首先是瓦林搅拌器的混拌方法和固井水泥车的混拌模式不同；其次，固井水泥车达不到水泥混拌标准规定的剪切速率和剪切时间。为了进一步验证这两种可能性，对水泥浆体系的室内混拌和现场固井水泥车的混拌做了对比分析，见表4-4-2。

表4-4-2　水泥浆室内实验与现场对比数据

参数	室内实验	现场试验
密度，g/cm³	1.9	1.9
流动度，cm	24	26
Φ_{300}	56	45
Φ_{100}	18	22

注：水泥浆为哈尔滨A级+湿混降失水剂体系。

从表4-4-2中可以看出，现场混拌水泥浆的流动度和流变性能同样要好于室内混拌的水泥浆，这说明室内水泥浆的混拌评价标准并不能完全模拟现场固井水泥车的混拌效果；另一方面，干混型隔离液室内和现场混拌效果的差异要大于水泥浆，这是由于干混型隔离液的外加剂受剪切速率、剪切时间和搅拌模式等因素的影响大，放大了瓦林搅拌器和现场混拌的差异。

因此，在干混型隔离液的混配过程中，剪切速率和剪切时间是重要的影响因素，并且混合装置的工艺原理也应尽量符合固井水泥车的混拌模式，不能够完全按照水泥的标准来执行。因为固井水泥车是通过高速射流吸入并冲击粉剂，使"混拌能量"瞬间释放在一定体积的粉剂上，进而形成隔离液浆体，所以如何利用瓦林搅拌器来近似地模拟固井水泥车的混拌状况是室内评价方法的关键所在。于是以瓦林搅拌器为基础，在下灰、搅拌时间和搅拌速率上进行了室内模拟实验，结果见表4-4-3，并依此建立起与固井水泥车相似的室内混拌方法。

具体混配方法是：首先设定好瓦林搅拌器的转数和时间参数，然后把混灰倒入混配液中，立即启动自动模式混配。自动模式混配是利用瓦林搅拌器在瞬时、高转数下启动，产生较强的剪切涡流来模拟固井水泥车的高速射流。

表4-4-3　不同转速下室内模拟实验与地面实验对比数据

参数	地面实验 瞬时排量 0.8m³/min	室内模拟实验（瓦林搅拌器）							
		10000r/min		8000r/min		6000r/min		4000r/min	
		5s	10s	5s	10s	5s	10s	5s	10s
密度，g/cm³	1.4	1.4	1.4	1.4	1.4	1.4	1.4	1.4	1.4
流动度，cm	28.0	23.5	21.0	25.0	22.5	25.5	24.0	27.5	26.0
Φ_{300}	37	59	66	50	56	43	48	38	44
Φ_{100}	19	44	52	34	41	26	32	20	25

从表4-4-3中各项参数对比情况可以看出，利用瓦林搅拌器在4000r/min、5s内搅拌的隔离液与固井水泥车最为相近。两者都是利用清水瞬时产生较强的激动作用力，此时产生较大的混配能量，然后把这种混配能量释放在一定体积的粉剂上来实现瞬时混浆。两者

原理相似，因此混浆的状态、性能也极为相似，故以此转速、时间的搅拌模式模拟进行干混型隔离液的研究。

（二）干混型隔离液的研制

1. 干混型隔离液悬浮机理

依据干混型隔离液即时混配的特点，要求干混型隔离液的外加剂要具有"速溶""速效"的特点，所以干混型隔离液不能以高分子聚合物作为主要悬浮稳定剂，这主要是因为高分子聚合物的溶解需要一定的时间，不符合"速溶""速效"的要求；其次是高分子聚合物在边混边注的过程中，不易下灰、浆体易裹泡，不利于施工的进行。因此干混型隔离液要以易溶解、易水化的无机悬浮稳定剂为主。

在优选和研制干混型隔离液外加剂时，既要考虑"速溶""速效"的特点，还要结合隔离液体系的悬浮机理。

假定隔离液体系在凝胶强度为零或者凝胶强度很小的情况下，忽略其对固相颗粒的悬浮作用，得出 Stocks 的沉降速度公式：

$$v = \frac{2r^2(\rho - \rho_o)g}{9\eta} \tag{4-4-1}$$

式中　r——粒子半径，m；

η——分散介质黏度，Pa·s；

ρ——粒子密度，g/cm^3；

ρ_o——分散介质密度，g/cm^3；

g——重力加速度，m/s^2；

v——沉降速度，m/s。

从式（4-4-1）可见，影响沉降速度 v 的因素为：r、η、ρ、ρ_o。

首先，隔离液浆体若想悬浮固相颗粒，需选择颗粒直径小、粒子密度小的加重材料。但是如果加重材料直径太小，就会影响粉剂的流动性能，对灰罐车下灰不利；另一方面，加重材料的密度小，不利于隔离液密度的提高。所以从加重材料方面提高悬浮能力的手段是有限的，应主要从提高浆体的表观黏度上去解决。

浆体的表观黏度在不同流变模式中，由不同的流变参数来界定：

宾汉体：

$$\eta = \eta_o + \tau_o / \gamma \tag{4-4-2}$$

假塑性体：

$$\eta = K(\gamma)^{n-1} \tag{4-4-3}$$

卡森体：

$$\eta = \left[\eta_\infty^{1/2} + (\gamma_0 / \gamma)^{1/2} \right]^{1/2} \tag{4-4-4}$$

式中　η——黏度，Pa·s；

τ_o——动切力，Pa；

γ——剪切速率，s^{-1}；

K——稠度系数，$Pa \cdot s^n$；

n——流性系数。

就宾汉流体而言，动切力 τ_o 是指塑性流体在层流流动时，需要克服的动态结构力；塑性黏度 η_p 反映塑性流体在层流流动时，浆体中网架结构处于动平衡状态下，固体微粒间、液相间及微粒与液相间的内摩擦力的大小。即表观黏度在对固相颗粒悬浮的作用中，以结构力和内摩擦力的形式体现，如图 4-4-1 所示。

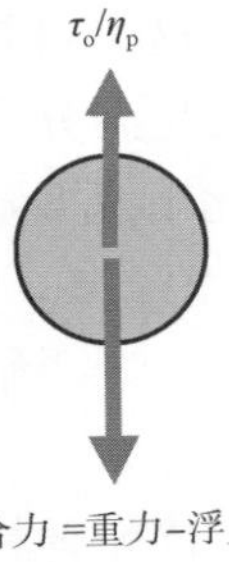

τ_o/η_p

合力＝重力−浮力

图 4-4-1　固相颗粒
悬浮状态示意图

因此，提高隔离液的悬浮能力，在表观黏度方面，就是提高隔离液的结构力和内摩擦力。而提高隔离液的结构力和内摩擦力不是一定要靠聚合物来解决的。其中一个解决途径就是加入易溶解、易水化的吸水性材料，利用静电吸附或氢键吸附，束缚大量的自由水分子，一旦自由水减少，势必将使固—固颗粒间距离缩短，增大颗粒间的内摩擦力；另一方面，吸水性材料水化后能够形成网状结构，增大浆体的结构力，提高浆体的悬浮能力。但是，这种水化网状结构和颗粒间的范德华力、水化能及静电引力还不足以提供足够大的摩擦力来阻止固相颗粒沉降，如图 4-4-2 所示。

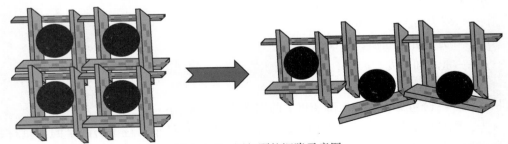

图 4-4-2　固相颗粒沉降示意图

考虑悬浮性能的同时，还要使浆体保持一定的流动性，不可能束缚所有的自由水，因此，虽然固—固颗粒间内摩擦力增大，但是固—液、液—液间的内摩擦力没有太大变化，从而出现固相颗粒整体下沉、堆积，大量自由水析出的现象，如图 4-4-3 所示。

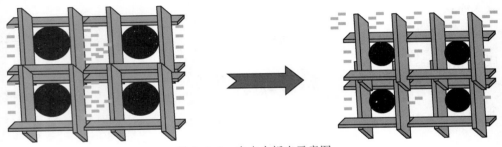

图 4-4-3　自由水析出示意图

因此，还需要增加液相间及微粒与液相间的内摩擦力，这就需要适当地增加液相的黏度，同时考虑到"速溶""速效"，需引入线性低分子量聚合物，其中的吸附基能够与吸水性材料粒子表面发生氢键吸附产生吸附力，这种吸附力可以产生较强的内摩擦力阻止固相颗粒沉降，并且由于聚合物的线性结构，使它可以吸附在几个吸水性材料粒子上，使它们桥联在一起。这种吸附了几个吸水性材料粒子的线性分子，相互间通过共同吸附在吸水性材料粒子表面，彼此互相缠绕在一起，形成空间相对很小的"团块结构"，如图4-4-4所示，增大了液相间及微粒与液相间的内摩擦力，不仅能够提高对固相颗粒沉降的束缚力，还阻止了自由水的析出。

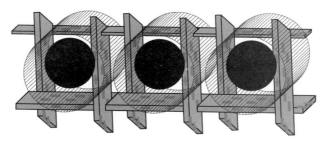

图4-4-4 聚合物作用示意图

由以上可以发现，在研发干混型隔离液时，应以易溶解、易水化的无机悬浮剂为主，同时选择易溶解的线性低分子量的聚合物进行辅助。

2. 干混型隔离液外加剂的筛选与优选

1）筛选与优选原则

根据干混型隔离液即时混配的特点，在外加剂的选择上应遵循以下几点：

（1）"速溶""速效"是选择外加剂的基础，并且能够在边混边注式的混拌模式下，充分激活其活性；

（2）考虑调整井温度影响沉降稳定性，需优选适宜的黏土类矿物，黏土类矿物的加入不仅可以提高浆体的结构黏度，使浆体内部充分地形成网架结构，这样才能有利于提高隔离液的悬浮稳定性；

（3）为控制体系不同环境下的滤失量，需优选适宜的水溶性聚合物，水溶性聚合物的加入可以适当地提高浆体的塑性黏度，增强增厚水化膜以控制滤失量，并且韧性水化膜的形成有助于提高膜间斥力，从而有利于浆体均匀地分散，不易聚结；

（4）要实现隔离液密度在宽范围的适应性，需优选适宜的吸附剂，吸附剂的加入可以被动地吸附浆体密度变小时游离出大量的极性自由水分子，从而保证浆体中处理剂相对的百分含量以提高其沉降稳定性；

（5）所有的外加剂应满足于水泥浆污染小或无污染，与钻井液具有很好的相容性，这样才能保证配制的隔离液与水泥浆和钻井液具有良好的相容性，充分发挥隔离液冲刷、顶替、隔离和压稳的作用。

2）干混型隔离液外加剂的优选

（1）悬浮剂的优选。

干混型隔离液的外加剂首先满足的条件就是"速溶""速效"，即用瓦林搅拌器在

4000r/min、5s 搅拌的条件下达到要求的状态。由隔离液的悬浮机理可以得出,动切力和表观黏度是优选悬浮剂的主要技术指标。

通常的吸水性材料主要包括:膨润土、山软木土、凹凸棒土、硅藻土、微硅、粉煤灰、海泡石等。针对这些吸水性材料,用干混型隔离液的室内混拌方法进行了性能对比分析实验。

取 5% 的样品用瓦林搅拌器(4000r/min,5s、10s、30s)搅拌后,测定浆体的动切力 τ_0 及表观黏度(表 4-4-4)。

表 4-4-4　各种吸水材料的性能对比

外加剂	动切力 τ_0,Pa			表观黏度,mPa·s		
	5s	10s	30s	5s	10s	30s
膨润土	0.531	1.266	2.555	2.0	3.0	5.4
山软木土	0.352	0.591	0.767	0.5	1.0	2.3
凹凸棒土	0.637	1.135	1.533	0.8	1.2	3.2
硅藻土	0.428	0.863	1.022	0.7	1.3	2.1
微硅	0.382	0.645	1.022	0.6	0.9	2.2
粉煤灰	0.514	0.955	1.533	1.1	1.5	3.1
海泡石	0.637	1.328	2.044	1.7	2.3	4.7
悬浮剂 A	2.945	2.986	3.066	7.7	8.0	8.1

从表 4-4-4 中可以得出,悬浮剂 A 在 4000r/min、5s 内能够达到良好的结构力和表观黏度,且随时间的延长,变化较小,可以在短时间内形成具有良好悬浮稳定性能的隔离液。虽然膨润土、海泡石也具有一定的结构力和表观黏度,但是水化的时间长,不能满足干混隔离液即时混配的要求。因此选用悬浮剂 A 作为干混型隔离液的悬浮剂,此悬浮剂不但与水泥浆具有良好的相容性,而且与常用的钻井液体系(有机硅钻井液、乳液大分子钻井液和两性复合离子钻井液等)也具备良好的相容性。

(2)降失水剂的优选。

依据"速溶""速效"的原则,选出了三种溶解性能和降失水性能较好的聚合物材料,代号为降失水剂 A、降失水剂 B、降失水剂 C,进行了性能对比分析实验。

取 1% 的样品用瓦林搅拌器(4000r/min,5s、10s、30s)搅拌后,测定其浆体的漏斗黏度,数据见表 4-4-5。

表 4-4-5　不同种类降失水剂性能对比

外加剂	(室温)漏斗黏度(500mL),s			(50℃下静止 4h)漏斗黏度(500mL),s		
	5s	10s	30s	5s	10s	30s
降失水剂 A	72	95	117	沉淀	82	105
降失水剂 B	81	85	89	81	82	84
降失水剂 C	78	97	105	沉淀	85	94

从表4-4-5中可以看出，降失水剂A、降失水剂C在短时间内达到了一定的漏斗黏度，但是在50℃时短时间内不能完全溶解，且随时间的延长，漏斗黏度变化较大；降失水剂B则在室温与50℃环境下，4000r/min、5s内达到了一定的漏斗黏度，且随时间的延长，漏斗黏度变化小。因此，选用降失水剂B作为干混隔离液的降失水剂。

（3）加重剂的优选。

干混型隔离液在边混边注的过程和压稳的过程中，要具有良好的悬浮稳定性及流动性能，除了悬浮剂、降失水剂等的影响外，加重剂的种类对干混型隔离液也有一定的影响。同时还要考虑成本。

依据这几方面的要求，选择了几种常见的加重材料，即钛铁粉、矿渣和重晶石进行了性能对比分析实验，见表4-4-6。

表4-4-6 不同种类加重材料性能对比分析数据

材料	（常温）流动度，cm	（50℃静止4h）流动度，cm	（50℃静止4h）上下密度差	价格，元/t
矿渣	22	18	无	200~500
钛铁粉	28	26	无	10000~30000
重晶石	27	25	无	600~900

注：隔离液密度为1.50g/cm³，加重材料细度为200目。

从表4-4-6中数据可以看出，矿渣成本低，但是流动度相对于其他材料较低，在50℃下静止4h后，流动度减少较多，不利于环空静液柱的压力传递，不能保证压稳效果。钛铁粉和重晶石在常温和50℃下静止4h后具有良好的流动性能，但是钛铁粉的成本高，不利于干混型隔离液的推广。因此，综合考虑选用重晶石作为干混型隔离液的加重剂。

3）干混型隔离液的组成及作用

依据以上外加剂优选的原则，并经过优选，确定了悬浮剂A、降失水剂B、悬浮助剂C三种外加剂，一种加重剂D对干混型隔离液进行复配，各组分作用机理如下：

（1）悬浮剂A。此悬浮剂是一种黏土矿物。它的结构使其具有高度的亲水性，可以迅速水化，在水介质中高度分散，易形成网状结构，在通常情况下，这种形成的层间结构结合力小，层状集合体易于拆散。而这种稳定剂水化后，形成层面带负电荷、端面带正电荷的微粒薄片。此薄片在水中以端—端、端—面结合，包含着大量水分子形成网状结构，并使大量自由水转变成束缚水，从而使其本身获得较高黏结性，这样在水中就起到一种支撑骨架的结构，如图4-4-5所示。

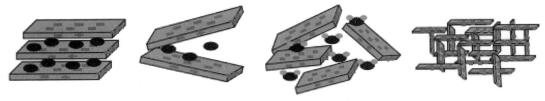

图4-4-5 悬浮剂A在水中的作用

（2）降失水剂B。此降失水剂是一种线性低分子量的聚合物，在低搅拌速率下能快速地溶解于水,首先,因其聚合物主链上有大量的亲水性极性基团(包括羟基、羧基、磺酸根等),从而使聚合物能快速溶解于水。其次,线性聚合物能完全地生成氢键,使水分子很快进入全部线性分子结构中。另外,此聚合物线性分子内含有大量的羟基,可以很容易地与分子中的羰基形成大量氢键,也可以和水结合成大量的氢键,这样就极大地增加了聚合物分子与分子间,聚合物分子与水分子之间的结合力,进而增强了体系的降失水性能。

同时,由于该降失水剂具有线性结构,使它可以吸附在几个吸水性材料粒子上,使它们桥联在一起。这种吸附了几个吸水性材料粒子的线性分子相互间通过共同吸附在吸水性材料粒子表面,彼此互相缠绕在一起,形成空间相对很小的"团块结构",增大了液相间及微粒与液相间的内摩擦力,不仅能够提高对固相颗粒沉降的束缚力,还阻止了自由水的析出,起到了对悬浮剂 A 的辅助作用。

(3)悬浮助剂 C。此悬浮助剂具有天然通道结构,这种结构具有一定的内表面积,这样就可以吸附大量的自由极性水分子,且不需要进行水化,在较小的剪切应力作用下,就可以使干混型隔离液体系产生一定触变性,使其在干混型隔离液开始混拌时,能够迅速地形成具有良好稳定性能的浆体。同时该助剂和降失水剂 B 相互作用,使线性分子吸附在吸水性材料粒子上,并相互作用、彼此缠绕在一起,提高干混型隔离液体系的悬浮性能,如图4-4-6所示。

 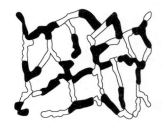

（a）螯合前 　　　　　　　　　（b）螯合后

图 4-4-6　悬浮助剂 C 的螯合作用

(4)加重剂 D。此加重剂为重晶石,其细度为 200 目,密度为 $4.3 \mathrm{g/cm^3}$。

（三）干混型隔离液综合性能评价实验

1. 悬浮稳定性

对于加重隔离液体系来说,较为重要的评价指标就是体系的悬浮稳定性。如果稳定性不好,隔离液就会出现分层现象,容易形成环空堵塞,造成注替困难,且不能达到有效隔离、顶替钻井液的效果。隔离液悬浮稳定性实验数据见表4-4-7。

表 4-4-7　悬浮稳定性实验数据　　　　　　　　单位:$\mathrm{g/cm^3}$

隔离液原始密度	隔离液波动密度	室温静止 4h 密度		50℃下静止 4h 密度	
		上层	下层	上层	下层
1.35	1.35	1.35	1.35	1.35	1.35
	1.40	1.40	1.40	1.40	1.40
	1.30	1.30	1.30	1.30	1.30

隔离液原始密度	隔离液波动密度	室温静止 4h 密度		50℃下静止 4h 密度	
		上层	下层	上层	下层
1.40	1.40	1.40	1.40	1.40	1.40
	1.45	1.45	1.45	1.45	1.45
	1.35	1.35	1.35	1.35	1.35
1.45	1.45	1.45	1.45	1.45	1.45
	1.50	1.50	1.50	1.50	1.50
	1.40	1.40	1.40	1.40	1.40
1.50	1.50	1.50	1.50	1.50	1.50
	1.55	1.55	1.55	1.55	1.55
	1.45	1.45	1.45	1.45	1.45
1.55	1.55	1.55	1.55	1.55	1.55
	1.60	1.60	1.60	1.60	1.60
	1.50	1.50	1.50	1.50	1.50
1.60	1.60	1.60	1.60	1.60	1.60
	1.65	1.65	1.65	1.65	1.65
	1.55	1.55	1.55	1.55	1.55
1.65	1.65	1.65	1.65	1.65	1.65
	1.70	1.70	1.70	1.70	1.70
	1.60	1.60	1.60	1.60	1.60
1.70	1.70	1.70	1.70	1.70	1.70
	1.75	1.75	1.75	1.75	1.75
	1.65	1.65	1.65	1.65	1.65

从表 4-4-7 中数据可以看出，各密度点的隔离液在室温静止 4h、50℃下静止 4h 后，上下无密度差，实验结果说明该隔离液体系具有良好的悬浮稳定性，在井下环空不会发生固相颗粒沉降堆积，从而影响固井施工。

2. 相容性

1）失水相容性评价

隔离液中的悬浮剂不但具有悬浮能力，而且具有降失水的功能。作用原理是在一定压差下，隔离液体系中的大分子界面当量浓度增大，叠加或交叉成密实网状结构，同时加重材料中的惰性颗粒的充填作用，形成了致密的滤饼，因而阻挡了隔离液或水泥浆体系中水的进一步渗透。这项指标对保护油气层，减少油气层污染，防止井塌是有利的。

对此，按照水泥浆实验方法进行失水实验，进行了干混型隔离液对水泥浆失水量影响实验，数据见表 4-4-8，从实验数据可以看出，随着隔离液加量的增加，其失水量逐渐增大，但是失水量均能控制在 50mL 以内。

表4-4-8　干混型隔离液对水泥浆失水量影响实验数据

隔离液比例,%	0	5	25	50	75	95	100
混浆的失水，mL	38	39	41	40	42	42	44

注：水泥浆为大连G级水泥+18%丁苯胶乳体系，隔离液密度为1.4g/cm³；实验温度为50℃，压力6.9MPa，实验时间30min。

2）流变性相容性评价

实验钻井液选用的是有机硅钻井液，密度为1.37g/cm³，实验水泥浆为丁苯胶乳体系，密度为1.9g/cm³。参照API规范GB/T 19139—2012《油井水泥试验方法》标准，在室内将隔离液与水泥浆、钻井液按一定体积比例混合，搅拌充分后，在不同温度条件下养护一段时间，评价隔离液与水泥浆和现场钻井液的相容性，见表4-4-9。

表4-4-9　密度1.4g/cm³隔离液在室温下相容性实验数据

体系 （体积百分比）	旋转黏度计读数					
	Φ_{600}	Φ_{300}	Φ_{200}	Φ_{100}	Φ_6	Φ_3
100%钻井液	146.0	102.0	82.0	56.0	14.0	11.0
100%隔离液	33.0	24.0	22.0	17.0	14.0	13.5
100%水泥浆	56.0	29.0	21.0	13.5	5.0	5.0
95%水泥浆+5%隔离液	67.0	43.0	33.0	24.0	12.5	11.5
75%水泥浆+25%隔离液	62.0	45.0	27.0	29.0	20.0	10.0
50%水泥浆+50%隔离液	54.0	41.0	34.0	28.0	14.0	7.0
25%水泥浆+75%隔离液	51.0	40.5	35.5	30.0	12.0	5.0
5%水泥浆+95%隔离液	48.5	37.5	31.0	25.0	8.0	4.0
95%钻井液+5%隔离液	139.0	97.0	77.0	52.5	12.0	10.0
75%钻井液+25%隔离液	110.0	75.0	59.0	39.0	9.0	7.0
50%钻井液+50%隔离液	83.0	56.0	43.5	29.0	7.0	6.0
25%钻井液+75%隔离液	71.0	51.0	42.5	33.0	21.0	20.0
5%钻井液+95%隔离液	46.0	37.0	31.0	26.0	18.5	18.0

注：钻井液为现场有机硅钻井液；水泥为大连G级水泥。

由图4-4-7可以看出，钻井液与隔离液混合，随着隔离液掺混量的增大，混浆是逐渐变稀的，说明隔离液具有稀释钻井液的作用；水泥浆与隔离液混合后，随着隔离液掺混量的增加，其混浆变化不大。实验证明该隔离液与水泥浆、钻井液有良好的相容性，二者之间任意接触均不产生特别增稠、絮凝现象，这有利于提高顶替效率和改善水泥环胶结质量。

3）抗污染稠化相容性评价

水泥浆的稠化时间是固井施工中的一个重要技术指标，是保证固井施工成功的关键因素。隔离液在注替过程中不可避免要和水泥浆混合。为此进行了丁苯胶乳体系与隔离液以不同比例混合后的45℃稠化实验，数据见表4-4-10。

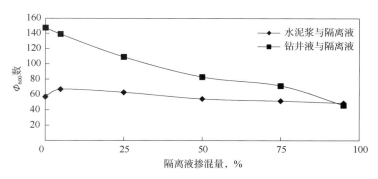

图 4-4-7　干混隔离液流变相容性

表 4-4-10　45℃抗污染稠化实验数据

体系(体积百分比)	初稠，Bc	30Bc 时间，min	50Bc 时间，min	70Bc 时间，min
100%水泥浆	16	60	70	76
95%水泥浆+5%隔离液	14	85	92	100
75%水泥浆+25%隔离液	13	190	225	235

注：温度为 45℃，压力为 24.1MPa，隔离液密度为 $1.4g/cm^3$。

如图 4-4-8 至图 4-4-10 所示，隔离液与水泥浆混合后，在 45℃条件下，稠化时间有所延长，隔离液在水泥浆体系中起到缓凝作用，一定程度上延长稠化时间，对稠化曲线发展无不良影响。加隔离液后的水泥浆稠化曲线平稳、规范，无闪凝现象出现，满足现场施工的安全要求。

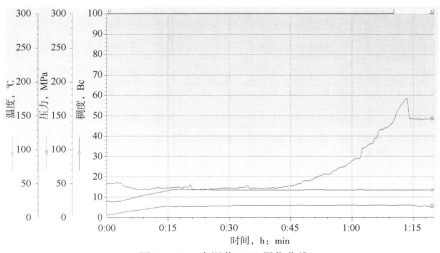

图 4-4-8　水泥浆 45℃稠化曲线

3. 流变模式的判定

为了明确干混型隔离液的流变模式，应用范氏 35 型旋转黏度计，按 GB/T 19139—2012《油井水泥试验方法》，对干混型隔离液进行流变实验，见表 4-4-11，并绘制流变曲线。根据模式判别值 F 值和绘制的流变曲线，如图 4-4-11 所示，可以看出，该干混型隔离液属于宾汉流体模式。

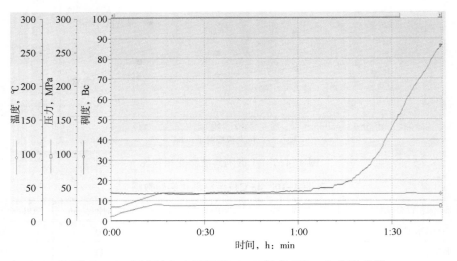

图 4-4-9　隔离液与水泥浆以 5∶95 混合后的 45℃ 稠化曲线

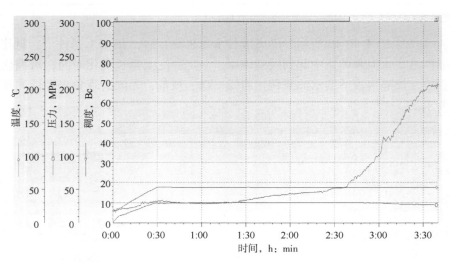

图 4-4-10　隔离液与水泥浆以 25∶75 混合后的 45℃ 稠化曲线

表 4-4-11　不同密度干混型隔离液的流变性测量数据

原始密度 g/cm³	波动密度 g/cm³	Φ_{600}	Φ_{300}	Φ_{200}	Φ_{100}	Φ_{6}	Φ_{3}	η_{p} Pa·s	τ_{0} Pa	流动度 cm	500mL 漏斗黏度，s
	1.35	30.0	21.5	18.0	15.0	12.0	12.0	0.00975	6.00	28~29	36
1.35	1.40	36.0	25.0	22.0	20.0	15.0	15.0	0.00751	8.94	25~26	56
	1.30	27.0	18.0	16.0	14.0	10.0	10.0	0.00612	6.13	29~30	29
	1.40	33.0	23.0	20.0	17.0	14.0	13.5	0.00911	7.15	27~28	36
1.40	1.45	39.0	28.0	25.0	20.0	16.0	16.0	0.01215	8.18	26~27	58
	1.35	29.0	20.0	17.0	14.0	11.0	10.0	0.00452	7.92	28~29	28

续表

原始密度 g/cm³	波动密度 g/cm³	Φ_{600}	Φ_{300}	Φ_{200}	Φ_{100}	Φ_6	Φ_3	η_p Pa·s	τ_0 Pa	流动度 cm	500mL 漏斗 黏度，s
1.45	1.45	37.0	29.0	24.0	19.0	14.0	14.0	0.01510	7.15	27~28	34
	1.50	43.0	35.0	26.0	22.0	18.0	18.0	0.01953	7.92	24~25	48
	1.40	32.0	22.0	19.0	15.0	11.0	10.5	0.01052	5.88	28~29	30
1.50	1.50	34.0	27.0	23.0	19.0	14.0	13.5	0.01211	7.67	27~28	34
	1.55	41.0	34.0	27.0	21.0	17.0	16.5	0.01954	7.41	25~26	49
	1.45	32.0	25.0	21.0	16.0	11.0	11.0	0.01351	5.88	28~29	32
1.55	1.55	35.0	25.0	20.0	15.0	11.0	11.0	0.01523	5.11	27~28	37
	1.60	42.0	34.0	26.0	18.0	14.5	14.0	0.02418	5.11	26~27	55
	1.50	31.0	22.0	18.0	14.0	11.0	10.5	0.01241	5.11	29~30	31
1.60	1.60	33.0	24.0	19.0	14.0	12.0	12.0	0.01523	4.60	27~28	39
	1.65	40.0	35.0	27.0	19.0	15.0	14.0	0.02422	5.62	26~27	56
	1.55	28.0	21.0	18.0	14.0	11.0	10.0	0.00917	6.13	28~29	32
1.65	1.65	37.0	28.0	24.0	20.0	13.5	13.0	0.01212	8.18	28~29	35
	1.70	45.0	36.0	27.0	18.0	15.0	15.0	0.02723	4.60	26~27	52
	1.60	32.0	22.0	18.0	14.0	10.0	10.0	0.01242	5.11	29~30	31
1.70	1.70	38.0	28.0	23.0	18.0	14.0	14.0	0.01522	6.64	27~28	39
	1.75	47.0	36.0	30.0	24.0	16.5	16.0	0.01525	9.71	24~25	58
	1.65	34.0	26.0	21.0	16.0	12.0	12.0	0.01515	5.62	28~29	34

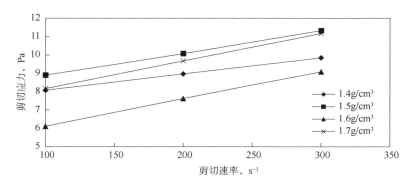

图 4-4-11　不同密度干混隔离液流变曲线

模式判别值：

$$F = \frac{\Phi_{200} - \Phi_{100}}{\Phi_{300} - \Phi_{100}} \qquad (4-4-5)$$

式中　Φ_{100}——100r/min 旋转黏度计读数；

　　　Φ_{200}——200r/min 旋转黏度计读数；

Φ_{300}——300r/min 旋转黏度计读数。

其宾汉流体的本构方程和流变参数如下：

本构方程：

$$\tau = \tau_0 + \eta_p \gamma \qquad (4\text{-}4\text{-}6)$$

流变参数：

$$\eta_p = 0.0015(\Phi_{300} - \Phi_{100}) \qquad (4\text{-}4\text{-}7)$$

$$\tau_0 = 0.511(\Phi_{300} - 10^3 \eta_p) \qquad (4\text{-}4\text{-}8)$$

式中　τ——剪切应力，Pa；

　　　γ——剪切速率，s^{-1}；

　　　η_p——塑性黏度，Pa·s；

　　　τ_0——极限动切力，Pa。

由表 4-4-11 可以看出，该隔离液具有很好的流动性能，有利于固井施工；另外，从它的流变数据上看，它在现场施工可控制排量范围内有可能实现紊流顶替，所以对它的临界紊流排量做了计算：

以常见油套环空为例，油套 139.7mm，使用 215.9mm 的钻头，井径扩大率为 5%，那么环空流体的雷诺数为：

$$Re = \frac{\rho v (D-d)}{\eta_e} \qquad (4\text{-}4\text{-}9)$$

式中　v——平均流速，m/s；

　　　η_e——有效黏度，Pa·s；

　　　ρ——密度，kg/m^3；

　　　D——井径，m；

　　　d——套管外径，m。

有效黏度与塑性黏度 η_p 之间的关系是：

$$\eta_e = \eta_p + \frac{D-d}{8v} \qquad (4\text{-}4\text{-}10)$$

宾汉流体广义临界雷诺数 $Re_c = 2100$，由此可得：

$$v_c = \frac{2100\eta_e}{\rho(D-d)} \qquad (4\text{-}4\text{-}11)$$

$$Q_c = 60 \times \frac{\pi}{4}(D^2 - d^2) \times v_c \qquad (4\text{-}4\text{-}12)$$

式中　v_c——临界返速，m/s；

　　　Q_c——临界排量，m^3/min。

假设环空有一段流体为宾汉流体，那么存在以下平衡：

$$\Delta p \frac{\pi(D^2-d^2)}{4} = \tau_w(\pi DL + \pi dL) \qquad (4-4-13)$$

式中 Δp——压差，MPa；

D——井径，m；

d——套管外径，m；

L——长度，m；

τ_w——壁面剪切应力，Pa。

又根据流体力学可知：

$$\Delta p = \frac{0.2 f \rho L v^2}{D-d} \qquad (4-4-14)$$

对于宾汉流体：

$$f = \frac{0.057}{Re} \qquad (4-4-15)$$

因此壁面剪切应力 τ_w 为：

$$\tau_w = \frac{2.85 \times 10^{-3} \rho v^2}{Re^{0.2}} \qquad (4-4-16)$$

式中 f——摩阻系数；

ρ——密度，kg/m³；

Re——雷诺数；

D——井径，m；

d——套管外径，m

v——平均流速，m/s。

不同密度的流体壁面剪切应力及临界紊流排量计算，见表4-4-12。

表4-4-12 不同密度干混型隔离液的环空流变计算

密度，g/cm³	壁面剪切应力，Pa	临界紊流上返速度，m/s	临界紊流顶替排量，m³/min
1.35	11.86	1.087	1.63
1.40	12.56	1.162	1.74
1.45	13.12	1.147	1.72
1.50	13.54	1.167	1.75
1.55	13.13	0.941	1.41
1.60	13.26	0.883	1.32
1.65	14.77	1.147	1.72
1.70	14.00	0.953	1.43

从表 4-4-12 中可以看出，当顶替排量大于 1.75m³/min 时就可以达到紊流顶替，现场完全可以满足这样的要求。同样紊流顶替也有利于提高顶替效率，改善固井质量。

4. 冲洗效果评价

针对油田 L 区调整井固井质量的问题，从冲洗顶替效率和压稳的方面考虑，用干混型隔离液对 L 区的现场钻井液做了冲洗效率实验，见表 4-4-13。

表 4-4-13　冲洗效果评价实验数据

序号	冲洗液类型	冲洗时间	冲洗效率
1	清水	4min	90%
2	干混型隔离液	2min+15s 清水	100%

注：冲洗效果评价实验所用钻井液为现场取乳液大分子钻井液，干混型隔离液密度 1.5g/cm³。实验条件为常温下转速为 200r/min，滤饼厚度为 2~3mm。

从表 4-4-13 中数据可以看出，干混型隔离液的冲洗效果好于清水。要想达到良好的冲洗效果，清水的用量大，对压稳不利，而干混型隔离液不仅具有良好的冲洗效果，也有利于压稳和固井质量的提高。

（四）性能对比分析

干混型隔离液即时混配、边混边注的施工工艺，改变了常规隔离液的混配及施工方式，具有现场应用方便快捷、利于储存和运输、易形成产品化的特点。在干混型隔离液的性能上，与技术较为先进的 DZG 冲洗隔离液体系进行了性能对比分析实验，见表 4-4-14。

表 4-4-14　性能对比数据表

类别	密度 g/cm³	50℃静置 5h 悬浮稳定性，g/cm³	一界面胶结强度，MPa	界面强度损失，%	Φ_{600}	Φ_{300}	Φ_6	Φ_3	漏斗黏度 s	流动度 cm
无	—	—	1.54	0	—	—	—	—	—	—
清水	1.0	—	1.36	11.70	—	—	—	—	—	—
DZG 冲洗 隔离液	1.4	0.015	1.28	16.88	67	35	9	8	42	27
	1.5	0.015	1.33	13.64	73	49	8	6	45	26
	1.6	0.020	1.27	17.53	85	56	12	10	48	26
干混型 隔离液	1.4	0.020	1.31	14.93	60	38	6	5	36	28
	1.5	0.020	1.29	16.23	65	40	5	4	34	26
	1.6	0.015	1.25	18.83	78	53	8	7	39	27

从表 4-4-14 中可以看出，干混型隔离液体系在流变性、抗温性、沉降稳定性和界面胶结强度方面，与 DZG 冲洗隔离液体系相当。

（五）高密度干混型隔离液

研制高密度干混型隔离液主要是由于更新井有限钻关距离进一步缩短、地层整体压力的提高，伴随固井井内流体密度也需要提高，而采用传统方法配制的高密度固井隔离液黏度高、稠度大，运输及使用过程中抽、注困难，也不能起到净化井眼的作用，固井质量难以保障，因此采用现场即时混配高密度隔离液方式，省去厂内配制、罐车运输、泵车抽液等环节，实现混配到注入连续作业，生产效率大幅提高。

1. 一体化处理剂的研制

研制一种高性能隔离液处理剂 DQ-SA，解决了高密度隔离液黏度高、稠度大、触变强的问题，这是一种黏度为 5000~6000mPa·s 的浅褐色液体，20℃条件下，在水中 1min 内可完全溶解。水化后生物胶链段以弱氢键连接形成网状结构，表面活性剂链段形成胶束，共同悬浮加重材料。外力作用下，氢键断裂、胶束有序排列，流动阻力变小，表现出明显的低黏高切特征：0.9% 的 DQ-SA 水溶液在剪切速率 $170s^{-1}$ 时，表观黏度 24mPa·s；剪切速率 $1000s^{-1}$ 时，表观黏度 9.5mPa·s。

2. 隔离液体系组成与性能评价

1）高密度隔离液的组成

在延续干混型隔离液的实验基础上，确定隔离液体系基础配方为：水+0.9% DQ-SA+加重剂。当隔离液密度大于 $2.2g/cm^3$ 时，复合处理剂 DQ-SA 加量可适当降低，但不应低于用水量的 0.8%，例如使用 $4.2g/cm^3$ 重晶石粉作为加重剂，配制 $1.8g/cm^3$ 隔离液重晶石粉加量为水质量的 147%；$2.4g/cm^3$ 隔离液重晶石粉加量为水质量的 330%，加重剂用量随密度进行调节。

2）高密度隔离液性能评价

流动性能主要考察隔离液在油气井中注替时的可泵送性能，包括黏度、切力、流动度等参数。流动性能是衡量高密度隔离液优劣的重要指标，具体实验数据见表 4-4-15 室内复核实验数据。数据表明，以 DQ-SA 制备的高密度隔离液的黏度低，流动度大，流动性能显著优于普通高密度隔离液。

表 4-4-15　即时混配高密度隔离液流动性能

类型	密度 g/cm³	塑性黏度 mPa·s	动切力 Pa	流动度 cm	漏斗黏度 s
DQ-SA 基浆	1.0	7.5	2.8	35	31
即时混配	1.8	25.5	8.9	28	49
	2.0	36.0	9.2	28	55
	2.2	43.5	11.5	27	58
	2.4	57.0	12.7	24	68
常规体系	1.8	75.0	31.6	20	105

加重隔离液必须进行悬浮稳定性评价，如果稳定性不好，隔离液出现固液分层现象，严重影响隔离效果和施工安全。隔离液稳定性采用量筒法，将制备好的隔离液注入 500mL 量筒，封口后室温条件下静置一段时间，测量上部与下部密度差，具体实验结果见表 4-4-16 室内复核实验数据。

表 4-4-16　室内复核实验数据不同养护条件下隔离液沉降密度差　单位：g/cm³

隔离液原始密度	搅拌速度	室温静止 3h 密度		50℃下静止 6h 密度	
		上层	下层	上层	下层
1.71	低速	1.71	1.71	1.70	1.70
	高速	1.71	1.71	1.70	1.70
1.82	低速	1.82	1.82	1.81	1.83
	高速	1.82	1.82	1.81	1.83
1.91	低速	1.91	1.91	1.91	1.92
	高速	1.91	1.91	1.91	1.92
2.01	低速	2.01	2.01	2.00	2.01
	高速	2.01	2.01	2.00	2.01
2.11	低速	2.11	2.11	2.11	2.11
	高速	2.11	2.11	2.11	2.11
2.21	低速	2.21	2.21	2.21	2.21
	高速	2.21	2.21	2.21	2.21
2.31	低速	2.31	2.31	2.31	2.32
	高速	2.31	2.31	2.31	2.32
2.40	低速	2.40	2.40	2.40	2.41
	高速	2.40	2.40	2.40	2.42

由表 4-4-16 可以看出，形成了密度范围 1.7~2.4g/cm³ 高效隔离液体系，不同温度条件下，体系稳定性均小于 0.02g/cm³，满足技术要求。

入井流体如果受到污染会影响顶替效果，还可能导致严重的钻井安全事故，必须进行流体相容性评价。在室内，将隔离液与水泥浆、钻井液按照不同比例混合，搅拌一段时间后，利用旋转黏度计测量混浆的流变参数，评价隔离液的相容性。实验显示，该隔离液与钻井液、水泥浆接触无黏度、稠度的突变，展现了良好的相容性（表 4-4-17）。

表 4-4-17　即时混配隔离液相容性实验数据

体系（体积百分比）	旋转黏度计读数					
	Φ_{600}	Φ_{300}	Φ_{200}	Φ_{100}	Φ_6	Φ_3
100%隔离液	61	43	36	26	8	6
100%钻井液	45	28	21	13	3	2
100%水泥浆	129	83	59	37	7	5
75%隔离液+25%钻井液	52	39	29	22	7	5
50%隔离液+50%钻井液	48	35	26	18	6	4
75%隔离液+25%水泥浆	84	58	43	30	7	6
50%隔离液+50%水泥浆	103	69	52	33	7	6

3）地面实验

为检验室内模拟实验的合理性、高密度隔离液即时混配的施工可操作性，利用水泥车即时混配高密度隔离液。实验时，浆体密度 1.70g/cm³，启动外输泵，瞬时排量设定为 0.6m³/min，控制水灰比逐步提高密度，在密度达到 2.34g/cm³、加重剂用完时实验停止。整个实验过程连续平稳，进行连续取样监测密度和流动度，具体实验结果见表 4-4-18。

表 4-4-18　地面实验隔离液性能监测数据

参数	取　值								
密度，g/cm³	1.70	1.78	1.92	2.04	2.07	2.11	2.20	2.29	2.34
频次，次	2	2	3	1	1	1	2	1	1
流动度，cm	32.0	30.0	29.0	29.0	28.0	28.0	27.0	26.5	26.0
漏斗黏度，s	41	—	46	53	—	57	—	—	67

由表 4-4-18 中监测数据可以看出，即时混配隔离液密度连续可调，性能参数与室内评价结果一致性较高，说明室内模拟方法科学有效，也证明了高密度隔离液体系性能优良，即时混配方式切实可行。

高密度干混型隔离液体系下灰顺畅、混配迅速、流动状态良好、施工连续，与现场常用的钻井液具有良好的相容性，对水泥浆稠化、失水无不良影响，兼具有冲洗和隔离双重作用，能够满足即时混配、边混边注、高密度需求的新型固井工艺的要求，为更新井有限钻关、边远地区及冬季固井施工提供了有利的技术保障。

二、紊流水基冲洗液

针对调整井高压层固井后易发生层间窜及管外冒、高渗透层钻井液滤饼影响质量问题，研发紊流水基冲洗液，由偶联剂、表面活性剂、高分子聚合物等组成。组分作用机理为：偶联剂，用于增加水泥环界面胶结强度；表面活性剂，用来提高对钻井液的顶替效率；高分子聚合物，用于提高加重冲洗液的稳定性，降低失水量。

紊流水基冲洗液（以下简称 DZG）由偶联剂、表面活性剂和高分子聚合物、加重材料、水等成分组成。偶联剂是在同一分子里含有两种不同反应基团——无机和有机反应基团的硅基化学分子，其基本结构为：Y-Si-(OR)。OR 是指可水解基团——烷氧基，如甲氧基、乙氧基等。烷氧基能与添加的或无机表面残留的水反应，水解生成硅醇，然后这些硅醇和无机表面的金属羟基反应，生成烷氧结构并脱水，形成牢固的化学键；Y 是指有机官能基团，如氨基、甲基丙烯酰氧基、环氧基、乙烯基、巯基等。不同的有机官能团适用于不同的有机聚合物，它能与聚合物进行化学反应（热固性）或形成物理缠绕、互穿网络体系（热塑性）而形成牢固的化学键。通过上述两类不同反应性的基团在无机材料（如玻璃、金属或无机矿物）和有机材料（树脂、塑料、橡胶、涂料、黏合剂等各种有机聚合物）的界面起作用，结合无机和有机这两种截然不同的材料。而表面活性剂则同时具有亲水亲油功能，具有既可与水结合，又能与惰性加重颗粒亲和的能力，即能使不溶于水的有机物能与水结合起来，即所谓的乳化作用。同时，对井壁上的钻井液或滤饼中的膨润土、岩屑和聚合物等具有分散性、润湿性和拖拽力，从而使体系具有冲刷能力，加快界面上钻井液的溶解分离。加入性能稳定的高分子聚合物，在其遇水后，吸水基团开始作用，分子链逐渐伸展交叉。由于单个分子量较大，支链多，因而空间结构大，形成了具备一定载荷能力的状态；同时，高分子与高分子间支链相互搭接，形成松散但复合悬浮力很强的网状结构。并利用分子间力与电荷性，吸附并悬浮加重材料颗粒，从而形成稳定体系。由于大分子间结合力很弱，形成的网状结构较为松散，因此，构成了该体系具有悬浮性强、但流变性好的特点，如图 4-4-12 所示。利用高分子聚合物的增黏特性，有利于提高冲洗液稳定性、降低失水量、增强冲洗液携带岩屑能力等性能；偶联剂有利于增强界面胶结强度；表面活性剂以其润湿、渗透、乳化等特性用来分散钻井液，降低黏土颗粒间的连接力，提高冲洗液对钻井液的顶替效率，有利于提高水泥环与井壁间的胶结质量；在这几种物质的联合作用下，可在较短时间内对井下环空界面达到较强的冲刷作用，同时，可增强水泥与套管和井壁的界面胶结能力，达到较好的井下冲洗顶替效果，提高固井质量。

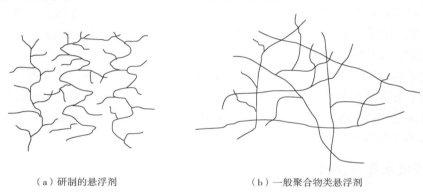

（a）研制的悬浮剂　　　　　　　　　（b）一般聚合物类悬浮剂

图 4-4-12　悬浮作用原理对比图

（一）流变性及稳定性

把 DZG 配成一定浓度的水溶液后，在搅拌条件下加入一定量的加重材料，达到设计密度后即可作为加重冲洗隔离液使用。结果表明，该冲洗隔离液在常温及加热条件下的上下密度差均在 0.02g/cm^3 以内。体系具有黏度低、沉降稳定性好的特点（表 4-4-19）。

表 4-4-19　DZG 紊流水基冲洗液流变性及稳定性性能实验

隔离液密度 g/cm³	Φ_{600}	Φ_{300}	Φ_{200}	Φ_{100}	Φ_6	Φ_3	流变指数 n	稠度系数 K Pa·s^n	沉降稳定性 g/cm³
1.00	34.0	28.0	22.0	14.0	8.0	7.5	0.630	0.282	≤0.02
1.10	44.0	31.0	24.5	17.0	8.5	7.5	0.546	0.527	≤0.02
1.20	50.5	34.0	28.0	19.0	8.5	7.5	0.529	0.643	≤0.02
1.30	55.0	36.0	27.5	20.0	9.0	8.0	0.534	0.658	≤0.02
1.40	67.0	38.0	30.5	22.0	9.5	8.5	0.497	0.878	≤0.02
1.50	76.0	45.0	35.0	25.0	11.0	10.0	0.534	0.823	≤0.02

隔离液密度 g/cm³	Φ_{600}	Φ_{300}	Φ_{200}	Φ_{100}	Φ_6	Φ_3	流变指数 n	稠度系数 K Pa·s^n	沉降稳定性 g/cm³
1.60	85.0	51.0	40.5	27.5	12.5	10.5	0.525	0.949	≤0.02
1.70	83.0	54.0	41.0	30.0	14.0	12.0	0.534	0.987	≤0.02
1.80	89.0	63.0	51.0	34.0	16.0	13.5	0.560	0.977	≤0.02
1.85	95.5	67.0	54.0	35.0	17.0	14.0	0.590	0.864	≤0.02

（二）DZG 素流水基冲洗液冲洗效果评价实验

井下环空界面上的钻井液、滤饼中含有膨润土、细岩屑、聚合物等成分，形成较为致密，结构力较强。若想在一定时间内冲洗干净，冲洗隔离液就必须能有效降低钻井液的表面张力（即润湿性），具有一定的渗透能力、分散能力和拖拽力。冲洗隔离液正是根据这一主要思路设计而成，并针对这一性能进行了评价。

（1）光壁套管冲洗效率评价。

将六速旋转黏度计的光壁钢桶浸入钻井液中静止 3min，启动旋转黏度计，200r/min 转速转动 5min，钢桶表面黏附有 2mm 虚滤饼，使用不同冲洗液评价，数据见表 4-4-20，DZG 素流水基冲洗液的冲洗效率要高于清水。

表 4-4-20　光壁套管冲洗效率评价实验数据

冲　洗　类　型	冲洗时间，min	现　　象
清水	2.5	表面冲净
DZG 素流水基冲洗液	1.0	表面冲净

（2）粘砂套管冲洗效率评价

将六速旋转黏度计的粘砂钢桶浸入钻井液中静止 3min，启动旋转黏度计，200r/min 转速转动 5min，粘砂钢桶表面黏附有 2mm 虚滤饼，使用不同冲洗液评价，数据见表 4-4-21，DZG 素流水基冲洗液在粘砂套管的冲洗效率要高于清水。

表 4-4-21　粘砂套管冲洗效率评价实验数据

冲　洗　类　型	冲洗时间，min	现　　象
清水	1.0	套管表面挂钻井液
	2.0	套管表面挂一层薄膜
	3.0	表面冲净，但缝隙有残余钻井液
DZG 素流水基冲洗液（1.50g/cm³）	0.5	表面冲净，但缝隙有残余钻井液
	1.0	表面冲净，缝隙残余减少

（三）相容性实验

相容性是指固井时井下相邻液体间的混合兼容性。好的相容性是指前置液与水泥浆（或钻井液）以不同比例接触混合，都能形成均质稳定的混合物，没有絮凝、沉淀和增稠等现象，从而保证现场施工的安全性和井下环空界面的冲洗顶替。

按 API 相容性检测方法，进行了密度在 $1.00 \sim 1.85 \mathrm{g/cm^3}$ 范围内的高密度冲洗隔离液与钻井液、调整井水泥浆的相容性实验，实验中用悬浮剂、表面活性剂、加重剂配出密度为 $1.55 \mathrm{g/cm^3}$ 的高密度冲洗隔离液，与水泥浆、钻井液做相容性实验，其数据见表 4-4-22。

表 4-4-22　冲洗液相容性实验数据

体系	旋转黏度计读数					
（体积百分比）	Φ_{600}	Φ_{300}	Φ_{200}	Φ_{100}	Φ_{6}	Φ_{3}
100%钻井液（M）	115.0	81.0	67.0	50.0	23.0	22.0
100%冲洗液（S）	50.0	32.0	25.0	17.0	7.0	7.0
100%水泥浆（C）	76.0	40.0	29.0	19.0	8.0	7.0
95%钻井液+5%水泥浆	102.0	68.0	51.0	34.5	13.0	11.0
75%钻井液+25%水泥浆	94.5	66.0	52.0	37.0	18.0	13.0
50%钻井液+50%水泥浆	76.5	49.0	39.0	27.5	14.0	10.0
25%钻井液+75%水泥浆	67.5	39.5	29.0	16.0	8.5	7.5
5%钻井液+95%水泥浆	59.0	42.0	36.0	25.0	12.0	8.0
95%钻井液+5%冲洗液	110.0	80.0	63.0	49.0	22.0	19.0
75%钻井液+25%冲洗液	102.0	71.0	57.0	40.0	15.0	14.0
50%钻井液+50%冲洗液	85.0	57.0	45.0	31.0	10.0	10.0
25%钻井液+75%冲洗液	71.0	48.0	38.0	27.0	11.0	11.0
5%钻井液+95%冲洗液	64.0	45.0	36.0	27.0	13.0	13.0

注：M 为现场取乳液大分子钻井液；S 为 DZG 紊流水基冲洗液；C 为大连 G 级水泥浆体系。

实验证明 DZG 紊流水基冲洗液与大连 G 级水泥浆、乳液大分子钻井液有良好的相容性，二者之间任意比例接触均未产生特别增稠、絮凝现象，这有利于提高顶替效率和改善水泥环胶结质量。

（四）界面胶结强度实验

分别用冲洗液、清水、调整井钻井液涂在钢管内壁，然后罐满水泥浆，在设定温度下养护 48h 后测界面胶结强度，结果见表 4-4-23。

表 4-4-23　DZG 紊流水基冲洗液界面胶结强度实验

界面润湿液类型	密度，$\mathrm{g/cm^3}$	一界面胶结强度，MPa	实验条件
无	—	1.54	50℃×常压
清水	1.00	1.36	50℃×常压
钻井液	1.45	0.12	50℃×常压
DZG 紊流水基冲洗液	1.00	1.21	50℃×常压
DZG 紊流水基加重冲洗液	1.50	1.33	50℃×常压

由表 4-4-23 看出，界面黏附冲洗液后其界面胶结强度与清水接近，比黏附调整井钻

井液的界面胶结强度提高了 10 倍。并且, 加重的冲洗液比不加重 DZG 紊流水基冲洗液界面强度高, 因此选用加重冲洗液。

(五) 失水实验

冲洗隔离液中的悬浮剂不但具有悬浮能力, 而且具有降低体系失水的功能。作用原理是在一定压差下, 冲洗隔离液体系中的大分子界面当量浓度增大, 形成叠加或交叉成密实网状状态, 同时附加加重材料中的惰性颗粒的充填作用, 形成了致密的滤饼, 阻挡了隔离液或水泥浆体系中水的进一步渗透, 这项指标对保护油气层, 减少油气层污染, 防止井塌是有利的。

对此, 按照 API 水泥浆实验方法进行失水实验, 进行了 $1.00 \sim 1.85 g/cm^3$ 范围内的失水实验, 实验温度为 50℃, 如图 4-4-13 和表 4-4-24 所示。从实验数据可以看出, 失水量均能控制在 150mL 以内, 并随高密度冲洗隔离液密度的增加, 其失水量逐渐减小。

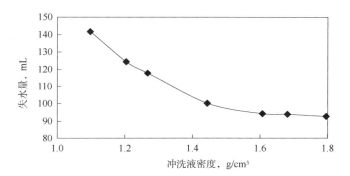

图 4-4-13　失水量随冲洗液密度变化曲线

表 4-4-24　失水实验数据

冲洗液密度, g/cm^3	1.1	1.2	1.3	1.4	1.5	1.6	1.7	1.8
失水量, mL	142	126	114	104	97	94.5	94	93

(六) 流变性实验及流变模型的确定

一般冲洗隔离液体系中, 悬浮稳定性与其流变性是一对矛盾。由于这种体系中是靠增加黏度来提高其悬浮稳定性, 因此必然引起流变性变差。研究的冲洗隔离液体系中所采用的悬浮剂较好地解决了这一矛盾, 不但体系中悬浮能力强, 而且流变性也非常好。

进行了冲洗隔离液密度在 $1.00 \sim 1.85 g/cm^3$ 范围内随温度及密度变化的流变性实验。由实验数据可见, 随着密度和温度的升高, 隔离液体系流变性(n、K 值)变化不大, 并在一个适中的范围内波动, 体系具有流变性好的特点(图 4-4-14 和图 4-4-15)。同时也验证了冲洗隔离液体系具有良好的稳定性能。

为了确定高密度冲洗隔离液的流变模型, 利用六速旋转黏度计测得的流变数据, 按 API 标准推荐公式进行计算, 即:

$$\gamma = 1.7023N \tag{4-4-17}$$

$$\tau = 0.511\Phi \qquad\qquad (4-4-18)$$

式中 N——旋转黏度计转速，r/min；

      γ——剪切速率，s^{-1}；

      τ——剪切应力，Pa；

      Φ——旋转黏度计刻度盘读数。

图 4-4-16 至图 4-4-18 给出了根据实验数据计算所获得的部分 τ—γ 流变曲线。

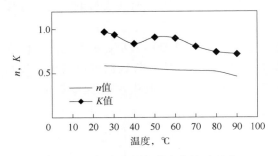

图 4-4-14　冲洗隔离液流变性随温度
变化曲线（密度：$1.85g/cm^3$）

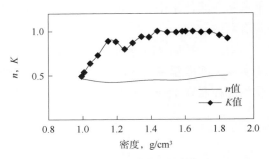

图 4-4-15　冲洗隔离液流变性随
密度变化曲线

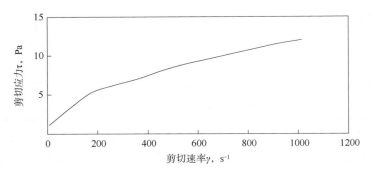

图 4-4-16　常温下冲洗隔离液流变曲线（$\rho = 1.00g/cm^3$）

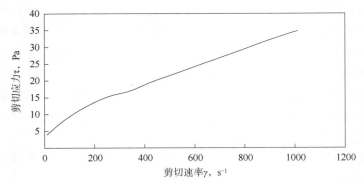

图 4-4-17　常温下冲洗隔离液流变曲线（$\rho = 1.85g/cm^3$）

由流变曲线可以看出，冲洗隔离液无论是密度低时（$\rho = 1.00g/cm^3$），还是密度高时

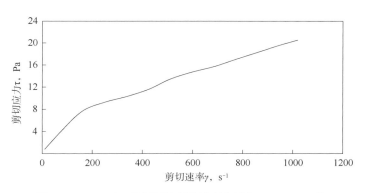

图 4-4-18　45℃时冲洗隔离液流变曲线（$\rho = 1.85g/cm^3$）

（$\rho = 1.85g/cm^3$）；无论是常温时，还是45℃时，均为典型的幂律流体。可表述如下：

$$\tau = K(dv/dx)n \qquad (4-4-19)$$

式中　τ——剪切应力，Pa；

　　　K——稠度系数，$Pa \cdot s^n$；

　　　v——流动速度，m/s；

　　　n——流性指数。

当 $n<1$ 时为假塑性流体，呈剪切稀释特性，当 $n>1$ 时为膨胀流体，呈剪切增稠特性，当 $n=1$ 时为牛顿流体，n 与1差值越大表明该流体的非牛顿性越强。

（七）DZG 素流水基冲洗液对水泥浆稠化时间的影响实验

水泥浆稠化时间是固井施工的一个重要技术指标，是检测固井施工成败与否的关键因素。实验选用的为哈尔滨 A 级水泥浆，与 DZG 素流水基冲洗液（密度 $1.50g/cm^3$）以不同比例混合后在45℃下进行稠化实验，结果如图 4-4-19 所示。由图 4-4-19 可见，在相同的实验条件下，混有隔离液的稠化曲线稍有延长，说明隔离液具有缓凝作用，在一定程度上延长了稠化时间，且对稠化曲线的发展无不良影响，水泥浆稠化曲线平稳、规范，无闪凝现象，可以满足现场施工要求。

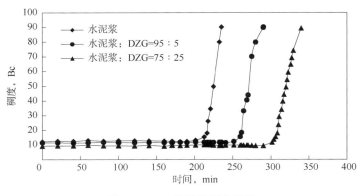

图 4-4-19　抗污染稠化实验

通过评价实验可知：DZG 紊流水基冲洗液具有瞬时冲洗效率高、密度可调、稳定性好的特点，同时，与钻井液及水泥浆均相容性好，界面强度比调整井钻井液的界面胶结强度提高了 10 倍；该冲洗液体系可极大提高冲洗顶替效率，可以为调整井提供良好的井下环空水泥胶结重要条件，达到提高调整井封固质量的目的。

第五节　固井技术综合应用

通过以上对钻井液界面增强处理剂、水泥浆、固井工具、冲洗隔离液四个方面十余种产品的研究介绍，了解到应对复杂地下条件如高渗透砂岩层、异常高压层的解决措施，而油藏区块内往往有多类地质环境交错影响，一两种解决措施并不能很好地将井固好，结合之前的章节，针对特高含水期复杂地质环境影响钻完井工程质量问题，研究的方向应以地质预测为基础，通过选择合适的固井技术措施，利用整体拼装及增值式相结合的集成方式，形成特高含水油田完井工程质量的集成技术，目前主要集中应用在砂岩高渗透区、油层高压区、浸水泥岩层等复杂区块。

一、区块固井技术

（一）高压层防窜固井技术

伴随着长期的注水开发，受油井套损、储层非均质性、断层遮挡、单砂体内部注采关系等因素影响，出现了多种多样的异常高压层位，主要包含注采不平衡导致射孔层位异常高压、套管损坏导致非射孔层位异常高压、注入高黏度介质形成异常高压、注水过程中裂缝体形成异常高压等。异常高压层分布复杂，层间、层内及平面矛盾突出，在钻井过程中易发生井喷、井涌、油水侵等复杂，固井后也易发生层间混窜、管外冒等问题。

采用地质预测与解释技术，掌握压力分布情况。以"压稳、防窜、密封"为核心，针对不同高压类型、不同压力级别，形成了油层高压、浅水高压区防窜固井配套应用技术，见表4-5-1。

表 4-5-1　高压层防窜固井技术

区　　域	集 成 技 术
油层高压区	（1）1.6≤压力系数<1.7，冲洗隔离液+低温防窜水泥浆；
	（2）1.7≤压力系数<1.8，冲洗隔离液+低温防窜水泥浆+套管外封隔器；
	（3）压力系数≥1.8，（高密度）冲洗隔离液+低温防窜水泥浆+套管外封隔器/界面增强工具
浅水高压区	（1）1.6≤压力系数<1.8，低温防窜水泥浆+控制水泥面技术+遇水膨胀封隔器；
	（2）压力系数≥1.8，控制泄压/危害体避让

（二）高渗透层界面增强技术

油田分布较广的高渗透砂岩层，注水开发后泥质含量减少，渗透砂岩层水洗严重。钻井过程中高渗透砂岩层部位出现了井径异常扩大、坍塌现象。此外，油田采用延时15d声波变密度测井，在动态注采环境下，高渗透低压层固井质量大幅度下降，优质井段比例与泥岩层相比降低 40%。高渗透低压层井径异常扩大、固井质量变差已成为注水开发老油田调整井钻完井过程面临的突出问题。

采用地质预测技术,掌握渗透率分布情况。以"滤饼清洗、增强,水泥防腐、抗渗"为核心,针对渗透率级别,制定配套技术措施,见表 4-5-2。

表 4-5-2 高渗透层界面增强技术

区 域	集 成 技 术
油层高渗透区	(1)应用保压注水技术,提高渗透层压力; (2)应用多级划眼与振动固井技术,提高冲洗、顶替效果; (3)50mD≤渗透率<300mD 的井,采用界面增强剂; (4)渗透率≥300mD 的井,采用界面增强剂+防腐抗渗水泥浆

(三)预防标准层套损技术

长垣油田嫩二段底部普遍发育大段灰色、灰黑色泥岩,水平层理,沿水平层理分布大量密集介形虫叶肢介化石,化石面存在微裂缝,易产生滑移。该井段套损问题突出,整个油田套损井中 40%~50% 发生在该井段。套损后注入水进入黏土含量高的泥岩层,形成高压浸水泥岩层,黏土矿物吸水后体积膨胀,泥岩力学性质发生改变。钻开泥岩后,在地应力的作用下产生蠕变,导致缩径卡钻、井塌等井下复杂情况发生,严重时导致井眼报废。

采用地质预测技术,掌握浅层水分布。依据套损井套损类型及分布规律,以"预留泥岩滑动空间、切断进水源头"为手段,制定了不同套损区域配套技术措施,见表 4-5-3。

表 4-5-3 预防标准层套损技术

区 域	集 成 技 术
标准层套损区	(1)常规区预防措施:水泥面控制工具。 (2)套变风险区预防措施:高抗挤套管+水泥面控制工具。 (3)老套损区预防措施:高抗挤套管+扩大标准层井眼尺寸+控制水泥面工具+遇水膨胀封隔器+机械式套管封隔器、低温防窜水泥浆(适用油层高压井)

二、应用实例

(一)异常高压区固井配套技术应用实例

X12 区为低渗透储层开发,布有多套井网,长期注入量远大于采出量,造成了整体储层压力提升,普遍存在着"注水难、泄压更难"的问题,往往井口压力下降后,储层仍然存在高压。根据钻前压力预测,优化设计钻关方案,采用常规注水井停注、同层位注水井放溢降压等方案,异常高压层平均地层压力系数由 1.85 降低到 1.75。对待钻井进行地层压力解释,1.6≤压力系数<1.7 的井占 25%,1.7≤压力系数<1.8 的井占 45%,压力系数≥1.8 的井占 30%。针对不同压力系数的高压井,制定相应的固井技术方案:对于 1.6≤压力系数<1.7 的井,应用低温防窜水泥浆;对于 1.7≤压力系数<1.8 的井,应用低温防窜水泥浆、套管外封隔器;对于压力系数≥1.8 的井,应用防窜水泥浆(双凝)、套管外封隔器、加重

冲洗液等组合措施。上述集成技术措施现场试验 461 口井，固井优质率提高 13.4 个百分点，管外冒发生率降低了 4.55 个百分点。

（二）高渗透低压区固井配套技术的应用

LMD 区储层的颗粒粗、泥质含量少、孔隙度大、渗透率性好，大面积发育高渗透油层。油田先后经历了加密调整和主力油层聚合物驱油等阶段，渗透率高达 5000mD，低压层平均压力系数 0.85，地层水总矿化度 7150mg/L。地层高孔、高渗透及流体的高含水、高矿化度是 LMD 油田最突出的特点，试验前固井优质率仅为 54.1%，高渗透层优质井段比例 55%。在 LMD 油田固井时，通过对高渗透层保压注水、控制小层渗流速度等方式，为固井提供一个相对稳定的地下环境。应用多级划眼与振动固井技术，提高冲洗、顶替效果。对于 50mD≤渗透率<300mD 的井，应用界面增强剂；对于渗透率≥300mD 的井，应用界面增强剂、防腐抗渗水泥浆。上述集成技术措施，现场试验 352 口井。与应用前相比，优质率提高 17.2 个百分点，高渗透层优质井段比例提高 36.9 个百分点。

（三）套损区固井配套技术的应用

N1 区浅部地层中发育水层，水源充足，井间相互贯通。标准层油页岩裂缝发育，含化石富集夹层，抗剪切强度低，标准层进水后易发生层面滑动，导致套损问题突出。该区应用预防标准层套损技术措施包括三个方面。一是，采用水泥面控制工具，使套管外环空不留水泥，为标准层蠕动预留了空间。二是，油层封固使用水力膨胀式封隔器、低温防窜水泥浆，预防下部油水窜入标准层。三是，上部井段使用遇水膨胀封隔器，预防浅层水进入标准层。预防套损集成技术在 N1 区现场应用，其中使用水泥面控制工具应用 2166 口井，使用遇水膨胀封隔器 170 口井，遇水膨胀封隔器、水泥面控制工具配套应用井暂时无套损发生。

三、应用总结

本节介绍了高压层防窜固井技术、高渗透层界面增强技术、预防标准层套损技术以及复杂区块集成技术应用，经现场试验验证，在降低钻井复杂、提高工程质量、优质安全钻井等方面取得了良好效果。调整井特高含水期提高固井质量的集成技术应用，增加了油水井使用寿命，提高了原油产量，减少水井放溢、管外冒油气水对地面环境污染，防止资源浪费，促进安全生产，体现出管理效能的增量。

综上，形成的技术应用成果，可以在国内外相似条件的作业环境推广应用，为实现油田的安全、环保、节能、高效开发及建立和谐、宜居的矿区奠定基础，是保证调整井特高含水期剩余油挖潜的重要手段。

参 考 文 献

[1] 步玉环, 王瑞和, 穆海朋. 纤维水泥改善固井质量研究[J]. 石油钻采工艺, 2003, 25(5): 13-16.

[2] 蔡星, 肖志兴, 蔡永茂. 井内水泥环物性变化及影响因素分析[J]. 石油钻采工艺, 2001, 23(5): 4.

[3] 陈晓楼, 李扬, 莫继春, 等. 注水开发中水渗流对固井质量的影响[J]. 钻井液与完井液, 1999, 16(5): 21-24.

[4] 陈晓楼, 刘爱玲. 水渗流模拟装置的研制[J]. 河南石油, 1999(3): 28-29.

[5] 程艳, 刘志焕, 马淑梅, 等. 高压层防窜固井技术研究[C]//大庆钻井技术新进展. 北京: 石油工业出版社, 2005: 553-560.

[6] 丁士东, 高德利, 胡继良, 等. 利用矿渣 MTC 技术解决复杂地层固井难题[J]. 石油钻探技术, 2005, 33(2): 5-7.

[7] 弓玉杰, 吴广兴, 万发明, 等. 固井二界面问题的分析与机理研究[C]//大庆钻井技术新进展. 北京: 石油工业出版社, 2005: 428-435.

[8] 弓玉杰, 吴广兴, 万发明, 等. 固井二界面问题的初步分析与试验研究[J]. 石油钻采工艺, 1998, 20(6): 38-44.

[9] 顾军, 高德利, 石凤岐, 等. 论固井二界面封固系统及其重要性[J]. 钻井液与完井液, 2005, 22(2): 7-10.

[10] 顾军, 秦文政. MTA 方法固井二界面整体固化胶结实验[J]. 石油勘探与开发, 2010, 37(2): 238-243.

[11] 顾军, 王学良. 我国钻井液转化成水泥浆技术现状[J], 油田化学, 1996, 13(3): 269-272.

[12] 郭小阳, 刘崇建, 张明深, 等. 提高注水泥质量的综合因素[J]. 西南石油学院学报, 1998, 20(3): 49-51, 67.

[13] 和传健, 刘富, 王献刚, 等. DSK 锁水抗窜剂解决了大庆龙虎泡油田固井质量问题[J]. 钻井液与完井液, 1999, 16(4): 45-46.

[14] 和传健, 徐明, 肖海东, 等. 高密度冲洗隔离液的研究[C]//大庆钻井技术新进展. 北京: 石油工业出版社, 2005: 517-523.

[15] 李娟. 不同流态的顶替效率的数值模拟研究[D]. 东营: 中国石油大学(华东), 2009.

[16] 李宁, 邓建民, 曹权, 等. 固井液体在套管内流动时的互混规律实验研究[J]. 钻井液与完井液, 2009, 26(3): 47-49.

[17] 刘爱玲, 弓玉杰, 王欢, 等. 延时测井条件下影响调整井固井质量变化的因素及作用机理[C]//第七届钻井院所长会议文集, 2007.

[18] 刘爱玲, 李国华, 王欢. A 级水泥环的胀缩性能[J]. 钻井液与完井液, 2004, 21(5): 12-14.

[19] 刘爱平, 邓金根. 委内瑞拉 Caracoles 油田固井技术[J]. 天然气工业, 2005, 25(9): 67-69.

[20] 刘继生, 曾桂红, 谢荣华, 等. 固井形成的水力封隔系统封隔能力评价方法[J]. 测井技术, 2006, 30(1): 94-96.

[21] 罗长吉, 固井后环空气窜影响因素的试验研究[R]. 大庆石油管理局钻井研究所. 大庆, 1997: 7-8.

[22] 罗长吉, 刘爱玲, 程艳. 固井防水窜机理研究与应用[J]. 石油钻采工艺, 1995, 17(5): 35-42.

[23] 罗长吉, 刘爱玲, 程艳. 固井防水窜机理研究与应用[J]. 石油钻采工艺, 1995, 17(5): 35-42.

［24］罗长吉，王允良，张彬．固井水泥环界面胶结强度实验研究［J］．石油钻采工艺，1993，15（3）：47-51.

［25］莫继春，李杨，卢东红，等．霍布金森水泥石动态力学性能与射孔验窜试验装置［J］．钻井液与完井液，2004，21（6）：8-11.

［26］莫继春，杨玉龙，李杨，等．DRK 韧性水泥浆体系的研制［J］．石油钻采工艺，2005，27（2）：21-24.

［27］王欢，刘爱玲，李国华．水泥环应变测量系统［J］．石油钻采工艺，2004，26（6）：31-33.

［28］王立平，刘爱玲，罗长吉．大庆油田固井后水气窜实验研究［J］．石油钻采工艺，1992，6（5）：25-29.

［29］王连生，李佳蕙，邹野，等．喇嘛甸油田高渗透砂岩储层电性的变化及原因分［J］．测井技术，2008，32（6）：545-549.

［30］吴广兴，万发明，肖海东，等．固井顶替效率影响规律研究［C］//大庆钻井技术新进展．北京：石油工业出版社，2005：391-395.

［31］吴梅芬，肖志兴，姜宏图，等．AWG 抗渗固井水泥研究与应用［J］．钻采工艺，1999，22（3）：73-77.

［32］肖志兴，卢丽文，梁洪权．地层流体影响水泥环胶结质量的机理分析［J］．钻采工艺，1999，22（2）：4-8.

［33］谢凤臣，弓玉杰，孙晓红，等．改善界面胶结强度的低聚硅钻井液体系［C］//大庆钻井技术新进展．北京：石油工业出版社，2005：335-344.

［34］许永志，王波，郑韬，等．侧钻水平井钻井液研究与应用［J］．石油钻采工艺，1999，21（1）：33-35.

［35］杨振杰，陈道元，石凤岐，等．钻井液性能对水淹层固井质量的影响［J］．钻井液与完井液，2007，24（3）：35-38.

［36］杨振杰，李家芬，苏长明，等．新型胶乳冲洗隔离液试验［J］．天然气工业，2007（9）：51-53.

［37］杨振杰，李美格，郭建华，等．油井水泥与钢管胶结界面处微观结构研究（Ⅰ）［J］．石油钻采工艺，2002，24（4）：4-6.

［38］杨振杰，李美格，郭建华，等．油井水泥与钢管胶结界面处微观结构研究（Ⅱ）［J］．石油钻采工艺，2002，24（5）：1-4.

［39］姚晓．油井水泥膨胀剂研究（Ⅰ）——水泥浆体的收缩与危害［J］．钻井液与完井液，2004，21（4）：52-55.

［40］姚晓．油井水泥膨胀剂研究（Ⅱ）——膨胀机理及影响因素［J］．钻井液与完井液，2004，21（5）：52-55.

［41］郑毅，刘爱平．环空流动壁面剪应力对固井质量的影响［J］．探矿工程，2003（3）：38-41.

［42］BONEN D. Feature of the interfacial transition zone and its role in secondary mineralization［C］//In：KATZ A，BENTUR A. ALEXANDER M，etal，eds. The Interfacial Transition Zone in Cementitious Composites. RILEM Proceedings 35，London：E&FN Spon，1998. 224-233.

［43］VIDICK B，KRUMMEL B. Impact of Formation Type on Cement Bond Logs［C］. SPE/IADC 96022，2005.

［44］CHEN Z Y，OLDER I. The interface zone between marble and tricalcium silicate［J］. Cem Concr ReS，1987，17（5）：784-792.

［45］DIAMOND S，IIUANG J. The interfacial transition zone：reality or myth［A］. 1998. 3-39.

［46］ECONOMIDES M J, WATTERS L T. Well construction［M］. NewYork: John Wiley&Sons Ltd. , 1999: 208-225.

［47］HALPERIN W P, DORAZIO F, BHATTACHARYA S, et al. Magnetic resonance relacation analysis of porous media［C］//In: KLAFER J, DRAKE J M eds. Molecular Dynamics in Restrict-ed Geometries. New York: John Wiley and Sons Inc, 1989. 311

［48］HEIJS A W J. 3D Simulation and visualization studies of flow in porous edia［D］. Delft: Delft University of Technology, 2001. 147.

［49］MINDESS S. Bonding in cementitious composites: bow important is it［C］//In: MINDESS S, SHAH S P, eds. Bonding in Cementitious Composites. MRS VOL114, Pittsburgh: Materials Research Society, 1988. 3-10.

［50］MINDESS S. Tests to determined the mechanical properties of the interfacial zone［C］//In: MASO J C e-d. Interfacial Transition Zone in Concrete. RILEM Report 11. London: E&FNSPON, 1996. 47-63.

［51］OLLIVIER J P. MASO J C, BOURDETTE B. Interfacial transition zone in concrete［J］. Adv Cem Based Mater, 1995, 2(1): 30-38.

［52］PARCEVAUX P A, SAULT P H. Cement shrikage and elasticity : a new approach for a good zonal isolation ［C］. SPE 13176.

［53］SCRIVENER K L, BENTUR A, PRATT P L. Quantitative characterization of the transition zone in high strength concretes［J］. Adv Cem Res, 1988, 1(4): 230-237.

［54］SCRIVENER K L, NETAMI K M. The percolation of pore space m the cement past/aggregate interfacial zone of concrete［J］. Cem Concr Res, 1996, 26(1): 35-40.

［55］STRUBLE L. Microstructure and fracture at the cement paste-aggregate interface［C］//In: MINDESS S, SHAH S P, eds. Bonding in Cementitious Composite. MRS, Vo1114, Pitts-burgh: Materials Research So-ciety, 1988. 11-20.

［56］VAN BREUGEL K. Simulation of hydration and formation of structure in hardening cement - based materials［D］. 2nd edition, Delft: Delft University Press, 1997. 305.

［57］YAN SHICAI, LUO CHANGJI, YANG ZHIGUANG. The research and application of cementing and resisting channel mechanism ［C］. SPE 50908.

［58］ZHENG J. Meso structure of concrete: stereological analysis and some mechanical implications［D］. Delft: Delft University Press, 2000. 154.

［59］ZHUW, BARTOSPJM. Application of depth-sensing micro-indentation test to study of interfacial transition zone in rein-forced concrete［J］. Cem Concr Res, 2000, 30(8): 1299-1304.

［60］ZIMBELMANN R. Contribution of cement-aggregate bond［J］. Cem Concr Res, 1985, 15(5): 801-808.